普通高等教育“十四五”规划教材

现代园艺绿色生产

张雪艳　主编

中国农业大学出版社
·北京·

内容简介

《现代园艺绿色生产》从土壤微生态构建、科学施肥技术和新型肥料、节水灌溉技术、病虫害绿色防控技术以及农业废弃物循环利用技术在现代园艺绿色生产中的应用五大板块系统阐释了现代园艺绿色生产的基本理论、研究进展及未来发展方向。全书共16章，主要内容包括：绪论，土壤健康（质量）评价与园艺绿色生产，绿色园艺生产常见的土壤问题与修复，功能微生物与土壤健康微生态构建，植物必需营养元素与园艺作物需肥特点，科学施肥与园艺作物施肥技术，新型肥料开发与应用，设施作物需水特性与需水规律，节水灌溉技术，设施农业代表性节水技术设备组装、运行与管理，绿色防控技术支撑园艺绿色生产，病虫害防治原则与绿色防控技术，园艺生产病害绿色防控案例，构建现代园艺循环生态农业，以蚯蚓为媒介的高效循环生态体系，秸秆材料的园艺利用。本书内容广泛且深入，涉及农学、化学、生物学、生态学、环境科学等诸多学科范畴，在教学过程中可根据各地、各学校、各专业的具体情况和教学需要，加以选用。

图书在版编目(CIP)数据

现代园艺绿色生产 / 张雪艳主编. -- 北京：中国农业大学出版社，2023.2
ISBN 978-7-5655-2910-8

Ⅰ.①现… Ⅱ.①张… Ⅲ.①园艺－无污染技术 Ⅳ.①S6

中国国家版本馆CIP数据核字(2023)第008905号

书　名 现代园艺绿色生产
Xiandai Yuanyi Lüse Shengchan
作　者 张雪艳 主编

策划编辑	杜 琴 王笃利	**责任编辑**	杜 琴
封面设计	李尘工作室		
出版发行	中国农业大学出版社		
社　址	北京市海淀区圆明园西路2号	**邮政编码**	100193
电　话	发行部 010-62733489，1190		读者服务部 010-62732336
	编辑部 010-62732617，2618		出 版 部 010-62733440
网　址	http://www.caupress.cn	**E-mail**	cbsszs@cau.edu.cn
经　销	新华书店		
印　刷	北京鑫丰华彩印有限公司		
版　次	2023年10月第1版　2023年10月第1次印刷		
规　格	185 mm×260 mm　16开本　19印张　475千字		
定　价	70.00元		

图书如有质量问题本社发行部负责调换

编 写 人 员

主　编　张雪艳（宁夏大学）

副主编　田永强（中国农业大学）
王晓卓（宁夏大学）
王西娜（宁夏大学）
吴龙国（宁夏大学）

参　编　（按姓氏拼音排序）
曹云娥（宁夏大学）
李　红（新疆农业大学）
刘训悦（浙江农林大学）
马　斯（中国农业大学）
曲　萍（江苏省农业科学院）
时浩杰（浙江农林大学）
田兴武（宁夏吴忠国家农业科技园区管理委员会）

主　审　高丽红（中国农业大学）
张亚红（宁夏大学）

前　言

党的二十大报告提出要推动绿色发展，促进人与自然和谐共生，其意义重大，影响深远。这标志着我国农业发展进入新时代，绿色理念和生产方式已经成为现代农业可持续发展的必由之路，也意味着在我国农业今后的发展进程中，要更加重视环境保护。为此，本书从土壤健康着手，以水肥的高效利用、病虫害的全程绿色防控以及废弃物的资源化利用为出发点编写此书，以期为推动我国绿色发展建言献策。

现代农业绿色发展以“作物高产、资源高效、环境友好”为目标，将环境资源作为社会、经济发展的内在要素，实现社会、经济活动过程和结果的绿色化、生态化。园艺产业是一项集经济、社会、生态效益于一体的绿色产业。自 2018 年起，我国园艺产业的年总产值超过 3.6 万亿元，占农业种植业总产值的 60%以上，已成为我国种植业的重要组成部分；从业人员超过 2 亿人，占全国农业劳动力的 30%以上，对解决农民就业和带领农民脱贫增收有极大的促进作用。自加入 WTO 以来，我国园艺产品出口增长势头强劲，已成为平衡我国农产品进出口国际贸易的支柱产品。当前，我国园艺产品供给保障能力高、品种多样、数量充足、供应均衡，质量安全水平大大提高，在提高人民生活质量和国家“一带一路”倡议中发挥了重要作用。

尽管我国园艺产业发展的成就显著，但同时也受到诸多不利因素的制约，其中最为突出的因素是我国园艺作物种植仍以“高资源投入、高环境代价”为主要的发展方式。以设施蔬菜为例，由于单一种植伴随的水肥药过量投入现象普遍存在，其种植体系中普遍存在土壤质量退化、病虫害频发、资源利用率低、潜在环境风险大等问题。因此，绿色生产是现代园艺产业实现可持续发展的根本出路。我国著名植物营养学家张福锁院士提出了未来我国农业实现绿色发展的“三步走”战略，即减肥增效、绿色增产增效与绿色高质高效。这一思路，对现代园艺的绿色生产具有重要的借鉴意义。

农业的发展主要经历了原始农业、传统非工业化农业、工业化农业和可持续农业（以有机农业为重要代表）四个关键阶段。原始农业近自然，但靠“天”吃饭，受自然灾害的影响极大，生产力低下；传统非工业化农业非自然，以人为作用为主导，生产力有所提高，但费时费力，仍易受自然灾害的影响；工业化农业亦非自然，以人为作用为主导，短期内生产力高，但资源投入高，环境代价大，难以长期维持；可持续农业近自然，在充分发挥自然生态系统各关键主体间天然协作关系的基础上，进行因地因时适度的人为调控，但成本偏高，短期内生产力偏低且不稳定。显而易见，在人口持续增长和环境风险加剧的条件下，当前的可持续农业发展模式尚不能完全满足人类生存的需求。绿色生产的重点是减少资源投入，降低环境代价，在“绿色”的基础上实现“可持续发展”。由此可见，绿色生产符合现阶段农业发展的需求，有望在实现自然力和人为作用相协调的基础上，维持长期的高生产力。

进入 21 世纪以来，全世界科技正以前所未有的力度推动着现代农业的革新。测土配方施肥、水肥一体化、环境友好型土壤调理剂、微生物功能菌剂、新型肥料、生物农药、生物刺激素等技术和产品渗透在种苗培育、栽培管理、病虫害防控等作物生产全过程。在我国，近 10 年来，园艺生产在节水灌溉、功能微生物、精准灌溉、精量施肥、新型肥料、固废资源化利用、生态调控、生物防治、物理防控等方面取得了较大进展。尤其近 5 年来，我国在园艺作物绿色生产领域实施了一系列重大研发项目，提高了我国园艺作物绿色生产的应用基础理论研究水平，推广了先进实用的技术，开发了一系列绿色生产新产品与新材料并实现了产业化生产。生物是农田生态系统稳定性的主要调控者，因此，要实现绿色生产目标，未来仍需大力开展相关基础研究，发展生物肥料（农药）等产业。

为了系统总结国内外先进的现代园艺绿色生产实践经验，我们组织编写了《现代园艺绿色生产》一书。本书有两大特点：一方面，放眼国际前沿，在系统总结植物生理学、土壤与肥料学、生物学等基础研究领域取得最新研究进展的基础上，深入挖掘植物高效绿色栽培的潜力；另一方面，立足我国国情，聚焦农业生产实践，在细微处发现重大的科学和生产问题，完善和丰富现代绿色农业生产理论，探讨农业绿色发展的新思路、新理论和新技术，逐步形成一套切实可行的现代绿色农业生产与实践研究体系。

本书设置土壤微生态构建、科学施肥技术和新型肥料、节水灌溉技术、病虫害绿色防控技术以及农业废弃物循环利用技术在现代园艺绿色生产中的应用五大板块，共包括 16 章（含绪论），编写分工如下：第 1 章由田永强编写，第 2 章由李红编写，第 3 章由田兴武、张雪艳共同编写，第 4 章、第 7 章由张雪艳编写，第 5 章、第 6 章由王西娜编写，第 8 章、第 9 章、第 10 章由吴龙国编写，第 11 章、第 12 章由王晓卓编写，第 13 章由时浩杰、刘训悦编写，第 14 章、第 15 章由曹云娥编写，第 16 章由曲萍编写，马斯参与文稿校对工作。

在本书拟定大纲和完稿过程中，承蒙高丽红教授、张亚红教授悉心审阅，并提出许多宝贵的意见和建议。同时，本书参阅了近年来国内外同行们大量相关的研究、论著。在此，向他们致以诚挚的敬意和深切的感谢。

鉴于本书内容广泛且深入，涉及农学、化学、生物学、生态学、环境科学等诸多学科范畴，在教学过程中可根据各地、各学校、各专业的具体情况和教学需求，加以选用。

由于各学科发展日新月异，加之作者水平有限，编写时间仓促，书中难免存在疏漏和不当之处，恳请广大读者批评指正。

编　者

2022 年 7 月

现代园艺绿色生产纪录片

目　　录

第 1 章　绪论 …… 1
1.1　现代绿色农业思想的形成 …… 2
1.2　现代园艺绿色生产的特征 …… 4
1.3　现代园艺绿色生产的践行思路 …… 6
1.3.1　土壤健康与绿色生产 …… 7
1.3.2　作物调控与绿色生产 …… 8
1.3.3　环境管理与绿色生产 …… 9
1.4　现代园艺绿色生产面临的机遇和挑战 …… 10
1.4.1　现代园艺绿色生产面临的机遇 …… 10
1.4.2　现代园艺绿色生产需要迎接的挑战 …… 10
复习思考题 …… 11

第 1 篇　土壤微生态构建在现代园艺绿色生产中的应用

第 2 章　土壤健康(质量)评价与园艺绿色生产 …… 15
2.1　土壤健康——园艺绿色生产的基石 …… 16
2.1.1　土壤健康的概念 …… 16
2.1.2　土壤健康对园艺绿色高效生产的重要性 …… 16
2.2　土壤健康(质量)评价指标 …… 17
2.2.1　土壤肥力质量指标 …… 17
2.2.2　土壤环境质量指标 …… 29
2.2.3　土壤污染物指标 …… 30
2.3　土壤质量评价 …… 31
2.3.1　土壤质量评价的目的与意义 …… 31
2.3.2　土壤质量评价的方法 …… 31
复习思考题 …… 34
第 3 章　绿色园艺生产常见的土壤问题与修复 …… 35
3.1　绿色园艺生产常见的土壤问题 …… 36
3.1.1　土壤酸化 …… 36
3.1.2　土壤盐渍化 …… 38
3.1.3　土传病害 …… 40
3.1.4　土壤污染 …… 42

3.2 土壤改良、修复措施 …… 47
3.2.1 土壤改良 …… 47
3.2.2 污染土壤的修复 …… 50
复习思考题 …… 52
第 4 章 功能微生物与土壤健康微生态构建 …… 53
4.1 功能微生物与土壤微生态健康 …… 54
4.2 功能多样的土壤微生物 …… 54
4.2.1 固氮微生物 …… 55
4.2.2 解磷菌、解钾菌 …… 57
4.2.3 芽孢杆菌属 …… 58
4.2.4 假单胞杆菌属 …… 59
4.2.5 木霉属 …… 60
4.3 功能微生物提升土壤肥力和抗病促生的机制 …… 60
4.3.1 改善土壤理化性质,增加元素有效性 …… 60
4.3.2 延缓病害发生,促进植株生长机制 …… 63
复习思考题 …… 65

第 2 篇 科学施肥技术和新型肥料在现代园艺绿色生产中的应用

第 5 章 植物必需营养元素与园艺作物需肥特点 …… 69
5.1 植物必需营养元素 …… 70
5.1.1 植物必需营养元素的种类 …… 70
5.1.2 必需营养元素与植物生长 …… 71
5.1.3 植物必需营养元素的生理功能及失调症状 …… 71
5.2 园艺作物需肥特点与规律 …… 74
5.2.1 蔬菜需肥特点与规律 …… 74
5.2.2 果树需肥特点与规律 …… 77
5.2.3 花卉需肥特点与规律 …… 78
复习思考题 …… 79
第 6 章 科学施肥与园艺作物施肥技术 …… 80
6.1 科学施肥的基本原理和原则 …… 81
6.1.1 施肥的基本原理 …… 81
6.1.2 施肥的基本原则 …… 83
6.2 施肥技术的组成要素 …… 83
6.2.1 施肥量和养分配比 …… 84
6.2.2 施肥时期 …… 85
6.2.3 施肥方式 …… 86
6.2.4 施肥机具 …… 87
6.3 园艺作物基本施肥技术 …… 88

6.3.1　蔬菜平衡施肥技术……………………………………………………………… 88
6.3.2　果树施肥技术……………………………………………………………………… 92
6.3.3　花卉施肥技术……………………………………………………………………… 94
6.4　现代园艺高效施肥技术……………………………………………………………… 96
6.4.1　测土配方施肥技术………………………………………………………………… 96
6.4.2　水肥一体化技术…………………………………………………………………… 96
6.4.3　有机肥替代化肥技术……………………………………………………………… 98
6.4.4　精准施肥技术……………………………………………………………………… 98
6.4.5　自动化施肥技术…………………………………………………………………… 99
复习思考题……………………………………………………………………………… 100
第7章　新型肥料开发与应用…………………………………………………………… 101
7.1　新型肥料 ……………………………………………………………………………… 102
7.1.1　新型肥料的概念 ………………………………………………………………… 102
7.1.2　新型肥料的种类 ………………………………………………………………… 102
7.1.3　新型肥料的特点 ………………………………………………………………… 103
7.1.4　新型肥料与传统无机肥料的联系与区别 ……………………………………… 103
7.2　新型肥料的开发原理及施用效果 ………………………………………………… 104
7.2.1　缓/控释肥………………………………………………………………………… 104
7.2.2　微生物菌肥 ……………………………………………………………………… 106
7.2.3　氨基酸功能肥 …………………………………………………………………… 107
7.2.4　腐植酸肥 ………………………………………………………………………… 108
7.2.5　海藻肥 …………………………………………………………………………… 110
7.2.6　纳米碳肥料 ……………………………………………………………………… 111
复习思考题……………………………………………………………………………… 112

第3篇　节水灌溉技术在现代园艺绿色生产中的应用

第8章　设施作物需水特性与需水规律………………………………………………… 115
8.1　水资源及节水灌溉现状 …………………………………………………………… 116
8.1.1　我国水资源状况 ………………………………………………………………… 116
8.1.2　节水灌溉发展现状 ……………………………………………………………… 117
8.1.3　我国节水灌溉发展存在的问题 ………………………………………………… 117
8.1.4　设施园艺发展节水灌溉的必要性 ……………………………………………… 118
8.2　作物需水量及其影响因素 ………………………………………………………… 119
8.2.1　作物需水量 ……………………………………………………………………… 119
8.2.2　影响作物需水量的因素 ………………………………………………………… 119
8.3　作物需水量的计算方法 …………………………………………………………… 121
8.3.1　公式法 …………………………………………………………………………… 121
8.3.2　水平衡法 ………………………………………………………………………… 122

8.3.3 蒸发皿法(α 值法) …… 122
8.3.4 神经网络模型 …… 122
8.4 灌溉制度和灌水定额 …… 123
8.5 设施栽培对灌溉的要求 …… 123
8.5.1 作物对水的需求 …… 123
8.5.2 温室内蔬菜的需水特性与水分管理 …… 124
8.5.3 温室内果树的需水特性与水分管理 …… 126
8.5.4 温室内花卉的需水特性与水分管理 …… 128
8.5.5 设施栽培对灌溉技术的要求 …… 130
复习思考题 …… 131
第9章 节水灌溉技术 …… 132
9.1 节水灌溉技术的定义与分类 …… 133
9.2 农艺节水技术 …… 133
9.2.1 控制性交替灌溉技术 …… 133
9.2.2 节水型沟灌技术 …… 134
9.3 工程节水技术 …… 136
9.3.1 滴水灌溉技术 …… 136
9.3.2 微喷灌技术 …… 138
9.3.3 渗灌技术 …… 139
9.3.4 潮汐灌溉技术 …… 140
9.3.5 痕量灌溉技术 …… 141
9.3.6 微润灌溉技术 …… 141
9.3.7 自动化控制灌溉技术 …… 142
9.3.8 信息节水技术 …… 144
9.4 生物节水技术 …… 144
9.4.1 抗旱品种 …… 144
9.4.2 抗蒸腾剂 …… 145
9.4.3 保水剂 …… 146
9.4.4 植物生长调节剂 …… 146
复习思考题 …… 147
第10章 设施农业代表性节水技术设备组装、运行与管理 …… 148
10.1 微喷灌技术设备组成与维护 …… 149
10.1.1 微喷灌系统设备工作原理 …… 149
10.1.2 微喷灌系统设备组成与设计 …… 149
10.1.3 微喷灌系统设备安装 …… 150
10.1.4 微喷灌系统设备运行管理与维护 …… 151
10.2 滴灌技术设备组成与维护 …… 151
10.2.1 滴灌系统设备工作原理 …… 151
10.2.2 滴灌系统设备组成与设计 …… 152

10.2.3 滴灌系统设备运行管理与维护…………………………………… 152
10.3 潮汐灌溉技术设备组成与维护…………………………………………… 153
10.3.1 潮汐灌溉系统设备工作原理…………………………………………… 153
10.3.2 潮汐灌溉系统设备组成与设计………………………………………… 154
10.3.3 潮汐灌溉系统设备运行管理与维护…………………………………… 155
10.4 痕量灌溉技术设备组成与维护…………………………………………… 155
10.4.1 痕量灌溉系统设备工作原理…………………………………………… 155
10.4.2 痕量灌溉系统设备组成与设计………………………………………… 156
10.4.3 痕量灌溉系统设备运行管理与维护…………………………………… 156
10.5 微润灌溉技术设备组成与维护…………………………………………… 157
10.5.1 微润灌系统设备工作原理……………………………………………… 157
10.5.2 微润灌系统设备组成与设计…………………………………………… 157
10.5.3 微润灌系统设备运行管理与维护……………………………………… 158
复习思考题…………………………………………………………………………… 158

第4篇 病虫害绿色防控技术在现代园艺绿色生产中的应用

第11章 绿色防控技术支撑园艺绿色生产 ………………………………… 161
11.1 园艺生产病虫害的特点…………………………………………………… 162
11.1.1 病虫害对园艺绿色生产的影响………………………………………… 162
11.1.2 园艺生产病虫害发生特点……………………………………………… 162
11.2 绿色防控技术……………………………………………………………… 163
11.2.1 综合防治的概念及其发展……………………………………………… 163
11.2.2 绿色防控的作用地位…………………………………………………… 164
11.3 病虫害的诊断与监测预警………………………………………………… 165
11.3.1 病虫害的诊断…………………………………………………………… 165
11.3.2 病虫害的田间调查……………………………………………………… 166
11.3.3 病虫害的预测预报……………………………………………………… 167
复习思考题…………………………………………………………………………… 169
第12章 病虫害防治原则与绿色防控技术 ………………………………… 170
12.1 病虫害绿色防控的原则…………………………………………………… 171
12.2 病虫害绿色防控技术……………………………………………………… 171
12.2.1 植物检疫技术…………………………………………………………… 171
12.2.2 抗病虫品种的选用……………………………………………………… 172
12.2.3 生态调控技术…………………………………………………………… 175
12.2.4 物理防控技术…………………………………………………………… 180
12.2.5 生物防治技术…………………………………………………………… 184
12.2.6 科学施药技术…………………………………………………………… 193
复习思考题…………………………………………………………………………… 201

第 13 章　园艺生产病害绿色防控案例 …… 202
13.1　植物病原菌物引起的园艺植物病害 …… 203
13.1.1　原生动物界菌物引起的园艺植物病害绿色防控案例 …… 203
13.1.2　假菌界菌物引起的园艺植物病害绿色防控案例 …… 204
13.1.3　真菌界菌物引起的园艺植物病害绿色防控案例 …… 207
13.2　植物病原原核生物引起的园艺植物病害 …… 214
13.2.1　病原细菌引起的园艺植物病害绿色防控案例 …… 214
13.2.2　菌原体引起的园艺植物病害绿色防控案例 …… 219
13.3　园艺植物病毒病害 …… 221
13.3.1　番茄病毒病 …… 221
13.3.2　苹果病毒病 …… 222
13.4　园艺植物线虫病害 …… 223
复习思考题 …… 224

第 5 篇　农业废弃物循环利用技术在现代园艺绿色生产中的应用

第 14 章　构建现代园艺循环生态农业 …… 227
14.1　循环农业 …… 228
14.1.1　循环农业的概念 …… 228
14.1.2　循环农业的理论基础 …… 228
14.1.3　农业循环的特征 …… 229
14.1.4　循环农业的发展理念 …… 230
14.2　农业废弃物资源利用现状与问题 …… 231
14.2.1　农业废弃物的概念 …… 231
14.2.2　农业废弃物的分类与来源 …… 231
14.2.3　农业固体废弃物资源化综合利用现状 …… 232
14.3　微生物菌剂为媒介的高效堆肥循环生态体系 …… 236
14.3.1　微生物菌剂定义及用途 …… 237
14.3.2　微生物菌剂生产生物有机肥概述 …… 237
14.3.3　有机固体好氧堆肥过程 …… 239
14.3.4　有机废弃物堆肥调控因子 …… 240
14.3.5　有机固体废弃物堆肥制作方法 …… 242
14.3.6　堆肥的应用效果 …… 243
14.3.7　堆肥施用原则及方法 …… 244
14.3.8　展望 …… 244
复习思考题 …… 245
第 15 章　以蚯蚓为媒介的高效循环生态体系 …… 246
15.1　蚯蚓的生态类型及在改善生态环境中的作用 …… 247
15.1.1　蚯蚓的生态类型 …… 247

15.1.2 蚯蚓在改善生态环境中的作用…………………………………………………… 248
15.2 蚯蚓及蚯蚓粪的应用生态价值…………………………………………………… 249
15.2.1 蚯蚓的应用生态价值…………………………………………………… 249
15.2.2 蚯蚓粪的应用生态价值…………………………………………………… 254
15.3 蚯蚓循环生态体系构建…………………………………………………… 258
15.4 蚯蚓(粪)在园艺产业的应用前景…………………………………………………… 261
复习思考题…………………………………………………… 262
第16章 秸秆材料的园艺利用 …………………………………………………… 263
16.1 秸秆资源现状与秸秆材料园艺利用前景…………………………………………………… 264
16.1.1 秸秆资源的现状…………………………………………………… 264
16.1.2 我国秸秆资源利用现状…………………………………………………… 264
16.1.3 秸秆资源在园艺领域的利用前景…………………………………………………… 265
16.2 秸秆材料化园艺利用深度开发技术…………………………………………………… 266
16.2.1 秸秆材料的特性…………………………………………………… 266
16.2.2 秸秆日光温室构建技术…………………………………………………… 267
16.2.3 秸秆基质块生产技术…………………………………………………… 271
16.2.4 秸秆容器生产技术…………………………………………………… 273
16.3 秸秆在园艺产业利用的商业应用进展与展望…………………………………………………… 275
16.3.1 商业应用进展…………………………………………………… 275
16.3.2 展望…………………………………………………… 276
复习思考题…………………………………………………… 277
参考文献…………………………………………………… 278

Chapter 1

第1章 绪 论

本章学习目的与要求

1. 了解现代绿色农业思想的形成过程及其意义。
2. 掌握现代园艺绿色生产的基本特征。
3. 全面认识土壤健康、作物调控和环境管理在现代园艺绿色生产中的作用。

1.1 现代绿色农业思想的形成

我国农业起源于新石器时代，距今已有1万多年的历史（表1-1）。从农耕时代到近现代文明，农业融入社会、经济与生态发展的全过程中。虽然我国是农业大国，但土地的可耕种面积有限。截至2019年年底，我国耕地总面积约20.3亿亩（1亩≈667 m^2），实际播种面积为17.41亿亩。尽管我国耕地面积的总量不小，但人均耕地面积只有1.5亩左右，仅为世界平均数的1/3。为了满足生存需求，提高生活质量，近30年来，我国的农业生产快速发展。这意味着需要在有限的土地面积上加大投入以获得较高的产出。因此，在较长的一段时期内，化肥和农药依赖型农业成了主流，尽管在一定程度上保障了农业的高产出，但过于依赖化肥、农药导致各种资源被过度开发利用，不仅极大地破坏了资源开采地的生态环境，还对产地环境造成了很大的污染。例如，我国化肥、农药使用量居世界第一，每公顷耕地的用量是世界平均水平的2.5～5倍，但其利用率比世界发达国家低15%～20%。此外，过度依赖化肥和农药会对人体健康造成危害，对人类命运构成威胁。长久来看，传统的化肥、农药过度依赖型农业难以长期维系，不可持续。随着人口的快速增长及各类环境问题的浮现，传统农业的生产方式、投入管理已难以适应目前经济社会的快速发展。由此，"绿色农业"应运而生。

表1-1 农业资源利用形式的演变（杨仁全，2009）

年代	资源利用阶段	资源利用形式
旧石器时代（始于距今300多万年）	原始人类采集和狩猎	依靠体力和旧石器从事采集和渔猎的生产方式获取食物
新石器时代晚期（距今1.5万年左右）	栽培、养殖和驯化动植物	捕猎动物进行驯化和饲养，选用适应性较强的植物进行种植，劳动工具是新石器，生产方式为撂荒式耕种及刀耕火种
传统农业阶段	以粗放型外延式经营为主	属于粗放型外延式扩大再生产方式。单纯依靠扩大生产场所、提高生产资料投入和增加劳动力数量的方法扩大再生产，生产技术和劳动效率并无提高
现代农业阶段	集约型内涵式经营	属于集约型内涵式扩大再生产方式。主要通过改善生产资料质量、加大先进科技投入和提高劳动生产率的方法扩大生产规模，生产技术和劳动效率均提高

放眼世界，"绿色农业"的思想启蒙，可溯源至20世纪初。1911年，美国威斯康星大学土壤学家富兰克林·金撰写了《四千年农夫》一书，详细论述了中国、朝鲜和日本的永续农业（Permanent Agriculture），被认为是"可持续农业"理念的发端。1972年，联合国"人类环境会议"在瑞典首都斯德哥尔摩召开，首次提出了"生态农业"发展战略。同年，国际有机农业运动联盟（IFOAM）在法国成立，行政总部设在德国波恩，推动了全球有机农业的发展。随后，美国、欧洲、日本等国家和地区发起限制化学物质的过量投入，保护"有机农业"的热潮。1989年，联合国环境署工业与环境规划活动中心（UNEP IE/PAC）制定了《清洁生产计划》，以期通过"清洁生产"应对日益严重的环境污染问题。1992年，联合国环境与发展大会在巴

西里约热内卢召开，提出了“人类应与自然和谐一致，珍惜共有资源环境”的“可持续发展”新理念。此后，许多国家开始积极探索农业的可持续发展模式。

国际可持续农业的兴起，对我国近代传统农业的变革起到了启发和推动作用。改革开放前，为了解决人民的温饱问题，我国农业生产以提高产量为主要目标。改革开放后，随着人民生活水平的不断提高，在保障产量的前提下，农业生产的目标逐渐开始向品质转变。1989年，农业部开始倡导发展“绿色食品”。“绿色食品”是指产自优良生态环境、按照绿色食品标准生产、实行全程质量控制并获得绿色食品标志使用权的安全、优质食用农产品及相关产品。显而易见，“绿色食品”是在“绿色生产”的基础上获得的。因此可以说，现代绿色农业思想在当时已经初具雏形。1990年，中国绿色食品发展中心正式成立，标志着我国成为世界上第一个正式宣布发展“绿色食品”的国家，为以后发展“绿色农业”指明了方向。1993年，中国绿色食品发展中心正式加入IFOAM，意味着我国“绿色食品”的理念走向世界。“绿色食品”理念推动了农业标准化生产，为保护农业生态环境，形成“绿色农业”思想奠定了基础。1994年，为贯彻联合国环境与发展大会精神，国务院审议通过了《中国21世纪议程》。该议程强调农业与农村的可持续发展，主要包括：推进农业可持续发展的综合管理、调整农业结构、优化资源和生产要素组合、提高农业投入和农业综合生产力、农业自然资源可持续利用与生态环境保护、发展可持续性农业科学技术及发展乡镇企业和建设农村乡镇中心。这标志着“可持续农业”成为21世纪我国现代农业发展的主题。此外，该议程针对工业的可持续发展，提出“开展清洁生产和生产绿色产品”。虽然“清洁生产”是针对工业污染而提出的，但这一发展思路与农业的“绿色生产”不谋而合，为顺利发展“绿色农业”作了铺垫。可以说，“清洁生产”是“绿色农业”的基础。2003年，原农业部农垦司司长刘连馥在“亚太地区绿色食品与有机农业市场通道建设国际研讨会”上首次提出了“绿色农业”的理念。同年，在时任国务院副总理回良玉同志的批示下，我国率先开启了“绿色农业”的探索之路。2015年，为了治理农业面源污染，农业部提出了“一控、两减、三基本”的目标。“一控”是指控制农业用水的总量，划定总量（保持在3 720亿 m^3）的红线和利用系数率（0.55）的红线；“两减”是指减少化肥、农药的施用总量，未来实现零增长；“三基本”主要是指畜禽粪、农膜和秸秆的资源化利用和无害化处理。这一目标，使得“绿色农业”的发展方向更为明确具体。2017年9月，中共中央办公厅、国务院办公厅印发并实施《关于创新体制机制推进农业绿色发展的意见》，首次全面提出农业绿色发展的总体目标，明确了“三不、两零、一全”的总体目标。“三不”是指耕地数量不减少、耕地质量不降低、地下水不超采；“两零”是指化肥、农药使用量零增长；“一全”是指秸秆、畜禽粪污、农膜等农业废弃物全利用。全面推进农业的绿色发展，标志着中国现代农业的发展方式发生根本性转变，必将为整个社会、经济与生态的发展提供新动力。

中国绿色食品协会将“绿色农业”定义为“充分运用先进科学技术、先进工业装备和先进管理理念，以促进农产品安全、生态安全、资源安全和提高农业综合经济效益的协调统一为目标，以倡导农产品标准化为手段，推动人类社会和经济全面、协调、可持续发展的农业发展模式”。毫无疑问，“绿色农业”的思想理念、生产方式和标准体系符合我国国情，适合现代农业发展的新形势。“绿色农业”是现代农业的基本类型之一。其既不是传统农业的回归，也不是对生态农业和有机农业的否定，而是一种博采众长、兼收并蓄、内涵丰富的新型农业模式。它的形成过程，是一个“大农业”整体由低级向高级逐步演进的过程。在这个过程中，随着人们生活水平的提高，农业科学技术与管理手段的进步，生产过程的规范化与标准化，初级绿色农业模式渐进演变为高级绿色农业模式，并最终形成现代绿色农业生产体系。在农业现代化道路上，农业的绿色发展已成为必然的选择，而农业绿色生产是推动农业绿色转型和发展的重要推动力。

1.2 现代园艺绿色生产的特征

“绿色农业”是“现代农业”的一个重要分支，而“现代园艺”是“绿色农业”的一个分支。因此，现代园艺应具备现代农业的基本特征。现代农业是指广泛应用现代科学技术、现代工业提供的生产资料和科学管理方法，对农业进行规模化、集约化、市场化和农场化的生产活动。现代农业的发展是建立在植物学、动物学、遗传学、化学、物理学等科学高度发展的基础之上的，经历了由凭借传统经验变为依靠科学的历程。因此，现代农业是科学化的农业，现代园艺也是科学化的园艺。

绿色生产既是绿色农业的基础，又是绿色农业发展的重要推动力。绿色生产以“经济效益、社会效益和生态效益”的有机统一为总目标，将绿色思想应用于农业生产的全过程，强调投入资源的高效利用、生产方式的可持续、生产过程的零污染及农产品的质量安全。同样，这些基本特征也适用于现代园艺绿色生产。现代园艺绿色生产是针对现代园艺传统生产而言的。一方面，绿色生产是在传统生产的基础上发展而来的，因此其吸取了传统生产的精华部分；另一方面，绿色生产高于传统生产，因此又有其自身特殊性。现代园艺绿色生产的基本特征概括如下：

1. 全面高效，综合生产率高

传统园艺农业的典型特征是高投入（能源、原材料、劳动等生产要素的投入多）、低产出（产品档次低、质量差、经济效益差）。与传统园艺农业不同，现代园艺绿色生产具备较高的土地产出率和劳动生产率，集经济、社会、生态效益于一体。换言之，现代园艺绿色生产应是全面高效的，即在注重农业效益的同时，合理开发和利用资源，保护生态环境，保障食物安全。没有经济、社会、生态效益的有机统一，农业绿色生产难以可持续进行。

2. 生产资料可循环，生产方式可持续

在现代园艺绿色生产过程中，化肥、农药、除草剂、灌溉水、地膜等生产资料都应是绿色的。在使用绿色生产资料的基础上，“绿色”理念贯穿整个栽培全过程，包括种苗培育、整地施肥、起垄覆膜、移栽定植、环境控制、水肥管理、株型调控、病虫害防治等（图 1-1）。例如，在设施番茄定植过程中，可采用能够降解的生物农膜或便于机械回收、再利用的地膜；在栽培过程中，可采用振荡授粉和熊蜂授粉技术；在施肥过程中，可采用绿肥或优质有机肥，以替代化肥和培肥地力；在病虫害防治过程中，坚持“预防为主，综合防治”植保方针，以物理防治和生物防治为主。最终实现生产方式的可持续利用，使现代园艺农业成为一个良好的可循环的生态系统。

3. 生产资料投入少，资源利用效率高

在现代园艺绿色生产过程中，应科学化、标准化、高效率地使用各种现代生产投入要素，

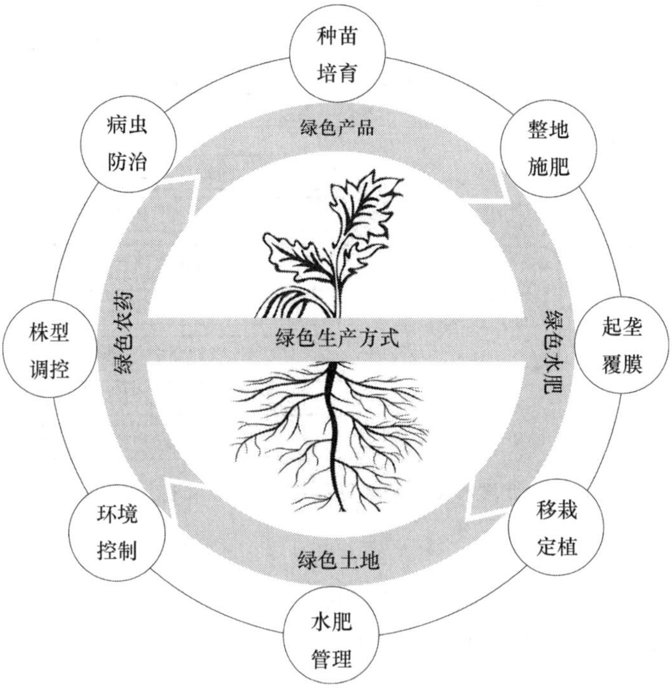

图 1-1 现代园艺绿色生产过程

包括水、电、农膜、肥料、农药、良种、农业机械等物质投入和农业劳动力投入。最终，在减少资源投入和提高资源利用效率的基础上，实现现代园艺绿色生产的优质高效。值得注意的是，科学化是贯穿现代园艺绿色生产全过程的重要指导思想和行为准则，是实现减少资源投入量和提高其利用效率的根本出发点。例如，在进行水肥管理时，应根据土壤（基质）状况及作物不同生育期的水分和养分需求特性，进行精准化、精量化灌溉与施肥。

4. 重视生态环境保护，强调产品质量安全

现代绿色农业强调资源节约、环境零损害，担负着维护人类生存环境与改善生活质量的使命。节能、降耗、减污是农业绿色生产的基本要求。在安全合理地持续使用工业投入品的前提下，现代农业注重农田生态系统的能量转化和物质循环（驱动力为生物和非生物环境之间以及生物种群之间的相互关系），从而将该过程中的损失降低到最低，实现资源的可持续利用和生态环境的保护。现代园艺是现代农业的重要分支，因此，其生产过程也应具备现代农业的这些特征。此外，现代园艺绿色生产须有严格的环境标准。这些标准，既强调产品本身的质量安全，又注重产品的生产过程是绿色的。这就要求在农业生产的全过程中，使用先进的生产技术和科学的管理方法，最大限度地减少农业污染物的排放（图 1-2）。因此，绿色理念贯穿在现代园艺生产体系中的土、肥、水、气、生物多样性及食物安全等资源和环境的各个方面。目前，一些农业绿色生产技术已经日趋成熟，如测土配方施肥技术、节水灌溉技术、病虫害生物防控技术等。

5. 开放兼容，多元融合

传统园艺单纯依靠扩大生产场所、提高生产资料投入和增加劳动力数量的方法来扩大再生产，生产技术和劳动效率并不高。与传统园艺有别，现代园艺主要通过改善生产资料质

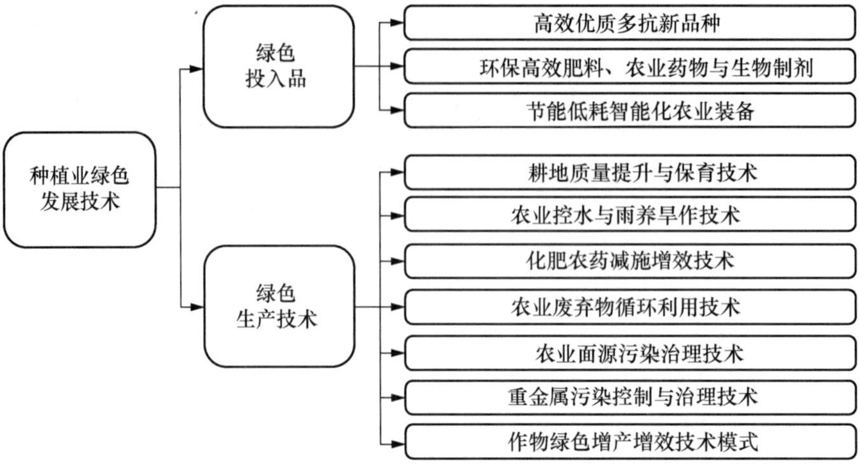

图 1-2　我国种植业绿色发展技术(农业农村部,2018)

量、加大先进科技投入和提高劳动生产率的方法来扩大生产规模,生产技术和劳动效率均有所提高。在生产技术方面,现代园艺广泛应用机械技术、工程技术、电子技术、计算机管理技术、现代信息技术、生物技术等农业高新技术。一切人类文明进步特别是科技发展的优秀成果,基本上都可以为现代园艺所用。

6. 生产过程标准化,栽培管理规范化

园艺作物安全高效标准化生产是现代园艺的发展方向。绿色农业鲜明地提出农业生产要实行标准化全程控制与管理。标准化体现在硬件标准化、分工标准化、生产技术标准化等多个方面。换言之,在现代园艺里,设备(如标准的玻璃温室)和技术(如标准的采收操作)都是可复制的。在欧美、日本及以色列等现代园艺发达国家和地区,已形成了很多标准化生产技术,如专业化的生产品种、工厂化种苗培育技术、智能化环境精准控制技术、标准化采后处理技术等。栽培管理规范化也是现代园艺的典型特征。例如,在荷兰的玻璃温室番茄生产过程中,采取“专人专项”的工作模式,即工人各司其职,分工完成打叶、果实采收、疏花疏果、落蔓、绕秧打叉等工作。此外,生产过程有完善的管理及监管体系:一方面,有专门的质量监管人员,对采收工作质量进行检测;另一方面,采用专业的管理系统(如 Hortimax),在系统终端可显示工人的工作效率和完成情况。

1.3　现代园艺绿色生产的践行思路

土壤(基质)-园艺作物-环境构成了园田生态系统。其以园艺作物为中心,利用生物和非生物环境之间、生物种群之间的相互关系,进行能量转化和物质循环,影响着园艺作物的生长发育和健康状况。因此,维持园田生态系统稳定,充分发挥其生态服务功能,是实现现代园艺绿色生产的关键突破点。

1.3.1 土壤健康与绿色生产

土壤是作物生长的基础，而土壤健康是农业绿色发展的基石。土壤健康不仅深刻地影响植物、动物和人类健康，而且与大气、水环境保护休戚相关。但是，土壤是脆弱性的非再生资源，面对高度的土地集约化和生产资料投入，很容易发生质量退化问题。当前，我国土壤健康问题日趋严重。1997 年，我国土壤退化总面积约 4.60 亿 hm^2，占全国土地总面积的 40%左右。目前，我国耕地面临无机/有机物污染（塑化剂、重金属、抗生素、农药等）、有机碳匮乏、耕层变浅、酸化板结、作物可利用养分的有效性低、生物多样性低、土传病害严重等多方面的健康威胁。土壤污染和退化具有隐蔽性、长期性和复杂性的特点，一旦发生则修复难度大。因此，阻控土壤质量退化、培育健康土壤，是农业绿色生产的首要任务。

土壤健康有狭义和广义之分。狭义的土壤健康，强调土壤生物（特别是病原菌、寄生线虫等），尤其指土壤要保证植物的健康生长；广义的土壤健康，是指在自然或管理的生态系统边界内，一个充满活力的土壤所具有的保证持续生产，保持良好的水体和大气环境，促进植物、动物（人类）健康的能力。对于农业绿色生产而言，土壤健康保持显得尤为重要。土壤健康保持指的是采用科学合理的栽培制度（如轮作、填闲、间套种、伴生栽培和种植嫁接苗等）和保护性的土壤管理措施（如增施堆肥、生物炭、生物菌肥、秸秆还田和免耕等），使得土壤具有较强的自动调节性、稳定性与恢复力。自动调节性是指土壤具有功能冗余性，即有几个不同物种完成酶促反应或实现物理过程；稳定性是指在环境条件和投入大幅度变化情况下，土壤仍能执行其养分循环、有机物质同化和土壤结构保持等功能的能力；恢复力是指土壤经过剧烈扰动，正常功能被破坏后，重新恢复其健康功能的能力。土壤健康强调土壤作为一个生态系统不应存在胁迫症状，其主要表现为土壤群落的生物完整性，即土壤生物体之间以及土壤生物与环境的平衡。

健康的土壤应由作物、土壤、气候和管理目标而定。张俊伶等（2020）针对田块尺度，提出了培育健康土壤的三个阶段（图 1-3），这一思路非常值得现代园艺绿色生产借鉴。

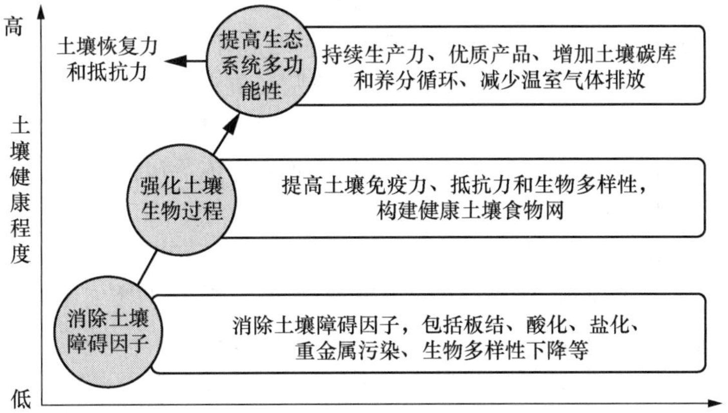

图 1-3　健康土壤的培育思路（张俊伶等，2020）

威胁土壤健康的不利因素诸多，而这些不利因素往往是交互发生的。例如，土壤酸化可加重土传病害的发生；重金属污染会降低生物多样性低；有机碳匮乏则加重无机/有机物污染物对土壤的危害程度等。因此，若仅针对单一不利因素进行土壤培育，往往难以实现土壤健康的目标。根据目前已有的研究，对园艺土壤而言，土壤健康主要由有机质（特别是有机碳）水平和生物多样性决定。这两个因素可同时调控多种不利因素对土壤健康的威胁程度。

土壤有机质主要由活性库、惰性库和慢性库三个有机化合物库所构成。活性库由微生物生物量和相对容易分解的化合物（如多糖和其他非腐殖质物质）组成，其在土壤养分循环、微量元素螯合、维护结构的稳定性、支持微生物多样性和活动等方面起着主要作用；惰性库包含非常稳定的抵抗微生物分解的物质，其为土壤提供了阳离子交换和持水能力；慢性库是指稳定性和抗分解性介于活性库和惰性库之间的组分，其为自养型土壤微生物的稳定代谢提供食物和能量。当土壤自然植被清除并转变为作物种植时，最初下降的主要是活性库。因此，提升土壤有机质，尤其是活性库，是保持土壤健康的关键。提升土壤有机质的有效措施主要包括增施堆肥、生物炭、生物菌肥、秸秆还田和免耕等。此外，由于大多数土壤的碳/氮比相对恒定（一般约为 12∶1），因此提高有机质含量的土壤管理必需包括一些氮供应的方式，例如种植豆科作物、增施生物固氮肥等。

土壤是包含高度多样化生物群落的复杂体系。土壤生物群落需要能量和养分维持高效运作，因此土壤生物能够分解有机物质，参与腐殖质形成，并留下高等植物可利用的物质。在生物多样性高的条件下，哪一个物种也不会占据绝对优势，因此，任何一个物种的缺失都不会导致整个土壤生态系统的瘫痪。通常情况下，连年单一种植可导致土壤微生物多样性下降，进而使得土壤微生态系统的功能冗余性下降。因此，提高土壤微生物多样性是保持土壤健康的关键途径之一。提高土壤微生物多样性有效措施主要包括轮作、填闲、间作、套种、伴生栽培、种植嫁接苗等。此外，一些提升土壤有机质的措施也有助于提高土壤微生物多样性，如增施堆肥、生物炭、生物菌肥和秸秆还田等。

1.3.2 作物调控与绿色生产

如果说土壤健康是绿色生产的基石，那么植株健壮则是绿色生产的根本。只有植株健壮，化肥、农药等的投入才会相应减少。植株健壮可通过作物调控来实现，主要途径包括选择高效优质多抗品种、培育壮苗、地膜覆盖、精准施肥和节水灌溉、促根壮秧、防治病虫害等。

品种是决定作物抗性的首要因素。品种的抗性主要包括抗病和抗逆两大类。抗病为生物抗性，是作物抵御种传病害、土传病害、气传病害和介体传播病害等的能力；抗逆为非生物抗性，是作物忍耐干旱、水涝、盐胁迫、重金属、高温、低温、弱光等逆境的能力。在既定的品种下，培育壮苗是作物调控的第一环节，其甚至对作物全生育期的健康有决定性作用。例如，南京农业大学沈其荣课题组于 2019 年研究发现，番茄苗期土壤细菌群落可能通过产生抑菌物质，形成竞争互作型群落，进而有效抑制作物中后期病原菌的入侵，保障作物一生健康。因此，增加幼苗根系（包括根际和根系内部）的有益微生物群落（如生防菌、促生菌等），是园艺作物绿色生产的重要技术之一。

幼苗定植时，覆盖地膜是园艺作物栽培中广泛应用的农艺措施之一，其作用主要体现在保墒、提升和稳定土壤温度、抑制杂草等方面。地膜覆盖的保墒增温作用，对作物生长的调控作用主要体现在三个方面：一是直接改善根系生长，提升作物对水分和养分的吸收能力；

二是加快土壤腐殖质转化，释放无机养分供根系吸收利用；三是促进土壤微生物的增殖，增加根区有益微生物数量，进而间接增强根系的抗逆能力。此外，一些特殊地膜可以起到驱避病虫害的作用，如银灰色反光膜能够驱避蚜虫、减少病毒病的传播。幼苗定植后，水肥管理是作物栽培的重要环节。幼苗定植后，基于作物的水分和养分需求规律，进行适度水肥促控管理，可有效提高作物对环境的适应性。例如，在设施番茄栽培过程中，番茄正常灌溉量的灌溉上、下限分别为90%和75%田间持水量，若将苗期（从定植到第一穗果坐果）的灌溉量降低至正常灌溉的1/3～2/3，并不影响植株的水分消耗及果实的产量和品质；若在番茄果实成熟期（从第一穗果开始成熟至拉秧），采用同样的减量灌溉策略，则可在不影响番茄产量的前提下显著提高果实品质。

除水肥促控管理外，促根壮秧策略应贯穿在绿色生产的全过程中。诸多研究表明，根区增施生物炭、功能性微生物菌肥、蚯蚓粪肥等可增强根际微生物多样性及其代谢潜能，进而促进植株生长。此外，采用生物刺激策略也能够实现对作物生长的有效调控。生物刺激策略是指利用植物生物刺激素改善植株生理机能、养分吸收、非生物胁迫（盐、干旱和重金属）抵抗力和内生/根际菌群，进而改善作物生长。植物生物刺激素以天然原料为基础，不属于农药、传统肥料、植物激素或植物生长调节剂范畴，施用剂量很小。目前，生物刺激策略在欧洲园艺作物的生产中应用较多。例如，意大利 Rouphael 等（2017）研究发现叶面喷施 2.5 mL/L 豆科蛋白水解物可显著提高温室番茄果实中可溶性固形物的含量。在促根壮秧的基础上，病虫害防治是保障作物健康的关键措施。在绿色生产中，应坚持“预防为主，综合防治”植保方针，重视生态防控，通过促根壮秧和温光湿环境管理等减少发病。必要时，病虫害防治以物理防治、生物防治和高效低/微毒农药为主。

1.3.3 环境管理与绿色生产

科学的环境调控是实现园艺作物绿色生产的重要因素。影响作物生长的环境因素主要包括温度、湿度、光照、气体等。在实际生产中，温度常常对作物生长起主导作用，对农业生产具有重要意义。温度调控是促进节能减排、实现园艺作物绿色低耗生产关键环节。目前，一些新型绿色加温和降温技术已逐渐被研发出来。在加温方面，新型技术主要有碳晶加温面板、水源热泵系统、地源热泵系统、地下蓄热系统、太阳能—空气能加温系统、主动蓄放热加热基质系统等。虽然这些加温技术在温度提升、节能减排等方面优点突出，但是也存在成本高、投入大等制约技术应用的瓶颈问题。除绿色加温技术外，降温技术也是温度调控研究的重点。在降温方面，新型技术主要有喷雾法、水源热泵系统、遮阳降温涂料、生物纸膜降温等。与加温技术相比，新型降温技术多以低成本为主，但降温效果有限，在天气炎热的季节作用较弱。综上所述，低成本、高效率的节能加温或降温技术，是未来研发的重点。

空气湿度对设施园艺作物健康至关重要。多数情况下，设施高湿环境有利于病虫害的发生。因此，采取有效的除湿措施，降低病虫害，对园艺作物绿色生产有重要意义。传统除湿措施主要包括覆盖地膜、通风换气、减少喷药、选用无滴消雾膜、控水减湿等，这些措施都可应用于绿色生产。值得关注的是，在高湿条件下往往需要通过施药控制病虫害，但是传统的喷雾防治方法容易增加环境湿度，降低药剂的作用效果。此外，由于设施空间条件的限制，传统方法存在劳动强度大、费力费时等问题。近年来，中国农业科学院蔬菜花卉研究所的李宝聚研究员课题组，研发了精量电动弥粉机应用技术。该技术采用新型环保型微粉剂农药(颗粒粒径约 10 μm)，利用粉粒所特有的漂浮效应，使农药微粉颗粒在温室大棚中自由、均匀地落在植物叶片上，具有省工省时、成本低、施药量小、安全环保等特点。更为重要的是，其施药过程不需兑水，不会增加棚室湿度，且无高温引起的农药损失。目前，该技术在保护地蔬菜病害防治中表现出了良好的防治效果，对霜霉病、白粉病等顽固型病害的防治效果可高达 85%以上。

补充光照是弱光期(阴雨天、雾霾天、冬天等)调控植株生长的关键策略。除传统的高压钠灯、荧光灯等外，发光二极管(light emitting diode，LED)是近年来广泛应用的人工光源之一。LED 是一种节能高效、发热量小的“冷光源”，具有体积小、发光效率高、波长可以精准选择等特点，有望代替现有植物生长光源，实现作物的高效生产，在绿色生产中具有广阔的发展应用前景。

气体调控目前主要集中在 CO_2 施肥上。传统的 CO_2 调控方法主要包括增施有机肥、通风法、CO_2 钢瓶法、有机堆肥法、化学反应法、风送式风机补充法等。尽管如此，在设施园艺作物生产中，尚缺乏能够大面积应用的低成本、高效率的 CO_2 精准化调控技术。

1.4 现代园艺绿色生产面临的机遇和挑战

1.4.1 现代园艺绿色生产面临的机遇

党的十九大提出要构建绿色生产体系。2017 年，我国全面推进农业绿色发展，为现代园艺绿色生产带来了前所未有的大好机遇。现阶段，我国的现代化农业发展已经到达了一个新的转折点，以绿色发展为导向，结合提质增产、资源高效、绿色安全等目标，利用以效率、和谐、可持续为目标的经济增长和社会发展方式，坚持发展生态绿色的理念，是可持续发展的必然选择，也是农业现代化的必由之路。

1.4.2 现代园艺绿色生产需要迎接的挑战

在我国设施园艺作物生产体系中，普遍存在土壤质量严重退化、病虫害频发、农药化肥用量大而利用率低、蔬菜产品质量安全有隐患等突出问题。如何建立设施园艺作物高产高效栽培技术体系，实现可持续生产，保护生态环境，是现代园艺绿色生产需要首要迎接的挑战。

此外，面对我国土地资源趋于恶化、水资源严重紧缺的现状，如何利用有限的土地资源和水资源，生产出安全优质的农产品是现代园艺绿色生产需要迎接的另一个挑战。近年来的中央一号文件再三强调，“藏粮于地，藏粮于技”。实质上，这也是为现代园艺绿色生产如何迎接挑战提供了根本性的应对策略：保护生态环境，通过科技创新推动现在园艺产业高质量发展。

习近平总书记说：“绿水青山就是金山银山。”牢固树立和践行这一理念，着力推行绿色生产方式，既是现代园艺迎接挑战的必由之路，又是现代园艺克服挑战的有效方式。绿色是乡村振兴道路、全面小康道路不可或缺的底色，要提高农业可持续发展水平，必须推进绿色发展。当前，我国正着力转变农业发展方式，以绿色发展为导向，探索“产出高效、产品安全、资源节约、环境友好”的农业现代化道路。我国农业绿色发展已实现多点突破：一是农业资源利用强度明显下降，水土资源、草原生态功能、渔业资源和农业生物多样性等得到有效保护；二是面源污染治理成效显著，化肥农药使用量双双实现零增长，畜禽粪污资源化利用率、农作物秸秆综合利用率和农用残膜回收率显著提高。这些，为我国现代园艺绿色生产提供了可借鉴的宝贵经验。

现代绿色农业思想形成、特性和践行思路的相关内容见视频 1-1。

视频 1-1　绪论

复习思考题

1. 绿色生产对人类命运和人民生活有何重要意义？
2. 现代农业与传统农业有何区别？
3. 有机农业是否等同于绿色农业？为什么？
4. 绿色食品理念对推进农业的绿色发展有何作用？
5. 在现代园艺绿色生产过程中，绿色理念主要体现在哪些方面？
6. 绿色生产与环境保护之间有何关系？
7. 土壤健康对保障现代园艺绿色生产有何意义？
8. 作物调控在现代园艺绿色生产中起什么作用？
9. 如何理解作物生长环境调控与现代园艺绿色生产之间的关系？

第1篇

土壤微生态构建在现代园艺绿色生产中的应用

2021 年政府工作报告明确指出要继续贯彻落实《生态文明体制改革总体方案》，更好地打好蓝天、碧水、净土保卫战，推动绿色发展，促进人与自然和谐共生。在各类环境要素中，土壤是污染物的最终受体，大量水、气污染陆续转化为土壤污染，进而影响作物甚至人体的健康。而土壤作为动植物赖以生存的重要条件，是人类赖以生存的重要资源，是支撑建成美丽中国最根本、最关键的要素之一，对整个生物圈发展起着至关重要的作用。植物通过吸收土壤中养分、水分从而使自身生物量得以累积。植物吸收土壤养分的同时，进行光合作用产生有机物，其枯枝落叶残留于土壤中，可以恢复并保持土壤养分。土壤动物作为生态系统物质循环中的重要消费者，在生态系统中起着重要的作用，一方面积极同化各种有用物质以建造其自身；另一方面又将其排泄产物归还到环境中不断改造环境。“空间链”把植物与动物连接在一起，加上水、土壤、温度、阳光、空气等非生物因素，构成了地球表面的生物圈。动植物与土壤环境之间不断地进行着物质和能量的交换，从而建立动态平衡关系。

土壤健康是指在自然或管理的生态系统边界内，充满活力的土壤所具有的保证持续生产，保持良好的水体和大气环境，促进植物、动物（人类）健康的能力。近年来，随着社会发展，园艺产业发生了翻天覆地的变化，社会需求逐渐从“量”转变到了“质”，绿色园艺生产这一目标，逐渐进入了大众的视线，但与之相对应的一系列问题也接踵而至。其中由于劳动者粗犷式管理模式、连年种植、农药过量使用等，导致土壤肥力下降、有害物质积累，土壤障碍问题尤为突出。这严重威胁着农业可持续发展，也威胁着人类健康。因此，土壤健康构建是现代农业绿色生产的首要条件。

植物根际存在大量的功能微生物，众多的功能微生物具有改良土壤理化性质、提高土壤肥力、促进土壤生态健康、拮抗土传病害、促进作物生长、构建良好的土壤微生态环境等功能，且功能微生物的开发使用符合农业的可持续发展要求，因此，发掘新型高效的功能微生物对解决土壤健康问题至关重要，更是实现现代农业绿色生产的重要手段。在国家《“十三五”生态环境保护规划》的背景下，本篇通过对园艺生产中常见土壤问题及原因的系统概述，让学生了解我们国家设施园艺土壤的现状和社会对健康土壤的需求，培养学生的国家意识，自觉树立和践行生态文明和可持续发展理念。引导学生掌握土壤健康（质量）的评价方法和基本的修复技术，重视土壤健康，理解园艺从业人员对于公共安全、健康和福祉以及环境保护的社会责任，形成现代设施蔬菜绿色生产的基本理念，进而助力现代农业绿色生产和美丽中国的建设。

Chapter 2

第2章

土壤健康（质量）评价与园艺绿色生产

本章学习目的与要求

1. 深入了解土壤健康对园艺绿色生产的重要性。
2. 掌握评价土壤健康的各项指标。
3. 系统学习土壤健康(质量)的评价方法及步骤。

2.1 土壤健康——园艺绿色生产的基石

2.1.1 土壤健康的概念

土壤健康(soil health)一词的出现，是基于土壤肥力下降、人口对土地的压力日益增大并严重威胁农业可持续发展的情况下提出来的。但随着时代的发展，土壤健康的定义仍在不断地变化，尚未确定统一、广泛的土壤健康概念。从狭义上讲，土壤健康指最大限度地减少土传植物疾病生物的数量及有关疾病的发生，最大限度地减少、控制土传昆虫或其他害虫的数量和活动范围。而从广义上讲，土壤健康指在自然或管理的生态系统边界内，一个充满活力的土壤所具有的保证持续生产，保持良好的水体和大气环境，促进植物、动物(人类)健康的能力。

2.1.2 土壤健康对园艺绿色高效生产的重要性

近年来，随着世界人口的大幅度增长，粮食危机加重，土地生态逐渐恶化，已经对全球生态系统构成严重威胁。健康的土壤不仅有利于农业的提质、增产，也有利于农业的可持续发展。因此土壤健康是保证国家稳定发展的基石，也是维持经济发展的重要基础。随着全球绿色经济的到来，众多国家先后通过改善土壤管理制度、灌溉方式、降低农药的使用量以及使用土壤改良剂等方法促使土壤恢复"健康"，从而实现农业的可持续绿色发展。其中发展园艺绿色高效生产的首要前提是深入剖析土壤自身的健康状况。我国面临的土壤健康问题主要包括以下两方面：

1. 土壤的不合理利用

土壤的不合理利用是导致土壤质量下降的重要原因之一：一方面是管理不当，在生产中过度依赖农药、化肥，且高强度的使用耕地，导致大量农药残留、连作障碍严重、土地退化等问题。研究表明，世界上约有65%的耕地属于中等退化，50%左右的耕地属于高度退化，侵蚀、有机碳的损失、压实和盐渍化等都会导致土壤保肥保水的能力大大降低。另一方面是未能科学地开发利用耕地，例如，许多不适合耕作、生态环境价值较高的其他类型的土地被开发成耕地，引发一系列自然灾害，如水土流失、荒漠化等问题。因此土壤的不合理利用是限制农业可持续发展的重要因子之一。

2. 耕地污染严重

大量农药的使用、地下水体的污染、工厂废弃排放物导致土壤中积累大量污染物，致使土壤受到不同程度的污染。据石航源等统计，截至2020年，我国耕地遭受Cd、Cu和Pb污染严重，其中Cd元素的超标率最高，污染面积也最大，且污染范围逐渐扩大，呈现各种新旧污染与二次污染复合的态势。这些污染直接导致土壤退化、农作物产量和品质降低，甚至通过食物链进入人体，从而对人类的生命健康造成威胁。

综上所述，在当前形势下，开展土壤健康评价是保证园艺绿色生产和可持续发展的首要前提。健康的土壤,是园艺作物健康的根本保障。

2.2 土壤健康(质量)评价指标

土壤健康评价指标主要包括土壤肥力质量指标、土壤环境质量指标、土壤污染物指标等(视频 2-1)。

视频 2-1

土壤健康评价指标

2.2.1 土壤肥力质量指标

2.2.1.1 土壤物理指标

1. 土壤质地

土壤质地(soil texture)是指粒径不同的土粒在土壤中占有的不同比例的组合,又称为土壤机械组成。土壤颗粒与土壤健康质量和性状有着密切的关系。不同质地的土壤由于不同粒径的土壤颗粒含量不同,土壤的物理特性不同,土壤的肥力质量也不同。常见的土壤颗粒按粒径可以划分为:石砾(1～10 mm)、沙粒(1～0.05 mm)、粉粒(0.05～0.005 mm)、黏粒(<0.005 mm)四种。因为粒径不同,所以各自的特性也存在较大的差异。石砾粒径较大导致其没有持水性和毛管作用;沙粒主要成分为石英或矿物颗粒,在干燥时通常呈现单粒松散状态,无收缩性和塑性,在水中不膨胀,通透性好,保水肥能力差;粉粒、粗粉粒的矿物组成及化学性质接近细沙,在水中不易膨胀或膨胀很小,无塑性,透水能力也相对较差,毛管性能较活跃;黏粒是由各种层状硅酸盐矿物和由这些矿物的单元晶层组成的间层矿物组成,在水中强烈膨胀,具有可塑性和黏性,毛管性能较活跃,透水性极差,而持水性很强,干时易收缩,毛管易断裂且毛管水上升速度缓慢。

在自然界中,根据土壤中的土粒含量,按照国际制我们把土壤分为黏土、重黏土、壤质黏土等多种类型(图 2-1)。在我国,由于南北方气候、降雨、季风气候等因素的不同,土壤质地也存在较大的差异。例如,在南方,风化较强、雨水含量充沛导致土壤中的黏粒含量较高,因而透气性较差,植物根系发育受到限制;而北方恰恰相反。

土壤质地之所以作为土壤肥力质量的重要物理指标之一,是由于土壤质地可直接影响土壤中水分、气体的保持和运移,与作物的根系生长发育有着密不可分的关系。另外,不同质地的土壤,其各级土粒的含量不同,这也导致了土壤的透气性、持水能力的差异。当土壤中的有机质含量较低、土粒粒径越大时,硅的含量就越多,而磷、钾、钙、镁的含量就相对较少。这种情况会导致土壤胶体性状较弱,且对养分、水分的吸附能力也较差,从而对作物的生长造成影响。

不同质地的土壤,其持水能力、保肥能力、气体交换能力和保温能力也存在较大差异。以土壤的持水能力而言,黏土持水能力最强,壤土居中,沙土最弱。沙土持水能力较差,导致养分随水分流失严重,因而保肥能力也较差,黏土则与沙土恰恰相反。

土壤质地也会对其阳离子交换量产生较大影响,在一般情况下,土壤颗粒越细,表面积越大,故能吸收和保持大量的养分。土壤颗粒表面都带负电荷,因此钙、钾、钠、锰等离子能

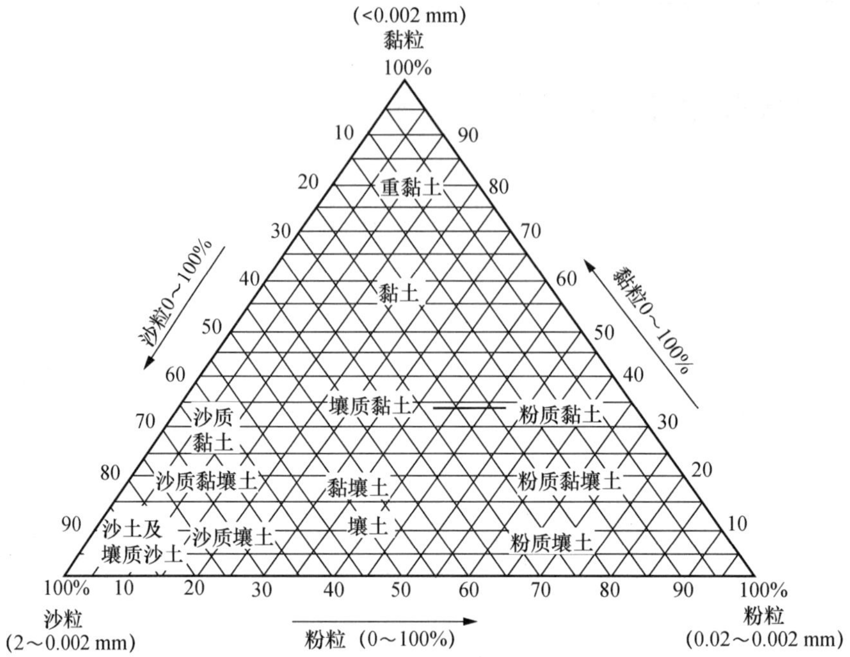

图 2-1　国际制土壤质地分级标准(贾建丽,2016)

被吸引到黏粒表面,使土壤养分不易被流失的水分带走。综上所述,通过土壤颗粒分析,测定土壤的颗粒组成,最终确定土壤的质地,从而对土壤肥力质量进行评价。

2. 土壤结构与团聚体

土壤团聚体(soil aggregate)是指土壤中大小、形状不一,具有不同孔隙度以及机械稳定性、水稳定性的结构单位,是土壤中各种物理、化学和生物共同作用的结果。土壤团聚体是土壤结构(soil structure)构成的基础。不同类型的土壤团聚体对土壤表层水分的吸收、土壤的侵蚀影响也各不相同。常见的土壤团聚体按抵抗水分分散力大小,可分为水稳性团聚体和非水稳性团聚体两种,由前者为主导形成的土体疏水性较好,有利于抗旱、保墒,不易产生地表径流;而由后者为主导构成的土体,雨后被分散的细小土粒堵塞土壤孔隙,不利于渗水、保水,且地面径流较大,易引起水蚀。按粒径可分为大团聚体和微团聚体两种,粒径＞0.25 mm 的结构单位称为大团聚体;粒径＜0.25 mm 的团聚体,称为土壤微团聚体。二者均是构成团聚体的基本颗粒单位,且在很大程度上决定土壤团聚体的质量特征。

3. 土壤耕性

土壤耕性(soil tilth)是指土壤对耕作的综合反映,包括耕作的难易、耕作质量和宜耕期的长短。土壤耕性一般表现在以下三个方面:一是耕作难易程度,是指土壤在耕作时对农机具产生阻力的大小;二是耕作质量好坏,是指耕后土壤表现的状态及其对作物生育产生的影响,耕翻的土壤要松碎,便于根的穿插和有利于保温、通气和养分转化;三是宜耕期尽可能长。

因为耕性是土壤力学性质在耕作上的综合反映,所以凡是影响土壤力学性质的因子(如土壤质地、有机质含量、土壤结构性及含水量等),必定影响着土壤的耕性。土壤耕性也是衡量土壤肥力质量的一个重要指标。

4. 土壤容重

土壤容重(soil bulk density)是指田间自然垒结状态下单位容积土体(包括土粒和孔隙)的质量或重量,与同容积水重比值(同容积水的质量与此时的土壤体积在数值上相同),称为土壤容重,通常以 g/cm^3 为单位。土壤容重通常可以用来计算土壤孔隙率和空气含量等,因此也可以作为评价土壤健康质量的指标之一。土壤容重受土壤类型、质地结构、土壤有机质含量等影响而发生变化。一般而言,土壤容重小,表明土体比较疏松,透气性较好,孔隙多,有利于农业生产;土壤容重越大则表明土体越坚实,结构性较差,孔隙较少,通气性较差,不利于农业生产。一般肥沃的耕层土壤容重为 1.0 g/cm^3 左右,而未腐熟的新土,容重为 1.3～1.5 g/cm^3,坚实的土壤的容重可达 1.8 g/cm^3。

5. 土壤孔隙度和渗透性

(1)土壤孔隙度(soil porosity)　又称孔度,是指单位容积土壤中孔隙所占的百分数。一般而言,孔隙度良好的土壤,容纳水分和空气的能力强,有利于养分的调控和植物根系的发育,可以作为评价土壤肥力质量的指标之一。土壤团粒结构较好的壤土,其孔隙度分配相对良好,也较高;反之沙土、黏土由于孔隙度分配较差,则作物生长受到不同程度的抑制。经研究结果表明,适于作物健康生长的土壤耕作层总孔隙度为 50%～60%,其中通水孔隙应占 10%以上。

(2)土壤渗透性(soil permeability)　是指土层水分饱和后,土壤中的水在重力作用下向下运动的性质,即土壤对地表水的渗透能力,也是评价土壤肥力质量重要的指标(物理属性)之一。土壤渗透能力的强弱一般由土壤的孔隙度、质地、结构、湿度等因素决定。质地较粗、结构性好、孔隙较大、湿度较小的土壤,渗水比较容易,透水性大,地表径流量较少,这有利于土壤对水分的保存和防止盐分在土壤表层的累积。

6. 土壤水分和田间持水量

(1)土壤水分　植物生长发育所需的水分主要来自土壤,土壤中的水主要储存在土壤孔隙中,尤其是中小孔隙,大孔隙常被空气所占据。土壤中水分含量的多少是一个动态变化的过程,在地表水大量存在时,土壤中大部分孔隙被水占据,只有少部分被空气占据;相反,在干旱时土壤孔隙大部分则被空气占据。通常情况下,土壤中的水分主要可分为束缚水和自由水两种,束缚水分为吸湿水和膜状水,自由水分为毛管水、重力水和地下水。束缚水是指受土粒间的吸力所阻,不能轻易在土壤中移动的水分。吸湿水是指干土从空气中吸附的水汽,一般情况下主要由土壤质地和空气相对湿度决定。膜状水是指由土壤颗粒表面吸附所保持的水层,其厚度可达几十或几百个以上的水分子,主要受土壤质地和腐殖质含量等影响。当进入土壤的水分超过田间持水量后,一部分水沿着大孔隙受重力作用向下渗漏,这部分受重力作用的土壤水称为重力水。在干旱地区,水分蒸发率大于下渗率,水分会在泥土中向上移动,这种土壤毛管孔隙中的水分称为毛管水。毛管水可以被作物直接吸收利用,同时,还可以溶解和输送土壤养分。毛管水可以顺着毛管孔隙移动,但移动的快慢主要取决于土壤的松紧程度,过松或过紧,都会减慢毛管水的移动速度。土壤中养分的运移主要是由水分运移所决定的,所以土壤水分也是土壤健康的一个评价指标。

(2)田间持水量(field water capacity)　是指当水饱和的土体中的重力水完全排除后,毛管所保持的水量。不同土质土壤的田间持水量也有差异,一般情况下,黏土>壤土>沙土。除此之外，田间持水量还受到土壤有机质含量、土壤剖面结构以及地下水埋深等因素的影响，田间持水量是适于植物健康生长的水分范围上限，也是确定灌溉定额和排水量的依据。

7. 土壤比表面积

土壤比表面积(soil colloids specific surface area)是指单位质量上的土壤颗粒所具有的表面。不同土壤胶体的表面积有很大的差异。一般说的表面积是指内表面积和外表面积的总和，而内表面和外表面一般很难严格地区分，故目前土壤学上通常用比表面积来表示土壤胶体的表面积大小。土壤或土壤胶体的比表面积和表面特性，会显著影响土壤的透水性、力学性、膨胀收缩性、持水性和土壤结构等。用比表面积反映土壤表面积可有利于掌握土壤本身或土粒表面的各种功能，从而在本质上弄清土-水系统的各种性质。

2.2.1.2 土壤化学指标

1. 土壤酸碱度

土壤酸碱度主要是由土壤溶液中的 H^+ 和 OH^- 的浓度而决定。当 H^+ 浓度大于 OH^- 浓度时，土壤呈酸性，反之呈碱性，相等时为中性，一般采用 pH 来表示土壤酸碱度等级(表 2-1)。土壤 pH 的高低对作物生长发育和土壤微生物活动起着重要的作用，过酸或过碱都会导致土壤环境的恶化。

我国南北方土壤酸碱性差异较大，南方降水充足，土壤胶体所吸附的阳离子在淋溶作用下向下移动，导致土壤胶体表面吸附了大量 H^+，所以呈现酸性，而北方恰恰相反。由于自身根系的特性，作物均有其较为适宜的土壤酸碱度环境，但绝大部分作物在 pH 为 6.0～8.0 的范围内生长良好，常见的园艺作物对土壤酸碱度的适应范围见表 2-2。pH 的大小还影响着土壤中养分的有效性和土壤健康质量。例如，磷在 pH 为 6.0～7.5 时有效性较好；当 pH＞7.5 时，磷易与土壤中的钙结合成为溶解度较低的磷酸钙；当 pH＜6.0 时，磷易与土壤中的铁、铝结合，成为难溶的磷酸铁、磷酸铝。土壤中的钙、镁的有效性在 pH 为 6.0～8.0 时最好，这是由于 pH 较低的酸性土壤淋溶作用强烈，钾、钙、镁易流失；而 pH＞8.5 时，土壤中钠离子增加，钙、镁形成碳酸盐沉淀。

表 2-1 土壤酸碱度的等级

pH	反应强度	pH	反应强度
＜4.5	极强酸性	7.5～8.5	碱性
4.5～5.5	强酸性	8.5～9.5	强碱性
5.5～6.5	酸性	＞9.5	极强碱性
6.5～7.5	中性		

表 2-2 主要园艺作物对土壤酸碱度的适应范围

作物	pH	作物	pH
西瓜	6.0～7.0	南瓜	6.0～8.0
橄榄	6.0～7.0	桃、苹果	6.0～8.0
番茄	6.0～7.0	荔枝	6.0～7.0
黄瓜	6.0～8.0	辣椒	6.0～8.0

2. 土壤有机质

土壤有机质(soil organic matter)是土壤的重要组成成分,它储藏着丰富的营养物质,是植物营养的主要来源之一,在促进植物生长发育、微生物的生命活动、改善土壤理化性质、提高土壤的保肥性和缓冲性等方面起着重要的作用。从广义上讲,土壤有机质是指各种形态存在于土壤中所有含碳的有机物质,包括土壤中的各种动植物残体、微生物及其分解和合成的各种有机物质。因此,土壤有机质含量的多少是衡量土壤肥力质量高低的一个重要的综合指标。在我国,将有机质含量大于20%的土壤称为有机质土壤,小于20%则称为矿质土壤。土壤中的有机质按其分解程度可分为新鲜有机质、半分解有机质和腐殖酸。土壤中有机物质的转化过程主要可分为矿质化过程和腐殖化过程,微生物均参与二者的转化过程。

总而言之,土壤中有机物质可分为两大类,残落物和腐殖质。其中,腐殖质占土壤中有机物质的85%~90%。腐殖质对土壤肥力质量影响很大,其主要体现在以下几个方面:

①植物营养的主要来源。腐殖质含大量植物生长发育所需的大量及微量元素,经微生物分解后,可被植物利用。

②刺激根系的生长。土壤中的腐殖质物质在浓度为10^{-6}~10^{-3} mol/L时,以分子的形态进入植物的根系,从而刺激根系的生长发育与植株的生长。

③改善土壤物理性状。促进土壤团粒结构的形成,以提高黏土的疏松度和通气性,改变沙土的松散状态。

④增强土壤肥水保持能力。腐殖质作为一种有机胶体,吸水保肥能力较强,一般情况下黏粒的吸水保肥能力为50%~60%,而腐殖质可高达500%~600%,是目前较为常用的土壤改良剂。

⑤具有络合作用。腐殖质通过络合作用对土壤中的重金属起到固定,防止重金属的迁移及转换,在土壤修复中具有重要的作用。此外,对养分起到固定的作用,例如,对磷的络合作用可以防止生成难溶性的磷酸盐沉淀,从而增强肥料的利用率。

⑥促进微生物活动。腐殖质含有大量的营养物质,可为微生物的生命活动提供充足的养分。

⑦提高地温。腐殖质颜色偏深,易于吸收太阳光,且比热容较大,从而有利于提高地温。

3. 土壤阳离子交换量

土壤阳离子交换量(cation exchange capacity,CEC)指土壤胶体所能吸附各种阳离子的总量,其数值以每千克土壤中含有各种阳离子的物质的量来表示,单位为mol/kg。影响土壤中阳离子交换量的因素主要包括土壤胶体类型和土壤溶液的pH。

①土壤胶体类型。不同类型的土壤胶体其阳离子交换量差异较大,例如,有机胶体>蒙脱石>水化云母>高岭石>含水氧化铁、含水氧化铝。

②土壤溶液的pH。土壤胶体微粒表面羟基(—OH)的解离受介质pH的影响,当介质pH降低时,土壤胶体微粒表面所带负电荷减少,其阳离子交换量也降低;反之就增大。

土壤阳离子交换性能对于土壤中污染物的固定与迁移以及土壤中养分的保持能力起着重要的作用。它能调节土壤溶液的浓度,保证土壤溶液成分的多样性,因而可保证土壤溶液的“生理平衡”,同时由于吸附作用还可避免养分被雨水淋失。所以说,土壤阳离子交换量的大小基本上代表土壤可能保持的养分数量,即保肥性的高低。总而言之,土壤阳离子交换量影响土壤缓冲能力高低,是评价土壤保肥能力、改良土壤和合理施肥的重要依据。我国土壤的阳离子交换量，从南到北、由西到东呈逐渐增加的趋势，这种变化主要取决于土壤黏土矿物种类、土壤质地和有机质含量。

4. 土壤电导率

土壤电导率(electrical conductivity)是指土壤中所含盐类的总含量。在土壤胶体的悬液中，可以把导电性看成是由带电的土壤颗粒和溶液中的离子综合作用的结果，导电性越强则说明内含离子数量越多。虽然这些离子对于土壤健康影响效果不一样，不同含量的离子也会导致土壤的性质不一样，但是从宏观角度上考虑，土壤电导率反映的是土壤内离子含量的多少，因此，可以作为土壤健康评价的一个重要指标。

在盐渍化程度高的土壤的主要盐分为钾、钠、钙、镁的氯化物、硫酸盐、碳酸盐或重碳酸盐等，这些离子会对作物的根系产生危害，例如生理干旱等，尤其钠离子含量较高会加剧土壤的盐渍化程度。

5. 土壤盐基饱和度

土壤盐基饱和度(degree of base saturation)是指交换性盐基离子占阳离子交换量(或交换性阳离子总量)的百分比。土壤胶体表面所吸附的阳离子部分属于非致酸的盐基离子，如钙、镁、钠、铁等离子；也有部分属于致酸的盐基离子，例如氢离子和铝离子。所以，土壤pH的高低主要由盐基类型来决定。此外，当土壤胶体所吸附的阳离子属于盐基离子时称为饱和盐基土壤，反之则称为非饱和盐基土壤。当饱和盐基土壤的盐基饱和度下降时，特别是交换性钙饱和度下降，会导致土壤变酸，并可能出现交换性镁和铝的毒害。同时盐基饱和度也是确定酸性土壤石灰施用量和判断磷灰石直接施用时肥效的重要依据。交换性钾的含量虽然很低，但却是植物钾营养的重要来源。少量交换性钠对于多数土壤来说无重要影响，但在一定条件下，交换性钠饱和度大于5%时，可能是土壤碱化的表征。在土壤健康方面，常用交换性Ca/Mg或K/Na的比值来衡量土壤发育程度。

6. 土壤养分

土壤是植株生长发育所需养分重要来源之一，但是由于成土的母质类型、有机质含量和人为因素等的影响，不同的土壤在养分含量上差异较大，尤其是可被植物吸收利用的有效的养分差异更加悬殊。土壤中的养分总体可分为大量元素、中量元素微量元素。作物对大量元素的需求较大，因此土壤中的大量元素须人为地不断补充。相比之下，土壤中微量元素和中量元素在一般情况下不会出现短缺。植物生长发育所需的元素主要包括：

(1)土壤氮素　氮素是植物生长发育必不可少的元素，对蛋白质、核酸、叶绿素、酶等的合成及作物产量都起到重要的作用。土壤中的氮素主要分为有机氮和无机氮两部分，两部分之和称为土壤全氮。在园艺作物生产过程中，作物对氮素的需求量普遍较大，而土壤供氮能力有限，这也是制约作物产量和品质的主要因子。土壤氮素含量高低决定于许多因素，如耕作、施肥、灌溉、气候、植被、地形等都深刻地影响土壤中氮素的循环和积累。我国土壤氮素含量随地域不同也有较大差异，耕地土壤中全氮量为0.05%～0.35%。东北地区的黑土是平均含氮量最高的土壤，含氮量为0.15%～0.35%；其次是西北和华北地区的土壤，含氮量为0.05%～0.10%；华中、华南地区的土壤含氮量较低，通常为0.04%～0.18%。在相近条件下，水田的含氮量通常高于旱地的含氮量。

土壤中不同氮素的形态及含量是评价土壤健康的重要依据。硝态氮含量在肥力较高的土壤中为10～20 mg/L,低肥力土壤仅为5～10 mg/L。铵态氮主要以交换态存在,一般土壤的含量为10～15 mg/L。无机态氮受土壤和气候等环境因子的影响较大,所以单以无机态氮评价土壤氮素的丰缺是片面的。土壤有机氮的存在形态较为稳定,是可供作物吸收的稳定氮源。因此,综合考虑有机态氮和无机态氮含量是反映土壤氮素的丰缺指标。根据土壤全氮含量及其与作物生长和产量关系的大量资料,土壤全氮含量一般分为五个等级:

①全氮<0.05%,属土壤严重缺氮,植物生长缓慢,叶片小而少,叶边缘出现淡黄色。

②全氮0.2%～0.3%,属于氮素丰富,作物长势旺盛。

③其他几个等级为0.05%～0.09%,0.1%～0.19%,>0.3%。

(2)土壤磷素　磷素是植物生长发育的必要元素,足量的磷素供应是保证植物生长和产量的必要条件。磷素以多种方式参与植物体内的生理、生化过程,对植物的健康生长发育和新陈代谢具有重要作用。磷素作为植物体内许多重要组成元素参与核酸、核蛋白、磷脂、植素、高能磷酸化合物的形成,同时也参与或促进植物体内的多种代谢过程,例如光合作用、糖类化合物代谢、氮素代谢、脂肪代谢,除此之外还可增强植物抵抗环境胁迫的能力,如抗旱、抗寒、抗病。因此供给正常的磷营养,能加速细胞分裂和增殖,从而促进植物的健康生长与发育,从而保证作物的优质高产,并有利于保持优良品种的遗传特性。

经研究发现,土壤全磷含量(以 P_2O_3 表示)一般情况下为0.10%～0.15%,但也有例外,高的可达0.25%,低的仅为0.05%。我国土壤的磷含量基本在这个范围内,南方酸性土壤全磷含量一般低于0.10%,最低的仅为0.04%;北方石灰性土壤磷的含量则较高。

(3)土壤钾素　钾对植物的健康生长与发育起着重要的作用,但它不像氮、磷可以直接参与构成生物大分子。钾以离子的形态,可高速地透过生物膜,它的主要作用包括促进植株的光合作用,提高 CO_2 的同化率,促进光合作用产物的运输,促进蛋白质的合成,参与细胞渗透调节,调控气孔运动激活酶的活性,促进植株有机酸的代谢,增强作物的抗寒、抗旱、抗高温等能力。由此可见,土壤中钾是衡量土壤健康质量最为重要的大量元素之一。

成土母质是土壤中钾的主要来源,全钾的含量(以 K_2O 表示)一般在2%左右,高的可达3%～4%,低的仅为0.1%～0.4%。土壤中全钾含量,要比氮、磷高得多,但能被作物利用的却很少,通常仅有全量的1%～2%,主要受土壤中钾的形态和植物营养的有效程度的影响。钾按其对植物的有效程度可分为速效钾、缓效钾和矿物钾。土壤钾素的供应能力主要取决于速效钾、缓效钾。土壤中钾的含量可分为五个等级,分别为:<30 mg/kg,极度缺钾;30～70 mg/kg,钾含量偏低;70～125 mg/kg,钾含量适中;125～170 mg/kg,钾含量偏高;>170 mg/kg 钾含量极高,不需要外界补充。

(4)土壤钙素　钙是构成细胞壁的重要元素,在生物膜表面能够与磷酸盐、蛋白质的羧基桥接从而稳定生物膜,维持植物细胞的完整性。同时也在维持植物生理平衡、改善果实品质、增强作物的抗逆性和促进植物根系生长等方面起着重要的作用。而且可有效缓解酸性土壤中氢离子(H^+)和铝离子(Al^{3+}),碱性土壤中钠离子(Na^+)的毒害作用。

我国土壤钙含量因不同地区的气候差异显著。高温多雨的湿润地区,不论母质含钙多少,在漫长的风化、成土过程中,钙受到淋失,钙含量都很低。如红壤、黄壤的钙含量在4 g/kg以下,在淋溶作用弱的干旱、半干旱地区,土壤含钙量通常在10 g/kg以上,土壤一般不缺钙。

(5)土壤镁素　镁作为叶绿素的重要组成成分,是一切绿色植物必不可少的元素。除此之外，RNA 聚合酶活化、蛋白质的合成都需要镁的参与，同时镁也可促进氮、磷等营养元素的代谢，脂肪的合成以及提高果实品质。由于我国南方地区具有独特的生物气候条件，大部分土壤中的含镁矿物已分解殆尽，土壤有效镁含量较低，供镁潜力也较低。南方地区大量使用的钙镁磷肥是镁素的主要来源，长期大量施用的地区不缺镁。此外，钾肥的施用，也会导致作物对镁的需求增大。

(6)土壤硫素　硫作为甲硫氨酸和半胱氨酸的组成成分，是植物生长发育必不可少的元素之一。在植物蛋白质合成的过程中，硫和氮有密切关系，缺硫时，蛋白质形成受阻，而非蛋白态氮会累积，从而影响作物的产量和蛋白质含量。除此之外，硫也参与豆科植物的固氮过程，所以说硫也是衡量土壤质量的重要指标之一。

土壤硫的主要来源是通过降雨携带的来自大气的二氧化硫。我国南方部分城市，地处热带、亚热带，由于高温多雨，土壤中的硫易分解淋失，缺硫的可能性较大。近年来，硫肥的研究受到重视，目前已有包括南方和北方的 18 个省份报道硫肥有显著的增产效应。

(7)植物必需的微量元素　微量元素是指含有植物生长发育所必需的铁、硼、铜、锰、锌、钼等元素。微量元素在土壤中存在含量较少，植物需求量不多，但其在植物营养中的作用是不可替代的。土壤中任何一种微量元素缺乏或过量，都会明显影响作物的生长发育，从而导致产量和品质的严重下降，严重缺乏时甚至会导致植物死亡。

①铁。植物体内的铁含量为 60～300 mg/kg(以干物质计)，主要集中分布在叶绿体中，铁主要参与细胞呼吸代谢过程及叶绿素的合成。植物缺铁时，体内叶绿素结构被破坏，导致不能有效合成叶绿素。外观上主要表现出叶片出现明显失绿症状，其发病症状最先出现在新生叶片上。

②硼。硼属于类金属元素，在植物体内含量为 2～100 mg/kg。硼主要参与植株体内糖类化合物的代谢与运输、细胞壁的合成、生殖器官的形成和发育以及调节酚的代谢与木质化作用。植物缺硼时，叶片内会有大量糖类积累，严重影响新生组织的形成、生长和发育，并使叶片变厚、叶柄变粗，直至裂化。

③铜。土壤中的铜含量为 2～100 mg/kg，平均为 20～30 mg/kg。植物对铜的需求量较少，大多数植物的铜含量为 2～25 mg/kg(以干物质计)，铜主要分布在植物幼嫩部分，种子、新叶中含铜较多，老叶和茎中含量较少。铜主要参与植株体内的糖类化合物的代谢及氮代谢，促进花器官的发育以及某些蛋白质和酶的合成。植物缺铜时，植物叶绿素含量锐减，叶片出现失绿现象，幼叶的叶尖因缺绿出现黄化干枯，最后导致叶片脱落。

④锰。植物体内的锰含量为 20～100 mg/kg，主要集中分布在绿色组织中，以胚和叶绿体中含量最多。锰主要参与植株光合作用的放氧反应，促进过氧化物歧化酶(SOD)的活性以及促进种子的萌发和幼苗的生长。植物缺锰时，植物幼叶黄化，有时也出现一系列的黑褐色斑点。若土壤中的锰含量过高则会导致锰中毒。

⑤锌。植物体内锌含量一般为 25～15 mg/kg(以干物质计)，主要分布在生长点(如茎尖)和幼嫩的叶片中。锌主要促进色氨酸和吲哚乙酸的合成，促进繁殖器官的发育，同时也参与和促进呼吸作用及光合作用。当土壤中有效锌较低时，土壤上施用大量磷肥会导致缺锌现象加剧，并增强植物对锌的需求。

土壤中的锌含量各不相同，细质土壤通常比沙质土壤的锌含量要高，当土壤中的 pH 偏高时，会大大降低锌的有效性。

⑥钼。钼是植物生长必需的多种元素中含量最低的，植物对其需求量也远远低于其他元素。植物体内钼含量通常为0.1～300 mg/kg，绝大多数植物含量不超过1 mg/kg。钼作为硝酸还原酶、固氮酶、黄嘌呤氧化酶等多种酶的重要组成成分，也是作物生长必不可少的一种元素。植物缺钼时，植株矮小，生长受到抑制，叶片失绿，最终导致枯萎死亡。

2.2.1.3 土壤微生物指标

1. 微生物生物量

微生物生物量(soil microbial biomass)从广义上讲一般是指土壤中生活的全部微生物总量。一般而言，微生物生物量的计算方法主要分为三种，即分离培养法、直接镜检法，以及通过生理生化方法测定微生物细胞体被降解后产生的CO_2的量或菌体中某种组分的量，来计算微生物生物量。微生物生物量包括微生物生物量碳、微生物生物量氮、微生物生物量磷和微生物生物量硫，这是由于微生物生物量除含碳以外，微生物体内还含有较多的氮、磷和硫。目前较为公认的微生物定义是指土壤中体积小于$5\times10^3\ \mu m^3$的生物总量，具体包括细菌、真菌、放线菌和小型动物，但不包括植物体。

在土壤生态系统中，土壤中的绝大部分养分处于稳定或半稳定状态，其活性较低，而微生物生物量中的养分元素虽然含量低，但十分活跃，这些微生物可通过自身代谢的作用对养分进行同化，促进土壤物质循环，从而增强养分的有效性。因此，土壤微生物对土壤有机质和养分的转化作用是土壤有效氮、磷、硫的重要来源。微生物生物量一般会受到土壤含水量、土壤pH、土壤温度、农药残留及重金属含量的影响。

综上所述，在土壤-植物系统中，微生物对土壤肥力影响甚大。微生物一方面可通过分解有机质和腐殖质提高土壤肥力，而另一方面可通过固定土壤无机营养元素和同化土壤碳素防止土壤养分流失。总体而言，微生物自身可看作是一个小型的、流动的养分库，其通过自身的新陈代谢作用来促进土壤中各种营养元素的转化和流动以增强土壤肥力。

2. 微生物种类及多样性

微生物多样性(microbial diversity)又称作微生物群落结构，是指微生物群落的种类和种间差异，包括生理功能多样性、细胞组成多样性及遗传物质多样性等。土壤微生物群落具有丰富的物种多样性，因此能较为准确、敏感、及时地反映环境质量的变化过程。常见的土壤微生物包括能分解有机质的细菌、能进行有效光合作用的藻类和以微小微生物为食的原生动物等。在实际评价土壤肥力的过程中，常通过描述微生物群落的稳定性、微生物群落生态学机理以及自然或人为干扰对群落的影响，从而揭示环境肥力质量与微生物多样性的关系。

土壤中微生物的数量通常受到土壤中有机质含量、土壤中的噬菌体和病毒数量的影响，而影响微生物多样性的重要因素有土壤类型、施肥管理、土地利用方式以及土壤pH。通常在土壤pH呈中性或者微碱性时，土壤细菌比例较高，这是因为细菌营养类型多，呼吸机制复杂，代谢旺盛，繁殖较快。一般在1 g肥沃土壤中细菌数量常达百万个甚至上亿个，其中还不包括具有特殊营养要求的异养细菌、自养细菌和专性厌氧菌，而在pH较低的土壤中真菌所占比例较大。

微生物多样性对土壤-植物生态系统起到了重要作用，其不仅有利于加快土壤有机质的分解和提高土壤肥力，还有利于维持土壤生态系统的稳定性，从而提高植株的根系的抗病性。

3. 生物活性

土壤呼吸(soil respiration)通常是指土壤产生 CO_2 的速率,它主要反映着土壤中碳素周转的速率和微生物的整体活性。土壤呼吸的测定可通过直接测定样品单位时间释放出 CO_2 的量来确定。目前公认的方法主要分为两大类,即静态气室法和动态气室法。静态气室法是根据碱液吸收密闭样品的 CO_2 来标定呼吸作用速率;动态气室法则能对呼吸作用进行连续监控。

在土壤生态系统中,影响土壤呼吸速率的因素主要包括土壤温度、土壤湿度、有机质含量等方面。诸多研究结果表明,土壤呼吸速率与土壤温度呈正相关,而当土壤水分等于田间持水量时,土壤呼吸速率达到最大。有机质作为微生物生命活动的主要碳源,在一般情况下,土壤有机质含量和土壤呼吸速率呈正相关。除此之外,环境污染和胁迫都能引起代谢熵(每单位微生物生物量碳的基础呼吸量)上升,这种效应被认为是微生物对逆境的一种反应机理。

综上所述,土壤微生物代谢熵常被用作指示环境污染对微生物活性影响的程度,而土壤呼吸则从宏观上可以对土壤微生物的活性作出相应的评价。

4. 土壤酶

土壤酶(soil enzyme)之所以是土壤生态系统中的重要动力,主要是由于土壤中的大部分生物学和化学反应均是在土壤酶的参与下完成的。由于土壤酶绝大部分来自微生物,所以土壤酶活性在一定程度可反映出土壤中微生物的活性。

经研究发现土壤中的酶高达50多种,而这些酶主要可分为两大类,即与游离的增殖细胞相关的生物酶和与活细胞不相关的非生物酶。从反应机制细分则可分为氧化还原酶、转化酶、水解酶与裂解酶四种。常见的包括可特异催化非还原糖中的 *β-D*-呋喃果糖苷键水解的蔗糖酶(fructofuranoside fructohydrolase),可催化尿素水解生成碳酸和两分子氨的脲酶(urease),通过水解磷酸单酯将底物分子上的磷酸基团除去,并生成磷酸根离子和自由羟基的磷酸酶(phosphatase)以及催化过氧化氢分解成氧和水的过氧化氢酶(CAT)等。土壤的黏粒结构不仅不利于微生物的生存、繁衍,相对于其他质地的土壤而言,其酶含量及活性也相对较低。

酶活性的影响因子主要可分为土壤物理和化学两大方面。土壤物理方面,主要包括土壤水分、温度、空气。在通常情况下,土壤湿度越大酶活性越高,但当土壤湿度过大时,酶活性转而减弱。温度对土壤酶的影响较为复杂,其最终效应常与土壤含水量有关。当土壤物理状况不良、土壤空气循环受阻时,或有机质的含量较低时,酶活性则难以显示出来。化学方面,主要是指土壤 pH、盐基饱和度、交换性阳离子的组成与比例、腐殖质的特征以及有机矿质复合体的组成。

土壤酶不仅在土壤物质和能量转化过程中起主要的催化作用,而且它通过对土壤有机质和有机残体的生物化学转化,生态系统的各组分间可实现功能上的联系,保持土壤生物化学的相对稳定。

2.2.1.4 土壤动物指标

1. 土壤生物多样性

土壤生物多样性是一个十分广泛的概念,它是指土壤生物及其所组成系统的总体多样性和变异性，主要包括遗传多样性、物种多样性和生态系统多样性等。土壤生物多样性主要包括土壤中多种多样活的有机体（动物、植物、微生物）的种类、数量及其在土壤中的分布信息。土壤中生活着脊椎动物、无脊椎动物，以及肉眼看不见的各种原生动物、藻类、真菌、细菌和放线菌等丰富的生物类群。而这里主要讨论的是土壤中动物的多样性，土壤动物在土壤生态系统养分循环过程中承担着推动者的身份，是土壤有机质、土壤碳库和温室气体排放等过程的重要参与者，同时也对土壤结构的改良、提高土壤肥力起到重要作用。因此土壤生物不仅能维持土壤生态系统的稳定，还是农业可持续发展必不可少的一部分。

土壤生物多样性（微动物群落中的部分功能性生物，如蚯蚓等）相比土壤有机质含量、土壤物理化学性质等常规的土壤质量变化指标在时间尺度上更能及时反映土壤健康质量。综上所述，土壤生物多样性与土壤有机质含量、理化特性息息相关，并保持高度一致的正比关系。因此土壤生物多样性是指示土壤健康质量一个很好的生物指标。下面着重介绍土壤节肢动物与蚯蚓对土壤肥力状况的影响。

2. 土壤节肢动物群落结构

土壤节肢动物属于无脊椎动物，这些动物是土壤生态系统物质循环中的重要消费者，在维持土壤生态系统稳定中起到重要作用。这些动物大小各异，但功能都不可忽视。节肢动物门是动物界最大的一门，其主要包括甲壳类、蜘蛛和昆虫等，经研究发现全世界约有120万现存种，占整个现动物种数的80%。节肢动物对环境的适应能力极强，因此土壤中的种类也极为丰富。为了研究方便，在土壤生物多样性指标研究中，我们经常采用动物形体分类法来进行分类，这也是目前最为简单实用且具可操作性的分类方法。各类节肢动物的形体分类及相应的生态功能详见表2-3。

表2-3　土壤无脊椎动物的形体分类及相应的生态功能（周启星，2005）

群	形体分类	营养循环	土壤结构
微动物群	线虫 原生动物	影响微生物及真菌群落及数量；改变营养特性	通过与微生物的相互作用影响土壤团聚体结构
中型动物群	螨类 跳虫类 倍足动物类 等足类	调节微生物与微动物群的种类和数量；营养转换；植物残体的细化	产生动物粪便；产生生物孔穴；促进有机体的腐殖化
大型动物群	双脚类 手足类 片脚类 多足类 蚯蚓 甲壳虫 软体动物	大块植物残体的细化；促进微生物的活动	混合有机物和矿物颗粒；有机质和微生物的再分布；产生生物孔穴；促进有机质的腐殖化；产生动物粪便

这些节肢动物可直接参与土壤的碳氮循环，且以传播接种微生物等方式来加速营养物质的分解和还原，不仅能促进植物生长，还能加速土壤发育，如增进土壤团粒的形成，增强土壤的通气、持水、保肥和抗侵蚀的能力等。经研究发现，不同土壤不同植被类型节肢动物的数量和种类有明显差异，但基本上是以蜱螨类和弹尾类为优势种群，这些优势种群在果园等

地可以占到90%以上。这类动物种类和数量较为庞大，因此作为土壤健康指标是一个好的选择。但是，问题在于不可能像微生物多样性指数一样，调查所有的节肢动物来作为指标，合适的方法是选择一种或两种动物来作为指标，在实际情况中，土壤中动物的数量受到生物链的不同、土壤质地的不同以及采样时间和气候等因素的影响，所以在不同时期、不同环境中动物数量并不恒定，以至于在反映土壤肥力质量时并无严格的划分标准。

3. 蚯蚓

在一般情况下，蚯蚓较多的土壤是属于肥沃、健康的土壤。蚯蚓是陆地生态系统中的重要生态工程师，这是因为蚯蚓能促进土壤微生物的活动和营养循环，改善土壤理化性质，从而促进植物生长发育。同时蚯蚓也是良好的土壤环境指示生物，可用于评价土壤中化学污染物的生态毒性，是检测土壤环境的靶标生物。

土壤中蚯蚓种类和数量主要受到以下六方面的影响：

①土壤含水量。蚯蚓靠皮肤吸水，所以水分对其影响尤其严重，合适的土壤含水量应该在40%以上。

②土壤有机质。有机质是蚯蚓的食物来源，有机肥料施用可促进蚯蚓数量的增加。

③土壤pH。适宜的土壤pH在7左右，过酸过碱均会降低蚯蚓数量。

④翻耕与种植。深翻尤其是秋季的翻耕对蚯蚓的影响最大。

⑤农药。农药对蚯蚓有很强的毒性，低剂量的农药即可引起蚯蚓数量的减少。

⑥重金属。重金属对蚯蚓的毒害作用也非常明显。重金属污染越重其种群减少程度就越明显。不同金属对蚯蚓的毒性也有较大差异，即Cd＞Hg＞As＞Zn＞Cu＞Pb。

2.2.1.5 植物根系分泌物

根系分泌物，通常是指植物生长过程中根系不同部位向生长介质中分泌或释放种类繁多的物质。植物的根系分泌物主要包括碳水化合物、氨基酸、有机酸、酶及生物素、硫胺素等，这些物质对根系影响通常表现在以下方面：

1. 对植物矿质营养吸收的影响

根系分泌物中某些有机酸（如柠檬酸、酒石酸等）对矿质元素能起到较好的活化作用，对根际难溶性养分吸收也具有积极作用。它们通过酸化、螯合、离子交换或还原等途径，将难溶性物质转化为可被植物吸收利用的有效养分，从而提高植株对矿质营养吸收的能力。

2. 有效缓解重金属的毒害作用

根系分泌物通过提高土壤pH、改变土壤氧化还原状态、吸附和螯合重金属等多种方式，进而减轻重金属的毒害作用，从而促进植株的生长发育。

3. 化感作用

化感作用是指所有类型植物（含微生物）之间生物化学物质的相互作用，植物根系通过向土壤中释放化感物质（物体内产生的非营养性物质，能影响其他植物生长、健康、行为或群体关系的分泌物）直接或间接地促进或抑制自身或其他植物（含微生物）根系的生长发育。

4. 改变土壤理化性质

某些根系分泌物有利于土壤的团粒结构形成，有的会改变土壤pH，导致土壤耕性下降。

5. 影响根际微生物种群结构

根系分泌物中丰富的糖类、氨基酸及维生素等，为植物根际微生物的生长和繁殖提供充足的营养，同时也影响着土壤微生物的种类、数量及其在植物根际的分布。

根系分泌物作为维持根际微生态系统活力的关键因素以及根际物质循环的重要组成成分，不仅影响土壤的物理、化学性状，而且对土壤各种养分的有效性及生物活性也有着深刻的影响，因此，根系分泌物也可以作为土壤肥力评价的一个重要指标。

2.2.2 土壤环境质量指标

土壤环境质量在通常情况下是指土壤影响环境质量的能力，具体地说就是对岩石圈、大气圈、水圈和生物圈的影响能力，其中，土壤中的温室气体释放量和氮磷水体释放量是土壤环境质量的主要依据。

1. 温室气体排放

温室效应气体通常是指能吸收来自太阳和地球的长波辐射，阻止地球向宇宙散失热量的气体，常见的有二氧化碳、甲烷、氮氧化物等。土壤作为全球碳循环中的重要碳库，据估计土壤中有 1 400～1 500 Gt 碳以有机质形式储存于土壤中，这些碳源在微生物的作用下最终以二氧化碳、甲烷的形式参与全球碳循环。

土壤中的有机质既是确定全球土壤碳储量的重要基础，又是评价土壤二氧化碳释放量和汇强度的前提。土壤有机质影响生物碳库的主要手段有两种：首先是由于微生物对其的分解，直接向外界释放二氧化碳；其次是通过影响植物的生长，从而影响全球碳循环。因此，影响二氧化碳的释放量的主要因素是土壤中有机质的含量及微生物活性。

全球大约 34%的甲烷是由淹水土壤和湿地所释放的，因此其也是衡量土壤环境质量的一个重要指标。土壤中的甲烷产生是一个较为复杂的生物化学过程，首先淹水土壤中的土壤有机质在微生物的作用下转化为产甲烷前体，紧接着由产甲烷菌在严格的厌氧条件下作用于这些产甲烷前体，最终产生甲烷气体。甲烷的产生主要受到氮肥施用量、耕作制度、灌溉方式、农药和除草剂的施用等方面的影响。氮肥主要是通过改变土壤甲烷源和汇强度，从而影响大气甲烷平衡，其他因子则是通过改变土壤排放氧气的能力，从而影响甲烷的释放量。

氮氧化物主要是来自土壤硝化作用和反硝化作用的氧化亚氮(N_2O)。该物质不仅会加剧温室效应，还会破坏臭氧层，从而影响生物圈、大气圈。土壤中 N_2O 排放量主要取决于三个方面：

①土壤硝化作用和反硝化作用的反应速率；

②N_2O 在反应产物中的比例；

③N_2O 在排向大气前在土壤中的扩散及被还原程度。

因此 N_2O 排放量的影响因子主要是影响硝化作用和反硝化作用的土壤物理、化学和生物因素，即土壤氮素有效性和氮肥施用、土壤有机质、土壤质地、土壤通气性、土壤水分、土壤温度、pH、植物和微生物等。

2. 氮磷水体释放量

近年来，化肥的大量使用导致土壤生态环境恶化，水体遭到不同程度的污染。土壤中施用的氮磷肥料若严重超过作物所需的供磷能力时，除去被作物所吸收的部分，剩下的则被土壤所吸附、储存和溶于地下水中，而随地表径流、淋溶作用进入江河湖泊，造成水体的富营养化，导致生态环境遭到破坏。

2.2.3 土壤污染物指标

土壤污染物主要包括土壤无机污染物和土壤有机污染物，其具体内容如下：

1. 土壤无机污染物

无机污染物(inorganic pollutant)，是指由无机物构成的污染物，如各种有毒金属及其氧化物、酸、碱、盐类、硫化物和卤化物等。在人类活动中，各种酸、碱和盐类的排放均会导致土壤受到污染，而重金属如铅、镉、汞、铜会在沉积物或土壤中积累，通过食物链危害人体与生物。

重金属一般是指比重大于5的金属(密度大于4.5 g/cm^3 的金属)，包括金、银、铜、铁、铅等。人类活动会将金属带到土壤中，致使土壤中重金属明显高于原生含量，造成土壤重金属污染，导致土壤生态环境质量恶化。一般而言，重金属的来源主要分为两大类，即自然来源与人为输入，自然来源主要是成土母质的原因，而人为输入的方式较为繁多，常见的有农业生产活动、工业生产等。

污染土壤的重金属主要包括汞(Hg)、镉(Cd)、铅(Pb)、铬(Cr)和类金属砷(As)等生物毒性显著的元素，以及有一定毒性的锌(Zn)、铜(Cu)、镍(Ni)等元素。主要来自农药、废水、污泥和大气沉降等，过量重金属可引起植物生理功能紊乱、营养失调，镉、汞等元素在作物籽实中富集系数较高，即使超过食品卫生标准，也不影响作物生长、发育和产量。此外，汞、砷能减弱和抑制土壤中硝化、氨化细菌活动，影响氮素供应。我国通过土壤重金属含量对土壤健康质量评价的等级详见《土壤环境质量　农用地土壤污染风险管控标准(试行)(GB 15618—2018)》。

常见的无机污染物除了重金属外，还包括酸、碱、盐类等物质，土壤酸碱污染主要由进入废水的无机酸、碱，以及酸雨的降落形成。

2. 土壤有机污染物

有机污染物(organic pollutant)是指以碳水化合物、蛋白质、氨基酸以及脂肪等形式存在的天然有机物质及某些其他可生物降解的人工合成有机物质组成的污染物。土壤中有机污染物按溶解性难易可分成为两类：①易分解类，如有机磷农药、三氯乙醛；②难分解类，如有机氯等。部分有机污染物在生物和非生物，特别是微生物的作用下，可发生一定程度的转化与降解，但仍然有相当一部分不易转化，在土壤中常年累积，造成土壤质量下降，农作物减产，并在植物中残留。

有机物污染进入土壤后，对土壤中的植物、动物、微生物的生存环境破坏较大，例如稻田因施用含有二苯醚的污泥造成稻苗大面积死亡，土壤中物种多样性急剧下降，导致土壤生态环境恶化，土壤健康质量下降。尽管农药、地膜等在农业生产上的应用获得了良好的效果，但其残留物却污染土壤和食物链。因此有机污染物的含量是影响土壤健康质量的重要因素之一。

2.3 土壤质量评价

2.3.1 土壤质量评价的目的与意义

人类与土壤之间的关系密切，人类活动产生的污染物进入土壤后，直接会导致土壤质量发生变化，所以说土壤质量是一个动态的变化，需要不断地深入了解，以实现土壤科学化、可持续化利用。

土壤质量对农业可持续发展具有非常重要的意义。它是降低农业成本、维系土地产出、保护生态环境的重要基础。土壤质量(健康)评价的主要意义体现在以下三方面：

①评价土壤质量的现状，确定制约农业发展的因素，提出相应的解决方案，从而达到指导施肥和农业管理的目的；

②分析不同土地利用方式或土壤管理措施对土壤带来的影响，理解土壤质量变化的机理；

③通过土壤质量状况，评估土壤对水环境、动物以及人体健康的影响。

2.3.2 土壤质量评价的方法

土壤质量评价的方法包括指数法评价模型、土壤质量综合评分法、土壤质量动力学法，多变量指标克立格法(视频 2-2)等。

视频 2-2 土壤健康的综合评价方法

2.3.2.1 指数法评价模型

1. 指数法

指数法应用在土壤质量评价的优点就是较为简洁、直观。利用该方法先选取评价指标，并根据对土壤健康质量的贡献大小进行分级，确定各指标的单指标指数，按各评价指标在评价中的重要性(限制强度的大小)赋予权重。各指标指数与权重相乘所得为综合评价指数，再划分各评价单元的肥力质量等级，其详细步骤如下：

①选取评价指标。选取评价指标应遵循三大原则，即综合性原则、主导因素原则、实用性原则，进行土壤健康质量评价时常见的指标主要有土壤养分、土壤物理性质、土壤化学性质等综合性指标。

②确定各评价指标的指数。各评价指标指数的确定主要是根据前人研究结果以及生产经验，例如，将土壤质地、土体构型等描述性指标赋予其一定的量化指数，就可将其由定性转变为定量。

③确定参评指标后按各评价指标在评价中的重要性(限制强度的大小)赋予权重。常见的权重分配方法包括等值法、等差法、回归分析法、灰色关联度法、层次分析法以及主成分分析法。

④确定综合指数。综合指数计算法一般采用加和方法即将各评价指标的指数与其权重的积相加得到综合指数，总值越高土壤健康质量越高。其具体计算公式如下：

$$P=\sum_{i=1}^{n}P_i \cdot W_i \tag{2-1}$$

式中：P 为土壤肥力质量综合评价指数；P_i 为评价指标的标准指数；W_i 为 i 指标的权重系数；n 为参评指标数目。

⑤肥力质量等级划分。根据实际需要将综合指数划为不同的区段分别表示土壤质量健康的等级。

2. 内梅罗指数法

加和指数法评价的不足之处就在于最小因子的限制效率体现不够明显，通俗地讲就是当某一因子生产力为零时，由于其他各项条件较好，评价单元仍有可能被定为较高级别。因此在实际过程中，大多采用内梅罗(Nemero)指数法，其详细步骤如下：

①选取评价指标。选取评价指标应遵循三大原则，即综合性原则、主导因素原则、实用性原则，进行土壤健康质量时常见的指标主要有土壤养分、土壤物理性质、土壤化学性质等综合性指标。

②对选定的土壤参数进行标准化处理。为消除各项指标之间量纲的差异，便于相互间的综合计算，应对选取评价参数进行标准化处理。

③确定土壤肥力质量指数。使用改进的内梅罗指数公式确定土壤肥力质量指数(土壤肥力系数)，计算公式如下：

$$P=\sqrt{\frac{(\overline{P}_i)^2+(P_{i\min})^2}{2}}\times\frac{n-1}{n} \tag{2-2}$$

式中：P 为土壤肥力质量指数；$\overline{P}_i$ 为样品中单项参数标准化的平均值；$P_{i\min}$ 为单项参数标准化的最小值；n 为参数个数。

④综合评价标准。通过上述改进的内梅罗公式计算出的土壤肥力系数，与标准土壤肥力等级对比，确定土壤肥力等级。国内外常将土壤肥力等级划分为优、良、中和差四类，其详细划分见表 2-4。

表 2-4 土壤肥力等级划分

项目	Ⅰ	Ⅱ	Ⅲ	Ⅳ
肥力评价	优	良	中	差
综合肥力系数范围	≥2.0	1.5～2.0	1.0～1.5	＜1.0

该方法的主要优点在于充分考虑了各项污染物(肥力指标)的平均水平和个别最大污染物(肥力指标)的最大水平。在用于土壤肥力质量评价时，能够在一定程度上反映实际情况，但该方法给出的信息相对有限，且缺乏评价的原理，在不同研究区域的可比性较差。

2.3.2.2 土壤质量综合评分法

土壤质量的综合评分法最早是由 Doran 等在 1994 年提出的，他们将土壤质量评价分为六个板块，分别为抗侵蚀能力、地下水质量、地表水质量、大气质量、作物产量以及食物质量。在不同农田根据当地的气候条件、土壤质地、地理位置建立函数关系，以此说明土壤功能与土壤性质的关系，通过对土壤性质的最小数据集评价土壤质量，其详细步骤如下：

(1)选择合适的土壤质量指标　例如水稳性团聚体(WSA)、容重(BD)、总有机碳(TOC)等。

(2)根据研究资料和实际情况确定各项指标　相对于土壤功能以及各项土壤功能相对于土壤质量综合指数的权重。

(3)确定指标得分情况　通过查阅文献确定各项指标的得分情况。

(4)确定土壤质量指数　利用土壤质量指数(SQI)计算公式确定土壤质量指数,计算公式如下:

$$\mathrm{SQI}=\sum q_i \cdot \omega_i \tag{2-3}$$

式中:SQI 为土壤质量指数;q_i 为第 i 项土壤功能的标准得分;ω_i 为第 i 项土壤功能的权重。

(5)肥力质量等级划分　根据实际需要,查阅相关文献将土壤质量指数划为不同的区段,以分别表示土壤质量的等级,并将所得 SQI 值与其对比,最终确定土壤质量情况。

土壤质量综合评分法的优点是其提供了一个比较完善的评价框架,具有一定的灵活性,可以根据研究区域和研究目的进行调节。缺点是,该方法得分情况的选择、参数的确定以及指标权重的确定仍需借助相关专家、学者的经验,所以该方法不能完全客观地用于土壤质量评价。

2.3.2.3　土壤质量动力学法

由于土壤系统的动态性,对可持续管理的评价应该采用动态评价方法,利用系统动力学特征测量其可持续性,经研究发现土壤肥力质量(Q)与时间(t)成一定的函数关系,因此采用模型或者统计质量控制(SQC)可以评价土壤肥力质量变化,土壤肥力质量(Q)是多个土壤属性(q_i)函数:

$$Q=f(q_1,q_2,\cdots,q_n)$$

土壤肥力质量与时间的关系可表示为

$$\frac{\mathrm{d}Q}{\mathrm{d}t}=f\left[\frac{\dfrac{(q_{it}-q_{it0})}{q_{it0}}\cdots\dfrac{(q_{nt}-q_{nt0})}{q_{nt0}}}{\mathrm{d}t}\right] \tag{2-4}$$

该式主要反映在不同时间(t)土壤属性(q_{it})相对于初始状态(q_{it0})的动态变化。当结果为正时,则说明 $q_{it}>q_{it0}$,土壤肥力优于起始状态,土壤健康质量得到改善;反之则说明土壤健康质量发生退化。该评价方法的优点就在于可以通过上限和下限,从而精准地衡量土壤肥力质量是否可持续,最终明确土壤管理利用措施。

2.3.2.4　区域土壤质量空间变异的地统学评价——多变量指标克立格法

多变量指标克立格法(MVIK),这种方法可以将没有数量限制的单个土壤质量指标整合成一个综合的土壤质量指数,这一过程称为多变量指标转换,是根据特定的标准将测定值转换为土壤质量指数。多变量指标克立格法需建立完整的土壤质量数据库作为基础,接着在 GIS 技术的支持下,结合土壤过程模型,利用合适的数学评价模型,从而对土壤健康质量进行科学、精准的评价及监测。多变量指标克立格法的应用主要核心问题包括三块,即区域化变量、协方差函数、变异函数,具体应用于土壤健康质量评价步骤如下:

①选取土壤质量评价指标,进行土壤质量调查,建立土壤质量数据库。

②根据土壤质量指标的临界值将指标转化为 0(不适宜)或 1(适宜)。

③设定良好的土壤质量需要满足的条件，利用多变量指标变换将指标值综合为土壤质量指数。

④利用地统计方法，计算土壤质量指数的变异函数图。

⑤在 GIS 软件的支持下，采用指示克立格法估计未采样地区的土壤质量指数值，然后可以将插值结果转化为区域分布图，得到土壤质量评价结果图。

土壤质量空间变异的地统计学评价法的优点是该方法在土壤质量指标的时空变异分析方面可提高定量性和可视化程度，为土壤质量的动态变化监测和预警提供决策性基础。该方法的缺点是土壤质量指标的空间变异性随采样结构变化的规律尚不明确，以及土壤质量的空间变异与数学模型的结合较少，因而该方法应用范围较窄。

复习思考题

1. 造成土壤退化的主要原因包括哪些？这些问题应怎样解决？
2. 请从物理、化学、生物三方面简述什么样的土壤是健康的土壤。
3. 土壤环境质量指标具体包括哪些？
4. 为什么要对土壤进行质量评价？
5. 简述指数法评价模型的具体步骤。
6. 简述土壤质量综合评分法(SQI)的具体步骤。

Chapter 3

第3章

绿色园艺生产常见的土壤问题与修复

本章学习目的与要求

1. 掌握园艺生产中常见的土壤问题、原因与特点。
2. 系统学习综合修复土壤的方法。

3.1 绿色园艺生产常见的土壤问题

3.1.1 土壤酸化

土壤酸化是指由土壤盐基离子的淋失或酸性成分增加导致土壤酸中和容量（ANC）下降的过程（视频 3-1）。自 20 世纪 80 年代以来，由人类行为活动的影响导致我国主要农业土壤的 pH 都显著降低，酸化程度日渐加剧，已成为农业生产中的主要障碍因子。

视频 3-1
土壤酸化

3.1.1.1 土壤酸化的特点

土壤酸化是土壤退化的主要特征之一。土壤的自然酸化过程，由盐基离子淋失、土壤交换性铝离子和交换性氢离子增多所致，但过程相对缓慢。由对土壤的不合理利用导致酸化的土地面积已占到我国耕地面积的 40%以上，土壤酸化的主要特点是会直接引起土壤的盐渍化，且速度较快。此外，酸性土壤在我国总体耕地面积中表现出强度高、面积大、分布广等特性。

3.1.1.2 土壤酸化的成因

土壤的 pH 主要是由当地的气候环境、地质条件、耕作方式以及施肥所决定的，而园艺生产中土壤发生酸化的主要原因是大量生理酸性肥料的使用以及大量盐基离子的流失（视频 3-2）。在土壤生态系统中，自然生态的养分在土壤与植物之间可以做到良好的循环，不会导致土壤酸化。在养分循环的过程中，虽然不可避免地伴随着一些氢离子的产生，但土壤自身的缓冲性，使得氢离子不会大量的积累。但是，在人为干扰的情况下，土壤中水肥的大量投入、作物残体被移出土壤系统，使得菜田土壤酸化潜势增大，土壤酸化过程逐年加快。土壤酸化的详细原因主要如下：

视频 3-2
土壤酸化原因、危害与修复

1. 施肥不当

（1）生理酸性肥料的大量使用　生理酸性肥料通常是指肥料中的阳离子能被植物大量地吸收利用，而阴离子不被或少量地被植物吸收利用，大量残留在土壤中使土壤 pH 降低的一类肥料。常见的生理酸性肥料包括硫酸铵、氯化铵、过磷酸钙以及磷酸二铵等。以硫酸铵和氯化铵为例，肥料中的大部分铵离子被作物吸收利用，而氯离子和硫酸根离子只有极少部分被吸收利用，从而导致土壤中残留大量氯离子和硫酸根离子，致使土壤溶液的 pH 大幅降低。而磷酸二铵导致土壤酸化的原因则是磷酸二铵所含的五氧化二磷与水反应生成磷酸，从而导致土壤的 pH 偏低。

除此之外，一些有机肥本身呈现酸性，大量施入也会导致土壤酸化，如鸡粪等。一般而言，土壤的酸化程度往往会受到使用生理酸性肥料的时间长短、数量及种类的影响。

（2）尿素等碱性氮肥的过量使用　虽然硫酸铵、氯化铵以及尿素等氮肥的过量使用均会导致土壤酸化，但其作用机理却大相径庭。尿素属于碱性氮肥，与之性质相似的还有碳酸氢铵、氨水等。以氨水为例，氨水在土壤中会溶于土壤水溶液形成氢氧化铵，部分铵离子可被植物吸收、利用，也可被土壤胶体所吸附，未被吸附的铵离子会被氧化成亚硝酸根或硝酸根离子，从而提高土壤的酸度，造成土壤的酸化。同理碳酸氢铵、尿素的大量投入均是由于铵离子含量过高，在硝化细菌的作用下被转化成硝酸根，从而提高土壤酸度。

(3)养分投入不均衡　在生产过程中，氮、磷、钾大量元素过量投入，而钙、镁等中微量元素投入相对不足，造成土壤养分失调，土壤胶粒中的钙、镁等碱基元素很容易被氢离子置换，使得氢离子浓度提升导致土壤酸化。

2. 作物的选择性吸收

生理酸性肥料的大量投入导致土壤的酸度提高，其实也是一种植物选择性吸收的结果，作物在生长过程中从土壤中吸收了大量的钙、镁、钾等碱基元素，导致土壤的盐基饱和度降低，土壤的交换性致酸离子增多，使土壤向酸化方向发展。

3. 土壤有机质含量过低加重酸化

土壤中的有机质是一种很好的缓冲物质，不仅可以提高微生物活动所需的养分，还可以调节土壤的酸碱性。这是由于其具有较大的比表面积以及较高的阳离子交换能力，同时吸附性较强。在实际生产过程中，土壤中的微生物活性较强，可加速土壤中有机质的分解速率，导致土壤中有机质含量逐渐降低，致使酸碱缓冲能力减弱。而有机质分解产生的有机酸和腐植酸在土壤耕层的大量积累，也会导致土壤酸化。

3.1.1.3　土壤酸化的危害

1. 对土壤的影响

(1)土壤团粒结构遭到破坏　土壤中的钙离子可与土壤中的黏粒相互结合，形成絮状胶凝体，这种胶体可将分散无结构的土壤颗粒胶结在一起，形成土壤团粒结构。而当土壤的pH偏低时，土壤中的钙离子在淋洗的作用下大量流失，因而使团粒结构遭到不同程度的破坏，进而致使土壤的通气透水性能大大下降。当降水过多时造成土壤板结，土壤理化性质逐渐恶化，限制作物的根系发育，导致植株的抗逆能力逐渐变弱。

(2)降低磷的有效性　磷由于其特殊的化学性质，当土壤中的pH低于6时，土壤中的铁离子和铝离子浓度上升，土壤中的磷与游离的铁、铝离子形成溶解性偏低的磷酸铁和磷酸铝，导致作物出现不同程度的缺磷现象。

(3)影响微量元素的有效性　微量元素的有效性通常受到土壤有机质含量、氧化还原电位、黏粒含量及pH等多种因素的影响，其中受pH影响的程度较为明显。土壤酸化对微量元素的影响主要表现在促进锰、锌、铜、铁、硼的有效性与降低钼的有效性两方面。在促进锰、锌、铜、铁、硼的有效性的同时伴随着由微量元素含量过高造成的毒害作用；降低钼的有效性则是由于当土壤中的pH处于3～6时，钼以酸性氧化物的形式存在，该形式的钼几乎完全不能被植物根系吸收利用。

(4)土壤盐基饱和度下降　土壤pH较低时，由于氢离子的浓度偏高，土壤胶体表面的钾、钙、镁离子等盐基离子被氢离子所取代，这些离子在淋溶的作用下，随土壤水分流失到土层深处，导致土壤养分库的损失，从而造成土壤养分匮缺以及作物品质下降。

(5)对土壤生物的影响　主要体现在两方面，即土壤动物和土壤微生物。

①土壤动物。土壤中动物种群丰富程度直接影响到土壤的结构、养分、通气性以及田间持水量等。以蚯蚓、线虫为例，当土壤偏酸时，钙离子含量逐渐下降，而蚯蚓喜钙，从而致使土壤中蚯蚓的数量及活性大大降低，土壤理化性质逐渐恶化；与之相反，线虫的数量与活性在酸性土壤中大大增强，作物根系遭到破坏，无法正常吸收养分。

②土壤微生物。常见的为细菌、放线菌、真菌、蓝藻四大类，细菌、放线菌适宜的 pH 范围为中性或者微碱性，当土壤呈现酸性时，它们的活性会受到严重影响，使得有机质的分解速率等受到影响，造成土壤养分含量下降；而真菌则耐酸性较高，因此在酸性土壤中由于细菌、放线菌含量的下降，真菌会大量繁殖，易造成青枯病、黄萎病、根肿病等多种病害的发生。

2. 对设施园艺作物的影响

土壤酸化主要是通过影响土壤养分的供给情况、植株根系的代谢过程、养分吸收能力等从而来影响蔬菜的生长发育。在通常情况下，每一种作物生长都有其适宜的 pH，而大多数蔬菜作物的适宜 pH 为 6.0～6.5。当土壤的酸度低于临界值时，植株的根系不仅会受到氢离子、铁、铝、锰等的毒害作用，还会影响根系对养分的吸收利用。

蔬菜根系的细胞质主要由蛋白质等物质构成，在微酸性环境中带正电荷，因此土壤 pH 偏低对阴离子的吸附能力较强，造成镁离子、钾离子的缺乏，从而影响作物的正常生长发育。除此之外，当土壤 pH 低于 4.0 时植株根系生长严重受阻，具体表现为主根短而细，呈黄褐色，后期变成黑褐色，根系的代谢能力也受到抑制，进一步影响蔬菜的生长发育。

3.1.2 土壤盐渍化

3.1.2.1 土壤次生盐渍化的特点

土壤盐渍化是指在干旱、半干旱地区底层土壤或地下水的盐分随毛管水上升到地表，水分蒸发后，盐分积累在表层土壤中的过程（视频 3-3）。近年来，在一些非盐渍化的耕地中也逐渐发生了盐渍化现象，这是由生产过程中不合理灌溉、无机肥料的大量使用造成的，这种现象称为土壤次生盐渍化。次生盐渍化不仅对植株的生长存在较大危害，还会导致园艺作物的产量、品质下降，这严重阻碍了可持续绿色园艺的发展进程。该现象在我国的华北平原、河套平原、松辽平原等地普遍存在。

视频 3-3
土壤盐渍化

在园艺生产中，土壤发生次生盐渍化不同于滨海盐渍化土和内陆盐碱土，其主要表现在以下三方面：首先，土壤中的盐分离子主要以硝酸根（NO_3^-）、硫酸根（SO_4^{2-}）、钙离子（Ca^{2+}）为主；其次，在园艺生产中，其土壤盐分主要集中在地表及耕作层；最后则是根据不同的施肥习惯，在次生盐渍化现象发生时，其主导离子不同，例如当过量施用氮肥时土壤盐分阴离子以硝酸根为主；一些地区施用硫酸钾作为钾肥的主要来源，使得硫酸根离子残留比较严重，这些地区发生次生盐渍化时硫酸根的贡献率远大于其他离子。

3.1.2.2 土壤次生盐渍化的成因

1. 不合理的施肥方式

在园艺生产过程中，较为普遍存在的现象就是盲目施肥、偏施硝酸钙和硝酸钾等氮肥，由于作物的选择性吸收，大量的盐基离子残留于土壤中，这是引起土壤次生盐渍化的最直接的原因(视频 3-4)。而硫酸钾、氯化钾等生理酸性肥料的大量投入使得土壤 pH 逐渐降低,导致土壤中的铁、铝等元素的溶解度增加,使得土壤溶液浓度逐渐升高,也加剧土壤次生盐渍化的发展。除此之外,施肥方式也是造成土壤次生盐渍化的主要原因之一,蔬菜的根系分布较浅,为提高肥料的利用率采用肥料表施,这导致盐分在土壤表层的大量累积,进一步加剧土壤次生盐渍化。

视频 3-4
土壤盐渍化原因、危害与修复

2. 设施内特殊的环境

土壤次生盐渍化多发生在设施环境内,首先设施环境为相对封闭的环境,大大降低雨水对盐分的淋溶作用,致使土壤中的盐分大量残留在土壤的耕层中。其次是设施内温度较高,日蒸发量较大,导致土壤深层的盐分随着土壤水分向上移动,形成“盐随水走,水去盐留”的现象,使得大量盐分积聚在土壤表层,最终导致土壤次生盐渍化。

3. 不合理的灌溉制度

在实际生产过程中,通常采用的灌溉方式为大水漫灌,而这种不合理的灌水方式及频率不仅引起地下水位的进一步上升,也使得土壤团粒结构遭到破坏,土壤通气性变差,毛管作用增强,最终造成土壤板结。土壤表层的盐分不仅不能随着灌水向下移动,而且由于毛管作用的增强,加快盐分向表层土壤移动的速率,造成土壤次生盐渍化。

3.1.2.3 土壤盐渍化的危害

1. 对土壤健康的影响

土壤盐渍化对土壤健康的影响主要体现在土壤板结、降低微生物活性以及破坏周围生态环境三方面。土壤中的微生物在养分的释放、转换以及抑制病原菌等方面起着重要的作用。当土壤发生次生盐渍化时,盐分含量较高使得土壤中微生物的活性受到抑制,影响养分的转换。次生盐渍化造成土壤板结,影响土壤理化性质,最终导致微生物的数量逐渐下降,影响土壤中养分的转换。例如,土壤中含盐量增加,土壤中的硝化细菌、磷细菌和磷酸还原酶的活性逐渐降低,使得氮的氨化和硝化作用受到抑制,土壤中可被植物吸收利用的有效氮含量较少,肥料的利用率显著降低,加之氮肥的过量投入,土壤中的盐基离子含量逐渐增加,进一步加剧土壤盐渍化程度,最终产生恶性循环,从而影响土壤健康。

对土壤周围生态环境的影响主要体现在对地下水和周围水体的污染以及有害气体的释放,土壤中的部分盐基离子在淋溶的作用下可渗透到地下水中,导致水体的富营养化。此外,由于氮的氨化和硝化作用受到抑制,氮氧化物等温室气体大量释放,设施内有害气体聚集量增加,进而对作物生长发育、生态环境造成不利影响。

2. 对作物的影响

(1)生理干旱　土壤盐渍化对植株的影响主要体现在生理干旱,而且这种现象在高温强光照情况下愈加明显。引发生理干旱的原因是土壤发生次生盐渍化时,土壤中盐基含量升高,导致土壤溶液的浓度偏高,而水势偏低。众所周知,水分是通过自由扩散的方式由高水势到低水势进入植株的根系细胞中,而土壤的次生盐渍化导致土壤总水势偏低,造成作物的吸水困难,影响植株的健康生长,降低植株的抗逆性,影响果实的品质,严重时作物凋萎死亡。一般而言,土壤的含盐量达到 1 g/kg 时作物的生长会受到轻微的抑制;2～3 g/kg 时根系吸水较为困难;大于 4 g/kg 会导致植株体内水分向外渗透,最终导致植株失水死亡。

(2)影响植株的生长发育　植株生长发育所需的养分通常情况下需伴随着水分进入植物体内，水势的变化导致水分的吸收较为困难，间接影响植株对养分的吸收，养分缺乏导致植株生长矮小，产量降低，株态变形，叶面积减少，植株枯萎。除此之外，土壤盐渍化间接导致硝酸根含量增加，植株体内硝酸盐累计量相对较高，轻者使蔬菜品质降低，重者人体大量摄入后在细菌的作用下还原成亚硝酸盐，该物质与胺类物质结合后会形成强力致癌物亚硝胺。当氯离子含量较高时，叶片中叶绿素含量降低，光合产物累积量下降，导致作物生长发育受到抑制，产品品质下降，产量降低。

3.1.3　土传病害

3.1.3.1　土传病害的特点及成因

土传病害是指病原体如真菌、细菌、放线菌、线虫和病毒，随病残体生活在土壤中，条件适宜时从作物根部或茎部侵害作物而引起的病害（视频 3-5）。这些侵染的病原体主要是以真菌为主，真菌侵染可分为专性寄生与非专性寄生两类。专性寄生是指寄生物一旦离开宿主生物就不能继续生存的现象，如尖孢镰（*Fusarium oxysporum*）、黄萎轮枝孢（*Verticillium alboatum*）。由腐霉菌（*Pythium* spp.）引起苗腐和猝倒病、丝核菌引起苗立枯病则属于非专性寄生。这些病害的严重程度由根端分泌物的成分和浓度来决定，因此对这些土传病害的防治要综合考虑土壤、植物根部以及病原菌三者的相互制约关系。

视频 3-5
土传病害

土传病害发生的最主要原因包括连作障碍、施肥管理不当以及线虫的入侵等（视频 3-6）。首先，常年种植同一类作物，易导致病原菌连年繁殖，在土壤中大量积累，最终成为优势菌群。例如，茄科蔬菜常年连作会导致疫病、枯萎病的大量发生；西瓜连作后，枯萎病的发生概率也大大增加。其次，由施肥不当引起的土传病，例如，由大量施用化肥引起镰刀菌、轮枝菌和丝核菌的大量繁殖；使用未充分腐熟的有机肥致使病原菌和线虫随粪肥带进生产田里。线虫的入侵是土传病害加重的重要原因之一，线虫可造成植物根系损伤，形成伤口，这些伤口有利于病菌侵染而使植物病害加重，且线虫与真菌病害往往同时发生。此外，土壤健康质量的下降，不正确的施肥、灌水等均会导致土传病害的加重，在实际生产过程中需综合考虑各项因素。

视频 3-6
土传病害原因、危害与修复

3.1.3.2　常见的土传病害

1. 枯萎病

枯萎病（fusarium wilt），又称作蔓割病、萎蔫病，是瓜菜类作物生产最常见的土传病害之一，在黄瓜、冬瓜中比较严重。在南瓜生产中发病率较低，因此在生产上常采用以南瓜为砧木的嫁接技术可有效缓解该类病害。

(1)发病症状　当植株在幼苗期发病时，轻者子叶萎蔫泛黄，重者苗木直接枯萎致死，茎基部通常为暗褐色且缢缩，呈现类似猝倒的症状。成株期发病时，症状一般在开花结果后出现，发病初期病株叶片由下向上凋萎，状若缺水，症状随温度升高加剧，温度降低时则可恢复常态，4～6 d全株凋萎下垂，其茎部缢缩，纵裂溢出琥珀色胶体物。在湿度较高的环境中，病株的茎基部常产生白色或粉红色的霉层。

（2）病原菌　枯萎病主要由镰孢属真菌侵染所致。我国大部分地区的枯萎病主要是由尖镰孢（*Fusarium oxysporum*）引起的，其余的枯萎病均由镰刀菌（*Fusarium bulbigenum*）诱发。

（3）发病条件　土壤温度、湿度以及pH对枯萎病均有较大影响，其孢子在8～34 ℃均能萌发、繁殖。土壤温度（土温）为24～28 ℃时，其侵染能力最强，当土温高于30 ℃时发病较轻，甚至不发病。其孢子在pH为4.5～9时均可萌发，最适pH为5.5～6，因此该病在酸性土壤中发病率较高。

2. 腐霉病

腐霉病（pythium disease）根据受害部位分为种腐、根腐、茎基腐、茎腐和果腐，以下讲述根腐病。该病在十字花科、茄科、葫芦科、豆科等各类蔬菜的苗期、成株期及产后运输时均会受到为害，苗期为害最为严重。腐霉可以存活于土壤和根部周围，病原物不易控制，因此病害防治较为困难。

（1）发病症状　根腐病在大苗和成株时容易受到病原菌的侵染，具体发病症状为叶片枯黄，叶边缘枯萎，病叶自下向上蔓延，不脱落。主根的上部和茎基部变成褐色或黑色，病部稍凹陷，有时开裂，当主根全部染病后，地上茎叶萎蔫枯死。该病原菌主要侵染根及茎基部，在侵染初期，发病部位初期呈水浸状，后期根系逐渐腐烂。

（2）病原菌　引起腐霉病发生的病原菌为假菌界、卵菌门以及腐霉属，其中腐霉属的多个种均能引起蔬菜腐霉病，例如瓜果腐霉、畸雌腐霉、刺腐霉和终极腐霉等。

（3）发病条件　影响根腐病的主要因素是移栽定植地土壤的温度与湿度。高温高湿的环境有利于土壤中腐霉菌孢子囊萌发、游动、形成和侵入寄主组织，且高温高湿抑制植株根系的生长发育，从而降低植株的抗病性。

3. 青枯病

青枯病（bacterial wilt）又称细菌性枯萎病，该病害广泛分布于温暖潮湿、雨水充沛的热带、亚热带和部分温带地区，我国华东、华中、华南、中南和西南等地区也有不同程度的发生。近年来，由于我国北方地区设施园艺的快速发展，该病害在北方地区局部范围内也逐渐严重。

（1）发病症状　感染该病的植物苗期症状较不明显，多在开花现蕾后出现。病株相较于健康植株略显矮小，叶色较淡，在日间高温时病株的茎和叶片自上而下萎垂，夜间则可恢复正常，染病后3～4 d全株茎叶萎蔫枯死，但病株在短期内仍保持青绿颜色，叶片不脱落。

（2）病原菌　青枯病的病原为茄科劳尔氏菌（*Ralstonia solanacearum*），该病原侵染能力较强，可侵染各种植株，例如，果树、花卉、蔬菜等50多科300多种植物。

（3）发病条件　该病的制约因素主要为土壤质地、土温。首先，青枯病在土质疏松、排水良好、有机质含量高的土壤中发病较少，相反在孔隙多、通气性强、有机质含量低、偏酸性的土壤中发病较多。其次，当5 cm处土温稳定在22 ℃时，病原菌即可生产、繁殖，土温稳定在30 ℃时，病原菌开始大量繁殖，发病进入高峰期。

4. 根结线虫

蔬菜根结线虫病（vegetable root-knot nematode disease）是最为严重的一种土传病害，如何防治根结线虫是露地蔬菜和温室大棚蔬菜共同的难题。根结线虫病可寄生的蔬菜作物种类较多，包括葫芦科、茄科、豆科、十字花科等，其中黄瓜和番茄上的根结线虫病问题尤为严重。

（1）发病症状　瓜类蔬菜主要受害部位是侧根和主根，会形成较大的串珠状根结，根肿大且粗糙；十字花科蔬菜受害后，则在新生根尖产生较小的根结。总而言之，受害蔬菜根部形成大小与形状不等的瘤状物（根结），侧根和须根最为严重。在整体长势上，底部叶片先变黄，然后上部叶片逐渐变黄，地上部表现出植株矮小、生长衰弱、叶片褪绿黄化、结果少而小、品质差等特点。

（2）病原菌　病原线虫属于根结线虫属，常见的包括南方根结线虫、爪哇根结线虫、花生根结线虫、北方根结线虫和象耳豆根结线虫，其中南方根结线虫是分布最广的一类。

（3）发病条件　根结线虫病一般在潮湿、结构板结的黏土中发生较少，而在沙性土壤中根结线虫病的发生程度较为严重，这是由于根结线虫一般具有好气性，若氧气不足，易窒息死亡。土壤温度也是影响发病的重要因素之一，北方根结线虫病一般在 15～25 ℃易发生，而南方根结线虫、花生根结线虫、爪哇根结线虫和象耳豆根结线虫则在 25～30 ℃更为适合，因此，在我国北方该病主要发生在温室大棚。

3.1.4　土壤污染

3.1.4.1　土壤污染类型及危害

土壤是人类生存的根本，但随着社会快速发展，土壤污染日益严重，污染物的种类多样（视频 3-7）。以农业生产为例，供需矛盾促使人们盲目地追求高产、稳产，导致化肥、农药的过量使用，致使土壤中农药和无机盐积累，对生态环境造成巨大的破坏。因此，面对严峻的土壤污染状况，迫切需要对土壤污染进行全方位、系统性的了解，以实现预防为主的土壤修复目的。

1. 土壤污染物的种类

土壤中的污染物主要包括重金属、有机物质、化学肥料、放射性元素以及病原微生物。其中重金属元素、放射性元素以及化学肥料多属于无机污染物，这些污染物大部分容易在土壤中大量积蓄，且不易降解，造成土壤污染。例如，重金属在进入土壤后不仅不能被微生物分解，还可能被植物吸收或者在土壤中转化为毒性更大的化合物，严重影响农产品的产量和质量。

有机污染物主要来源于农药、抗生素，世界上生产使用的农药已达 1 300 多种。其中大量使用的是有机氯和有机磷，如 DDT、六六六、狄氏剂、对硫磷、敌敌畏等，这些物质的化学性质较为稳定，在土壤中残留时间较长，不易被降解，被植物吸收后，经过各种生物间的转移将直接危害人类健康以及生态系统的稳定。土壤中抗生素污染主要来自动物的粪便，其通过迁移和转化积累在动植物体内之后进入人体，对人类健康存在巨大威胁。

视频 3-7
土壤污染

土壤中的病原微生物，主要包括病原菌和病毒等，主要来自人畜的粪便及污水，这类微生物会导致作物品质、产量大大下降，重则直接威胁人类健康。

2. 污染物进入土壤的途径

土壤污染物来源广泛，其进入土壤的途径也较多，常规的土壤污染途径主要有以下四种：

(1)固体堆肥和污泥　随着社会经济的发展，一些工业废弃资源日益增加，为避免这些废弃资源对环境造成二次污染，众多研究将这些污染物质与一些自身容易分解的有机物混合堆放，并通过调节碳氮比、pH 和氧气含量等，经过一段时间的发酵处理，使得大部分污染物降解，进而形成一种类似腐殖质土壤的物质。这种产物含有丰富的有机质和养分，在土壤中使用会提升蔬菜的品质和产量，改良土壤的理化性质，提升土壤的保肥保水能力。但是一些重金属并不会在堆肥过程中降解，所以大量的堆肥施用于土壤，当污染物含量超出土壤自净能力时就会造成土壤污染。污泥堆肥的大量使用，同样也会造成土壤重金属污染。

(2)化学肥料的大量使用　食物的供需矛盾导致肥料和农药的大比例投入，同时，也造成土壤不同程度的污染，例如，氮肥的大量使用造成了农田土壤氮源污染；硝态氮肥的大量使用导致亚硝酸盐类急剧增加，对土壤生态环境造成了巨大的破坏。磷肥的主要生产原料为磷矿石，磷矿石本身常常含有不同种类的污染物质，例如重金属、有毒有机化合物等，因此长时间大量的施用磷肥会增加土壤中重金属等污染物的含量。

(3)农药、农膜的大量使用　化学防治作为植物保护的一个重要手段，在达到一定效果的同时，也会对土壤造成一定的污染，这是由于农药施入田间对作物进行保护作用的含量仅占施入量的 10%～30%，仍有 50%左右残留到土壤中，其余的则进入大气中，特别是有机氯类化合物，其本身不易降解，大量积累必然会导致土壤污染。农膜作为一种高分子有机物，不易降解并具有一定的毒性，进入土壤后会造成土壤的污染。

(4)畜禽粪便　在畜牧业生产中，大量使用各种促进生长和提高饲料利用率、抑制有害菌的微量元素添加剂，如 Zn、Cu 等金属元素添加剂。这些无机元素在畜禽体内的利用率非常低，因此大部分富集在动物的粪便中。高产的蔬菜离不开粪肥，但为了快速地提高蔬菜产量和品质，在生产中盲目采用和大量施用畜禽粪肥，因此造成土壤污染物的积累。

3. 土壤污染物的影响与危害

(1)无机污染物的影响与危害　土壤的无机污染主要是重金属污染，不同重金属对土壤的影响各不相同，一般而言，土壤受到 Cu、Ni、Co、Mn、Zn、As 等元素的污染后会抑制植物的生长发育(视频 3-8)。例如，土壤中 Zn 超标，会导致小麦出苗不齐，分蘖少，植株矮小，叶片发生萎黄；As 超标则会导致树木生长缓慢，严重时树木提早落叶，果实萎缩、减产；Cd、Hg、Pb 虽然对植株生长抑制不明显，但会通过土壤转移到植株体内并大量富集，从而威胁人类健康。

视频 3-8
土壤污染原因、危害与修复

(2)有机污染物的影响与危害　有机污染物对植株的影响主要表现为抑制植物生长发育，大量富集于植物体内。例如，长期使用未经处理的炼油厂废水，其内部含有大量的油、酚、多环芳烃等有机毒物，会导致水稻严重矮化，叶片披散下垂，叶尖变红，抽穗后不能开花受粉，形成空壳；一些化学农药的大量使用，导致土壤的理化性质出现恶化，土壤的组成成分遭到破坏；一些有害物质还可通过植物的吸收和食物链的积累等过程，进而对人体健康构成危害，如三致作用(致病、致癌、致突变)。

(3)土壤微生物污染的影响　微生物污染通常是由于一个或几个有害的生物种群，从外界环境侵入土壤，大量繁衍，破坏原有的微生物群落结构，从而对土壤生态环境造成不良影响。微生物污染物主要来自未经处理的粪便、垃圾、城市生活污水、饲养场和屠宰场，其中危险最大的是传染病医院未经处理的污水和污物。微生物污染最直观的影响为阻碍植物的正常发育，造成农业的减产。例如，一些病原微生物（青枯假单胞菌等）会导致番茄、茄子、辣椒、马铃薯等发生青枯病；一些致病真菌（芸苔根肿菌等）会导致大白菜、油菜、芥菜等发生根肿病；此外，一些根结线虫病的发生，大部分是由土壤微生物污染所致的。

3.1.4.2 土壤基本特征对土壤污染的影响

污染物的迁移与转化主要在土壤中完成，土壤中的基本特征指标对污染物的迁移转化过程均有较大影响，具体包括土壤孔隙度、土壤黏粒、阳离子交换量、氧化还原电位、土壤有机质以及土壤酸碱度等。

1. 土壤孔隙度

土壤孔隙度决定土壤的通气性、透水性、保水性及微生物活性等，而微生物活性则是影响土壤污染物迁移、转化以及降解的一个重要因素。紧实、孔隙度小的土壤，其透气性和微生物活性较弱，容易引起土壤有机污染，这是由于这类土地降解能力不强，易造成大量有机污染物的积累。孔隙度较大的土壤虽然不易引起土壤的有机污染，但其不能截流污染物，易导致污染物向下迁移，从而污染地下水体。

2. 土壤黏粒

黏粒含量较高的土壤对污染物有较强的吸附作用，可降低污染物的活性；而黏粒含量较低的土壤，对污染物的吸附作用就会减弱，致使污染物向深层土壤迁移；土壤中黏粒含量极高时，好氧微生物的生存受到抑制，易造成有机物污染。

3. 阳离子交换量

在土壤中，沉淀溶解与吸附解吸是污染物迁移及转化的两个重要平衡过程。如果吸附和沉淀大于解吸与溶解，污染物就会向稳定形态转化，迁移能力减弱，毒性相对较低；反之，解吸与溶解大于吸附和沉淀时，污染物迁移能力增强，毒性相对较高。决定二者关系的主要因素为阳离子交换量，阳离子交换量相对较高的土壤，其对污染物的吸附性相对较高，可大大降低污染物扩散。

4. 氧化还原反应

氧化还原反应主要影响重金属的毒性，例如，在氧化性较高的土壤中铬呈现高毒性的六价态，铜、铁呈现低毒性的高价稳定态；在还原条件下，铬以毒性较低的三价形态存在，铜、铁则表现为活性较强的低价态。

5. 土壤有机质

土壤有机质是微生物生存的根本，微生物较为丰富的土壤，会对土壤污染起到一定的缓冲作用。土壤有机质在微生物的作用下可生成氨基酸、脂肪酸等，这些物质可与重金属结合生成较为稳定的形态，也可以与农药、化肥等反应，转化成其他形态。

6. 土壤酸碱度

土壤 pH 的变化通常会引起污染物化学性质的剧烈变化，例如，当土壤中 pH 偏低时，土壤中稳定盐金属离子能够以离子的形式释放，导致土壤中可溶态离子增加，加剧金属离子对植物的危害作用；反之，当 pH 上升时，则会减轻金属离子对植物的危害。

3.1.4.3 土壤污染物在土壤环境中的迁移转化及其生态效应

1. 污染物的迁移方式

污染物在环境中的迁移的基本方式主要有三种，分别是机械迁移、物理－化学迁移以及化学迁移。迁移速率主要受污染物本身以及外界的物理、化学性质影响。

(1)机械迁移　是指污染物借助不同作用力发生的迁移过程。根据机械迁移力的不同，主要可分为以下几种：

①大气对污染物的机械迁移作用。污染物通过扩散作用进入大气中，随着大气的流动实现迁移过程，主要受到地质、地貌、气候以及污染物自身的特性所决定。

②水对污染物的机械迁移作用。一些易溶于水体的污染物，经常随着雨水、河流的流动及渗透实现迁移。与大气迁移相似的是，其迁移速率主要受到污染物自身特性以及水体本身的影响。

③重力的机械迁移作用。重力迁移是指污染物通过重力作用发生移动的过程，主要由污染物自身的特性以及地质条件等因素所决定。

(2)物理-化学迁移　污染物迁移的过程是一个综合的、复杂的过程，不会仅凭借单一的机械迁移进行移动，大多数情况下会伴随一系列的物理-化学反应。污染物在土壤中的传递迁移主要是物理过程，常见的包括气固传质过程、液固传质过程、气液传质过程、液液传质过程。污染物在气固、液固的转换过程中，主要通过土壤胶体对液体、气体污染物的吸附以及解吸作用而实现；污染物在气液和液液的转化过程中，主要通过挥发和溶解来实现。当污染物进入土壤后，通过上述的挥发、溶解、吸附等手段实现在土壤中的迁移以及形态转换。

无机污染物在土壤中的迁移通常是由简单的离子、铬离子或可溶性分子在环境中通过溶解沉淀作用、氧化还原作用、水解作用、络合和螯合作用、吸附-解吸作用等一系列物理-化学过程实现迁移；有机物的迁移除了上述的方法之外，还可通过化学分解、光化学分解和生物化学分解等作用实现迁移。物理-化学迁移是污染物迁移的主要方式，该迁移方式直接决定污染物在环境中的存在形式、富集状态和潜在危害程度。

(3)生物迁移　通常是指污染物通过生物体的吸收、代谢、生长、死亡等过程所实现的迁移，该迁移方式主要受到生物的运动规律以及生物体的生理、生化、遗传、变异等因素的影响。生物迁移最重要的一种表现方式是通过食物链，污染物大量积累，也称作放大作用。例如，Cd、Hg、Pb 由土壤转移到植株体内，并大量富集，从而威胁人类的健康。除此之外，一些生物也可对污染物进行降解，这也是生物迁移的一种重要的表现形式。

2. 污染物的迁移与转化

污染物在土壤中的迁移是一个物理、化学、生物综合作用的结果，但污染物在迁移的过程中也会通过氧化还原反应、光解、水解、微生物降解等物理化学反应实现转化，转化形式不同也会表现出不同的污染能力以及化学特性。以下将从有机污染物与无机污染物两方面详细介绍污染物的转化过程。

(1)无机污染物　在无机污染物中起主导作用的主要为重金属污染，重金属在土壤中经常能与其他物质结合形成一种新的形态，从而有利于其在土壤中发生迁移。一般情况下，重金属在土壤中主要与黏土矿物、硅酸盐矿物、有机酸等物质及微生物在络合、矿化等作用下，其存在形式以及迁移形式发生变化。例如，Cu、Pb、Zn、Cd、Cr 在土壤中主要以可溶态、可交换态、碳酸盐态、铁锰氧化态、有机态及残渣态的形态存在，但这些状态并不是一成不变的。当外源重金属进入土壤之后，部分土壤中本身存在的重金属可能会由可溶态转化为可交换态。通常情况下当大量外源重金属进入土壤中后，土壤本身的交换态和碳酸盐态重金属先微弱上升，然后迅速下降；有机态重金属不断上升；残渣态重金属或变化不大，或先上升后逐步稳定；铁锰氧化态重金属先上升，达到最大值，然后迅速下降，之后又微弱上升。

通常情况下，土壤中的同一重金属，也会表现出不同的存在形式。以 Hg 为例，Hg 在土壤中的存在形式包括金属态、无机化合态、有机化合态三种，其中有机化合态也分甲基 Hg、乙基 Hg、有机络合态的 Hg 等多种形式。不同的存在形式被植物、土壤吸收与固定能力大不相同，例如，甲基 Hg 相较于无机 Hg 更容易被植物所吸收。除此之外，不同的地质条件、栽培作物、灌溉制度，重金属的存在形态也不尽相同。

综上所述，土壤中的无机污染物土壤-作物系统中的转化不仅受自身的存在形态的影响，还受灌溉水质、土壤性质、作物根系性质等的影响（图 3-1）。

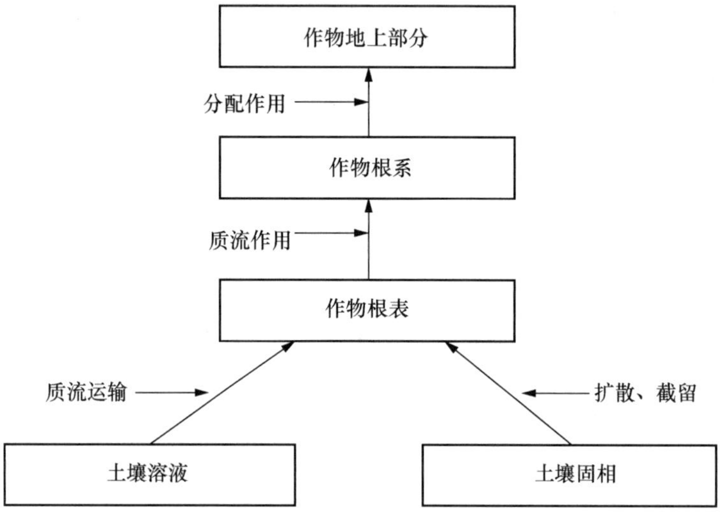

图 3-1　重金属的迁移方式（李法云，2016）

（2）有机污染物　与重金属污染相比，有机污染物的转化过程相对更为复杂。有机污染物进入土壤后，会与土壤中的其他物质发生一系列的物理、化学与生物等多个过程耦合的界面行为，最终形成水溶态、酸溶态、结合态以及锁定态等多种存赋形态，从而影响有机污染物的吸附状态、迁移方式以及生物有效性。

有机物进入土壤后，一部分溶解于土壤溶解性有机质中，如低环 PAHs 等；一部分直接溶解在土壤孔隙水中形成游离态的有机污染物，这类污染物容易被植物和微生物所吸收；其余大部分有机污染物在土壤中被吸附在土壤组分上，最终形成结合态有机污染物，在经过长时间的演化后，结合态有机污染物由土壤的中孔进入微孔，被牢牢固定在土壤组分中，转变为残渣态有机污染物，该形态的污染物几乎不能被植物以及微生物分解，这主要是由于被吸附的吸附位点发生迁移，微生物和植物很难接触到新的位点，从而降低污染物的生物有效性。

3. 污染物的生态效应

土壤污染与农田生态系统健康以及农产品的安全息息相关，土壤污染具有隐蔽性、累积性以及不可逆性等特点，在土壤-植物系统中迁移转化过程中，经过食物链的积累和放大作用，进而对生态系统造成危害。重金属对土壤生态的危害主要表现在对土壤中微生物的种类及活性、土壤酶活性和土壤生化过程的影响。

（1）土壤中微生物的种类及活性　土壤微生物的群落结构以及数量是土壤生态系统的

一个重要指标。当土壤受到重金属污染后，土壤中的微生物变化主要表现在两方面：一是不适应生长的微生物种数量的减少或绝灭；二是适应生长的微生物数量的增大与积累。例如，当土壤受到 Hg、Cd、Pb、Cr、As 等重金属污染后，土壤中的细菌、真菌、放线菌等微生物的种群数量急剧下降，同时固氮菌、分解磷细菌、纤维分解菌、枯草杆菌、木霉等会起到不同程度的抑制作用。

(2)土壤酶活性　其也是衡量土壤生态环境的一个重要指标，当土壤受到重金属污染后，土壤酶活性显著下降。一是酶的空间结构遭到破坏，从而降低酶的有效性；二是微生物活性降低，影响酶的合成速率，最终导致酶的活性降低。受其影响的酶主要包括氧化还原酶、脲酶、碱性磷酸酶、蛋白酶、多酚氧化酶、酸性磷酸酶等。

(3)土壤生化过程　重金属对土壤生化过程的影响主要体现在对土壤有机残落物降解作用、土壤呼吸代谢以及土壤氨化硝化作用的影响。大量研究发现，当 Cr 浓度大于 40 mg/kg 时，纤维分解在短时间内受到抑制，而当 Cd 的浓度达到 100 mg/kg 时，土壤的氨化及硝化作用明显受到抑制。

有机污染物的化学特性较为复杂，其在生态环境中的迁移、转化，要综合考虑土壤、空气、水以及有机污染物自身的特性，因此有机污染物对生态的影响是一个较为复杂的过程。有机污染物在进入土壤中后，以某种特殊的形式进入土壤或河流、湖泊等水体的底部淤泥并残留下来，然后再进行缓慢释放，造成环境的二次污染。例如一些农药，在初期阶段直接会导致土壤理化性质恶化，随着时间的推移，周围的水体也会受到不同程度的污染，多氯联苯、三氯乙烯、多环芳烃等有机污染物进入土壤后很难被微生物降解，长时间的累积造成土壤的污染，并通过食物链累积，从而威胁人类健康。

3.2　土壤改良、修复措施

近年来，随着经济的快速发展，土壤面临肥力下降、健康状态恶化以及污染加重的困境，由最初的“点”逐渐扩展到“面”，现已严重波及粮食和食品安全、饮用水安全、区域生态安全等方面，因此改良及修复土壤已成为迫在眉睫的问题。本节将从物理、化学及生物三方面全面阐述土壤改良、土壤修复的具体方法及原理。

3.2.1　土壤改良

3.2.1.1　物理法

1. 深耕与客土法

在土壤改良方面，深耕法主要应用于盐害发生较为严重的土层，土壤深层的盐分向上移动，造成土壤表层盐分的大量累积，利用深耕技术，打破土层结构，将上层含盐量较高的土壤深翻到土壤深层，降低土壤的盐渍化程度。客土法主要应用于土传病害较为严重的土壤，通过向污染土壤中添加洁净土壤的手段，降低土传病害的危害程度，从而达到改良土壤的目的。

2. 洗盐与滴灌

洗盐主要是用来改良土壤的盐渍化的方法。在闲茬时，大水漫灌垄沟，然后将水排除到农田外，使得表土积聚的盐分含量下降，降低表土的土壤溶液浓度。滴灌主要是减少水分蒸发，从而减弱土壤中盐分随毛管水上升到地表的能力。

3. 利用地膜等覆盖物减少表土盐分积累

大量研究表明，利用地膜等覆盖物除了达到保温、保水、保肥等作用，还可减少土壤盐分在土壤表层的积累。这是由于盖膜后土表水分蒸发受抑，盐分上升速度受阻，可有效地控制表层盐分积累。此外该方法还应加强中耕，及时破坏土壤毛细管，减缓水盐的向上移动。该方法的缺点在于只能达到缓解的作用，当覆盖物消失时，盐分仍会向上移动。

4. 土壤消毒

连作导致土传病害日益猖獗，所以土壤消毒在土壤改良中也极为重要。常用的物理消毒方法包括日光法、高温法以及冷冻法。日光法是在夏季闲茬时期，深翻土壤，利用阳光中的紫外线杀菌。高温法主要用于设施内消毒，在高温季节，灌水后闷棚，也可采取给土壤通热蒸汽的方法杀虫灭菌。冷冻法是在冬季闲茬时期，将土壤彻底深翻后，利用冬季低温，冻死病虫卵。

3.2.1.2 化学法

1. 脱硫石膏

脱硫石膏被广泛应用于盐碱地的改良，其主要是通过物质本身所含的钙离子与土壤中游离的碳酸氢钠和碳酸钠作用，形成碳酸钙、碳酸氢钙和硫酸钠，硫酸钠可以通过灌水洗盐的方式除去，从而减少土壤中的钠离子，降低土壤碱性，消除碳酸钠和碳酸氢钠对作物的毒害。

脱硫石膏应用于盐碱地的改良的优点主要体现在改善土壤的物理和化学性质，能够提供植物生长所必需的有益微量元素以及解决大量脱硫石膏的安置问题。经脱硫石膏改良后，沙性或黏性土基本能转变为沃土，能显著改善土壤的排灌特性；还可以降低土壤 pH、全盐量、ESP 和 SAR，改善阳离子交换量。总之，利用脱硫石膏改良盐碱化土壤意义重大，是一个在短期内有显著成效的“双赢”项目。

2. 矿物质土壤调理剂

矿物质土壤调理剂主要是以天然含钾岩石为原料，通过热化学转化法，将原料矿物中的元素整体转化为能被植物吸收利用的有效营养形态，从而实现改良土壤盐碱化，减缓土壤酸化，减轻土壤重金属毒害，增强作物抗逆性以及防治土壤板结等。

矿物质土壤调理剂属于一种碱性物质，其水解后会释放出大量的 OH^-，这些离子可大量中和土壤的致酸离子，从而起到了减缓土壤酸化的目的。此外，矿物质土壤调理剂的主要成分硅酸钙还可与土壤中铝离子等反应形成稳定的非晶形羟基铝硅酸盐，致使土壤 pH 升高，使钠离子的活性受到抑制，降低土壤的盐渍化程度以及板结程度，实现改良土壤的目的。而且，矿物质土壤调理剂内含丰富的微量元素，能够促进植株的生长发育，并提高抗逆性。

由于矿物质土壤调理剂内含丰富的硅酸根，硅酸根可与土壤中的重金属铅、铬等离子反应生成硅酸盐沉淀，改变了重金属的存在形态，降低重金属的迁移能力，从而减轻重金属的危害作用，实现土壤修复的目的。

矿物质土壤调理剂的主要优点就在于取自于自然、归还于自然，且性能优良，是一种环保型的土壤调理剂，具有很好的经济、社会和生态环境效益。

3. 腐植酸

腐植酸对土壤的改良修复方面主要体现在两方面：首先是通过改变土壤胶体吸附性阳离子的组成，改善土壤的结构，改变金属离子的存在状态，其次是调节土壤 pH，改善土壤营养状况。

腐植酸施入土壤后，土壤容重明显降低，孔隙度增加，保水透水性能增强，水分蒸腾作用降低，使土壤表层盐碱因降雨或灌溉而易被淋洗。此外，由于腐植酸含有丰富的官能团，对金属离子能起到很好的络合及螯合作用，可大大降低土壤的盐渍化风险。腐植酸的施用还可增加土壤的有机质含量，使得土壤缓冲能力大大增加，土壤酸化程度得到有效缓解。

4. 中和反应调控

中和反应调控通常通过调控土壤的 pH 来影响土壤中无机元素的转化以及养分的有效性。例如当土壤 pH 为 5.5～6.5 时，土壤中各养分的有效性最高，理化性质也相对较为稳定。当 pH 大于 7.5 时，土壤中的钙与矿质磷结合，降低磷的有效性；当 pH 小于 4.5 时，土壤中活性铁铝过多，极易与钼酸、磷酸等形成难溶性化合物，因而降低钼、磷等养分的有效性。常见的中和反应调控方法为酸性土壤中施用石灰或石灰石粉，碱性土壤中施用有机肥料、硫化铁、生理酸性肥料等。

5. 土壤消毒

化学消毒是目前较为常用的土壤消毒方法之一，是用药剂直接作用于土壤杀灭病菌、虫卵的方法。此方法效果好，使用普遍，但长期使用会破坏土壤结构，造成环境污染，使地力下降，须谨慎使用。在我国，为防止耕地连作伴生的土壤病虫害，曾广泛采用溴甲烷熏蒸土壤。溴甲烷虽是一种高效、广谱的熏蒸剂，但是一种消耗臭氧层的有害物质，我国于 2015 年淘汰。目前，常见的土壤消毒药剂包括辣根素、棉隆、威百亩、甲醛溶液、氯化苦、多菌灵、代森锰锌等。

3.2.1.3 生物学法

1. 植物改良

(1)合理的轮作模式　轮作能均衡利用土壤养分，改善土壤理化性状，调节土壤肥力，减轻病虫为害等。常见的有粮菜轮作、水旱轮作、果菜叶菜轮作等。粮菜轮作，多在夏季休闲期，轮作一茬早熟品种的甜玉米。水旱轮作，春茬茄果类蔬菜一般在 5 月中旬完成收获，下一茬口种植水稻，或者在 7—9 月夏季休闲期，种植豆瓣菜，始终保持土壤表面湿润，种植水稻和水生蔬菜期间注意不能使用灭草剂，否则易影响下茬蔬菜的正常生长。果菜叶菜轮作，春茬多以经济价值高的果菜种植为主，主栽品种有黄瓜、番茄、辣椒、西葫芦、西瓜、甜瓜等，秋茬多轮作芹菜、莜麦菜、甘蓝、芫荽、茼蒿、莴苣等叶菜类蔬菜，也轮作四季豆等。

(2)合理的间作模式　间作指在同一田地上于同一生长期内，分行或分带相间种植两种或两种以上作物的种植方式。一般用于间作的作物有玉米、三叶草、葱、蒜等。例如间作玉米，一般在果菜种植 1 个月后定植，在每株果蔬根系 5～10 cm 处定植 1～2 株，可避免果菜夏季栽培时光照过强引起的日灼。间作豆科三叶草等作物，一般在根系 5～10 cm 处，根系周围种植三叶草，利用豆科的固氮作物，减少蔬菜的氮素流失，并提高蔬菜的氮素利用。间作葱蒜类蔬菜，一般在根系 5～10 cm 间作 3～5 株蒜或葱，蒜分泌大蒜素，大蒜素具有杀菌效果，能有效降低土壤病原微生物数量。

(3)合理的套作模式　套作指前季作物生长后期在株、行或畦间播种或栽植后季作物的种植方式。一般套作叶菜类、绿肥作物等。套作栽培在大行距栽培模式下应用广泛，传统栽培模式的栽培畦宽 70～80 cm，走道宽 60～70 cm，果菜株距 35～45 cm，套作时大行距调整为栽培畦宽 70～80 cm，走道宽 100～120 cm，果菜株行距 28～32 cm，走道可套作小白菜、油菜、生菜等速生叶菜，也可套作芹菜等。速生叶菜生育期短，一般最多两个月完成采收，不影响果菜作物生长，芹菜一般 80 d 左右收获，对果菜生长也无显著影响。另外，走道可套种苜蓿、苏丹草、鲜食大豆（毛豆）等作为绿肥的豆科高氮作物，这类作物生长一般 50 d 平茬一次，降低遮光，同时绿肥平茬还可改良土壤。

2. 微生物改良

微生物可修复连作障碍，并减轻病虫害的发生。微生物菌剂的主要成分有枯草芽孢杆菌、地衣芽孢杆菌、巨大芽孢杆菌、酵母菌等，以及微生物助长剂、氨基酸粉等（每克有效菌数≥2 亿）。Abd-Alla 在麦秆上接种分解纤维素真菌，施于盐碱土，可提高豆科植物的固氮能力和抗盐性；丛枝菌根真菌在盐性环境中能够增加植物对矿质营养的吸收，提高植物耐盐性。在保证每克有效菌数大于 2 亿的前提下，微生物做底肥时，每 667 m^2 用量 2 kg；耕地时均匀撒施；做追肥时，每 667 m^2 用量 1～2 kg；随滴灌冲施入时，每 667 m^2 用量 2 kg，加 200 kg 水浸泡，取清液配合常规肥料浇灌；做种肥时，每 667 m^2 种子需用量配合微生物菌剂 1 kg，按常规育苗或播种方法使用。另外，有机磷细菌、硅酸盐细菌、光合细菌等都是盐碱土改良利用的重要功能细菌。

3.2.2 污染土壤的修复

土壤中重金属的来源包括大气沉降、灌溉水、肥料和农药的使用（表 3-1）。由大气沉降引起的土壤重金属的污染主要发生在露天土壤中，而在设施中由于设施环境的封闭性的特点，受大气沉降影响较小。但是随着对蔬菜需求的增加，园艺生产中肥料的投入也相应增加，禽畜粪便、堆肥、植物秸秆、有机肥、污泥肥等肥料含有少量的重金属，在施入土壤后也会造成较大的潜在生态风险。对受重金属污染土壤的修复，是提升土壤质量的重要手段，也是保证绿色园艺生产的重要前提之一。

表 3-1　我国农业土壤重金属元素年输入量（乔玉辉，2016）

来源	As	Cd	Cr	Cu	Hg	Ni	Pb	Zn
大气沉降/（t/年）	3 451	493	7 392	13 145	7 092	7 092	24 658	78 973
畜禽粪便/（t/年）	1 412	778	6 113	49 229	23	2 643	2 594	95 668
总化肥/（t/年）	835	113	3 429	2 741	87	504	1 565	7 874
复合肥/（t/年）	536	89	1 803	1836	62	289	838	4 967
农药/（t/年）	0	＜1	＜1	5 000	0	0	0	125
灌溉水/（t/年）	219	30	51	1 486	1.3	237	183	4 432
污泥/（t/年）	7.4	1.4	85	224	1.3	36	60	669
总输入/（t/年）	1 597	233.4	1 939	2 060	151.6	1 066	1 081	794
安全年限/年	920	50	2 433	364	455	802	525	389

3.2.2.1 农艺措施在土壤重金属修复中的应用

1. 植物提取法

利用植物将土壤中的重金属提取出来，通过转化富集在植物根部和地上枝条等可收割部分，再经过专业工作人员收割后进行后处理，能够有效减少土壤重金属物质的含量，从而实现土壤修复的方法称为植物提取法。部分植物对重金属具有很强的吸收和累积的能力，因而被广泛应用于污染土壤的修复，此技术是目前研究最多、最有发展前途的一种土壤修复技术。

植物提取法所用到的植物主要可分为超积累植物与诱导积累植物两大类，二者的区别是前者本身对重金属有很强的提取作用，而后者本身不具有这些作用，但在一些人为干扰因素下表现出吸收重金属的能力，如玉米和向日葵。超积累植物多为野生植物，在土壤修复过程中，对气候环境的需求较为苛刻，生长缓慢，生物量较低，且大部分植物只能吸收一种重金属，土壤中其他重金属含量较高时，则可能导致其重金属中毒，因此超积累植物使用受到限制。因而，在利用植物提取法时，多选取诱导的积累植物，该方法在提取污染物时分为两个阶段：首先是土壤中重金属由束缚态转化为非束缚态，其次是植物对重金属的吸收。该方法的关键处就在于如何将重金属由束缚态转化为非束缚态，现在常用的方法为使用人工合成的螯合剂以增加金属离子在土壤中的溶解度。常见的螯合剂包括 EDTA、DTPA、CDTA 以及柠檬酸。

2. 植物稳定法

植物稳定法主要包括两种方式：一是通过根表面吸附作用固定重金属，二是保护污染土壤免受风蚀、水蚀，降低机械迁移，防止向周围扩散。该方法的主要原理是利用植物的根系有机分泌物与重金属反应，形成多价螯合物，实现降低重金属的生物有效性及限制其迁移的目的。

稳定修复植物需具备能在高含量重金属污染土壤上生长，根系及分泌物能够吸附、沉淀或还原重金属的能力。该方法的不足之处就在于只能暂时固定污染物，但如果环境条件发生变化，污染物可能继续向四周扩散，并未从根本上解决污染问题，因此在实际操作中常与固化技术相结合使用。

3. 植物代谢修复

通过植物根系释放酶、有机酸到土壤中，以利于有毒物质的降解，并刺激根际微生物的活性的方法，称为植物代谢修复。这些物质的为微生物的繁殖提供一定的营养物质，可显著增加微生物的活性，从而加快多环芳烃、苯系物、石油类碳氢化合物、高氯酸酯、除草剂、多氯联苯等有机污染物的分解作用。

3.2.2.2 微生物修复

近年来，随着对微生物的深入认识，使用微生物修复的模式也逐渐完善。微生物修复主要通过微生物的新陈代谢或者其分泌物来减少土壤中的污染物。微生物修复主要分为好氧微生物修复和厌氧微生物修复，其中好氧微生物使用更为广泛，效果更为明显。微生物修复需要给予微生物适当的温度、湿度、营养物质和氧浓度，适宜的生存条件可加快修复速率，反之则可能导致微生物生长较缓慢甚至死亡。微生物修复根据修复位点不同可分为原位修复和异位修复，原位修复是采用土著微生物或者驯化微生物来降解有机污染物，异位修复是将污染土壤进行挖掘后再修复。

在利用微生物修复土壤时发现，一种可以在一氯乙酸上生长的假单胞菌能够使三氯乙酸脱卤，但该假单胞菌不能以三氯乙酸为碳源进行繁殖，将微生物生长不能利用基质作为能源和组分的有机物转化方式称为共代谢，又称为共氧化。在微生物修复过程中，共氧化的现象普遍存在。在实际的土壤修复过程中，微生物不能依靠某种有机污染物生长并不一定意味着这种污染物能够抵抗微生物的攻击，在适宜的条件下，多种微生物协同作用，以共代谢方式，使难降解的污染物充分降解，如农药、烃类物质的降解。

3.2.2.3 生物质碳在农田修复中的应用

生物碳凭借自身巨大的表面积和大量的官能团，对 Cd^{2+}、Pb^{2+}、Cu^{2+}、Ni^{2+}、AsO_4^{3-} 等具有强烈的吸附作用，但其吸附特性和强度与生物碳自身特性密不可分。生物质碳主要通过正负电荷之间的库伦引力以及中心离子与配位原子之间的配位键作用，以物理化学的方式将重金属离子吸附在其表面，同时还可将羧基、羟基、羰基等官能团在水中去质化，使生物碳表面形成带有负电荷的吸附中心，并与重金属发生络合沉淀反应，将其固定在生物碳表面。以植物为原料的生物碳对 Cd^{2+}、Pb^{2+}、Cu^{2+} 的吸附作用较强，研究认为这可能与其表面大量碱性官能团有关，而动物源生物质碳表面含有丰富的磷酸盐和碳酸盐等盐分，容易与重金属阳离子发生沉淀反应，对 Cd^{2+}、Pb^{2+}、Cu^{2+} 等重金属离子的吸附力更强。同时生物质碳对重金属离子的吸附作用还受到生物碳自身的裂解温度、土壤环境的 pH、温度、重金属离子的伴随离子和重金属离子存在形态的影响。总体而言，生物质碳通过改变重金属离子在土壤中的形态及活性，影响重金属在植物体内的分布，进而缓解土壤中重金属的危害，但生物碳在土壤中对重金属的吸附和解吸过程的机制和原理仍尚不明确，其实用性有待进一步考究。

复习思考题

1. 土壤酸化的原因及危害是什么？如何防治？
2. 土壤次生盐渍化的原因及危害是什么？如何防治？
3. 结合实际，简述如何防治园艺生产中常见的土传病害。
4. 不同类型的土壤污染物在土壤中的迁移转化形式有哪些？
5. 简述在不同质地的土壤中污染物的主要迁移形式及转化。
6. 土壤改良与土壤修复常用的方法有哪些？
7. 简述生物修复在土壤改良及土壤修复的应用前景。

Chapter 4

第4章

功能微生物与土壤健康微生态构建

本章学习目的与要求

1. 了解功能微生物与土壤健康微生态构建的关系，及其在现代园艺绿色生产中的意义。
2. 掌握功能微生物在土壤健康微生态构建中的作用。
3. 掌握常用功能微生物的种类、特性及应用。
4. 掌握功能微生物的作用机制。

4.1 功能微生物与土壤微生态健康

1. 功能微生物与土壤微生态健康的关系

农业是国民经济的基础，土壤健康是农业绿色发展的基石，我国现有耕地资源总量仅为1.35亿 hm^2，土地资源严重不足，当前我国土地退化问题严重，土壤保育形势严峻。近年来，我国蔬菜产业蓬勃发展，同时，蔬菜产品的质量安全问题却日益突出，化学农药和肥料常年大量施用，再加上现代农业复种指数比较高，耕作方式和栽培品种单一，导致土壤生物多样性降低，土壤环境结构日趋脆弱，农业生态系统遭到破坏，连作障碍等问题日益凸显，严重影响土壤生态健康和作物绿色生产，使农业生产面临着粮食、食品、生态三大安全问题。随着经济发展和人们生活水平的提高，对安全绿色产品的需求日益增加，因功能微生物的应用具有环境友好、安全高效、经济等优点，在保障安全绿色生产方面发挥着越来越重要的作用。功能微生物的开发和使用与国家农业可持续发展道路相吻合，是国家战略的必然选择，因此，发掘新型高效的功能微生物对解决土壤健康问题至关重要。

2. 功能微生物在土壤微生态构建中的作用

功能微生物应用不同于以往的化学肥料使用，其本身就在植物根际大量存在，对环境友好安全且广谱高效，因此，功能微生物的使用对现代园艺绿色生产至关重要。常见的功能微生物有固氮菌、解磷菌、解钾菌、芽孢杆菌属、假单胞杆菌属、木霉菌属的菌株等，已有大量国内外专家学者的研究结果表明，众多功能微生物在改良土壤理化性质、减少农药化肥污染、促进土壤生态健康、防治作物病害、促进作物生长中起着重要作用。近年来，随着绿色农业的快速发展，功能微生物已成为一类重要的农业生产资源，功能微生物的使用不仅符合人们对绿色健康食品的需求，还为农业的可持续发展提供一定的保障。

4.2 功能多样的土壤微生物

微生物是土壤生态功能的核心，是土壤质量提升的关键要素，功能微生物种类多样（视频 4-1），具有增加土壤肥力、固氮、溶磷、溶钾、产生植物类激素、抑制病原微生物、提高植株抗逆性等作用，功能微生物的应用在土壤质量提升中发挥着重要作用（视频 4-2）。

视频 4-1　功能多样的微生物

视频 4-2　功能微生物与土壤健康微生态构建

4.2.1 固氮微生物

4.2.1.1 固氮微生物的种类及特性

具有固氮功能的微生物称为固氮微生物，固氮微生物按其生活方式分为自生固氮菌、共生固氮菌、联合固氮菌（表4-1）；按其对氧气的需求分为好氧固氮菌、兼性厌氧固氮菌、厌氧固氮菌。自生固氮菌不与高等植物共生，能独立生存于土壤，固定空气中的氮气，利用土壤中的有机质或分泌物作为碳源，将其转化为植物可利用的化合态氮素。共生固氮菌包括根瘤菌和一些放线菌、蓝藻等，以与豆科共生为主，固氮能力比自生固氮菌大得多。

表4-1 固氮菌的类型

固氮菌	生存方式	种类	特点
共生固氮菌	与植物营共生生活	与豆科植物共生的根瘤菌（异养需氧型） 与水生蕨类植物等共生的蓝藻	固氮微生物与共生生物有专一性
自生固氮菌	与植物没有依存关系，能独立生活	自生固氮菌—圆褐固氮菌 异养厌氧型的自生固氮菌 某些能固氮的蓝藻（自养需氧型）	自生固氮菌可以分泌生长素，促进植株生长和果实发育
联合固氮菌	与植物营共生生活，介于共生固氮与自生固氮之间	固氮菌属、假单胞菌属、类芽孢杆菌属菌株	与共生植物间具有一定的专一性，不形成根瘤

4.2.1.2 固氮微生物的应用

固氮微生物可将分子态氮通过固氮酶的催化作用而还原为氨，提高植物对氮的利用率，固氮微生物不仅能固定一定量的氮，在其生长繁殖的过程中，还能够产生多种植物激素类物质，促进作物生长（表4-2）。充分发挥固氮微生物固氮作用，对维持土壤氮素、减少化肥源污染具有十分重要的意义，是保障农业环境持续发展的有效措施之一。

根瘤菌肥是微生物肥料中使用最早、应用效果最稳定的品种，由根瘤菌或慢生根瘤菌属的菌株制造而成。目前，研究和应用的主要根瘤菌剂有花生根瘤菌、大豆根瘤菌、豌豆根瘤菌、苜蓿根瘤菌。根瘤菌剂还包括复合根瘤菌剂，以根瘤菌为主，加入少量能促进结瘤和固氮作用的芽孢杆菌、假单胞杆菌或其他有益促生微生物的根瘤菌肥料，称为复合根瘤菌剂。固氮菌肥料指能够自由生活的固氮微生物制成的生物菌肥或与一些禾本科植物进行联合共生固氮的微生物作为菌种生产出来的固氮菌类肥料。目前，应用的种类主要有固氮菌属、氮单胞菌属、固氮根瘤菌属、根际联合固氮菌等。固氮菌肥料产品可分液体菌剂和固体菌剂。固氮微生物适于中性或微碱性土壤，适用于各种作物，特别是蔬菜中的叶菜类作物及豆科作物。

播种前对豆科作物进行根瘤菌拌种是提高豆科作物产量的一项有效措施，经过根瘤菌拌种的豆科作物可增产10%～20%。在实际生产中，为保证根瘤菌肥的功效，常采用种子丸衣化技术，即豆科作物的种子表面用黏着剂粘着根瘤菌剂，外面包上一些包衣材料如碳酸钙、保水剂、少量的化肥，然后播种。根瘤菌多用于豆科作物拌种，拌种后不能再拌杀菌剂、杀虫剂，不能与化肥混播，避免与速效氮联合使用，特别适合新垦区、复垦区、未种植过豆科作物、前茬为非豆科植物的地区。

表 4-2　微生物肥料的种类、用途和使用

微生物肥料	菌种	用途	适用作物	施用方法	每亩使用剂量
根瘤菌菌剂	根瘤菌属、中华根瘤菌属等	豆科共生固氮，增加土壤中氮素含量	豆科和其他结根瘤植物	拌种（随拌随播）避免和速效氮肥及杀菌剂同时使用	30～40 g
固氮菌菌剂	圆褐固氮菌、固氮螺菌等	谷物、棉花、蔬菜的氮肥，增加土壤中氮素含量	果树、蔬菜类等	基肥、追肥、种肥避免和杀菌剂同时使用	液体菌剂 100 mL 固体菌剂 200～500 g 冻干菌剂 500 亿～1 000 亿活菌
解磷类微生物肥料	解磷巨大芽孢杆菌、氧化硫硫杆菌等	将土壤中的不溶磷转为可溶磷，用作磷肥	果树、蔬菜类等	拌种、蘸根、种肥、追肥等。避免和杀菌剂同时使用，也不能和石灰氮、过磷酸钙、碳酸氢铵混合使用	1 000～2 000 g
硅酸盐（钾）细菌菌剂	胶质芽孢杆菌等	分解长石和云母等硅酸盐类矿物，产生有效钾，用作钾肥	果树、蔬菜类等	拌种、蘸根、种肥、追肥等，避免和杀菌剂同时使用	1 000～2 000 g
植物根际促生菌肥	各类有益根际微生物的混合菌种	分泌植物促生物质，增加土壤养分，增强作物抗病能力	果树、蔬菜类等	拌种、蘸根、种肥、追肥等，避免和杀菌剂同时使用	视种类而定
复合微生物肥料	各类有益微生物的混合菌种	提高土壤肥力，促进植株生长	果树、蔬菜类等	基肥、种肥、蘸根、追肥、冲施等，避免和杀菌剂同时使用	1 000～2 000 g

4.2.2 解磷菌、解钾菌

4.2.2.1 解磷菌

1. 解磷菌的特性

解磷菌是既能把土壤中缓效态的磷转化为能被作物直接吸收利用的有效态磷，又能分泌激素刺激作物生长的活体微生物。解磷菌能利用在繁殖和代谢过程中产生的乳酸、柠檬酸等低分子有机酸和植酸酶类物质，使固定在土壤中的难溶性磷酸盐类变成可溶性磷，供植物吸收利用(图 4-1)。解磷菌包括芽孢杆菌属(*Bacillus* spp.)、假单胞菌属(*Pseudomonas* spp.)、AM 菌根菌、节杆菌属(*Arthrobacter* spp.)、氧化硫硫杆菌(*Thiobacillus thiooridans*)等菌株。

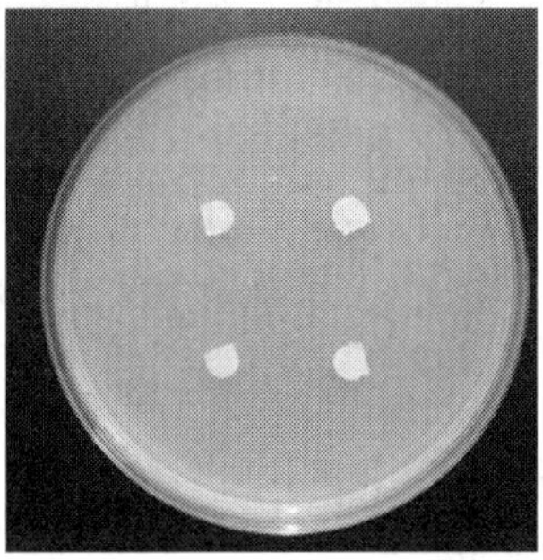

(a)

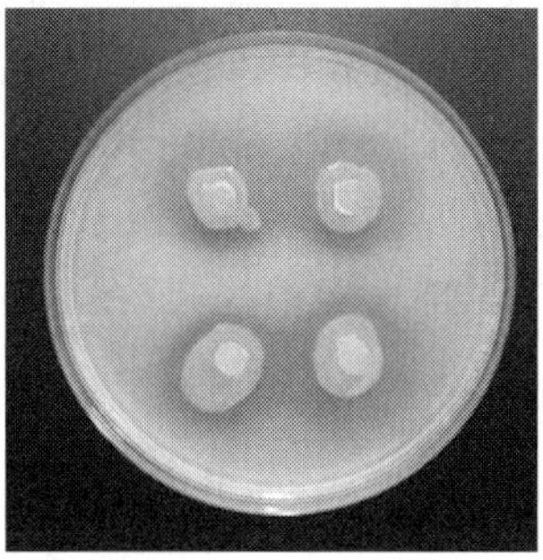

(b)

图 4-1 解磷菌的解磷能力检验

(a)对照；(b)解磷菌

2. 解磷菌的应用

解磷菌剂根据分解底物不同可分为有机磷菌剂和无机磷菌剂。有机磷菌剂在土壤中能分解卵磷脂、核酸、植素等含磷有机物；无机磷菌剂指能把土壤中惰性的、不能被作物直接吸收利用的无机态磷化物，溶解转化为作物可以吸收利用的有效态磷。发现最早、溶磷效果最好、解磷应用最广泛的是巨大芽孢杆菌(*Bacillus megatheriun* spp.)，可用于拌种，或用作追肥，宜在作物开花前施用。解磷菌主要应用于缺磷但是有机质含量丰富的土壤。众多研究结果表明，解磷菌与磷矿粉合用效果好；另外，还可以结合堆肥使用，在堆肥中施入解磷菌，并将发酵好的堆肥翻入土壤。不同类型的解磷菌种复合使用，效果更佳。

4.2.2.2 解钾菌

1. 解钾菌的特性

解钾菌又称为硅酸盐细菌，从土壤中分离获得，主要包括胶质芽孢杆菌，能够分解伊利石、钾长石、磷灰石等不溶性的硅铝酸盐无机矿物质，促进难溶性的 K、P、Si 等养分元素转化成可溶性养分，增加土壤中速效养分的含量，同时也具有固氮和解磷功能。解钾菌是目前微生物肥料中广泛应用的一种重要功能菌，能在种子或作物根系周围迅速增殖形成群体优势，分解硅酸盐类矿物并释放出 K 等元素供植物利用。

2. 解钾菌的应用

钾细菌有较强的解钾能力，用其制成菌肥可将土壤中的无效钾转化为有效钾，并可刺激作物对土壤中各种营养元素的吸收。硅酸盐菌剂适用于作基肥，与有机肥混施覆土；也可用于拌种，加适量水制成悬液喷在种子上拌匀；还可用于蘸根，蘸后立即栽植避免阳光直射。解磷菌适用于缺钾地区的作物或对钾需求量大的作物，钾细菌与固氮菌混用效果更为理想。使用时不能与过酸或过碱的肥料混合使用，若在酸性土壤中使用时，使用前必须用石灰调节pH为6.0～7.5。

4.2.3 芽孢杆菌属

4.2.3.1 芽孢杆菌属的种类及特性

芽孢杆菌是一类可产生抗逆性芽孢，对高温具有较强的耐受性的革兰氏阳性细菌类群，是目前研究最深入、最广泛的根际促生细菌之一。大多数芽孢杆菌能够运动，鞭毛周生，能形成抗热芽孢，能利用各种营养物质。芽孢杆菌具有种类多、分布广、营养需求简单、繁殖生长快、遗传稳定性强、耐高温、抗逆性强、抑菌范围广、代谢产物丰富的特点。常见的种属有枯草芽孢杆菌（*Bacillus subtilis*）、解淀粉芽孢杆菌（*B. amyloliquefaciens*）、地衣芽孢杆菌（*B. licheniformis*）、巨大芽孢杆菌（*B. megaterium*）、蜡状芽孢杆菌（*B. cereus*）、短小芽孢杆菌（*B. pumilus*）等（表4-3）。

表4-3 芽孢杆菌的种类及其作用

种类	功效及应用
枯草芽孢杆菌	促进土壤有机质分解和微量元素释放，提高土壤肥力，促进作物生长，增产提收；在生长过程中产生枯草菌素、多黏菌素等抗菌物质，抑制病原菌的生长，减少作物土传病害，克服连作障碍；固氮、溶磷、溶钾，增强植物光合作用，提高肥料利用率
解淀粉芽孢杆菌	溶解土壤中不易吸收的钙磷、铁磷、铝磷等化合物，促进土壤中无效磷的溶解利用；产生大量蛋白酶、氨基酸、细胞分裂素等，可增强农作物细胞活力，增质提收；能在作物根系快速定殖并优势生长，分泌大量高活性几丁质酶，快速清除致病菌；加快根瘤菌和根系生长发育，增强作物抗寒、抗旱、抗倒伏、抗重茬等特性
多黏芽孢杆菌	固氮作用，对植物具有明显的促生长、增产作用；防治植物细菌性和真菌性土传病害，同时可使植物叶部的细菌和真菌病害明显减少
巨大芽孢杆菌	作为一种重要解磷细菌被广泛应用于农业生产中，将其优化培养制成菌剂肥料使用，可以提高土壤肥质，增产增收，是工业上生产解磷固钾肥的常用菌种
蜡状芽孢杆菌	蜡状芽孢杆菌是微生物源杀菌剂，主要用于防治土壤传播的细菌性病害；具有溶解有机磷的特性
胶质芽孢杆菌	可产生大量的有机酸和酶，使土壤中难溶的硅铝酸盐等矿物分解，K、P、Si、Mg、Zn等以离子形式释放出来，供植物根系吸收，使得植物的蜡质层增厚，直接增强植株抗旱能力；能分泌生长素物质和赤霉素物质等促生长物质，增根壮苗，增强植株抗逆性；能促进土壤团粒结构形成，防止土壤板结；破坏土壤毛细现象，防止土壤水分蒸发
地衣芽孢杆菌	促进土壤有机质分解为腐殖质，改善土壤团粒结构，调节土壤pH，提高土壤蓄水蓄能保温能力；提高作物抗病能力，抑制土壤病原菌繁殖和侵袭，减少病害，预防虫害暴发；提高保苗率和出芽率，预防种子自身遗传病害，促进作物生长成熟

4.2.3.2 芽孢杆菌的应用

芽孢杆菌菌剂已进行产业化生产，可用于促进作物生长，防治叶部病害（如白粉病、灰霉病、霜霉病、纹枯病、菌核病等）及一些根部病害（如枯萎病、根腐病、黑斑病等）。芽孢杆菌对真菌性土传病害如枯萎病、根腐病、立枯病等，以及对细菌性土传病害如青枯病等具有很好的防治效果。例如，枯草芽孢杆菌 BS193 对辣椒疫病具有良好的生防效果，B29 菌株防治黄瓜枯萎病；解淀粉芽孢杆菌 BA-KA4 可防治灰霉病，CM3 对草莓根腐病有较好的防治效果并具有促进草莓根部生长的能力；解淀粉芽孢杆菌 BZ6-1 和短小芽孢杆菌 SC-12 的复合芽孢杆菌水分散粒剂，能够有效防治辣椒青枯病，并提高辣椒的产量和品质；多黏类芽孢杆菌 KM2501-1 对南方根结线虫具有很好的防治效果。此外，应用芽孢杆菌菌剂能提高土壤肥力，显著促进植株生长，促进种子萌发，提高幼苗活力，加快叶面积增长，以及提高植物生长促进激素（GA_3 和 IAA）、植株体内过氧化物酶（POD）、多酚氧化酶（PPO）和超氧化物歧化酶（SOD）的含量。

4.2.4 假单胞杆菌属

4.2.4.1 假单胞杆菌的种类及特性

假单胞杆菌是一类不产芽孢的革兰氏阴性细菌，具有分布广，繁殖快，营养需要简单，适应能力强，易于人工培养，可产生多种抗生素和活性物质，能诱导某些植物产生系统免疫抗性等特点，其生长温度、pH 范围和营养代谢类型非常广泛。假单胞菌属由于其适应性代谢和产生一系列抗真菌化合物的能力而具有优良的生物防治特性，可用于防治植物病害。假单胞杆菌属常见的有荧光假单胞菌（*Pseudomonas fluorescens*）、恶臭假单胞菌（*P. putida*）和铜绿假单胞菌（*P. aeruginosa*）等。

4.2.4.2 假单胞杆菌的应用

假单胞杆菌具有生物防治病害和诱导植株系统抗性等作用，常用于防治的假单胞杆菌主要是荧光假单胞杆菌。荧光假单胞杆菌能够抑制多种病原微生物生长，对土传病害如猝倒病、根腐病、枯萎病等都具有较好的防治效果，其可通过合成抗生素来实现生物防治功能，如吩嗪-1-羧酸（phenazine-1-carboxylic acid，PCA）、2，4-二乙酰基间苯三酚（2，4-diacetylphloroglucinol，DAPG）、藤黄绿脓菌素素（pyoluteorin，Plt）、氢氰酸（hydrogen cyanide，HCN）以及它们的衍生物等。假单胞杆菌能促进种子萌发、植株生长、矿物营养积累以及植株对水分的利用，如荧光假单胞菌 PEF-5＃18 能增加番茄植株干鲜重，处理种子之后能够促进植株生长，pf15 对黄瓜枯萎病有较好的防治作用，且可促进黄瓜出苗；假单胞菌 MET75 对小白菜的鲜重、株高、根长、茎粗增加都有促进作用。荧光假单胞菌还可以和芽孢杆菌、木霉菌等微生物及生物刺激素等复配使用，制成新型复合微生物制剂，增强防治功效。此外，众多研究结果表明，假单胞菌属对土壤、水体的重金属污染和有机污染也有一定的降解作用。

4.2.5 木霉属

4.2.5.1 木霉菌的种类及特性

木霉菌广泛分布于世界各地潮湿的生态系统环境中，特别是有机质丰富的土壤中，其中钩状木霉、哈茨木霉、康氏木霉、棘孢木霉和绿色木霉是常见的类群，我国独有的木霉菌株有中国木霉、台湾木霉、致密木霉等。木霉属真菌生长繁殖迅速，环境适应能力强，腐生性强，对于生长物质以及生存环境要求不高，简单的生长因子或维生素即可满足野生型木霉的生长需求，温暖湿润的环境最利于木霉生长。木霉常常在菌丝上形成圆形或者椭球形的厚垣孢子，厚垣孢子有较强的抗逆性，对木霉存活起重要作用。

4.2.5.2 木霉菌的应用

目前，在防治植物病害的真菌生防制剂中，木霉生防制剂占 60%以上，已经商品化的木霉生物制剂包括哈茨木霉、绿色木霉和康宁木霉等，绿色木霉 LTR-2、哈茨木霉 SQR-T-037，木霉菌 D9、哈茨木霉 SH2303 等菌株的生物菌剂都在土壤改良、植物病害防治中效果显著。许多木霉菌株对除草剂、杀菌剂、杀虫剂、酚类物质等多种毒素化合物有天然的抗性，因此，木霉常常可以同化学肥料、化学农药以及其他生防微生物制剂等联合使用，达到协同增效的效果(图 4-2)。木霉制剂还可用于防治各类土传病害，对辣椒枯萎病、疫病、炭疽病和灰霉病，茄子黄萎病、菌核病，黄瓜枯萎病、菌核病、白绢病、立枯病等均具有较好的防治效果。木霉菌属对番茄、黄瓜、辣椒、马铃薯、莴苣、黄瓜、白菜、豌豆、花生等多种作物有促生效应，能起到促进植物生长和增加作物产量的效果，具有较高田间应用价值。木霉菌能够产生有机酸，从而使土壤中难溶的微量元素溶解，促进植物对这些营养元素的吸收，进而促进植株生长。

图 4-2 木霉菌可湿性粉剂对番茄枯萎病的防治效果(卢德鹏，2020)

4.3 功能微生物提升土壤肥力和抗病促生的机制

功能微生物提升土壤肥力和抗病促生的机制见视频 4-3。

视频 4-3 功能微生物提升土壤肥力和抗病促生的机制

4.3.1 改善土壤理化性质，增加元素有效性

微生物是土壤中最活跃的成分之一，在维持生态系统整体服务功能方面发挥着重要作用，常被比拟为土壤 C、N、S、P 等养分元素循环的“转化器”、环境污染物的“净化器”、陆地生态系统稳定的“调节器”。功能微生物通过增加土壤中元素的有效性，抑制病原微生物的生长，形成良好的根际微环境等，来改善土壤的理化性质，在增强土壤肥力方面的作用不容

忽视。芽孢杆菌属、假单胞杆菌属、木霉菌属的许多菌株都具有固氮、溶解无机磷、溶解硅酸盐的能力，能增加土壤养分有效性，间接促进植株生长，还可以通过产生植物类激素、抗生素，与病原微生物竞争资源，诱导系统抗性等抑制病原菌的繁殖生长，增强植株抵御不良胁迫的能力，有效防控土传病害的发生。

4.3.1.1 固氮微生物的作用机制

1. 固氮菌固氮

生物固氮(biological nitrogen fixation)是指通过微生物固氮酶的催化作用将分子态氮还原为氨的生物过程。各种固氮微生物中固氮作用的生化机制基本相似，都需要固氮酶(nitrogenase)的参与。各类固氮微生物进行固氮作用的基本反应是相同的，如下所示：

$$N_2 + 6H^+ + 6e^- + n\,ATP \xrightarrow{\text{固氮酶}} 2NH_3 + n\,ADP + n\,Pi \tag{4-1}$$

生物固氮是 N_2 还原成 NH_3 进而合成有机化合物的过程，在固氮酶催化下，N_2 才能还原为 NH_3。固氮酶由组分Ⅰ和组分Ⅱ组成，组分Ⅰ为钼铁蛋白(MoFd)(图 4-3)，它直接作用于 N_2 使之还原成 NH_3；组分Ⅱ为铁蛋白(AzoFd)，实质上是一种固氮还原酶，它主要起传递电子的作用，固氮酶的两种组分结合在一起才能起作用。由于 N_2 的分子结构相当稳定，生物固氮是一个极其耗能的过程，在固定氮的过程中需要消耗大量的三磷酸腺苷(ATP)。

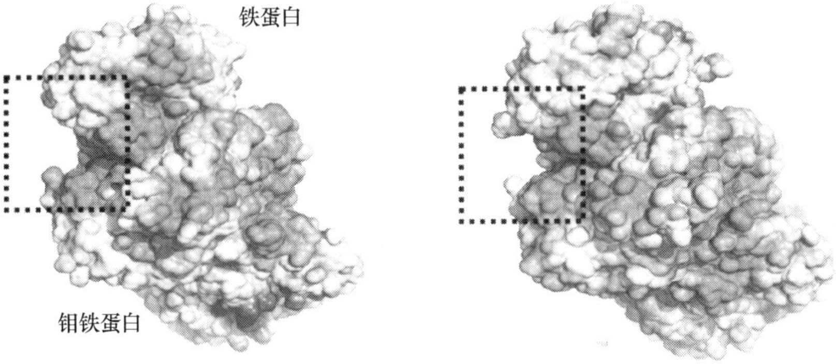

图 4-3 固氮酶钼铁蛋白结构

2. 根瘤菌与植物共生固氮

根瘤菌属于植物内共生固氮细菌，常与豆科植物共生并形成根瘤。根瘤的形成有两种途径：一种途径是直接侵染，即根瘤菌不经过根毛而先破坏根的表皮侵入根内，然后在侵染的空间内大量繁殖，最终侵入植物根皮层细胞内；另一种途径是通过根毛入侵形成根瘤，豆科植物首先分泌类黄酮物质诱导根瘤菌合成结瘤因子，结瘤因子被植物根毛细胞识别后，经根毛反应识别、侵染、结瘤形成固氮共生体(图 4-4)。

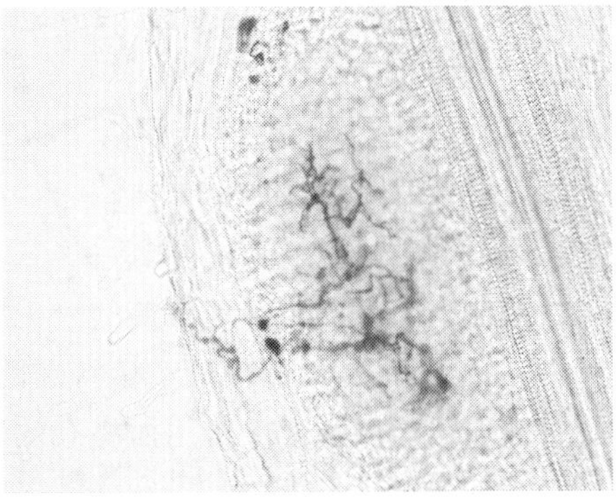

图 4-4 根瘤菌侵染根瘤器官

(Dong et al.，2020)

4.3.1.2 解磷菌作用机制

1. 分泌有机酸

解磷菌,又称溶磷菌,其解磷作用(图 4-5)依赖于分泌出的有机酸,有机酸能降低 pH,也能与铁、铝、钙等离子结合,从而使难溶性的磷酸盐溶解。解磷微生物分泌的有机酸主要有:醋酸、乳酸、草酸、酒石酸、琥珀酸、柠檬酸、葡萄酸、酮基葡萄酸和乙醇酸等。

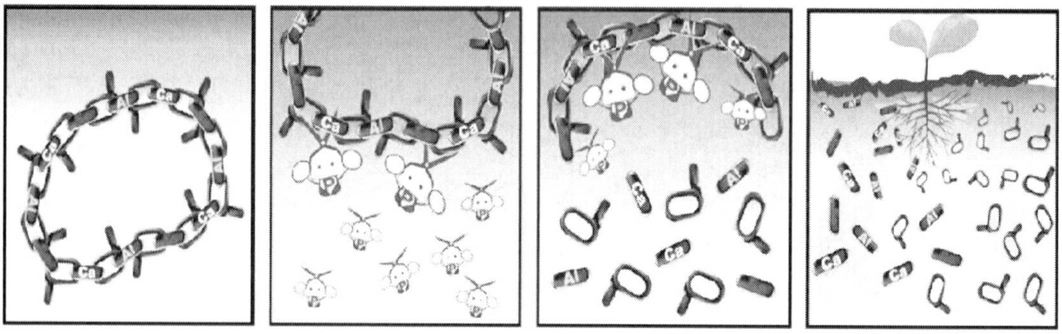

图 4-5　溶磷菌作用机制(刘丰治,2019)

2. 分泌磷酸酶

解磷微生物可以产生胞外磷酸酶,催化磷酸酯或磷酸酐等有机磷水解为有效磷。芽孢杆菌可产生植酸酶水解植素,荧光假单胞杆菌、巨大芽孢杆菌产生的多酚氧化酶可分解腐殖酸。在根瘤菌微生物内,磷缺乏可以提高磷的运转速度,诱导碱性磷酸酶的活性。

3. 释放 H^+

释放质子溶磷的机理可能与呼吸作用产生碳酸和 NH_4^+/H^+ 交换机制有关。研究证明,微生物在摄取阳离子(如 NH_4^+)的过程中,利用 ATP 转换时产生的能量将 H^+ 释放至细胞表面,有利于有机磷的溶解。

4.3.1.3 解钾菌作用机制

1. 分泌有机酸

解钾菌的解钾机制,主要是酸解、酶解、荚膜胞外多糖形成、细菌-矿物复合体的形成。解钾菌产酸溶解钾是促使矿物中不溶性钾释放的主要机制,解钾菌产生的酸类有碳酸、硝酸、硫酸、有机酸等,大量的异养微生物群体产生 CO_2 从而形成碳酸,许多不产生有机酸的微生物通过释放无机酸而使钾活化。

2. 分泌酶

解钾菌中的大荚膜芽孢杆菌的溶无机磷机制可能是利用本身特有的黏厚的大荚膜包被矿石并与其紧密接触,利用其产生特殊的酶破坏矿石晶体构造并释放出其中养分,或是通过表面的物理化学接触交换作用而将有效钾释放出来。

3. 胞外多糖

NTB 硅酸盐菌株能合成并分泌有机酸,如草酸、柠檬酸、酒石酸、苹果酸等,NTB 菌株的解钾作用与其代谢产物有关,这些菌之所以能破坏钾长石矿物晶格结构,主要是通过有机酸的酸溶以及有机酸和荚膜多糖的络合作用共同实现的。

4. 细菌-矿物复合体

解钾菌通过胞外多糖与钾长石形成细菌-矿物复合体，解钾菌逐渐溶蚀矿物颗粒表面，包裹溶蚀产生的矿物小颗粒，使得细胞与颗粒的接触面增大，以促进溶蚀，随着溶蚀的进行，解钾菌通过产生的次生代谢产物对矿物进行化学降解作用进一步加强溶蚀，随后被侵蚀的矿物颗粒崩解，导致钾离子的释放。

4.3.2　延缓病害发生，促进植株生长机制

植物根际促生菌(plant growth promoting rhizobacteria，PGPR)通过诱导系统抗性和产生次生代谢产物提供第一道防线。拮抗作用的产生是生防菌防治植物病原菌的重要作用机制之一。生防菌对植物病原物的抑制通常并非某一种机制的单独作用，更多的是两种或两种以上抑菌机制协同作用的结果。不同环境、不同宿主、不同病原物的作用机制有可能表现不同(图 4-6)。了解拮抗微生物的作用机制，深入探究和掌握拮抗菌、病原物和宿主之间的互作效应，有助于提高拮抗菌的生防效力和靶标菌株的筛选效率，对扩展微生物源杀菌剂途径具有重要意义。

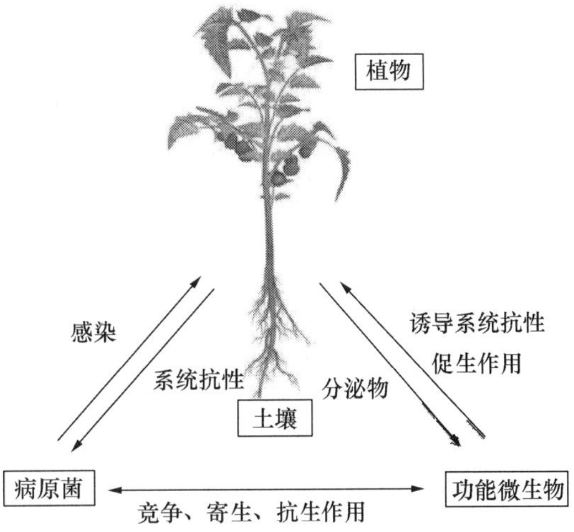

图 4-6　功能微生物的防病促生机理

1. 竞争作用

微生物发挥生防作用的重要机制是通过有效地在根际及寄主体内定殖以争夺生长所需营养及生态空间。微生物间的竞争方式包括营养、水分、空间、氧气等。定殖是一种微生物在与根际其他微生物的相互作用中，在根际生存、繁殖并保持相对稳定的群体数量的过程。根际细菌在植物根际定殖后，可以产生多种物质促进植物生长，改变根形态，提高植物的适应能力以及具有抑制病原微生物的作用。

荧光假单胞菌产生的胞外水溶性黄绿色素称为荧光噬铁素，是荧光假单胞菌产生的特异性铁载体，与铁离子有很高的结合能力，是一种水溶性、小分子量的短肽，可以螯合环境中微量的铁元素。在环境中低铁浓度的情况下，铁载体与铁离子形成铁-噬铁素复合物，将铁离子从环境中运输到细菌和植物的细胞内，降低环境中的铁元素的浓度，限制植物根际有害细菌和真菌的生长，达到抑制病害的目的，还可以促进植物生长。

2. 重寄生作用

重寄生作用是指微生物对另一种微生物识别、接触、缠绕及穿透后抑制或溶解寄主菌丝的现象(图 4-7)。在重寄生过程中，拮抗菌菌丝会将寄主真菌的菌丝缠绕或者与寄主菌丝平行生长，并产生细胞壁降解酶类及抗真菌物质，使寄主的菌丝穿孔破裂，从而使拮抗菌能够侵入寄主。例如，产生多种细胞壁降解酶(CWDEs)来降解病原菌的细胞壁，从而达到寄

生和杀死病原菌的效果，这些细胞壁降解酶包括几丁质酶、纤维素酶、木聚糖酶、葡聚糖酶和蛋白酶等。寄主真菌细胞表面的凝集素是诱导拮抗菌产生细胞壁降解酶和进行重寄生作用的重要信号分子。

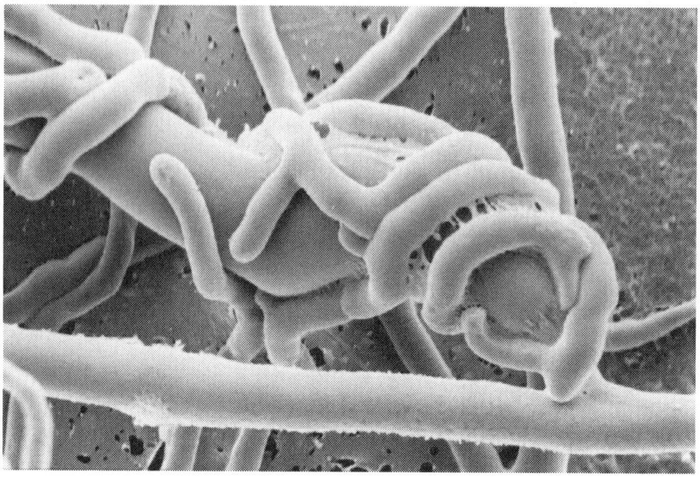

图 4-7　哈茨木霉菌重寄生作用(Geraldine et al.,2013)

重寄生作用一直被认为是木霉菌生物防治的一种主要作用机制。木霉菌菌丝可与病原菌丝平行生长和螺旋状缠绕生长，并产生附着胞状分枝吸附于寄主菌丝上，通过分泌胞外酶溶解寄主真菌细胞壁，穿透寄主菌丝吸取营养，因此，重寄生是对病原菌进行侵袭、识别、接触、缠绕、穿透和寄生一系列连续步骤的复杂过程。

3. 诱导系统抗性

功能微生物不但能直接抑制植物病原菌的生长与繁殖，而且能通过诱发植物自身的抗病潜能增强植物的抗病性。诱导系统抗性是由植物根际促生菌定殖植物根际，植物在一些因素的刺激下或者相关病原菌的侵染下诱发自身对病原真菌、细菌、病毒等病原生物产生的广谱系统性抗性。当植株受到病原菌侵染后，植物体内的保护酶，如过氧化物酶、超氧化物歧化酶、过氧化氢酶等活性增强，从而提高植株的抗病性。

诱导系统抗性可能机制是产生抗微生物的低分子量化学物质，如植物保护素、双萜、多聚物、木质素和糖蛋白等，诱导一些水解酶和氧化酶类产生。当植物成功地激活防御机制来应对病原菌初级感染时，尤其当后者诱导过敏反应(hypersensitivity response，HR)时，就会形成褐色干燥组织的局部坏死病变，围困病原菌。植物根际促生菌如枯草芽孢杆菌、假单胞杆菌施入土壤后，会迅速在植物根际定殖，占据生态位点，进而触发植物的诱导系统抗性，改变宿主的生理和代谢反应，帮助植株抵御不良胁迫。

4. 抗生作用

抗生作用主要指两种或两种以上的微生物共同生长时，一种微生物在同化作用中产生某种或某几种特异的次生代谢产物，从而抑制甚至杀死另一种微生物的现象。这些次生代谢产物包括：抗生素、蛋白质类抗菌物质及挥发性抑菌物质、溶菌酶或蛋白酶(表 4-4)。拮抗菌产生的拮抗物质是多种多样的，不仅同一种细菌可以产生多种拮抗物质，而且一种拮抗物质也可以从多种细菌的代谢产物中检测到。

表 4-4　拮抗微生物产生的抑菌物质

微生物种类	产生的抑菌物质
芽孢杆菌属	脂肽类物质，如枯草菌素、表面活性素、伊枯草菌素、杆菌溶素等
假单胞杆菌属	1-羧基吩嗪（PCA）、2，4-二乙酰间苯二酚（DAPG）、苯嗪（PHZ）、吡咯烷酮（PRN\PLN）、藤黄绿脓菌素（Plt）、吡咯菌素（Prn）、绿脓菌素（pyo-cyanin）、卵菌素 A（OomycinA）、HCN 等
木霉菌属	蒽醌类物质、吡喃酮类物质、绿胶霉素类、含氮杂环化合物类和环戊稀酮类衍生物、丁烯羟酸内酯类、单端孢霉烯类、异氰基类、环缩二氨酸类、麦角固醇类衍生物等

5. 促生作用

除了拮抗机制外，PGPR 还通过生物固氮和促进植物激素赤霉酸（gibberellic acid，GA_3）、吲哚-3-乙酸（indole-3-acetic acid，IAA）和细胞分裂素（cytokinins）等的生物合成，在促进养分吸收、植物生长方面发挥重要作用，这些植物激素与植物养分利用率关系密切。IAA 是植物体内天然生长素存在的最主要形式，能够增加植物根系，并促进根系的伸长，增加植物对土壤中养分的吸收，从而促进植株生长。其中，芽孢杆菌具备产生 IAA 等植物激素的特性，某些多黏类芽孢杆菌具有生物固氮能力，还产生吲哚乙酸（IAA）、细胞分裂素等植物激素。

复习思考题

1. 简述功能微生物与园艺绿色生产的关系。
2. 如何从土壤中分离得到这些功能微生物？
3. 如何验证解磷菌的解磷特性？
4. 如何验证固氮微生物的固氮特性？
5. 解磷菌和解钾菌都可以提升土壤肥力，它们在作用机制上有什么异同？
6. 最常见的用于修复土壤污染的功能微生物有哪些？
7. 在应用功能微生物时要注意哪些问题？

第2篇

科学施肥技术和新型肥料在现代园艺绿色生产中的应用

保证绿色可持续发展是把粮食牢牢把握在自己的手里的重要前提，也是实现“中国梦”的必由之路。2021 年生态环境部明确提出要推动经济社会发展全面绿色转型，继续推进生态文明建设。近年来，为了追求高产过量施肥，尤其是过量施氮的现象依然严重，从而导致肥料利用率下降。据统计，我国氮肥利用率仅为 33%左右，与世界发达国家存在很大差距(美国为 50%～55%)。单位面积氮、磷、钾的施用总量以果树和蔬菜最高，分别为 724.5 kg/hm^2 和 573 kg/hm^2。过量施用化肥不仅造成资源严重浪费，生态环境严重污染，还会导致土壤理化性质恶化，加速土壤酸化和次生盐渍化，降低土壤质量，引发病虫害泛滥，不利于农产品质量的提高。合理施肥则会增加土壤有机质含量，改善土壤结构，提高土壤保水性、保肥性和供肥性，协调土壤水、肥、气、热的关系，进一步改善土壤微环境，维持土壤生产力，从而保障农业的可持续发展。

土壤环境不断恶化引发了一系列问题，促使绿色农业成为现代农业发展的主要方向，而破解当前农业资源紧缺、环境问题突出、生态系统退化、病虫害泛滥等重大瓶颈问题，实现农业生产、生活、生态协调统一的可持续发展成为现代农业改革的重要内容。2015 年农业部提出要在 2020 年基本完成“一控两减三基本”的任务，并发布了《到 2020 年化肥使用量零增长行动方案》，2018 年农业农村部组织编写并印发了《农业绿色发展技术导则(2018—2030年)》。因此，了解和掌握植物必须营养元素及功能、科学施肥理论和方法、园艺作物需肥特点及施肥技术、新型肥料的合理应用是实现现代园艺绿色生产和可持续生产的前提。本篇通过对植物必需营养元素及园艺作物需肥特点进行概述，让学生明确园艺植物需肥的基本理论，培养必要的理学素养，学以致用，为应用于设施园艺领域夯实基础。引导学生掌握各类园艺作物科学施肥的方法，熟悉园艺生产、管理相关技术流程及操作要点，具备动手实践能力。另外，让学生了解新型肥料的原理及应用技术，鼓励学生拥有自主探索前沿动态及发展趋势的思维意识，为推广新型肥料的应用和国家生态文明建设提供助力。

Chapter 5

第5章

植物必需营养元素与园艺作物需肥特点

本章学习目的与要求

1. 了解植物必需营养元素的功能及失调症状。
2. 掌握园艺作物的需肥特点。

5.1 植物必需营养元素

5.1.1 植物必需营养元素的种类

目前，已发现高等植物必需营养元素有 17 种，分别是 C、H、O、N、P、K、Ca、Mg、S、Fe、Mn、Cu、Zn、B、Mo、Cl、Ni。根据 17 种元素在植物体内的含量多少，可将其分为三类（表 5-1）：

①大量营养元素：包括 C、H、O、N、P、K，占植株干重的百分之几十到千分之几；其中 N、P、K 由于作物需要量多而土壤供应量少，被称为植物营养三要素或肥料三要素。

②中量营养元素：Ca、Mg、S，占植株干重的百分之几到千分之几。

③微量营养元素：Fe、Mn、B、Zn、Cu、Mo、Cl、Ni，占植株干重的千分之几到十万分之几。

表 5-1 高等植物必需营养元素的种类、可利用形态、含量及主要来源（何文寿，2004）

营养元素		植物可利用的形态	占干物质重/%	来源	营养元素		植物可利用的形态	占干物质重/%	来源
大量营养元素	C	CO_2	45	空气、水	微量营养元素	Cl	Cl^-	0.01	土壤
	H	H_2O	6			Fe	Fe^{3+}、Fe^{2+}	0.01	
	O	O_2、H_2O	45			Mn	Mn^{2+}	0.005	
	N	NO_3^-、NH_4^+	1.5	空气、土壤		B	$H_2BO_3^-$、$B_4O_7^{2-}$	0.002	
	P	$H_2PO_4^-$、HPO_4^{2-}	0.2	土壤		Zn	Zn^{2+}	0.002	
	K	K^+	1.0			Cu	Cu^{2+}、Cu^+	0.000 6	
中量营养元素	Ca	Ca^{2+}	0.5			Mo	MoO_4^{2-}	0.000 01	
	Mg	Mg^{2+}	0.2			Ni	Ni^{2+}	0.000 01	
	S	SO_4^{2-}	0.1						

根据必需营养元素的一般生理功能可将其分为四类：

①C、H、O、N、S，这些元素以离子和气体形态从土壤溶液或大气中被植物吸收，构成植物体的结构物质和生活物质，如氨基酸、蛋白质、酶、核酸等，是酶促反应中原子团的必需元素，其在植物体内的同化过程与氧化还原反应密切相关。

②P、B，这类元素均以无机阴离子或酸的形态被吸收，在植物细胞中以无机状态存在或与羧基化合物进行酯化作用生成磷酸酯、硼酸酯等，参与能量转换反应。

③K、Ca、Mg、Mn、Cl，以离子形态从土壤溶液中被植物吸收，在植物细胞中以离子形态存在于汁液中，或被吸附在非扩散的有机离子上，调节细胞渗透压，活化酶或作为酶和底物之间的桥梁。

④Fe、Cu、Zn、Mo，以离子或螯合物形态从土壤溶液中被植物吸收，并以螯合形态存在于植物中，大多数可通过原子价的变化传递电子。

5.1.2　必需营养元素与植物生长

17 种必需营养元素在植物体内的含量和功能不同，但对植物生长来说都是同等重要、不可替代的。因此，不能因为作物需要量多而无限供应，也不能因为作物需要量少而完全忽略，更不能用一种元素去代替另一种元素，在生产中施肥必须遵守同等重要律和不可代替律（视频 5-1）。

（1）同等重要律　植物必需营养元素在植物体内的数量不论多少都是同等重要、不可缺少的，若缺少，均会影响植物的正常生长发育。因此，在生产上必须按照作物需求适量而平衡地供给各种养分。

视频 5-1
植物必需营养元素与植物生长

（2）不可代替律　物体内每一种必需营养元素都有其特殊和专一的功能，不能被其他元素所代替，倘若缺乏某一元素，即使其他元素供应充足，作物生长发育都会受到影响，只有补充这种元素，作物才能恢复生长。因此，生产上必须全面供给各种养分。

5.1.3　植物必需营养元素的生理功能及失调症状

1. 氮（N）

（1）氮的生理功能　氮（素）是植物体内氨基酸（包括核酸）、蛋白质（核蛋白质）、叶绿素、维生素、植物激素、生物碱、磷脂等重要化合物的组分，不但构成植物体的生活物质和结构物质，而且参与光合作用及一系列生物化学反应。

（2）氮的失调症状　缺氮时，蛋白质和酶合成受阻，细胞分裂减少，细胞小而壁厚，生长缓慢，植株矮小；叶绿素含量降低，叶色呈浅绿色或黄色；植物体内的氮化合物移动性较强，故缺氮症状首先出现在老叶上，并逐渐扩展到上部幼叶；缺氮会导致花青苷的积累，使叶脉和叶柄或茎基部出现紫红色。氮素过多时，蛋白质和叶绿素大量形成，营养体徒长，叶色浓绿，叶面积增大而互相遮阴，影响通风透光；纤维素、木质素、果胶等细胞壁所需原料的形成受阻，细胞壁变薄，茎秆嫩弱，机械支持力减弱，容易倒伏；体内氮素过多，非蛋白质态氮增加，糖和淀粉减少，易遭病虫害；细胞内氨基酸增多，促进细胞分裂素形成，作物贪青晚熟，果实品质降低，不耐贮藏。

2. 磷（P）

（1）磷的生理功能　磷是植物体内许多重要化合物，如核酸、核蛋白、磷脂、植素-肌醇磷酸酯、高能化合物（ATP、ADP）、各种脱氢酶、氨基转移酶以及辅酶的成分，参与光合作用、呼吸作用、物质代谢、能量转移等过程，可以增强植物的抗旱性、抗寒性、抗病虫害、抗倒伏能力及抵御环境 pH 变化的缓冲能力。

（2）磷的失调症状　植物缺磷时，光合、呼吸和生物合成受阻，生长迟缓，植株矮小，分蘖和分枝减少，延迟成熟；从老叶片开始呈暗绿或灰绿，缺乏光泽，严重时呈紫红色，甚至枯死脱落。碳水化合物合成受阻，糖分累积，易形成花青素，茎部出现紫红色症状；根系发育不良，次生根少，分枝、分蘖少；结实状况差。磷素过多时，植物呼吸作用增强，消耗大量糖分和能量，导致作物叶片肥厚而密集，叶色浓绿，植株矮小，节间过短，生长明显受抑制；繁殖器官成熟进程加快，导致营养体小，茎叶早衰，产量降低；根系十分发达，数量多而短粗，导致蔬菜的纤维含量增加以及烟草的燃烧性差等；妨碍锌、铜、铁等微量元素的吸收和运输，引起植物对这些元素的不良反应。

3. 钾(K)

(1)钾的生理功能　植物体内的钾(素)促进叶绿素的合成，改善叶绿体结构，保持叶绿体内类囊体膜的正常结构，并促进类囊体膜上质子梯度的形成以及光合磷酸化作用和能量(ATP)代谢，促进叶片对 CO_2 的同化及光合产物的运输，进而影响光合作用；钾素还可以促进根系对氮素的吸收及蛋白质的合成，也可提高豆科根瘤菌的数量和固氮能力；参与细胞渗透调节作用，促进细胞分裂；调控气孔运动，促进作物经济用水；可作为 60 多种酶(包括合成酶类、氧化还原酶类、转移酶类)的活化剂，能促进糖、有机酸等多种代谢反应；增强抗旱、抗寒、抗高温、抗病虫、抗盐碱、抗倒伏、抗早衰，并提高根系氧化能力，使根际氧化还原电位(Eh)升高，防止 H_2S、过量 Fe^{2+}、Mn^{2+} 和有机酸等物质的危害。因此，钾通常被称为"品质元素"。

(2)钾的失调症状　植物缺钾时，植株生长缓慢，矮化；叶片从暗绿色逐渐变为老叶，叶尖和叶缘出现黄色或褐色的斑点或条纹(镶金边)，进而脉间失绿，组织坏死，最后叶片变为红棕色或干枯状，坏死脱落，或者呈青铜色，向下卷曲，叶肉组织凸起，叶脉下陷；茎秆脆弱，易遭病虫为害，易倒伏；根系生长停滞，活力差，易发生根腐病；种子或果实小，产量低，品质差；抗逆性能力降低。植物对钾的吸收具有奢侈吸收的特性，不易出现中毒症状，但钾肥施用过多，会影响离子平衡，抑制植物对镁、钙的吸收。

4. 钙(Ca)

(1)钙的生理功能　钙能稳定细胞膜结构，保持细胞的完整性和功能；稳固细胞壁，增强抗病能力；促进细胞伸长和根系生长；与钙调蛋白结合形成钙调蛋白，行使第二信使功能；调节介质的生理平衡，解除其他离子(NH_4^+、Na^+、Al^{3+})的毒害；同时可以起酶促作用。

(2)钙失调症状　钙缺乏时，生长点坏死，幼叶卷曲变形，果实发育不良，根系生长受抑制，根尖从黄白色转为棕色，严重时死亡，并引发许多生理病害，如辣椒和番茄的脐腐病、白菜焦叶病、胡萝卜空心病、苹果的水心病和苦痘病、芹菜黑心病等。

5. 镁(Mg)

(1)镁的生理功能　镁是叶绿素的必需成分，30 多种酶的活化剂，参与碳水化合物、脂肪和脂类、蛋白质以及核酸等物质的合成。

(2)镁的失调症状　缺镁时，植株矮小，生长缓慢；中下部叶片脉间失绿黄化，叶脉仍保持绿色，形成网状脉纹；苹果、柑橘近果实部分的叶黄化，叶尖出现赤色、紫色，呈"宝塔形"。

6. 硫(S)

(1)硫的生理功能　硫是植物体内蛋白质和酶、生物活性物质以及挥发性物质的组分，参与氧化还原反应和固氮过程，能减轻重金属离子对植物的毒害。

(2)硫的失调症状　硫缺乏时，幼叶失绿黄化，茎细弱；根细长而不分支；开花结实推迟，果实减少。

7. 铁(Fe)

(1)铁的生理功能　铁是植物体内叶绿素合成所必需的元素，可以参与体内氧化还原反应和电子传递过程，同时可以参与核酸和蛋白质代谢以及碳水化合物、有机酸和维生素的合成。

(2)铁的失调症状　植物缺铁时，顶端或幼叶失绿黄化，由脉间失绿发展到全叶淡黄白色，引发果树“黄叶病”，花卉、蔬菜幼叶脉间失绿黄化或白化。

8. 锰(Mn)

(1)锰的生理功能　锰可以参与光合作用，是酶的组分并参与调节酶活性，还可以调节植物体内的氧化还原过程。

(2)锰的失调症状　锰缺乏时，幼叶脉间失绿黄化，有褐色小斑点散布于整个叶片，产生燕麦灰斑病、豆类褐斑病、甜菜黄斑病等生理病害。锰过多时，植物会出现中毒症状，老叶失绿区中有棕色斑点，同时诱发其他元素的缺乏症。

9. 铜(Cu)

(1)铜的生理功能　铜是植物体内酶的组分，参与光合作用、氮素代谢，还影响花器官发育。

(2)铜的失调症状　铜缺乏时，植株生长瘦弱，新叶失绿发黄，叶尖发白卷曲，叶缘灰黄，叶片出现坏死斑点；果树出现郁汁病或枝枯病等。铜中毒时，叶尖及边缘焦枯，严重时植株枯死。

10. 锌(Zn)

(1)锌的生理功能　锌作为碳酸酐酶的成分参与光合作用，可以作为多种酶的成分参与代谢作用，以及生长素的合成，促进生殖器官的发育。

(2)锌的失调症状　锌缺时，植株矮小，节间短，生育期延迟叶小，簇生；中下部叶片脉间失绿，诱发果树小叶病、簇叶病等。锌中毒时，叶片黄化，出现褐色斑点。

11. 硼(B)

(1)硼的生理功能　硼可促进分生组织生长和核酸代谢，促进碳水化合物运输和代谢，并且可以参与酚代谢和木质素的形成，以及参与生殖器官的建成和发育。

(2)硼的失调症状　硼缺乏时，植物茎尖、根尖生长停止或萎缩死亡，引发花椰菜褐心病、萝卜黑心病等生理性病害。

12. 钼(Mo)

(1)钼的生理功能　钼作为硝酸还原酶和固氮酶的成分参与氮素代谢可促进维生素 C 的合成，同时与磷代谢有密切关系，可增强植物抗病能力。

(2)钼的失调症状　钼缺乏时，叶片畸形、瘦长，螺旋状扭曲，生长不规则；老叶脉间淡绿发黄，有褐色斑点，变厚焦枯，导致花椰菜、烟草的鞭尾状叶，豆科植物的杯状叶以及不结或少结根瘤。钼中毒时，茄科作物出现叶片失绿症状。

13. 氯(Cl)

(1)氯的生理功能　氯可以参与植物光合作用，是酶的活化剂及某些激素的组分，可以调节细胞渗透压和气孔运动，提高豆科植物根系结瘤固氮，同时能减轻多种真菌性病害。

(2)氯的失调症状　氯缺乏时，棕榈科植物(如椰子树、鱼尾葵等)叶片出现失绿黄斑。氯中毒时，植物叶尖、叶缘呈灼烧状，并向上卷曲，老叶死亡，提早脱落。烟草缺氯时叶色浓绿，叶缘向上卷曲，叶片肥厚、脆、易破碎。

植物大量营养元素的生理功能及失调症状见视频 5-2 和视频 5-3。植物中微量元素的生理功能及失调症状见视频 5-4 和视频 5-5。

视频 5-2　植物大量营养元素的生理功能及失调症状 1

视频 5-3　植物大量营养元素的生理功能及失调症状 2

视频 5-4　植物中微量元素的生理功能及失调症状 1

视频 5-5　植物中微量元素的生理功能及失调症状 2

5.2　园艺作物需肥特点与规律

园艺作物需肥特点见视频 5-6。

视频 5-6　园艺作物需肥特点

5.2.1　蔬菜需肥特点与规律

5.2.1.1　蔬菜作物的营养特性

蔬菜作物多以幼嫩多汁的营养器官或生殖器官为食用产品，生长速度快，生长期短，复种指数和生物量高，多为喜肥耐肥作物。其在营养特性方面具有以下共同特点：

1. 根系吸收养分能力强

蔬菜作物根系阳离子代换量为 400～600 cmol/kg(干根)，远远高于小麦、玉米、水稻等大田作物(表 5-2)，因此其根系活力高，对高价阳离子如 Ca^{2+}、Mg^{2+} 的吸收比例偏高。

表 5-2　几种作物根系阳离子代换量(干根)(蒋明川、解淑贞，1985)　cmol/kg

作物种类	代换量	作物种类	代换量	作物种类	代换量	作物种类	代换量
小麦	142	夏甘蓝	459	胡萝卜	513	蚕豆	576
玉米	192	芜菁	475	番茄	530	菜豆	584
水稻	237	茄子	494	菠菜	530	黄瓜	658
葱	297	芋头	502	萝卜	536	莴苣	696
洋葱	313	大白菜	510	小白菜	548	茼蒿	700
芥菜	428	青菜	548	叶用甜菜	556	三叶芹	701
辣椒	451	四季豆	584	甘薯	583		

2. 需肥量大

蔬菜作物对各种养分元素的需求量较高，如甘蓝、花菜的非可食部分与谷类作物秸秆相比，氮的含量高 2～5 倍，磷的含量高 1～4 倍，钾大致相当；可食部分与谷类作物的籽粒相比，氮的含量高 1.5 倍左右，磷的含量高 0.5 倍左右，钾的含量高 8～15 倍。蔬菜作物不仅需肥总量大，而且对养分浓度的要求也高，如在水培条件下，玉米产量最高时氮的浓度在 25～50 mg/L 范围，而茄子产量最高时氮的浓度为 200 mg/L 左右，其他蔬菜作物如黄瓜、番茄、甘蓝等对氮浓度的反应与茄子类似。另外，蔬菜为高度集约化栽培的作物，单位面积产量高，而且非可食部分的养分转移率和再利用率较低，导致收获时带走的营养物质较多，因此，蔬菜作物单位面积需肥量远远高于禾谷类作物。一般每生产 1 000 kg 产品蔬菜需氮 2.0～4.0 kg，磷 0.18～1.2 kg，钾 3.0～5.0 kg，钙 1.0～1.8 kg，镁 0.18～0.24 kg，N∶P∶K∶Ca∶Mg 大约为 10∶3∶13∶5∶1。常见蔬菜作物的氮、磷、钾需求量见表 5-3，其中以花椰菜需求量最大，豇豆、苦瓜次之，大葱、冬瓜较少。蔬菜作物需钙较多，番茄在水培时最佳生长所需的 Ca^{2+} 浓度为 100 μmol/L，而黑麦草所需的 Ca^{2+} 浓度仅为 2.5 μmol/L，番茄植株的钙含量为 12.9 mg/g，黑麦草只有 0.7 mg/g。大部分蔬菜作物体内硼含量高于 10 mg/kg，甜菜硼含量可高达 75.6 mg/kg。蔬菜作物体内的硼移动性差，很难被再利用，因此当硼供应不足或由于干旱、土壤大量营养元素浓度过高影响硼的吸收，极易出现缺硼症状。豆科类蔬菜和十字花科蔬菜的需钼量较高。

表 5-3 每 1 000 kg 商品蔬菜氮、磷、钾养分需求量(鲜重)(马国瑞，2000) kg

蔬菜种类	每 1 000 kg 商品蔬菜所需养分			蔬菜种类	每 1 000 kg 商品蔬菜所需养分		
	N	P	K		N	P	K
大白菜	1.8～2.6	0.4～0.5	2.7～3.1	豇豆	12.2	1.1	7.3
结球甘蓝	4.1～6.5	0.5～0.8	4.1～5.7	马铃薯	4.5～5.5	0.8～1.0	6.6～8.5
花椰菜	7.7～10.8	0.9～1.4	7.6～10.0	芋艿	4.8	0.5	2.9
叶用芥菜	1.6～2.5	0.1～0.2	1.7～2.5	生姜	6.3	0.6	9.3
茎用芥菜	5.4	0.6	4.6	萝卜	2.1～3.1	0.3～0.8	3.2～4.6
番茄	2.1～3.4	0.3～0.4	3.1～4.4	胡萝卜	2.4～4.3	0.3～0.7	4.7～9.7
辣椒	3.5～5.5	0.3～0.4	4.6～6.0	芹菜	1.8～2.0	0.3～0.4	3.2～3.3
茄子	2.6～3.0	0.3～0.4	2.6～4.6	莴苣	2.1	0.3	2.7
黄瓜	2.8～3.2	0.5～0.8	2.7～3.7	菠菜	2.5	0.4	4.4
冬瓜	1.3～2.8	0.3～0.5	1.2～2.5	大蒜	4.5～5.0	0.5～0.6	3.4～3.9
西瓜	2.5～3.3	0.3～0.6	2.3～3.1	大葱	2.7～3.0	0.2～0.5	2.7～3.3
甜瓜	3.5	0.7	5.6	洋葱	2.0～2.4	0.3～0.4	3.1～3.4
南瓜	4.3～5.2	0.7～0.8	4.4～5.0	韭菜	5.0～6.0	0.8～1.0	5.1～6.5
苦瓜	5.3	0.8	5.7	竹笋	5.0～7.0	0.4～0.7	1.7～2.1
佛手瓜	24.4	2.0	14.1	草莓	6.0～10.0	1.1～1.7	>8.3
菜豆	10.1	1.0	5.0	莲藕	6.0	1.0	3.8
豌豆	12～16	2.2～2.6	9.1～10.8	茭白	3.9	0.6	5.7

3. 蔬菜作物喜硝态氮

蔬菜作物多为喜硝态氮作物，菠菜、番茄等的产量在完全供给硝态氮时最高，随铵态氮供给比例的增加逐渐下降。洋葱在铵态氮供给比例超过50%时产量显著下降；不结球白菜在完全供给铵态氮的处理7 d后，植株生长停滞。铵态氮的供给比例过大还会抑制蔬菜作物对钾、钙、镁离子的吸收，从而造成生理性钾、钙、镁的缺乏。因此，在蔬菜作物的氮肥施用中，应注意硝态氮肥和铵态氮肥的比例，铵态氮的比例一般不宜超过1/3。

5.2.1.2 各类蔬菜的需肥特点

一般，蔬菜在苗期吸收的养分不多，在旺盛生长和产品形成期需要养分较多。有机肥和磷肥一般在蔬菜播种和定植前做基肥，速效氮肥可在蔬菜生育期追肥。追肥的次数可根据蔬菜生育期长短确定，生育期短的蔬菜可在生长中期追1～2次肥，生长期长的蔬菜可在养分需求较多的时间追3～4次肥。一般每7～15 d追1次肥，根据不同蔬菜和不同肥料确定施肥方法。磷肥易被土壤固定，应集中施用，条施或穴施。氮、钾肥一般是开沟条施或穴施，生育后期可随水追施。根据食用部位不同，蔬菜可分为茄果类、瓜菜类、豆类蔬菜、根菜类和叶菜类，其需肥特点亦有各自的特点：

1. 茄果类蔬菜

茄果类蔬菜食用部分为果实，其生长期较长，营养生长和生殖生长并进期长，需肥较多，吸收的主要营养元素的顺序是钾＞氮＞钙＞磷＞镁，以肥效较长的肥料为主。幼苗期需氮较多，磷、钾吸收相对较少；进入生殖生长期，磷、钾的需求量急剧增加，对氮的吸收减少，此时若氮多磷、钾不足，则茎叶徒长，开花结实晚，产量品质也随之下降。因此，这类蔬菜要特别重视施用钾肥，控制氮肥的用量。如果钾、氮比例低于1.8，番茄和辣椒的青枯病等病害发生率将明显上升。对于多次采收的果菜类蔬菜，采收期间需肥量大，时间长，需要多次追肥才能满足需要，延长结果期，增加产量，改善品质。

2. 瓜类蔬菜

瓜类蔬菜吸收肥料元素的顺序是钾＞氮＞磷。黄瓜的根系浅，结果期长，对土壤养分的吸收能力弱，不能施用浓度过高的肥料，应施用营养全面、肥效期长的肥料。南瓜、冬瓜等其他瓜类根系较深，耐肥力较强，要求施用肥效较长及氮、磷、钾比例适当的肥料。如果氮肥施用过多，不仅会导致生长过旺，还会导致瓜类蔬菜落花、落果，以及枯萎病等病害的发生。

3. 豆类蔬菜

豆类蔬菜吸收养分顺序是氮＞钾＞磷。豆类蔬菜根系强大，分布深而广，吸收能力强，根上可形成根瘤菌固定利用空气中的氮。生长前期可适量施用磷、钾肥，少施氮肥以促进根瘤菌的生长发育。蔓生菜豆、豇豆生长发育比较缓慢，大量吸收养分的时间也较迟，从嫩荚伸长起才开始大量吸收营养，生长后期仍需吸收大量的氮肥；蔓生菜豆、豇豆应注意施用肥效较长的肥料，以保证生长发育后期肥料的供应，防止早衰，延长结果期。

4. 根菜类蔬菜

根菜类蔬菜为深根性作物，生长前期根系的主要功能是吸收水分和养分，生长中后期根部一方面吸收水分和养分；另一方面逐渐膨大为食用产品部分。其总的需肥规律为：对钾的需求量最多，氮次之，磷最少，且对硼素敏感。根菜类蔬菜的生长盛期在收获前的30～60 d出现，幼苗期和莲座期需肥较少，且以氮素为主。肉质根膨大期磷、钾需要量增多，尤其以钾最多。后期主要是促进植物体内积累的物质向根部运转，促使根部迅速膨大，因此后期氮素过多而钾素供应不足时，反而会造成根膨大不良，产量和品质均下降。由此可见，根菜类蔬菜在不同生长期对营养元素的吸收能力不同，所以注意缓效性肥料与速效性肥料相结合施用。

5. 绿叶菜类蔬菜

绿叶菜类蔬菜以叶片和叶柄为食用产品，其生长迅速，单位面积株数多，叶面积指数大，需水量、需肥量大，但根系较浅，吸收能力和范围较小，因此叶菜类蔬菜最适宜在有机质含量丰富、土层较厚、保水保肥能力强的土壤上栽培。叶菜类蔬菜养分吸收量随着生长的加快和生物量的增加而增加，生长全期需氮量最多，但大型的结球叶菜类蔬菜在生长盛期需增施钾肥和适当的磷肥，以促进结球，提高产量和品质。

5.2.2 果树需肥特点与规律

果树是多年生木本植物，其生长周期长，营养体高大，根系深广，在矿质养分的吸收、利用、储藏和分配上具有明显的特点。

1. 生命周期长，营养要求高

果树在整个生命周期中要经历幼树期、结果初期、盛果期、衰老期等过程，不同树龄的果树具有特殊的生理特点和营养要求。幼年果树是根系生长的关键时期，应多施磷肥，促进根系生长。植株对氮、磷、钾肥料都需要，尤其需要较多的氮、磷肥，根据果树生长状况，全年以施三四次肥料为宜。处于营养生长期的幼龄果树，以长树为主，其生长中心是发展树冠和扩大根系，营养特点是消耗多，积累少，逐步给花芽形成积累足够的营养物质。该时期是果树的营养临界期，对肥料的反应敏感。在营养和施肥上要求以速效氮肥为主，并配施一定量的磷肥和钾肥。进入结果初期以后，营养生长与生殖生长趋向平衡，这时的营养特点是生长快，营养需求量大，在养分供应上既要充足，又要防止营养生长过旺。因此，施肥时在保证氮肥供应的基础上增施磷、钾肥，使其既有利于继续长树，又有利于促进花芽分化，提早结果。在结果盛期，果树结果量过大，树体营养物质的消耗过多，营养生长受到抑制而造成大小年现象，使树势衰弱，过早进入衰老期。该时期的营养特点是养分需求量很大，并且要求按照适宜的比例适时供应，要注意氮、磷、钾配合，尤其要注意钾肥，以达到丰产优质。果树进入衰老期后，由于在同一位置生长了几十年，土壤中同一元素大量消耗，同时果树根系分泌到土壤的毒害物质增多。

果树在一年中经历抽梢、长叶、开花、结果、花芽分化等不同阶段，其中以开花期、花芽分化期、果实膨大期需肥的数量和强度最大。在萌芽、开花、新枝生长时，需要较多的氮素，应适时追加氮肥。随着树龄的增长，果树进入成年结果期，对养分需求的数量、种类都有了大幅度增长，此时，树体不仅对大量元素的需求比例有明显变化，而且对中微量元素的需求更加迫切。从幼果期到膨果期，需要充足的氮、磷、钾，尤其是氮和钾，此时更应注重施肥的比例。果实采收后至落叶，是树体积累营养的重要时期，营养积累的多少，直接影响到来年萌芽开花的质量。果树在全年生长期有明显的需肥高峰期。每年的5—7月是生长旺盛期，枝叶生长、花芽分化、开花结果、根系生长需消耗大量的营养物质。

2. 树体多年生长，具有储藏营养的特性

果树经过多年的营养吸收、分配、积累，树体内储藏着大量的营养物质，这些物质在夏末秋初由叶向干回运，早春又由储藏器官向新生长点调运，供应前期芽继续分化和枝叶生长发育的需要。储藏营养是果树安全越冬，次年前期生长发育的物质基础，它直接影响叶、花原基分化、萌芽抽梢、开花坐果及果实生长。果树在春季抽梢、开花、结果初期所用的养分有80%来自前一年积累储存的养分，以后随着对养分需求的增强，当年从土壤中吸收的养分发挥日益重要的作用，至生长后期，植株又为次年春季的生长发育积累储存养分。一般，10—12 月为养分的储存时期，因此，在果树生产上要注意适时施足秋肥，以维持健壮的树势，提高树体储藏营养的总体水平，为保证果树持续丰产奠定丰富的物质基础。

3. 树体营养和果实营养要协调一致

果树在年周期中要经历营养生长和生殖生长两个阶段。营养生长和生殖生长有重叠或交叉，形成果树各器官对养分的竞争，施肥不当，往往使养分集中到当时的营养中心，而削弱其余器官。如果偏施过量氮肥，会导致营养生长过于旺盛，枝叶徒长，花芽分化不良，有的虽能开花结果，但在发育过程中会发生生理落果，即使收获果实，也会着色不良，糖少酸多，风味欠佳；反之，如果施氮不足，则营养生长不良，即使着生较多的花芽，也不能良好发育，产量也不高。因此，在果树生产中，只有保持营养生长和生殖生长的平衡，才能克服大小年，保证稳产。

4. 砧木特性与施肥关系密切

大多数果树以嫁接和扦插进行繁殖，以维持优良性状。嫁接时选择的砧木和接穗的组合不同，会明显影响养分的吸收和体内营养的组成。如苹果的无性系砧木 M1 和 M7 使许多接穗品种具有较高的营养浓度，而嫁接在砧木 M13 和 M16 上时营养浓度则较低。在柑橘类果树中，枳壳作砧木时，接穗叶内的含氮量比柠檬作砧木时低，而含磷量则相反。因此，应筛选具有高产、优质、吸收和运输养分能力强的营养基因型砧木以节约施肥。

5.2.3 花卉需肥特点与规律

花卉在生长发育当中，除了从空气中摄取二氧化碳和从水中吸取氢和氧外，还要从土壤中吸收大量、中量和微量元素。但花卉种类繁多，习性差异较大，对环境条件及栽培措施的要求很不一致，加之其特有的观赏习性，在养护管理上有独特的栽培特点，表现在营养施肥管理上更是如此。花卉需肥规律随生育期而改变，其营养特点表现在：

1. 阶段性

多年生花卉早春抽发新梢和长根，主要是利用花体内储藏营养，从外界吸收的养分极少，一二年生花卉种子萌发到出苗阶段主要是由种子提供营养。随着花卉迅速生长，吸收养分的数量也不断增加，直到开花结实期，吸收养分的数量达最大值。花卉生长后期，生长量渐小，养分需求量也明显下降，到落叶休眠期即停止吸收养分。花卉的营养临界期多出现在生长发育的转折时期，但不同养分的临界期也不相同。一年生花卉磷素营养临界期在幼苗期，多年生花卉的则是在新梢抽发和展叶期。花卉氮素营养临界期往往出现在营养生长向生殖生长转折时期。因此，强调氮、磷基施就是满足氮、磷营养临界期的需求。花卉的最大营养效率期常出现在花卉生长的旺盛时期，其特点是生长量大，需要养分多。因此，及时补充养分尤为关键。

2. 需肥量大，吸肥强度高

花卉植物根系发达，伸长带活跃，吸收能力和氧化力都较强。要获得高产优质的花产品，就要满足花卉植物对各种养分的需求，对于生长量大的花卉不仅要施足基肥，还要及时追肥，并进行叶面喷肥。根据花卉对氮、磷、钾三要素的反应程度，可分为氮类型、磷类型、钾类型和氮磷类型。例如矮牵牛属于氮类型，紫菀和一串红属于磷类型，鸡冠花属于钾类型，彩叶草和百日草属于氮磷类型。

3. 不同生长期需肥种类差异大

花卉在不同生长期对不同元素需求规律不同。一年生花卉在幼苗期对氮的需求量较少，随着生长需求量逐渐增多。两年生花卉、宿根花卉和木本花卉在春季旺盛生长期需要大量的氮肥。观叶花卉在整个生长过程中都需要较多的氮肥才能枝繁叶茂，观花花卉在营养生长阶段需要较多的氮肥，但进入生殖生长阶段后应控制氮肥使用，否则会延迟开花。

花卉施肥较复杂，一般掌握的原则是：薄肥勤施，施肥量宜少量多次，同时施肥量应随花卉品种、植株大小及土壤的温度不同而有所区别。无机化肥不能撒施或接触茎基部；有机肥要经堆沤腐熟再使用；夏日高温、高湿天气，植株生长旺盛时宜多施；冬季低温、光照弱，植株生长缓慢时宜少施；大雨过后或植株叶色黄绿暗淡，缺肥时要及时补施。一般花卉均需充足的肥料才能生长茁壮，花繁叶茂，提高观赏价值。花卉需要的肥料主要为氮、磷、钾三要素。钙、铁、硫、镁、碳、硼、锰等许多微量元素，也对花卉的生长发育有重要的作用。

复习思考题

1. 植物必需营养元素的种类有哪些？
2. 如何理解植物营养元素的同等重要律和不可替代律？
3. 蔬菜作物的需肥特点有哪些？
4. 果树需肥特点有哪些？
5. 花卉有哪些需肥特点？施肥时要掌握哪些原则？

Chapter 6

第6章

科学施肥与园艺作物施肥技术

本章学习目的与要求

1. 掌握科学施肥的基本原理和原则。
2. 明确施肥技术的组成要素。
3. 掌握各类园艺作物的施肥技术要点。

科学施肥是指为提高作物产量和品质，提高肥料养分利用效率，以及保护生态环境而实施的一种施肥措施。随着现代技术的发展和应用，伴随现代技术为手段的施肥技术也在蓬勃发展，且每一种施肥技术的发展与进步都是以提高肥料利用效率为核心。纵观国内外高效施肥技术的发展情况，目前可应用于农业生产，或在农业生产中发挥作用的高效施肥技术，主要包括测土配方施肥技术、有机肥替代化肥技术、水肥一体化技术、精准施肥和自动化施肥技术等。高效施肥技术会随着全社会科学技术水平的提高而提高，向着信息化、自动化、智能化、轻简化方向发展。高效营养诊断技术、数字化养分管理系统、养分高效利用基因筛选、营养链一体化管理、作物营养调控技术和生态环境保护施肥技术等将是未来高效施肥技术研究与应用的主要方向。

6.1 科学施肥的基本原理和原则

科学施肥指综合考虑土壤供肥状况、作物需肥特征、肥料特点、气候条件和栽培措施等因素，来确定肥料种类、肥料用量、施肥时间和施肥方式，旨在提高土壤肥力，增加作物产量，改善作物品质，提高经济效益以及保护生态环境。总之，要进行科学施肥，必须掌握施肥的基本原理和原则（视频 6-1）。

视频 6-1
科学施肥的基本原理和原则

6.1.1 施肥的基本原理

1. 养分归还学说

养分归还学说是 1840 年德国化学家李比希（J. V. Leibig）提出来的，其基本内涵是作物生长要从土壤中吸收各种各样的养分，随着作物的每次收获，必然要从土壤中带走一定量的养分，随着收获次数的增加，土壤中的养分含量会越来越少。若不及时归还作物从土壤中拿走的养分，不仅土壤肥力逐渐降低，而且作物产量也会越来越低。因此，为了保持土壤中的养分平衡和提高作物产量必须向土壤施入肥料。

该原理强调施肥是维持土壤养分平衡和提高作物产量的主要途径，而养分归还的正确方式是合理施用化肥，充分利用一切有机肥源，既能提高粮食产量和品质，又能维持或提高土壤肥力，还能减少污染和提高环境质量，保证农业可持续发展。

2. 最小养分律

最小养分律是李比希于 1873 年在观察到连续大量施肥出现不增产甚至减产现象时提出来的。其基本内容是植物为了生长发育需要吸收各种养分，但决定植物产量的，却是土壤中那个相对含量最小的有效植物生长因素，产量在一定限度内随着这个因素的增减而相对变化。因而无视这个限制因素的存在，即使继续增加其他营养成分也难以再提高植物的产量。最小养分律可以用木桶原理来解释（图 6-1）。

最小养分律强调土壤中相对含量最少的养分影响着作物产量的维持与提高。最小养分是指相对作物需要来说，土壤供应能力最差的某种养分，而不是绝对含量最少的养分。一般来说氮、磷、钾养分通过作物收获物带走的较多，需要通过施肥补充的较多。另外，最小养分会因作物种类、需肥特点、土壤特性、气候条件、种植制度、施肥历史等发生变化，因此在进行

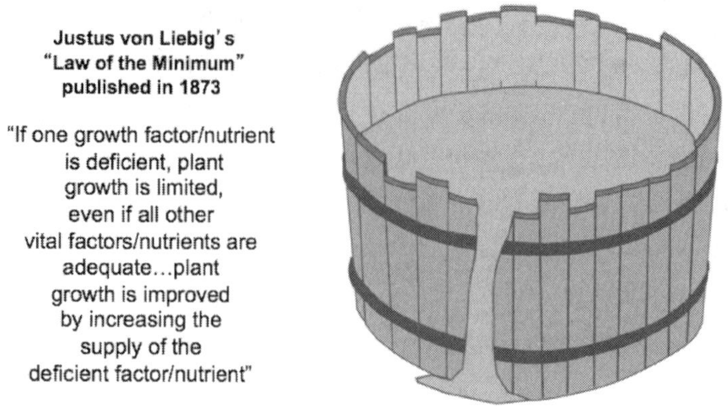

图 6-1　木桶原理

（注译：李比希的最小养分律发表于 1873 年，内容是"如果一种生长因素或养分不足时，植物生长都会受到限制，即使所有其他关键因素或养分都很充足……只有补充该因素或养分，植物生长才能得以促进"。）

施肥时要找准最小养分，而不能盲目施肥。

3. 报酬递减律与米氏学说

报酬递减律是 18 世纪末，法国古典经济学家重农学派杜尔哥（A. R. J. Turgot）提出的关于经济上投入与产出的关系。其基本内容是从一定面积土地所得到的报酬随着向该土地投入的劳动和资本数量的增加而增加，但达到一定限度后，随着投入的单位劳动和资本的再增加而报酬的增加速度却在逐渐递减。

米氏学说是 1909 年德国化学家米采利希（E. A. Mitscherlich）在报酬递减律的基础上，通过燕麦磷肥实验，提出的关于肥料用量与产量的关系。其实质如下：

①总产量按一定的渐减率增加并趋近于某一最高产量为其极限；

②增施单位量养分的增产量随养分用量的增加而按一定比数递减；

③在一定条件下，任何单一因素都有一个最高产量，当条件改变时，该因素可能达到的最高产量也随之改变。

米氏学说首次用严格的数学方程式表达了作物产量与养分供应量之间的关系，作为计算施肥量的依据，广泛用于确定经济最佳施肥量、预测产量、估算土壤有效养分含量，并在此基础上发展形成了肥料效应函数施肥法，开创了由经验施肥发展到定量施肥的施肥科学新纪元。经过后人的研究，米氏学说不断发展完善，补充了当过量施肥时产量随施肥量增加而降低。

4. 因子综合作用律

因子综合作用律指出作物高产是影响作物生长发育的各种因子，如空气、温度、光照、养分、水分、品种以及耕作条件等综合作用的结果，其中必然有一个起主导作用的限制因子，产量也在一定程度上受该限制因子的制约，常随这一因子克服而提高，只有各因子在最适状态，产量才会最高。因此，农业生产中的合理施肥不但要重视各种养分之间的配合施用，既要使各养分元素之间比例协调，又要最大限度地满足作物需要，还要重视施肥措施与环境因子和其他农业技术措施密切配合，充分发挥因子之间的正交互作用。

6.1.2 施肥的基本原则

基于施肥既要持续提高作物产量和品质，又要保护环境的双重目的，科学施肥要掌握培肥地力、协调营养平衡、增产提质、提高肥料利用率和减少生态环境污染五大施肥原则。

1. 培肥地力的可持续发展原则

只有不断培肥地力才能使农业生产得到持续的发展和提高，从而满足世界不断增长的人口和由于生活水平的提高对农产品在数量和质量上不断提高的要求。因此，在农业生产中必须树立培肥地力的观点，坚持用地与养地相结合，使作物—土壤—肥料形成物质和能量的良性循环，投入产出相平衡，避免土壤肥力下降。

2. 协调营养平衡原则

作物的健康生长依赖于适量而协调的养分供应。土壤是作物的养分供应库，但土壤中各种各样养分的有效数量和比例一般与作物的需求相差甚远，这就需要通过施肥进行调节以满足作物的需要。一般来说，农田土壤若长期不施肥，其自身的养分供应能力低下，而且作物对养分的不平衡吸收也会导致土壤养分失衡。例如，我国北方石灰性土壤中氮、磷、钾养分供应状况为缺氮、少磷、钾充足，南方红壤、砖红壤等不仅氮、磷、钾都缺乏，而且不平衡。因此，利用施肥来修复土壤营养平衡失调是科学施肥的基本手段和根本手段。

3. 增加产量与改善品质相统一(增产提质)的原则

作物产量和品质对人类来说同等重要，是保障粮食安全和食品安全的基础。高产可以解决日益增长的人口在粮食数量上的需求，高品质则可满足人类对食品安全的需求。因此，对于园艺作物来说，施肥的原则是在不至于引起产量显著降低时，以实现最佳品质为目标进行施肥，即保证产品中有害物质含量在安全界限内，不能对人兽产生危害。

4. 提高肥料利用率原则

肥料利用率是指当季作物对肥料中某一养分元素吸收利用的数量占施用该养分元素总量的百分数，也称肥料利用系数或肥料回收率。肥料利用率的高低是衡量施肥是否合理的一项重要指标。通过提高肥料利用率可提高施肥的经济效益，降低肥料投入，减缓自然资源的耗竭以及减少肥料在环境中的残留，从而减少肥料对生态环境的污染。

5. 减少生态环境污染的原则

不合理施肥不仅起不到增产、提质和培肥土壤的作用，反而还会导致土壤酸化或盐碱化、结构破坏及污染，使土壤质量下降、肥力降低，进而影响农产品品质，引起生态环境污染。残留在土壤中的肥料，与土壤发生相互作用，其产物不可避免地进入与土壤圈密切接触的大气圈、水圈和生物圈。不合理施肥会增加这些物质进入环境的数量，造成大气、地表和地下水体和食品污染，进而影响人兽健康，破坏生物链。

6.2 施肥技术的组成要素

施肥技术是指将肥料施入各种栽培基质或直接施于作物(根系或叶面)所采用的手段，

其组成要素包括施肥量与养分配比、施肥时期、施肥方式和采用适当的施肥机具等。

6.2.1 施肥量和养分配比

施肥量是施肥技术中的核心要素。一般确定施肥量的方法有养分平衡法、肥料效应函数法、土壤养分丰缺指标法和营养诊断法。

1. 养分平衡法(目标产量法)

根据作物计划产量需肥量与土壤供肥量之差估算施肥量的方法,又称目标产量法。

$$\text{施肥量}=\frac{\text{单位经济产量所需养分量}\times(\text{目标产量}-\text{基础产量})}{\text{肥料中养分含量}\times\text{肥料中该养分的利用率}} \tag{6-1}$$

基础产量可通过空白法、田间试验法、单位肥料增产法确定。目标产量可通过以地定产法、以水定产法、前几年的平均单产法确定。单位经济产量所需养分量是指农作物在其生育周期中,形成一定的经济产量需要从介质中吸收的各种养分数量,一般以形成百千克经济产量所需养分量来表示,通过多点田间试验法确定。肥料利用率是指当季作物从所施肥料中吸收的某养分占施入肥料中该养分总量的百分数,可用同位素示踪法和田间差减法来确定。肥料中有效养分含量是一个基础参数,各种成品化肥的有效成分都是按化学工业部发布的标准生产的,都有定值,并且标示在肥料的包装物上。

2. 肥料效应函数法

以田间试验为基础,将不同处理得到的产量进行数理统计,求得产量与施肥量之间的函数关系(或称肥料效应方程式),从而计算出最大施肥量、最佳施肥量,以作为配方施肥决策的重要依据。肥料效应函数法基于大量的田间试验,因此,所获资料能客观地反映具体条件下的肥料效应,并具有较好的反馈性,便于建立县级计算机施肥咨询系统。

3. 土壤养分丰缺指标法

利用土壤养分测定值和作物吸收养分之间存在的相关性,对不同作物通过田间试验,将土壤测定值以一定的级差分等,制成养分丰缺及对应的施肥量检索表,又称相对产量法。取得土壤养分测定值,就可以对照检索表按级确定施肥量。在 30 个以上不同土壤肥力水平,即不同养分测得值的田块上安排试验,试验田除全肥区和缺肥区两个处理外,一切条件均相同,每个试点都要测定土壤速效养分含量。收获后用下列公式计算:

$$\text{相对产量}=\frac{\text{缺肥区作物产量}}{\text{全肥区作物产量}}\times 100\% \tag{6-2}$$

以土壤养分测定值为横坐标,以相对产量为纵坐标制作相关曲线。相对产量小于 50%所对应的养分含量为极缺,50%~75%为缺,75%~95%为中,大于 95%为丰。在推广应用中,通过分析某地土壤养分含量,即可确定该地是否需要施入养分。

4. 营养诊断法

营养诊断施肥法是指利用生物、化学或物理等测试技术,分析研究直接或间接影响作物正常生长发育的营养元素丰缺、协调与否,从而确定施肥方案的一种施肥手段。其目的是因土看苗施肥,及时调整营养物质的数量和比例,改善作物的营养条件。根据诊断对象分为土壤营养诊断和植株营养诊断，根据诊断手段分为形态诊断、化学诊断、施肥诊断、酶学诊断。

(1)土壤营养诊断　通过土壤临界值法进行，是土壤养分丰缺指标法在不同层次上的延伸，是一类测土施肥方法的统称。主要包括磷肥临界值法、土壤速效氮临界值法、土壤微量元素丰缺临界值法等。

(2)植株营养诊断　是依据作物体内养分分布特征、含量特点、再利用规律及土壤供肥—作物吸肥—作物生长的关系，利用形态诊断法、化学诊断法、营养诊断施肥综合法、相对产量法等来确定施肥种类和顺序。形态诊断法是通过外形观察或生物测定了解某种养分的丰缺状况，包括症状诊断和长相长势诊断。化学诊断法是通过化学分析测定植株体内营养元素的含量，与正常植株体内养分含量标准值进行比较从而判断养分丰缺的方法，最常用的是叶片营养诊断。营养诊断施肥综合法(DRIS法)是指用叶片养分诊断技术，综合考虑营养元素之间的平衡状况和影响植株生长的因素，从而确定施肥次序的一种诊断方法。相对产量法是指根据土壤养分及其对应的相对产量建立养分效应函数，确定养分丰缺指标。例如，中国农业大学经过多年的研究，以引进德国、美国的土壤-植株快速测试技术为基础，研究了华北平原的主要作物体系，以氮、磷、钾养分资源的不同特征为依据，提出了建立"同步作物根系吸收与土壤供应的氮肥实时监控-磷、钾肥恒量监控-微量元素因缺补施"的土壤-植株快速测试优化推荐施肥技术体系。该法以实现作物的高产为前提，同时考虑了施肥的后效及其对环境的作用，既能保证高产，又可使氮肥施用量大大降低。

6.2.2　施肥时期

施肥时期是指肥料应该在作物生长的某一时期施用以及各时期分配多少肥料。对于大多数一年生或多年生作物来说，施肥时期一般分基肥、种肥、追肥三种。各时期所施用的肥料既有其单独的作用，又不是孤立地起作用，而且相互影响。对于同一作物，通过不同时期施用的肥料间互相影响与配合，来促进肥效的充分发挥。

1. 基肥

基肥是指在播种(或定植)前结合土壤耕作施入的肥料，对于多年生作物来说，一般把秋冬季施入的肥料称为基肥。施用基肥是为了培肥和改良土壤，同时为作物生长创造良好的土壤养分条件，通过源源不断地供给养分来满足作物对养分的连续性需求。因此，基肥的施用要遵循数量大，养分全面，肥效持久，肥土、肥苗、土肥相融，有一定深度，不易损失，有机无机相结合的原则。在肥料的选择上以有机肥为主，配施适量的氮、磷、钾及中微量元素化肥，或者使用缓控释肥料。基肥的施用量一般是某种作物全生育期施肥量的绝大部分，其用量和分配比例要考虑施肥目的、作物生育期长短、气候条件、灌溉条件等。例如，若是为了培肥和改良土壤，基肥以有机肥为主，用量可大一些；作物生长期短而生长前期气温低且要求早发的作物以及总施肥量大时，基肥以化肥为主，化肥比例要大。在灌溉区，基肥的用量一般较非灌溉区少一些，以充分发挥追肥的肥效。对于生育期长、密度大的作物，基肥要有机无机相结合，基肥比例要大。

2. 种肥

种肥是播种(或定植)时施于种子或幼株附近，或与种子混播，或与幼株混施的肥料。其目的是为种子萌发和幼苗生长创造良好的营养条件和环境条件。因此，种肥的作用一方面表现在供给幼苗养分，特别是满足植株营养临界期时养分的需要；另一方面腐熟的有机肥料作种肥还有改善种子床和苗床物理性状的作用，有利于种子发芽、出苗和幼苗生长。

用作种肥的肥料以速效性化肥或腐熟的有机肥为宜。选用化肥要注意肥料酸碱度适宜，应对种子发芽无毒害作用。如果用酸碱度过高或有腐蚀性的肥料做种肥，要做到肥、种不接触。种肥的用量不宜过大，而且要注意施用方法，包括条施、穴施、拌种、浸种等。

3. 追肥

追肥是指在农作物生长发育期间施用的肥料。其目的是满足作物在生长发育过程中对养分的阶段性需求。不同作物追肥的时间是不同的，受土壤供肥情况、作物需肥特性和气候条件等的影响。一般要将肥料施在作物营养临界期和养分最大效率期。追肥的施用原则是肥效迅速、水肥结合、根部施与叶面施相结合、在需肥关键时期施用。追肥应选择速效性化肥和腐熟的有机肥料。

6.2.3 施肥方式

施肥方式是指将肥料施于土壤和植株的途径与方法，分为土壤施肥和植株施肥。

1. 土壤施肥

土壤施肥方式主要有撒施、条施、穴施、水冲施、环施和放射状施等。

(1)撒施(broadcasting)　将肥料均匀撒于地表，然后结合耕作使其进入土壤当中，实现土肥相融。其优点是省工、简便，缺点是不适用于挥发性肥料的施用。

(2)条施(fertilizer drilling，row application)　开沟将肥料成条地施用于作物行间或行内土壤的方式。基肥、种肥、追肥及有机肥和化肥均可条施，适用于条播作物。条施时肥料集中，更易达到深施的目的，有利于将肥料施到作物根系层，提高肥效，适用于肥料用量较少和易挥发性肥料的施用。

(3)穴施(hole application)　在作物预定种植的位置或种植穴内，或在作物生长期内按株或在两株间开穴施肥的方式。穴施适用于穴播和稀植作物，比条施更能使肥料集中，适用于种肥的施用，注意施后要覆土。有机肥和化肥均可穴施，但施用位置和深度要与作物或种子保持适当距离，以免烧苗。

(4)水冲施　在作物灌水时把水溶性好的肥料定量撒在水沟内溶化，随水流渗入土壤而被作物吸收。其优点是简单方便，省时省工，施肥均匀，避免开沟施肥对根系造成伤害。但冲施有可能形成较多的肥料浪费，包括在渠道内渗漏流失，灌溉量偏低时不易到达根系吸收的深度，灌溉量大时会随重力水下渗造成肥料损失。该方法目前主要在蔬菜种植区和免耕栽培中使用。

(5)环施和放射状施(circular trench manuring and radiation fertilization)　以作物主茎为中心，将肥料进行环状或放射状施用的方式称环施和放射状施。一般用于多年生木本作物，尤其是果树。

2. 植株施肥

植株施肥包括叶面施肥、注射施肥、打洞填埋法、涂抹施肥和种子施肥等。

(1)叶面施肥(foliage spray，foliage dressing)　把肥料配成一定浓度的溶液喷洒在作物叶片上的施肥方式，又称根外追肥。其特点是用肥少、收效快，一般用于追肥，但必须注意浓度。一般叶面施肥主要在以下情况下使用：①作物的快速生长期，根系吸收的养分难以满足作物生长发育要求；②在作物生长后期，根系吸收能力减弱；③豆科作物氮肥施入土壤会抑制根瘤固氮菌的作用；④微量元素用叶面施肥方式更加有效；⑤当作物遭受气象灾害时，叶面施肥可迅速矫正症状，促进受害植株恢复生长。

(2)注射施肥(injection fertilization)　在树体、根、茎部打孔，在一定的压力下，把营养液通过果树的导管，输送到植株的各个部位。其目的在于使树体在短时间内积聚和储藏足量的养分，改善和提高植株的结构水平和生理调节机理，同时也使根系活性增强，扩大吸收面积。

(3)打洞填埋法(cut hole and burying)　此法适合于木本作物如果树等施用微量元素肥料。在果树主干上打洞，将固体肥料填埋于洞中，然后封闭洞口。

(4)蘸秧根法　将肥料配成一定浓度的悬着溶液，浸蘸秧根，然后定植。适用于水稻、甘薯等移栽作物。

(5)涂抹施肥　将液体肥料涂抹在农作物的嫩茎、果实，以及刮去树皮的树干、枝条上，通过作物茎叶、果实吸收传导，改善营养状况，消除营养缺乏的一种施肥方法。

(6)种子施肥(seeding fertilization)　包括拌种法、浸种法和盖种法。拌种法是指把肥料配成一定浓度的溶液，将种子均匀拌种后一起播入土壤，要注意拌种浓度和拌种后应立即播种。浸种法是用一定浓度的肥料溶液浸泡种子，待一定时间后，取出稍晾干后播种，浸种法和拌种法一样要严格控制肥料浓度。盖种法主要针对一些开沟播种的作物，用充分腐熟的有机肥料或草木灰盖在种子上面，具有保墒、供给养分和保温作用。

6.2.4　施肥机具

相对于传统的人工施肥而言，目前新型的施肥方式均采用各种机械或设备将肥料施于土壤中或作物上，不仅省工省时，大大提高施肥效率，而且有利于提高肥料利用率。目前，园艺作物最常用的是灌溉施肥、机械化和自动化施肥，或者将两者结合起来使用。

1. 灌溉施肥

灌溉施肥(fertigation)是指使用特殊的灌溉设备和管道，将肥料随灌溉水施入田间的过程。包括滴灌、渠灌和喷灌等。灌溉施肥可按照作物生长各个阶段对养分的需求和气候条件等准确将肥料均匀施在根系附近，被根系直接吸收利用。

灌溉施肥的优点是可以方便地调节灌溉水中营养物质的数量和浓度，使其与植物的需要相适应，提高养分的有效性，促进植物根系对养分的吸收，减少养分的淋溶损失，从而大幅度提高化肥利用率，提高作物产量和品质。灌溉施肥还可以大幅度节省时间、运输、劳动力及燃料等费用，实现精准施肥。但灌溉施肥投资较高，需要肥料注入器、肥料罐及防止灌溉水回流装置等，还要用防锈材料保护设备的易腐蚀部分，且在湿润土壤边缘有盐分积聚以及根系数量减少和体积减小的现象。

灌溉施肥对肥料、浓度和水分都有特殊的要求。肥料应是水溶性化合物，主要是氮肥，少数磷肥、钾肥以及复合肥也可灌溉施用，微量元素肥料应是水溶性或螯合态的化合物。灌溉施肥中氮肥浓度要控制，对于大多数作物适宜的氮肥浓度在0.3%左右，最高不宜超过0.6%。灌溉水pH不能高于7.5，pH高时会在管道中及滴头上形成钙、镁的碳酸盐和磷酸盐沉淀，且高 pH 会降低锌、铁、磷等对作物的有效性，pH 过低则会伤害根系和导致土壤溶液中的铝、锰的浓度增加，对作物产生毒害。

2. 机械化与自动化施肥

（1）机械化施肥（mechanized fertilization） 通过机械完成施肥的全过程或部分过程，具有施肥效率高、用量易于调控、用量准确、容易实现深施、节约劳动力等优点。机械化施肥包括机械耕翻深施底肥、机械播种深施种肥、机械深施追肥等。底肥可利用肥料抛撒机将肥料均匀施入田面后耕翻，也可将肥料用排肥器排入犁沟当中。种肥通常利用施肥播种机一次性完成播种和施肥作业，实现肥、种分层或侧深施。植物生育期追肥可利用追肥机，一次完成开沟、排肥、覆土、镇压等过程。

（2）自动化施肥（automatic fertilization） 是指在精准农业和现代设施农业中通过计算机手段调控营养，进行定位定量和自动化施肥。

6.3 园艺作物基本施肥技术

6.3.1 蔬菜平衡施肥技术

现代蔬菜种植主要是集约化的栽培，有机肥用量减少，化学肥料用量增多。化肥养分单一、浓度高、肥效快而短，施用不当会造成肥害，不仅降低蔬菜产量和品质，还会增加病虫害的发生，破坏土壤结构，甚至污染环境。因此，现代集约化蔬菜栽培中，要保证蔬菜高产、优质、无污染，必须根据菜园土壤供肥能力、蔬菜需肥规律、肥料性质等，结合光照、温度、水分、通气等综合因素，通过测土配方技术，确定施肥量、肥料种类、施肥时期和施肥方法，进行平衡施肥。

1. 施肥量的确定

蔬菜的最佳施肥量不仅要考虑蔬菜的产量指标，而且要重视蔬菜的质量指标，还要明确蔬菜的营养特性。表 6-1 至表 6-3 提供了几种蔬菜生产所需的养分量和元素含量丰缺指标，可供参考。

表 6-1 生产 1 kg 蔬菜所需的养分量（谭金芳，2011） g

种类	蔬菜名称	氮(N)	磷(P_2O_5)	钾(K_2O)	钙(CaO)	镁(MgO)
果菜类	番茄	2.7～3.2	0.6～1.0	4.9～5.1	2.4～4.1	0.5～0.9
	黄瓜	2.0～3.0	0.8～1.0	3.5～4.0	3.1～3.3	0.7～0.8
	茄子	3.0～3.3	0.7～1.0	4.9～6.6	1.2～2.4	0.3～0.5
	辣椒	5.2～5.8	1.1～1.4	6.5～7.4	2.5	0.9
	西葫芦	3.5～5.0	1.3～2.2	4.5～6.0	2.0～3.0	0.7～1.3
	菜豆	3.4	2.3	5.9		
	豇豆	4.1	2.5	8.8		
	冬瓜	1.3～3.0	0.6	1.6～2.4		
	苦瓜	5.3	1.8	6.9		

续表 6-1

种类	蔬菜名称	氮(N)	磷(P_2O_5)	钾(K_2O)	钙(CaO)	镁(MgO)
叶菜类	白菜	1.8～2.5	0.4～1.0	2.8～4.5	1.6～2.5	0.2～0.5
	芹菜	3.0～4.5	1.2～1.6	5.1～6.5	3.3～4.5	0.7～0.8
	油菜	2.8	0.3	2.1		
	茴香	3.8	1.1	2.3		
	菠菜	2.5～4.0	0.9～1.4	4.6～6.9	1.3	1.6
	花椰菜	10.9～13.9	2.1～4.8	4.9～17.7		
	甘蓝	3.0～4.5	1.2～1.6	5.1～6.5	3.3～4.5	0.7～0.8
	莴苣	2.1～2.6	1.0～1.2	3.2～3.7	1.3	
葱蒜类	韭菜	2.1～2.6	0.7～0.9	3.7～4.1		
	大葱	2.0～4.0	0.5～1.5	1.2～2.4	1.6	0.2
	洋葱	2.4	0.7	4.1		
	姜	10～12	2.5～4.0	12～14		
	蒜	5.1	1.3	1.8		
根菜类	萝卜	2.3～3.5	0.9～1.9	3.1～5.8	1.0	0.2
	水萝卜	3.1	1.9	5.8		
	胡萝卜	4.5～7.5	1.9～3.8	7.0～11.4	3.8	0.5

表 6-2　蔬菜叶中大量、中量元素含量的丰缺判定标准(谭金芳,2011)　　g/kg(干物)

蔬菜种类	丰缺状况	氮	磷	钾	钙	镁
黄瓜(茎叶)	缺乏	＜2.5	＜0.2	＜1.5	＜2.0	＜0.3
	适量	3.0～5.0	0.2～0.4	2.0～2.5	2.5～4.5	0.6～1.0
番茄(叶)	缺乏	＜2.0	＜0.1	＜3.0	＜1.5	＜0.3
	适量	2.5～3.5	0.2～0.4	4.0～5.0	3.0～5.0	0.5～1.0
	过剩	＞4.0		＞6.0		
甘蓝(外叶)	缺乏	＜2.5	＜0.2	＜1.2	＜1.8	＜0.2
	适量	3.0～4.0	0.3～0.4	1.5～2.0	2.0～3.5	0.3～0.5
白菜(外叶)	缺乏	＜2.0	＜0.1	＜1.5	＜1.5	＜0.2
	适量	2.5～3.9	0.2～0.4	1.8～2.8	1.5～3.0	0.4～0.5
葱	适量	1.8～2.2		1.6～2.0		
萝卜	适量	2.5～3.0		5.0～6.2	1.0～1.5	
胡萝卜	适量	1.5～2.0		3.5～4.0	1.5～2.0	
甘薯	缺乏				＜1.0	＜0.1
	适量				1.5～2.0	0.3～0.6

表 6-3 蔬菜叶中微量元素含量的丰缺判定标准(谭金芳,2011) mg/kg(干物)

蔬菜种类	丰缺状况	硼	锰	铁	锌	铜	钼
黄瓜(茎叶)	缺乏	<15	<10	<50	<8	<5	<0.1
	适量	20～50	20～100	100～200	20～30	6～15	0.5～1.0
番茄(叶)	缺乏	<10	<5	<100	<15	<3	<0.5
	适量	15～50	30～200	100～350	20～50	10～20	0.5～1.0
	过剩	>100	>350			>30	
甘蓝(外叶)	缺乏	<5					
	适量	15～30	100～200		20～60	5～13	
白菜(外叶)	缺乏	<15					1.0～8.0
	适量	20～50				>15	8.5～12
葱	适量	15～30	50～90		50～120	5～15	
萝卜	适量	40～70	30～100		40～70	5～10	0.5～2.0
胡萝卜	适量	20～60	200～300		50～90	5～10	0.2～0.5
甘薯	缺乏	<20				<3	
	适量	20～50	100～200		100～250	10～25	0.2～0.5

2. 注重基肥,施足苗肥,及时追肥,补救叶面肥

培肥菜园土壤是蔬菜施肥的原则之一。在栽培蔬菜前结合土壤耕作要施足基肥,基肥以有机肥料为主,并配合一定量的化肥。一般,有机肥 35～40 t/hm^2,化学氮肥占到总施氮量的 1/2 或 1/3,而磷肥和钾肥占 3/4 或 2/3。不同蔬菜及种植方式,基肥用量和所占比例有所不同。

现代蔬菜栽培多采用先育苗后移栽的方法,因此,施足育苗肥,培育壮苗是蔬菜栽培中的关键环节。由于幼苗形成每一单位重量所需的营养元素比成年植株要高 2～3 倍,在育苗期间,幼苗密集,单位面积苗床上营养元素的吸收量比在大田中要高 6～7 倍。因此,科学配置苗床土以满足蔬菜幼苗对养分的高要求是蔬菜施肥技术的一个突出特点。目前,生产实践中常采用集约化穴盘育苗技术,以草炭、蛭石等轻基质无土材料做育苗基质,以营养液为养分来源,机械化精量播种,一穴一粒,一次性成苗。

蔬菜种类繁多,产品器官多样,栽培方式不同,对土壤养分供应的强度和持续能力的要求也不一样,因而追肥的数量、时间、次数和方法也多种多样。对于速生型绿叶菜,由于其群体密度较高,根系分布较浅,植株生长速度快,产量较高,品质鲜嫩,对土壤有效养分水平要求较高,因此,追肥以速效氮为主,一般每收获一次,随即追施氮肥一次。对于先形成同化器官后形成商品产量的根、茎、变态叶(叶球)和花菜(花球)类蔬菜,进入产量形成期以后,叶的生长逐渐停止,叶面积不再扩大。其中,根类蔬菜以碳水化合物为主要贮存物质(如胡萝卜、萝卜、甘薯、马铃薯、芋、山药等),氮肥要早追肥,产量形成旺盛时期追施钾肥。以茎、变态叶、变态花为贮藏器官的蔬菜(如洋葱、结球甘蓝、花椰菜等),除多次施用发棵肥(氮肥为主)外,在产量形成期重施氮肥,并配合施用钾肥。对于叶与商品产量同时生长的瓜果、茄果、荚果类蔬菜,其营养生长与生殖生长并进时间长,为了保证发棵和结果协同进行,追肥要勤,氮、磷、钾肥配合追施,以保证植株在整个生长期间稳长稳发,延长结果期。

对于一些急需补充的矿质元素,由于在土壤中容易被固定或者不易被吸收,可以采用根外追肥，也就是叶面喷施的方法，但是必须选好肥料和掌握浓度(表 6-4)，还必须掌握时期、用量、次数、混合搭配和针对性，防止造成叶面烧伤，且在风小、光照较弱的下午或傍晚喷施，同时要施用湿润剂，以降低溶液表面张力，有利于蔬菜叶的吸收。受浓度和用量的限制，喷施一次微肥难以满足蔬菜整个生长过程的需要，应根据蔬菜生育期的长短来确定喷施次数(一般 2～4 次)，每 7～10 d 一次。对土壤中缺乏、敏感的蔬菜宜多次喷施，并注意与种子处理(浸种、拌种)或做基肥施用相结合。

表 6-4　常用根外追肥的溶液浓度、作用及注意事项(谭金芳，2011)

种类	喷施浓度/%	作用及注意事项
尿素	0.4～1.4	适于叶菜类蔬菜，如白菜、芹菜、菠菜等
硫酸铵	0.2～0.3	促进生长发育，矫治缺硫症
葡萄糖或蔗糖	1	增加黄瓜的含糖量
米醋	0.3	适于叶菜类蔬菜，如白菜、芹菜、菠菜等
硝酸铵	0.3	促进生长发育，提高果菜类蔬菜的坐果率
硝酸稀土	0.03～0.1	促进生长发育
尿素∶磷酸二氢钾∶糖	0.2∶0.2∶1	提高产量和抗病能力，减少霜霉病等病害的发生
磷酸铵	0.5～1.0	提高果菜类蔬菜的坐果率
草木灰	1.0～3.0	促进生长发育，提高果菜类蔬菜的坐果率
硫酸钾	0.3～0.5	适于各种作物，对于忌氯和十字花科缺硫作物效果较好
硫酸铜	0.02～0.04	矫治缺铜、缺硫症
硝酸钾	0.6～1.0	促进生长发育，提高果菜类蔬菜的坐果率
硫酸亚铁	0.2～1.0	矫治缺铁症
硫酸锌、氧化锌	0.02～0.05	矫治缺锌症，不宜与磷肥混合
硫酸锰	0.05～1.0	矫治缺硫、缺锰症
硫酸镁	0.5～1.5	矫治缺硫、缺镁症
硝酸镁	0.5～1.0	矫治缺镁症
钼酸铵	0.02～0.05	矫治缺钼症
硼砂或硼酸	0.3～0.5	促进花器官的发育，提高坐果率，防萝卜、榨菜糠心
磷酸二氢钾	0.2～1.0	提高叶菜类产量和茄果类的坐果率
复合肥	0.3～0.5	提高茄果类、瓜类蔬菜如番茄、黄瓜等的产量
硝酸钙、氯化钙	0.5～1.0	促进生长发育，提高产量
氯化钾	0.2～0.25	不宜用在盐碱土和烟草、茶树、马铃薯、甜菜等忌氯作物

3. 蔬菜施肥中应注意的问题

施用肥料品种上应注意：①禁止使用垃圾、污泥和利用污水灌溉；②各种有机肥的施用必须要经过高温堆制或其他的无害化处理，以杀灭病原菌、虫卵和杂草种子；③化肥施用要合理，控制氮肥，特别是硝态氮肥的施用量，注重化肥与有机肥配合施用，氮肥与磷、钾肥配合施用。

施肥方法上应注意：①氮素肥料撒施于地表后要随即耕翻，不要长时间曝晒于地表，防止氮素挥发失效；②土壤施肥时尽量避免或减少肥料撒落在叶面上，以免烧伤叶面；③防止因结块等造成肥料局部集中，肥料浓度不均匀；④冲施时肥料要多点多次投放，确保施肥均匀；⑤两种以上的肥料混喷或与农药混喷时，要注意肥效或药效的相互影响。

4. 保护地蔬菜施肥技术

保护地栽培是在密闭的人工环境条件下，受强烈人为作用影响的一种土地利用方式。保护地内的光、温、水、气、土壤和营养各生态因子间相互联系，彼此制约，构成保护地的生态环境。

保护地蔬菜对各种营养元素的需求表现在吸收量高和单位产量养分吸收差异大。因此，保护地施肥技术要掌握以下要点：①实施平衡施肥，在坚持有机肥和化肥配合施用的前提下，根据作物需要肥量、土壤供肥状况和肥料利用率等参数进行平衡施肥。施肥模式应该是适当控制氮肥，减少磷肥，增施钾肥、钙镁肥以及硼、钼等微量元素肥料。力求做到养分的平衡供应，从而充分利用肥料和土壤养分资源，增加经济效益和减轻环境污染。②基肥深施，追肥限量。化肥作基肥时要深施，最好与有机肥混合后施入。追肥要按照少量多次的原则，避免一次追肥过多，以防止土壤溶液盐分增高等养分障碍。③选择适宜的肥料品种。禁止施用易产生有害气体和对土壤有副作用的肥料。例如，碳酸氢铵以及未腐熟的有机肥，在保护地内高温条件下易分解产生大量氨气；氯化钾可增加土壤中氯离子浓度，提高土壤的含盐指数；硝酸钾易导致土壤盐浓度障碍等。④适时适量补充二氧化碳。二氧化碳肥料的施用一般是在晴天上午日出后 30 min。当气温高于 15 ℃时，密闭棚膜，开始施肥。当密闭棚膜 2～3 h，气温上升到 26～30 ℃时，可以放顶风或腰风进行通风。补充方式包括施用纯二氧化碳、化学法、燃烧法、有机肥法和通风。⑤注意施肥环节和方法。重视基肥的施用，一般将全部有机肥和磷肥、1/2 的氮肥、2/3 的钾肥及全部微肥作基肥。有机肥要充分腐熟，最好用骡、马粪等纤维素含量高的有机肥，以增强土壤调节能力，防止盐类聚积，同时可利用有机质分解产生的热量提高地温。追肥要薄肥勤施，少量多次，一般结合灌水进行。要尽量选择化学性质稳定的品种，如氮肥中的硫酸铵、硝酸铵、尿素，磷肥中的过磷酸钙、磷酸铵等，钾肥中的硫酸钾、硝酸钾等。追肥时期最好选择作物的营养临界期或最大效率期等需肥关键时期。对供肥容量和强度较大的土壤，减少追肥数量并适当推迟追肥时间。对于质地黏重、养分释放速度慢、供肥不足的土壤，适当增加肥料用量并及时追肥。对于无限花序、陆续开花结果、多次分批采收的瓜、果、豆类蔬菜，应采用分期追肥的方法。追肥次数可根据蔬菜生育期长短确定，生育期短的蔬菜在生长中期追施 2～3 次，生育期长的蔬菜在养分需求较多的时期追施 3～5 次及以上。一般每隔 15～20 d 追施一次。尿素和硝酸铵是保护地追肥常用的氮肥品种，严禁施用碳酸氢铵，磷二铵和硫酸钾也可用于追肥。保护地常用的追肥方式有冲施、撒施、埋施、根外追肥。

6.3.2 果树施肥技术

6.3.2.1 果树施肥技术要素的确定

1. 施肥量的确定

果树对肥料的需求量受树种、品种、树势、土壤肥力、气候条件、栽培方式和管理水平等多种因素的影响，可以通过大量的田间试验，逐步了解各种果树在不同生态环境下对肥料的反应，目前已确定出不同果树的氮、磷、钾及其他营养元素的适宜比例及施用量可供参考（表6-5）。

表 6-5　不同果树的氮、磷、钾施用量及比例（谭金芳，2011）

树种	施用量/（kg/hm²）			比例
	N	P_2O_5	K_2O	N∶P∶K
柑橘	114	71	47	1∶0.65∶0.11
香橙	84	66	60	1∶0.79∶0.71
苹果（国光）	110	94	106	1∶0.85∶0.95
苹果（富士）	88	51	83	1∶0.6∶1
葡萄（巨峰）	76	68	79	1∶0.9∶1
葡萄	120	169	150	1∶1.33∶1.25
桃	140	84	140	1∶0.6∶1
梨	176.3	36.3	180	1∶0.21∶1.02
核桃	62.25	34	50	1∶0.55∶0.80
板栗	158	110	164	1∶0.7∶1.05
猕猴桃	1.00～1.33	0.27～0.40	0.53～0.67	1∶0.3∶0.5

2. 施肥期的确定

一般果树的施肥期主要分基肥期和追肥期。基肥一般秋施，早熟品种在果实采收后，中晚熟品种在果实采收前，应在不影响当年再次生长的前提下尽量早施，以有机肥为主，配合适量化肥，如磷、钾肥。秋施基肥可促进根的吸收，并积累同化产物，从而可提高果树的越冬性，有利于花芽饱满和来年春天养分供应，提高花粉质量和坐果率，为增产打下坚实的基础。追肥是根据果树各物候期需肥特点及时适量补充速效肥料，其作用是调节营养生长和生殖生长的矛盾，保证果树养分需求。一般果树的追肥时期主要在花前、花后、果实膨大和花芽分化期、果实生长后期。在生产实践中，果树一年重点追施 2 次即可。落叶果树重点施好基肥和花芽分化肥，常绿果树重点追施前期催春梢肥和后期壮果肥。果树追肥应注意：①根据树势施肥。树势弱以秋施氮肥为主，以壮树势；树势强以花芽分化前施氮肥为重点，促花芽分化，提高产量。②克服大小年施肥。在大年时除了施少量氮肥维持树势外，氮肥重点放在花芽分化前，为小年形成较多的花芽。在小年时，氮肥重点放在促进营养生长、增强树势上，氮肥在前一年秋季或当年春季施用，避免过多施用花芽分化肥，导致翌年花芽更多，大小年幅度更大。

6.3.2.2　现代果园施肥新技术

1. 穴储肥水新技术

穴储肥水是一种节约用水、集中使用肥水和加强自然降水的蓄水保墒新技术。它适用于山地、坡地、滩地、沙荒地、干旱少雨地区的果园进行土壤肥水管理。其主要技术规程是于果树春季发芽前，在树冠外缘下根系密集区内均匀地挖直径 30～40 cm、深 40～50 cm 的穴若干，每穴内直立埋入直径 20～30 cm、长 30～40 cm 的用玉米秆、麦秸、谷草、杂草等捆扎而成并已充分吸足肥水的草把。草把上端比地面低约 10 cm，四周及上部用混有氮、磷、钾肥和有机肥的土壤埋好、踏实，使穴顶比周围地面略低，呈漏斗状，以利于积水。后在其上覆膜，四周用土压好封严，并在穴的中心捅一孔，以后的施肥灌水都将在穴孔上进行。这种技术可以局部改善果园土、肥、水状况，促进果树根系发育，操作简单，取材方便，投资少，节水节肥，增产优质，增效显著。

2. 树干强力注射施肥技术

树干强力注射施肥技术是将果树所需要的肥料配成一定浓度的溶液，从树干强行直接注入树体内，靠机具持续的压力将进入树体的肥液输送到根、枝和叶部，直接被果树吸收利用。这种方法的优点是可及时矫治果树缺素症，减少肥料用量，提高肥料利用率，不易污染环境，但存在易引起腐烂病等缺点。目前多用此法来注射铁肥，以治疗果树缺铁失绿症。

3. 管道施肥技术

管道施肥技术是采用贮肥池统一配置肥液，用机械动力将肥液压入输送管道系统，直接喷施于树体上的一种施肥方法。

4. 灌溉施肥技术

灌溉施肥技术是一种将水肥供应通过灌溉结合起来的现代农业技术，不仅可实现产量的最大化，而且它对环境所产生的污染是最小的。根据不同的地形和水质，果树作物的微灌设备有滴灌、微喷和小管出流三种模式。由于种植果树的地方降水相对较多或水资源条件较好，微灌设备主要用于干旱期的补充灌溉和关键生育期的施肥控制。根据各地的实践和示范，果树滴灌施肥可以提高抗旱能力，调整树势，提高果树小年的产量，提高果品的商品率。果树作物灌溉施肥已在南方的荔枝、杧果、香蕉、柑橘上成功应用，果实产量提高 10%；在北方的苹果、梨、桃、葡萄上也已成功应用，果实产量提高 15%以上。

6.3.3 花卉施肥技术

6.3.3.1 花卉施肥环节与方法

在花卉的生长发育过程中，通常需多次施肥，主要的施肥环节有基肥、种肥和追肥三种，只有把花卉全生育期的施肥量，在各个时期合理分配，并采取科学施肥方式，才能满足花卉对养分的需求。

1. 基肥

在花卉播种、移栽或定植前，结合耕翻整地施入土中的肥料称为基肥。施用基肥的目的是提高土壤肥力，供给植物整个生育期所需的肥料。对于一、二年生花卉和多年生花卉，在播种或移栽定植整地时把有机肥或有机肥配合一部分化肥翻入土中；若是进行盆栽时，可以将即将发酵的豆饼、骨粉、粪干和蹄角片等置于盆底部或盆下部的周围。基肥应选择肥效期长、迟效性的有机肥料为主，如人兽粪便、绿肥、秸秆、饼肥、骨粉等，如果有机肥与速效肥料混合做基肥效果更佳。草本花卉一般多用粪干或厩肥做基肥；球根类花卉一般多用骨粉或堆肥做基肥；木本花卉多以厩肥或堆肥做基肥。确定基肥用量，要综合考虑土壤供肥状况、花卉品种和施用肥料种类等因素。例如，壤土及较黏重的土壤，肥力状况好时，施用的基肥量可少一些。沙质土肥力较差，施用基肥量可适当多一些。一般基肥的施用量占总施量的 50%为宜，其中氮肥占 30%，磷、钾肥及微肥占 80%～100%，有机肥可全部做基肥施用。喜基肥的花卉多施，如牡丹田施畜粪做基肥，每亩用量可达 2 500～3 000 kg。盆栽花卉，一般在花上盆时，放在盆底适量的蹄角片、粪干及饼肥等做基肥，施用量要根据盆土多少、土壤养分、花卉种类及施肥种类而定，但总的原则是宜少不宜多。

2. 种肥

花卉做种肥的肥料氮肥宜用硫酸铵，磷肥宜用磷酸二铵，钾肥宜用硫酸钾。种肥土施用量较少，一般为 52.5 kg/hm^2，可采用条施、穴施，同种混播等方法；也可进行种子处理，采用浸种、拌种、蘸秧根的方法，一般肥料溶液浓度为 0.5%～2.0%。

3. 追肥

追肥多在营养临界期和最大效率期施用。如花卉生长期过长或施肥量过大时，应分次追施。追肥数量较大，一般占总施肥量的 50%，氮肥占 70%，磷、钾肥占 20%，施用化肥做追肥，必须注意浓度，一般掌握在 0.1%～0.3%为宜。追肥的具体用量可根据花卉品种类型、生长阶段、土壤肥力状况和花卉的长势而定。另外，在温室生产中，要注意 CO_2 肥料的补充。在通常情况下，空气中 CO_2 浓度为正常时的 10～20 倍，对光合作用有促进作用，但当含量增加到 2%～5%及以上，则对光合作用有抑制作用，从而影响正常发育。氮肥可通过条施、穴施等方法进行追施，深度要达 5～10 cm，并覆土压实。磷肥、钾肥移动性差，施用时要靠近根部。目前，大多进行灌溉施肥，可将肥料带入土壤深层，实现肥水的最佳配合，提高施肥效益。具体做法有如下三种：①将肥均匀撒施于地表，随即灌水；②将肥装入编织袋内，由水冲溶肥料并进入田内；③将微灌系统配备施肥罐，溶液肥随管道系统入田。

6.3.3.2 花卉中微量元素缺乏症及防治

花卉在生长过程中易出现各种营养元素失调症，管理过程中应结合植株缺乏不同元素呈现的症状特点进行及时防治。

1. 缺铁症

新叶叶肉变黄，但叶脉仍绿，一般不会很快枯萎。但时间长了，叶缘会逐渐枯萎。矫正方法：及时叶面喷洒 0.3%～0.5%的硫酸亚铁溶液，每隔 10～15 d 喷 1 次，连喷 2～3 次。

2. 缺锌症

一般表现植株矮小，新叶缺绿，叶脉绿色，叶肉黄色，叶片狭小。矫正方法：用 0.05%～0.1%的硫酸锌溶液进行叶面喷洒，或每株用硫酸锌 1 g 与适量的腐熟肥混合追施有较好效果。

3. 缺镁症

先从老叶的叶缘两侧开始向内黄化，随着缺镁程度的加剧，叶片呈黄色条斑。叶片皱缩，根群少。叶小，花小，花色淡，植株的生长受到抑制。矫正方法：叶片喷洒 0.2%～0.4%的硫酸镁溶液 2～3 次，或每株施钙镁磷肥 2～3 g。

4. 缺锰症

叶片失绿，出现杂色斑点。但叶脉仍为绿色，花的色泽低劣。矫正方法：用 0.1%～0.2%的硫酸锰溶液进行叶面喷洒。为了防止药害，可加入 0.5%的生石灰制成混合液喷雾。

5. 缺硫症

花卉缺硫一般多为幼叶先呈黄绿色。植株矮小，茎秆细弱，生长缓慢，植株的发育受到抑制。矫正方法：每株施硫酸钾 2～3 g。

6. 缺钙症

顶芽易受伤，叶尖、叶缘枯死，叶尖常弯曲成钩状，根系也会坏死，严重时则全株枯死。矫正方法：可用 0.2%～0.4%的石灰水溶液进行浇灌，连浇 2～3 次，每次每株浇 20～30 mL。

实践证明，微量元素缺乏症，一般多是长期不换土或长期单一施用氮素化肥的结果。若能采用肥沃的盆土并定期换盆添土及注意施有机肥料，一般花卉是不会缺少微量元素的。

6.4 现代园艺高效施肥技术

所谓高效施肥技术是指既能培肥地力，提高作物产量和品质，又能提高肥料利用率，节约施肥成本和资源，还能保护生态环境的施肥技术。目前，现代园艺作物常用的施肥技术有测土配方施肥技术、水肥一体化技术、有机肥替代化肥技术、精准施肥技术和自动化施肥技术。

6.4.1 测土配方施肥技术

测土配方施肥以土壤测试和肥料田间试验为基础，根据作物需肥规律、土壤供肥性能和肥料效应，在合理施用有机肥料的基础上，提出氮、磷、钾及中微量元素等肥料的施用数量、施肥时期和施用方法。测土配方施肥技术的核心是调节和解决作物需肥与土壤供肥之间的矛盾，有针对性地补充作物所需的营养元素，作物缺什么元素就补充什么元素，需要多少补多少，实现各种养分平衡供应，满足作物的需要，以达到提高肥料利用率和作物产量，改善农产品品质，节省劳力，节支增收的目的。

测土配方施肥来源于测土施肥和配方施肥。测土施肥是根据土壤中不同的养分含量和作物吸收量来确定施肥量的一种方法，测土施肥本身包括有配方施肥的内容，并且得到的配方更确切、更客观；配方施肥除了要进行土壤养分测定外，还要根据大量的田间试验，获得肥料效应函数等。配方施肥和测土施肥具有共同的目的，只是侧重面有所差异，所以概括称为测土配方施肥。总体来说，测土配方施肥包括土壤养分测定、施肥方案的制订和正确施用肥料三大部分，具体可分为田间试验、土壤测试、配方设计、肥料生产、合理施用等环节(图 6-2)。

6.4.2 水肥一体化技术

水肥一体化技术是将灌溉和施肥融为一体的现代化高效施肥技术，需借助压力灌溉系统，将可溶性固体肥料或液体肥料配兑而成的液体肥料和灌溉水一起均匀准确地输送到作物根部土壤(图 6-3)。采用灌溉施肥技术，可按照作物生长需求，进行全生育期需求设计，把水分和养分定量、定时、按比例直接提供给作物。狭义上，水肥一体化技术是指把肥料溶

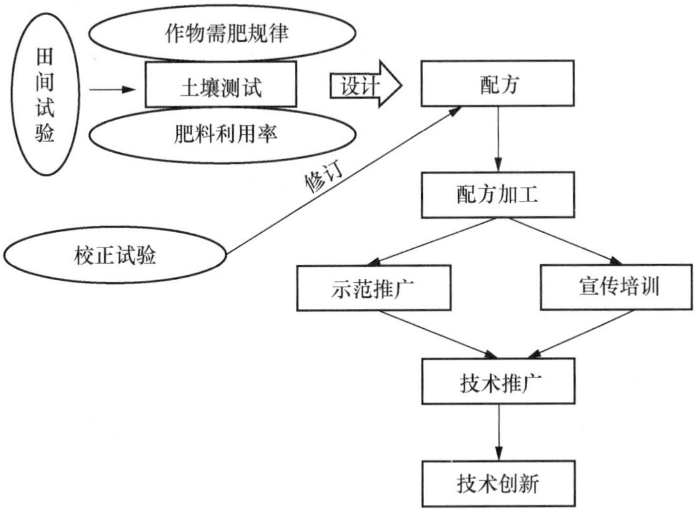

图 6-2　测土配方技术实施步骤

解在灌溉水中，通过灌溉管道为田间每一株作物施肥的一种技术。广义上，水肥一体化技术是指将水肥同步供应给作物的一项农业技术，即保证作物在吸收水分的同时吸收养分，又称“灌溉施肥”或“水肥耦合”。水肥一体化技术可以在漫灌、沟灌、畦灌、喷灌和微灌中应用，具有良好的节水、节肥、节药、省工和增产提质增效等作用，可实现农业节水和农民增收，同时减少肥料用量，保护生态环境。目前已被广泛应用于各种园艺作物栽培中。

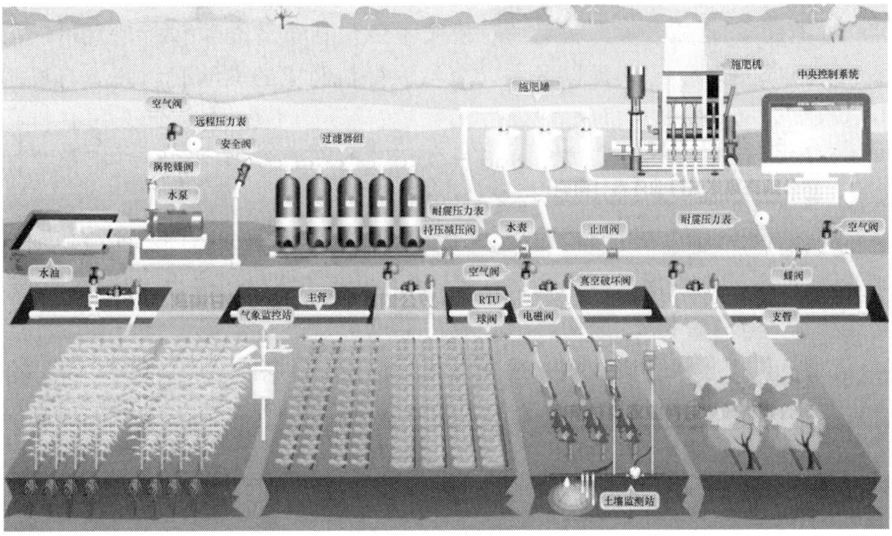

图 6-3　水肥一体化技术示意图

水肥一体化施肥系统由灌溉系统和肥料溶液混合系统两大部分组成。灌溉系统主要由灌溉泵、稳压阀、控制器、过滤器、田间灌溉管网以及灌溉电磁阀构成。肥料溶液混合系统由控制器、肥料灌、施肥器、电磁阀、传感器以及混合罐、混合泵组成。

压力灌溉有喷灌和微灌等形式。目前，常用的形式以微灌与施肥相结合，且以滴灌和微喷与施肥的结合居多。微灌施肥系统由水源、首部枢纽、输配水管道、灌水器四大部分组成。

水源有河流、水库、机井、池塘等；首部枢纽包括电机、水泵、过滤器、施肥器、控制和测量设备、保护装置；输配水管包括主、干、支、毛管道及管道控制阀门；灌水器包括滴头或喷头、滴灌带。

根据水源、地形、种植面积、作物种类，选择不同的微灌施肥系统。保护地栽培、露地瓜菜栽培一般选择滴灌施肥系统，施肥装置选择文丘里施肥器、压差式施肥罐或注肥泵。果园一般选择微喷施肥系统，施肥装置一般选择注肥泵或自动灌溉施肥系统。

灌溉施肥对肥料、浓度和水分都有特殊的要求。肥料应是水溶性化合物，主要是氮肥，少数磷、钾肥以及复合肥亦可灌溉施用，微量元素肥料应是水溶性或螯合态的化合物。灌溉施肥中氮肥浓度要进行控制，对于大多数作物适宜的氮肥浓度在 0.3%左右，最高不宜超过 0.6%。灌溉水 pH 不能高于 7.5，pH 高时会在管道及滴头上形成钙、镁的碳酸盐和磷酸盐沉淀，而且会降低锌、铁、磷等对作物的有效性，pH 过低则会伤害根系和导致土壤溶液中铝、锰的浓度增加，对作物产生毒害。

6.4.3 有机肥替代化肥技术

有机肥替代化肥技术是指按照“一控两减三基本”要求，基于测土配方施肥技术确定作物需肥量，将部分化肥用有机肥替代，即采取“有机肥＋配方肥”技术模式，实现有机废弃物资源化利用、化肥减量、产品品质提升和土壤有机肥提升的目的，形成种养结合的循环生产模式。有机肥替代方式包括畜禽粪便堆沤还田、施用商品有机肥、沼渣沼液无害化处理后还田、秸秆覆盖或粉碎还田等。

有机肥种类繁多，性质各异。常见的有机肥主要包括畜禽粪尿、农作物秸秆、沼渣沼液肥、绿肥、土杂肥、饼肥、泥炭、污泥以及由以上各种材料制成的堆沤肥和商品有机肥。不同来源和不同制作方式形成的有机肥养分种类、数量、性质均不相同，因此选用有机肥时要根据土壤质地和作物营养特点进行选择，并适量施用。但不管施用何种有机肥都要保证必须充分腐熟，以消除其中的草籽、虫卵和有害微生物等。

施用有机肥可以促进土壤团粒结构的形成，改善土壤理化性状；同时通过增加有机质提高土壤肥力，改善酶活性并促进微生物多样性，从而提高土壤供肥能力，减少病虫害，吸附和钝化重金属和农药等有害物质，进而降低环境污染风险。

目前，蔬菜有机肥替代化肥技术方案主要包括“有机肥＋配方肥”“菜-沼-畜”“有机肥＋水肥一体化”“秸秆生物反应堆”等模式，广泛应用于设施辣椒、番茄和黄瓜等蔬菜。果园有机肥替代化肥技术方案包括“有机肥＋配方肥”“果-沼-畜”“有机肥＋生草＋配方肥＋水肥一体化”“有机肥＋覆草＋配方肥”等模式。茶园有机肥替代化肥技术方案包括“有机肥＋配方肥”“茶-沼-畜”“有机肥＋水肥一体化”等模式。

6.4.4 精准施肥技术

精准施肥（precision fertilization）是通过遥感技术（RS）或其他技术手段获取和实时更新土壤和作物营养信息，借助地理信息系统（GIS）支持的决策系统进行分析决策和制图，提供高精度的实时空间定位信息，采用装备有全球定位系统（GPS）的变量施肥机进行定位定量施肥(图 6-4)。

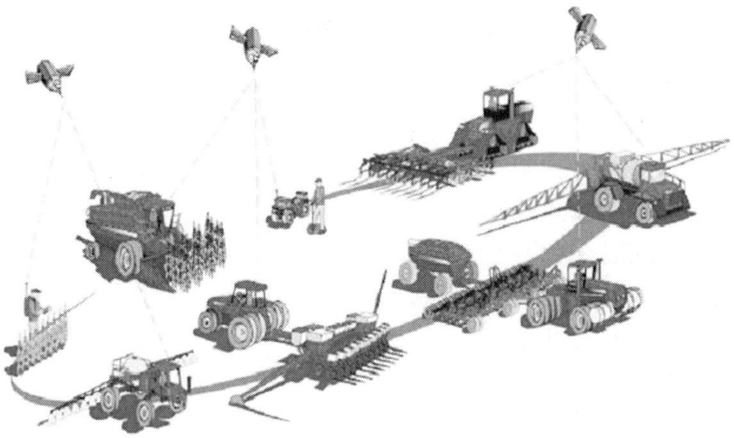

图 6-4　精准施肥技术

6.4.5　自动化施肥技术

自动化施肥(图 6-5)是在水肥一体化技术的基础上,通过计算机手段调控施肥时间、种类和数量,具有施肥效率高、易于调控、用量准确、容易实现深施等优点。

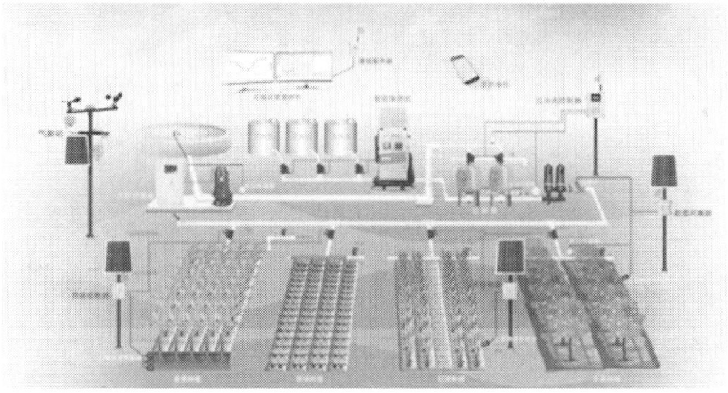

图 6-5　自动化施肥技术

现代园艺作物常用施肥技术见视频 6-2 和视频 6-3。

视频 6-2
现代园艺作物常用施肥技术 1

视频 6-3
现代园艺作物常用施肥技术 2

复习思考题

1. 施肥的基本原理有哪些？其内涵分别是什么？
2. 科学施肥要掌握哪些施肥原则？
3. 施肥技术由哪些要素组成？
4. 确定施肥量的方法有哪些？
5. 什么是基肥？其施肥目的和原则是什么？
6. 追肥的目的和原则是什么？
7. 种肥施用时要注意哪些事项？
8. 施肥方式主要有哪些？
9. 灌溉施肥对肥料有哪些要求？
10. 什么是精准施肥？
11. 主要园艺作物的施肥技术要点是什么？

Chapter 7

第7章

新型肥料开发与应用

本章学习目的与要求

1. 掌握新型肥料的概念和特点。
2. 了解主要新型肥料的开发原理、特点及高效应用要点。

随着世界人口的快速增长，人们对粮食产量品质需求日益增加，对农产品安全和农业生态环境有了更高的要求，虽然现阶段对粮食产量的需求已基本达标，但是从可持续发展和产品品质角度来说，我国农业目前仍存在生产效率低、污染严重、化肥施用不合理等问题。园艺产业也面临着相似的窘境，传统肥料养分利用率较低等问题，不仅导致现今园艺产业不能满足日益增长的产量、品质需求，而且还会导致土壤酸化板结、肥力下降、土壤重金属积累、地下水体的污染以及土壤中硝酸盐含量升高等不利于园艺产业可持续绿色发展的诸多难题。基于上述现状，加快发展各种新型肥料的研发与应用是保障我国现代园艺产业优质、高效、绿色健康发展的重要手段，也是实现联合国“零饥饿”目标的重要保障（视频 7-1）。新型肥料之所以得到大力发展的原因是其不仅具有植物生长所需的营养元素，而且具有除草、杀虫、防病、抗病、调节植物生长状况及周期等功能，还具有传统肥料无法比拟的节本增效、高效环保、安全优质等特点。

视频 7-1 新型肥料开发与应用

7.1 新型肥料

7.1.1 新型肥料的概念

能克服或弥补传统肥料的不足，具有更高肥效、更好的经济效益、环境效益、社会效益的肥料都统称为新型肥料。新型肥料与传统无机肥料最主要的区别就在于一个“新”字，即新形态、新材料以及新功能等。在新功能方面则主要表现在可以调节土壤酸碱度，改良土壤理化性质以及提高传统肥料的利用率。这些新型肥料的研发和应用有助于植物对养分的吸收，调节植物生长状况，从而促进绿色园艺的发展。

7.1.2 新型肥料的种类

近年来，在政府的大力支持与市场主导下，新型肥料产业迎来飞速发展，针对不同作物、不同生育期、不同施肥方式、不同需肥规律等需求，开发出形形色色的肥料，并受到市场的认可。

从功能上来说，新型肥料可以划分为六大类，分别为大量元素肥料、微量元素肥料、调节剂类、微生物肥料、氨基酸肥料、腐植酸肥料。其中大量元素肥料、微量元素肥料可统称为营养型肥料，包含植物生长发育所需的一种或者多种营养元素，如氮、磷、钾、锌、铁、锰等元素。调节剂类、微生物肥料、氨基酸肥料、腐植酸肥料可统称为功能型肥料。

从形态上来说，新型肥料可划分为固体肥料（缓/控释肥）和液体肥料（微生物菌肥、腐植酸肥、氨基酸功能肥）。

从种类上来说，新型肥料可划分为生物肥料和非生物肥料，生物肥料是指通过微生物生命活动，农作物得到特定肥料效应的制品，它本身不含有任何营养元素。

7.1.3 新型肥料的特点

新型肥料之所以得到市场的认可是由于其在具备传统肥料功能的同时，还在其他方面优于传统肥料，其特点如下：

1. 功能多样化

新型肥料与传统肥料有较大区别，新型肥料不仅能够提供植物生长发育所需的各种营养元素还具备保水、节肥、促进植物对养分的吸收、防病虫害等其他功能。除此之外，新型肥料在土壤结构改良方面也发挥着重要的作用，它可以调节土壤酸碱度，改良土壤结构以及改善土壤理化性质和生物学性质。

2. 种类丰富、形态更新

新型肥料相较于传统肥料由原来的外观形态单一，逐渐发展成针对不同目的、不同施肥方式而开发的液体肥、膏状体肥、气体肥等。从而使施肥手段变得更加多样化，并达到"因地制宜，高效施肥"的现代化绿色园艺发展的目的。

3. 新型材料的利用

近年来，随着科技的进步，制造肥料的原料、添加剂、助剂逐渐向多元化发展，新型肥料的种类逐渐增加，产品造价逐渐降低，使用效果逐渐明显，施用方式逐渐简易轻便，肥料功能逐渐多元完善。

4. 新的施肥方式与方法

针对不同栽培模式、不同园艺作物、不同生长时期等特殊条件下的需肥规律和施肥方式专门研发的肥料，不仅可提高肥料的利用率，还可针对性地克服生产上急需解决的问题，如病害、虫害等。

7.1.4 新型肥料与传统无机肥料的联系与区别

传统肥料通常是指化学肥料，它是由化学和(或)物理方法制成的含有一种或几种农作物生长需要的营养元素的肥料，其主要包括氮肥、磷肥、钾肥等。我国传统肥料的使用面积较广、用量较多，大部分养分易被土壤固定，造成养分利用率低下的问题，导致土壤生态环境逐渐恶化。例如，大量的磷肥被土壤所固定，造成土壤面源污染，严重者导致周围水体也遭到不同程度的破坏。

针对上述问题，通过对传统肥料增效改性从而实现较高的肥料利用率的思想逐渐进入大众的视线。目前对传统肥料增效改性方法的主要途径包括缓释法增效改性、稳定法增效改性、增效剂法增效改性以及有机物料与化学肥料复合(混)优化化肥养分高效利用，相应的产品研发技术已较为成熟。

新型肥料与传统肥料的联系主要表现在新型肥料对传统肥料的再加工，使其营养功能得到提高或使之具有新的特性和功能。常用的方法主要包括两种：一是缓/控释法增效改性，通俗地讲就是调控肥料养分在土壤中的释放周期、释放速率，从而最大限度地使养分供应与作物需肥节律相一致，以此提高肥料的利用率；二是稳定法增效改性，其主要通过添加脲酶抑制剂或硝化抑制剂，以降低土壤脲酶和硝化细菌活性，减缓尿素在土壤中的转化速度，从而减少挥发、淋洗等损失，以此实现提高氮肥利用率的目的。

新型肥料与传统肥料的区别是前者使用新的理论体系、新的方法以及新技术来满足植株的营养需求以及改善生长环境。例如，海藻肥、腐植酸肥、氨基酸肥以及纳米碳肥，不同于传统肥料的制作方法及材料，这些肥料都是天然物质或是植物源，相较于传统肥料它们的肥料利用率更高，效果更好。除此之外，新型肥料与传统肥料在形态上也有较大差异，如液体肥、膏状体、气体肥的大量出现，解决了以往施肥手段单一、肥料利用率偏低的难题。

综上所述，开展肥料科技创新、发展新型肥料是我国肥料产业实施质量替代数量发展的战略选择。

7.2 新型肥料的开发原理及施用效果

7.2.1 缓/控释肥

1. 制备原理

缓/控释肥是指通过各种调控机制使肥料缓慢释放于土壤，延长农作物对养分吸收利用有效期，按一定释放速率缓慢释放养分的肥料。近年来，世界各国在缓/控释肥制备生产方面取得了较大的进步，主要包括肥料微溶化技术和包膜处理技术，肥料微溶化技术代表产物为脲醛化合物，包膜处理技术代表产物为硫包膜尿素和聚合物包膜尿素。目前，缓/控释肥的制备原理基本可分为物理法、化学法、生化法、生化-物理法四种。

(1)物理法　主要是应用物理障碍因素，使用无机化合物、有机化合物及聚合物将肥料包裹从而阻碍水溶性肥料与土壤水的接触，以限制肥料的溶解性，达到养分缓/控释之目的。应用这一方法生产的肥料养分控释效果比较好，其养分的释放特性往往受到包衣厚度、肥料颗粒的尺寸及肥料纯度等的影响。当前普遍应用于生产的缓/控释肥可分为微囊法和整体法。

①微囊法(储库型)：硫包膜尿素、聚合物包膜肥料、包裹型肥料、涂层尿素；

②整体法(基质型)：营养吸附(替代)基质型肥料、扩散控制基质型肥料。

(2)化学法　主要是根据官能团的不同特性，通过化学方法合成缓溶性或难溶性的肥料，将肥料直接或间接地以共价键或离子键连接到预先形成的聚合物上，构成一种新型聚合物。例如，由甲醛和尿素反应形成的尿甲醛(UF)、异丁烯和尿素反应生成的异丁叉二脲(IBDU)、醋酸乙醛和尿素经过酸催化后生成的丁烯叉二脲等。化学法生产的缓/控释肥料的缓释效果比较好，但其成本比较高，应用相对较窄。现阶段主要应用于草皮、苗圃、花卉等具有较高经济价值的植物生产。

生产中上常见的化学法制备的缓/控施肥主要有以下几种：

①化学合成法：亚异丁基二脲、脲醛类、脲乙醛、草酰胺、脒基硫脲、三聚氰胺、磷酸镁铵等；

②其他化学法：节酸磷肥、长效硅酸钾肥、热法磷肥、聚磷酸盐等。

(3)生化法　采用生化抑制剂(或促进剂),以改良常规肥料的释放性能。目前生化抑制剂应用的主要对象是速效氮肥。生化抑制剂主要指脲酶抑制剂、硝化抑制剂和氨稳定剂等。生化法的生产工艺简单,成本较低,但是单独使用时养分控释效果不稳定,肥效期较短,往往须借助肥料的物理化学加工和化肥深施技术以提高养分控释效果。

(4)生化-物理法　是指将生化法与物理法相结合的生产方法,例如,在生产过程中添加抑制剂、促释剂之后再以物理包膜的方法生产的缓控释肥。

2. 种类

国际肥料工业协会(IFA)指出缓释肥与控释肥的区别主要在于制作过程,即缓释肥通常为尿素和醛类的缩合物,而控释肥是指包膜肥料。除此之外,缓/控释肥按照溶解性可分为物理阻隔型、化学合成型及微溶性的无机化合物三类;按照肥料养分的释放模式可分为扩散型、侵蚀或化学反应型、膨胀型及渗透型四类;根据缓/控释肥料制造方法可分为化学合成有机-无机微溶化合物、涂层缓释肥料、包裹型缓释肥料、有机无机复合型缓释肥料等多种类型;根据添加抑制剂的类型也可分为脲酶抑制型、硝化抑制型和复合型(含有两种或两种以上的抑制剂)。

3. 施用原则

缓/控释肥施用最基本的原则是其释放速率和释放周期与作物生长规律高度吻合,通俗地讲就是根据不同作物的养分需求规律来选择不同释放期的缓/控释肥,例如,瓜菜类作物选用 60～70 d 释放期;果树等多年生作物则要选取释放周期较长的肥料,除此之外在施用过程中还要结合测土配方施肥技术、与普通化肥掺混施用、与农作物专用 BB 肥相结合等科学施肥原则。

4. 施用效果

传统肥料养分释放速度较快,很难被作物全部吸收、利用,所以其肥料利用率较低。缓/控释肥则能较为有效地降低养分释放速度,延长肥料的有效期,从而满足作物生长发育对养分的需求,实现一次施肥就可满足整个生育期作物对养分的需求的目标。例如,在油菜的盆栽试验中发现,控释肥料与传统尿素相比,其氮的利用率显著提升 20%;通过控释尿素的施肥手段,显著地提高番茄的产量(1.7%～20.1%)和氮素利用率(7.7%～26.5%),进而减少农田系统中的氮污染和氮损失。此外,通过缓/控施肥还有利于提高园艺产物的品质。例如,采用控释尿素与普通尿素相结合的施肥策略,前者能够显著地提高番茄果实的维生素 C 含量(12.6%～22.4%)和糖酸比(12.4%～22.6%)。总而言之,缓/控施肥的具体施用效果可体现在以下几个方面:

(1)提高产量　缓/控释肥料可根据作物对养分的基本需求规律释放肥力,从而使养分利用率得到提高,在一般情况下可增产 10%～20%。

(2)改善生态环境　缓/控释肥料中的包膜树脂为可降解材料,不仅不破坏土壤生态环境,而且这些树脂材料在 8～20 年可以被微生物完全分解。

(3)降低劳动强度　由于缓/控释肥料自身的养分释放特性,在大多数情况下,仅需一次施肥就基本能满足其整个生长期的需求。

(4)降低成本　缓/控释肥料与普通化肥相比其利用率能提高 50%左右,可有效地避免氮素的挥发以及磷、钾的流失。

(5)使用方便　缓/控释肥料养分缓释长效，不伤根，不烧苗；还可根据土壤和农作物品种状况，配制各种专用肥。

7.2.2　微生物菌肥

1. 制备原理

微生物菌剂是指通过单一或者多种特定功能的菌株，利用发酵工艺生产的可以防止植物病虫害或能为植物提供有效养分的微生物接种剂，又称菌剂、菌肥、接种剂。微生物肥料的生产首先须对微生物进行培养，其具体过程为微生物原种→培养→提纯→鉴定→复壮→发酵，其中提纯、鉴定、复壮、发酵是影响产品质量的四个重要步骤。其中菌种必须认真鉴定和提纯，防止动植物检疫对象、传染病病原体的混入，之后还须进行严格的功能鉴定，如固氮菌固氮能力的鉴定，根瘤菌的侵染能力、结瘤能力和固氮能力的鉴定等。只有提纯选育出具有良好性能的菌株生产的菌肥，在生产上才能发挥出增产的效果。通常微生物发酵要根据各种菌种的生长繁殖条件控制温度、湿度和 pH，一般菌种发酵温度为 25～38 ℃，pH 为 5.0～8.5。其次是肥料的生产过程，其主要过程为有机底物的制备→烘干灭菌→投放微生物→搅拌→产品→评价六个步骤。

目前，微生物肥料的剂型，除草炭载体粉剂外，还有液体剂型、冻干剂型、矿油封面剂型、颗粒剂型等。为使生物肥料接种时不易散落，可以使用黏着剂羧甲基纤维素、硅酸镁、丙烯-丙烯酰胺、接枝淀粉等，提高接种效果。

2. 种类

随着科技的不断进步，微生物肥料的种类也层出不穷，目前微生物肥料总体可分为两大类：一类是可直接增加植物生长发育所需的营养物质；另一类是通过微生物的生命活动，提高植物所需的营养元素的供应量，促进植物对营养元素的吸收或有拮抗某些病原微生物的致病作用。除上述的宏观分类法外，微生物肥料也可根据微生物种类、微生物肥料的作用特性、微生物肥料的功能和肥效、剂型等方面分类，具体类别如下：

根据微生物种类可划分为根瘤菌类、固氮菌类、解磷菌类、硅酸盐细菌类、放线菌类、真菌类、藻类肥料以及复合型微生物肥料。

根据微生物肥料作用的特性可分为微生物接种剂和复合微生物肥料。

根据微生物肥料的功能和肥效可划分为增加土壤营养元素类、分解土壤有机质类、改善环境及理化性质。例如，在沿海盐渍土中施用微生物肥料，显著地增加土壤中有机碳的浓度，促进土壤大团聚体的形成；在复合生物菌剂的施用下，显著地降低黄瓜枯萎病的发生等。

3. 施用效果

微生物肥料的施用可极大地提高和促进种子的发芽率、根的生长和发育、作物产量、叶面积、叶绿素含量、养分吸收、蛋白质含量、水力活性、对非生物胁迫的耐受性、抗生物胁迫的能力以及具有延迟衰老的效果，具体的施用效果可分为以下几种：

(1)固定氮素　微生物可将大气中的氮气转化为氨，为植株生长发育提供氮素。根据固氮方式，可分为自生固氮菌、共生固氮菌和联合固氮菌三种。研究表明，接种固氮芽孢杆菌的固氮效能与施用等量的化肥效果相当，还能增加作物根系以及土壤细菌的多样性，提高作物株高、叶绿素含量、地上植物产量、地下植物产量、根冠比例等，对作物生长有明显的促生作用。

(2)释放难溶矿物质中的营养元素　菌肥中的解磷细菌通过分泌柠檬酸、乙酸、乳酸等从而降低土壤中的 pH 使土壤中的磷酸钙、磷酸铝等磷酸盐充分溶解，同时有机酸与游离态的铝、镁、铁等金属形成络合物，释放无机磷化合物中的磷、钾、硅等营养物质。

(3)推动土壤腐殖质的形成与转化　微生物菌肥中的子囊菌(*Ascomycetes*)和担子菌(*Basidiomycetes*)对土壤中腐殖质的分解起着至关重要的作用，在缓慢分解的过程中，释放出的氮、硫、二氧化碳等，对作物生长发育有着长期的促进作用。

(4)刺激产生植物激素　目前，市场上广泛使用的根际促生菌剂施用后，能以分泌植物激素、溶磷、解钾等多种方式促进作物生长，改变根系的结构，增加根尖数量和根表面积等功能。

(5)提高植物的抗性　某些微生物菌肥内含有的真菌产生的菌丝能和高等植物的根系形成联合体，提高植物对逆境的抗御能力，从而促进植物生长。例如，丛枝菌根真菌 AM 能改善土壤微生物群落，促进作物生长发育和对矿物质营养的吸收；还可以提高宿主植物的抗逆性，如低温胁迫、盐胁迫、旱涝胁迫等。

7.2.3　氨基酸功能肥

1. 制备原理

凡是能够提供各种氨基酸类营养物质的物料，统称为氨基酸类肥料。氨基酸肥料是利用动物毛、皮、蹄角、人发渣以及农业、渔业含蛋白质的下脚料经水解或微生物发酵后生成混合氨基酸，再与微量元素等无机养分螯(络)合或混合而成的肥料。氨基酸功能肥可促进植株根系生长，增强植物的代谢功能，提高植物的光合作用，加快植物生长繁殖。经多年在我国南方和北方各类作物上的应用，其生态效益、经济效益和社会效益都很显著，是一种很好的新型肥料。

目前，氨基酸肥料的生产方法主要有三种：微生物法(含酶法、发酵法)、水解提取法(分碱解提取法和酸解提取法)、化学合成法(部分氨基酸)。肥料用氨基酸一般多采用水解提取法，其生产流程见图 7-1。

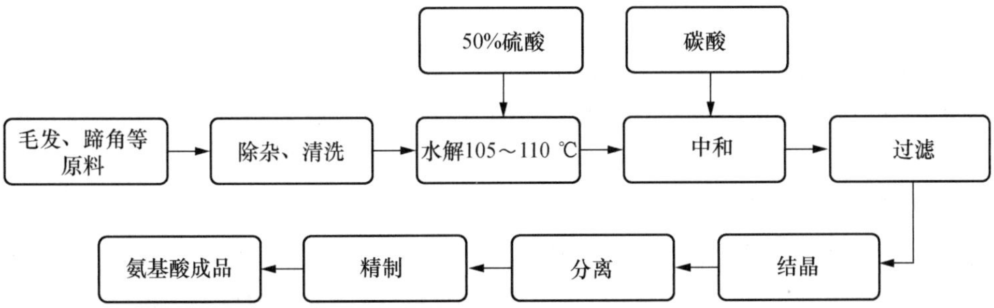

图 7-1　氨基酸功能肥生产流程

2. 施用效果

氨基酸是构成蛋白质的最基本单位，因为其分子较小，所以在施入肥料时很容易被作物吸收，可直接补充植物所需的氨基酸。经研究表明，氨基酸功能肥相比于传统肥料其施用后具有以下多种效果：

（1）提高氮素利用率　据试验统计表明，多种氨基酸与无机氮素肥料混合，其肥效高于等氮量的单种氨基酸，也高于等氮量的无机氮肥。多种氨基酸与无机氮素肥料混合后可直接提高植株的光合作用，从而显著提高产量。

（2）肥效快　氨基酸肥料的分子较小，所以可被作物的各个器官直接吸收（无机肥、有机肥须降解，在光合作用下被动吸收或渗透吸收），缩短植株生长周期，促进作物早熟。

（3）提高品质　在生产过程中氨基酸肥料可提高作物果实的可溶性蛋白和游离氨基酸含量，减少硝酸盐的产生和积累；还可以提高维生素、可溶性糖的含量，进而提高农作物的品质。例如，粮食蛋白质含量增加，蔬菜适口性好，棉花纤维长、粗纤维少、有害残留少，花卉花期长、香气浓郁、花色鲜艳，瓜果类果大、糖分增加、品相优美、可食部分多、耐贮性好。

（4）改善生态环境　氨基酸肥料属于绿色环保型肥料，可增加土壤生态圈的养分，提高物种多样性，因而土壤保水、保肥力和透气性能得到显著提高，并起到养护、改良土壤的作用。

（5）良好的化学特性　氨基酸肥料具有良好的化学特性，所以能与多种营养元素和多种农药混合施用，从而降低劳动强度，提高养分利用率。

（6）提高植物的抗逆性　氨基酸肥料拥有较高的氮素利用率，可显著提高光合作用，使植株的各项生理指标也显著提高，如茎秆、叶片、叶面积、叶绿素等，同时干物质形成和积累也相对加快，直接导致抗逆性的增强，如抗寒、抗干热风、抗旱、抗病虫害、抗倒伏等。

7.2.4　腐植酸肥

1. 生产原理

腐植酸肥料是指利用泥炭、褐煤等原料，采用不同的生产方式，制备出含有大量腐植酸以及作物生长、发育所需要的大量和微量元素的肥料。腐植酸属于一种有机无机复合肥，也属于典型的绿色环保型肥料，能起到改良土壤理化性质、增加土壤养分、调节作物生长、增强作物的抗逆性等作用。

现用于园艺作物生产的腐植酸肥料的品种很多，一般按照其物理状态分为两大类：一类是固体腐植酸肥料，如腐植酸磷、腐植酸铵、腐植酸氮磷复合肥等；另一类是液体腐植酸类肥料，如腐植酸铵、腐植酸钠和腐植酸钾等。其主要生产过程见图 7-2。

2. 作用机制与施用效果

腐植酸肥料代表着现代农业生产中经济、高效、环保的肥料产业发展方向，同时也是实现化肥使用量负增长的重要组成部分，也是转变肥料供给侧方式的重要手段。截至 2018 年年底全国共登记有 1 348 个含腐植酸水溶肥料的产品，登记作物包括大田作物、茄果类、瓜类等 58 种。腐植酸肥之所以得到“井喷式”的发展是由于腐植酸肥料施用后具有以下五大优点：改良土壤、提高肥效、刺激植物生长发育、提高植物抗逆性、改善产品品质。

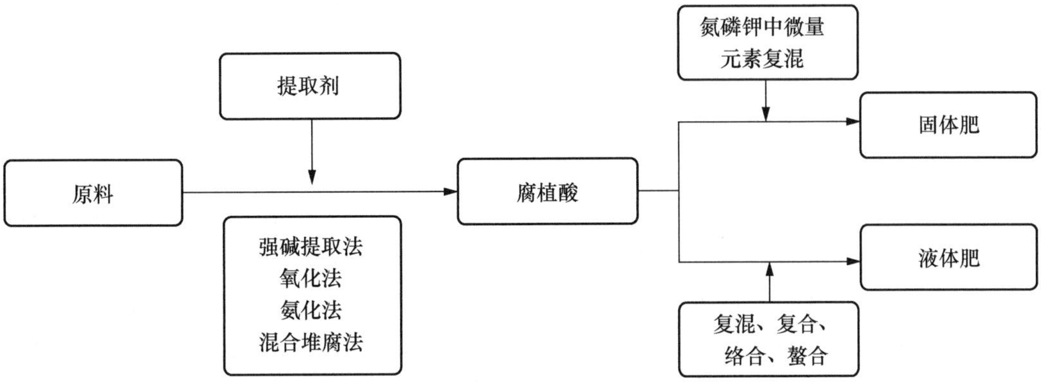

图 7-2　腐植酸的活化与腐植酸肥料的生产过程（崔德杰，2016）

（1）腐植酸为载体的肥料是一种多功能有机肥料　腐植酸肥料可以改善土壤的物理性质，具有调节土壤水分、肥料利用率的能力。腐植酸肥料中的羟基和羧基与土壤中的钙发生聚合反应，进而降低土壤容重，增加孔隙度，使土壤具备良好的渗透性，达到改善土壤结构的效果。同时，腐植酸中的胶体可与土壤中的钙结合形成絮状凝胶，达到松动土壤、增加土壤透气性、增强土壤储水能力、优化土壤团聚体结构的作用。此外，其还具有与构成土壤有机质的天然大分子相似的结构和性质，在用于盐碱土壤时，可以吸附土壤中的可溶性盐，降低土壤盐浓度和盐碱土 pH。

（2）与传统无机肥料相比，腐植酸肥料可提高肥料利用率　例如，施入土壤中的尿素可被脲酶分解成氨供植物吸收，但大量的氨不能被植物完全吸收，并且在整个过程中可能损失或被矿物质固定，而腐植酸则可以通过稳定脲酶进而实现改善尿素施肥的效果，提高尿素的利用率，一般可使氮的利用率提高 6.9%～11.9%。对于相对较易流失的磷素而言，腐植酸肥料可促进植物对磷的吸收和减少土壤中有效磷的固定。同时腐植酸可激活增加土壤中的可溶性磷的含量，或直接与磷肥反应，进而可提高磷肥肥效 10%～20%，磷肥的吸收率提高 28%～39%。对于钾素而言，腐植酸肥料的施用可以防止土壤中的钾离子随水分流失，还可以增加黏性土壤中可交换钾的含量，增加硅酸钾和钾矿物的分解，从而增加土壤中有效钾的含量，提高钾肥的利用率。此外，腐植酸肥料还能够促进作物对微量元素的吸收，对一些植株的缺素症起到很好的改善作用。

（3）腐植酸肥料可显著提高植株的抗旱性　腐植酸类物质可缩小叶面气孔的开张度，导致植株的蒸腾作用降低，同时腐植酸类物质对根系的发育也能起到较大的促进作用，从而使植株的抗旱性显著提高，其节水能力大约可提高 30%，节水保墒的效果仅次于地膜覆盖所产生的效果。

（4）腐植酸肥料对植株的生长起到促进作用　可增强植株体内氧化酶活性及其他新陈代谢的活动，同时对农药残留也起到降解的作用。

（5）增产及预防疾病　对于果菜类，腐植酸不仅可以起到增产的作用，还可以预防某些疾病，如苹果的腐烂病、黄化症、斑点落叶病、黄瓜霜霉病等。

（6）腐植酸具有吸附、络合和氧化还原作用　可与环境中的金属离子、氧化物、氢氧化物、矿物质、有机物和有毒活性污染物相互作用，进而降低土壤中污染物对植物的危害。

7.2.5 海藻肥

1. 开发原理

海藻肥通常是指从海洋藻类中采用国际领先的生化酶工程萃取工艺等新技术提取海藻中的活性成分，能够促进作物生长，增加产量，减少病虫害，并增强作物抗寒、抗旱能力的一类天然农用有机肥料，又称海藻抗逆植物生长剂、海藻精、海藻粉、海藻灰等。

海藻肥生产中，常采用的方法为机械破碎法、有机溶剂或酸碱化学物质提取法以及微生物发酵与酶提取法。机械破碎法的优点就在于其环保，能最大限度地保留海藻中的活性成分；而有机溶剂或酸碱化学物质提取法相较于机械破碎法，对海藻中的活性成分有一定破坏作用；微生物发酵与酶提取法不仅可保留海藻活性成分，还将其大分子转化为能被作物直接吸收的小分子，更易被植物所吸收，但海藻肥生产难点就在于对技术要求较高，而且产品稳定性难控制。图 7-3 至图 7-5 为各生产方法的生产流程。

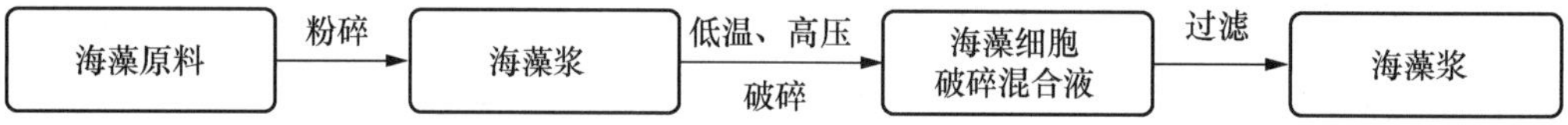

图 7-3 机械破碎法生产流程(杨芳等，2014)

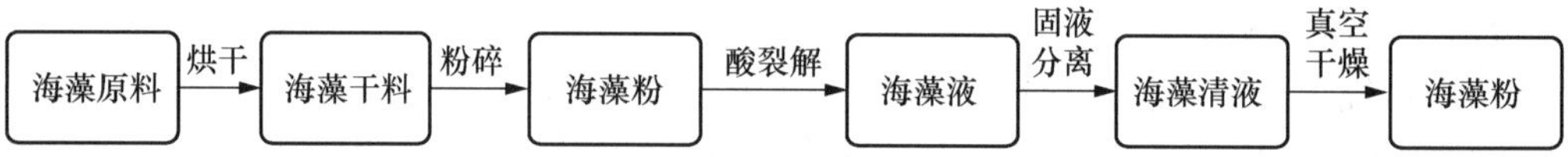

图 7-4 有机溶剂或酸碱化学物质提取法生产流程(杨芳等，2014)

图 7-5 微生物发酵与酶提取法生产流程(杨芳等，2014)

2. 施用效果

在西方发达国家，海藻肥现已大量运用于园艺作物生产，且使用效果较好，已被列入有机食品专用肥料。海藻肥相较于传统肥料具有增产、抗逆以及无毒性等特点，其主要的施用效果主要表现在以下几方面：

(1)调节生理代谢　海藻肥的施用不仅可使园艺作物的坐果率大大提高，而且还可使作物早开花、早结果，可提早上市 5～7 d。

(2)改善作物品质　施用海藻肥可使根菜类作物脆嫩多汁，表皮光滑，形状整齐，同时也能提高果实的品相、品质，从而大大提高果实的商品性。

(3)增加作物产量　海藻肥能促进作物根系的生长发育，加快养分的汲取，从而使细胞充满活力，增强光合作用，达到增产的目的，通常情况下可增产 10%～30%。

(4)促进生根发芽　海藻肥能迅速恢复僵苗、黄叶、卷叶、落叶等；还可提高矿物质养分的吸收利用，促进根系发育。

(5)改良土壤　海藻肥可不同程度地提高土壤有机质含量，且大量施用后不会造成土壤理化性质的下降。

(6)提高抗逆性　海藻肥可促进植株的健康发育，缓解病虫害、肥害、药害。

7.2.6　纳米碳肥料

1. 开发原理

纳米碳肥料指以不同方式向作物输送大量或微量营养素的尺寸为1～100 nm的结构，有的本身就是营养素(微观或宏观营养素)，有的则是充当营养素的载体。例如，纳米碳肥料就是利用这一原理研究开发出来的一种增效肥料，其在农业领域的应用前景十分广阔，对化肥农药使用零增长也有着重大意义。目前，制备纳米碳肥料手段较为成熟的方法包括固相法和液相法两种。

(1)固相法　具体包括传统粉碎法和固相化学反应法。

①传统粉碎法是应用各种超微粉碎机将原料粉碎、研磨成粒径为50～80 nm的肥料，此法可避免工业酸化生产肥料带来的环境污染问题。传统粉碎法是现阶段工业应用中较为常见的方法，其主要适用于脆性材料的超微粒制备。例如，难溶性的磷矿石、钾长石、磷石膏、煤矸石等，均可以采用传统粉碎法做成纳米级结构肥料。常见的超微粒粉碎机有球磨机、高能球磨机、塔式粉碎机和气流机。

②固相化学反应法是把反应原料按比例充分混合后进行研磨发生固相反应，生成的前驱物在高温下灼烧分解即得纳米微粒。如纳米氧化锌的合成，可用锌盐与氢氧化钠、碳酸钠、8-羟基喹啉、草酸等充分混合发生固相反应，之后再将生成的$Zn(OH)_2$、Na_2CO_3、ZnC_2O_4、8-羟基喹啉锌，在一定温度下灼烧得到平均粒径50 nm的氧化锌，纯度约为90%。

(2)液相沉淀法　是将原料在盐溶液中充分溶解，之后加入沉淀剂，直至沉淀析出，沉淀经洗涤、热分解等处理后将沉淀内部阴离子除去，便可制得纳米微粒。现阶段纳米碳肥料工业生产上最常见的沉淀剂有$NaOH$、$(NH_4)_2CO_3$、Na_2CO_3、$(NH_4)_2C_2O_4$等。

2. 施用效果

纳米碳肥料不仅保留了纳米材料独特的性能，还表现出对养分有较高的吸附性，因而养分利用率远高于传统肥料。植物在吸收纳米碳肥料后，植物体内的线粒体个数显著增加，进而导致植物体内ATP能量流动及代谢产物的大量产生，呼吸作用增强，同时导致叶片转移碳水化合物的速率、叶绿体内淀粉粒的合成与运输的效率大大提高，使植物的有效光合速率得到改善，因此，能加速植株的新陈代谢，大幅度提高作物的产量。研究表明，纳米碳肥可使蔬菜类作物增产30%左右，节肥40%左右，同时可促进蔬菜类作物早熟、高产。同时纳米碳肥料在草莓、花卉等种植试验中的数据表明，水分子经纳米材料处理后，其分子团减小，可改善水分子团的能态极和结构，从而使水分子的活性得到提高，植株在吸收水分的同时又可将养分带到体内，达到促进植株生长发育的目的，可提高花卉品质，缩短成品花卉的种植周期，节约温室费用。

纳米碳肥料的出现，为我国实现“坚持减量与保产并举”提供保证，为从源头减少肥料投入、升级高效农业提供选择，对于我国发展绿色园艺、节能减排、保护环境、实现可持续发展农业具有极强的现实意义。

复习思考题

1. 什么是缓控释肥料？其特点是什么？
2. 微生物菌肥有哪些作用？
3. 氨基酸肥料有哪些作用？
4. 什么是腐植酸肥料？
5. 纳米碳肥料的特点是什么？

第3篇

节水灌溉技术在现代园艺绿色生产中的应用

水作为一种最宝贵的基础自然资源，是人类赖以生存和社会生产必不可少，又无法替代的重要物质资源，也是维持自然界生态平衡和社会发展和谐的基本物质基础。自然界的水资源尽管能够循环，而且可以逐年得到补充和恢复，但对于某一时段、某一区域来说，可供人们日常生活和生产使用的水量是有限的。近年来，由于科技的发展，生活水平的提高，用水量逐年增大，加之用水浪费和污染，水资源已成为各国倍加关注的重大问题。通过研读国家有关节水灌溉的政策，了解我国节水灌溉的宗旨，激发学生的使命感、责任感，让学生对水资源的重要性有较强的认识，强化学生对祖国的认同感、归属感。为了人类生存和经济可持续发展，对现有水资源进行综合开发利用、科学管理是摆在世界各国面前的一项长远而又艰巨的历史重任。

节水灌溉技术是比传统的灌溉技术明显节约和高效用水的灌水方法、措施和制度等的总称，是用尽可能少的投入，取得尽可能多的园艺作物产出的一种灌溉模式。它是根据作物需水规律和供水条件，考虑有效利用降水，采用适时、适量灌水方式的多种节水措施，目的是提高水的利用率和水分生产率，其根本思路是精准灌溉。对比国内外节水灌溉发展的水平，我国现代灌溉技术的应用水平较低，揭示我国现阶段节水灌溉发展现状及未来前景；对作物需水规律进行深层解读，培养学生对未知世界探索能力，做到知行统一，将所学理论转化成实践，为党和国家服务。通过采用节水灌溉技术，实现适时适量的“精细灌溉”，保障作物生产安全，从而促进农业结构调整，提升我国农业竞争力，改善生态环境。通过学生对精准灌溉技术研究的重要性、分类及实践应用的讨论，培养学生创新能力、自主探索、辩证思维的能力。

Chapter 8

第8章

设施作物需水特性与需水规律

本章学习目的与要求

1. 掌握作物需水量概念和影响因素。
2. 掌握作物需水量常见的计算方法。
3. 了解设施作物对灌溉技术的要求。

8.1 水资源及节水灌溉现状

8.1.1 我国水资源状况

1. 水资源总量丰富，人均占有量少

我国国土面积占世界陆地面积的 6%，居世界第三位，多年平均年水资源总量为 28 124 亿 m^3，仅次于巴西、俄罗斯、加拿大、美国和印度尼西亚，居世界第六位。但是我国平均每年降水量为 648 mm（降水总量为 6.2 万亿 m^3），小于全球陆面平均降水量 800 mm，也小于亚洲陆面平均降水量 740 mm。我国水资源十分珍贵，尤其是人均占有水资源量不够丰富。我国人口众多，人均水资源占有量不足 2 300 m^3，显著低于世界的平均水平；我国水资源总量多，人均、亩均占有量少，使得我国成为水资源短缺的国家之一。

视频 8-1
水资源

2. 空间分布不均

我国南方水资源多，北方水资源少；沿海多，内陆少；山区多，平原少。我国季风气候特别明显，夏秋季节，太平洋的东南风，带来大量雨水，由东南向西北方向移动；冬春季节，受西伯利亚的内陆气候影响，干旱少雨，由西北向东南方向移动，形成我国水资源分布在东南多、西北少的特点。长江流域及其以南地区耕地面积占全国的 36%，地表水资源占全国的 81%以上，而淮河以北的华北、东北、西北等地区的耕地面积占全国的 64%，地表水资源量仅为全国的 19%，水资源量严重不足。这对我国工农业生产和人民生活有很大的影响，造成水资源供需矛盾突出，水、土、矿资源的配置不合理，制约我国经济的发展。

3. 水资源在时间上分布不平衡

水资源在时间上分布不平衡主要表现在年内各个季节分配不均，夏秋多冬春少。夏秋季节，河流水位暴涨，地面水利工程少，使水资源严重流失，易形成洪涝灾害。我国南方各省的汛期，一般在 5—8 月，降雨量占全年的 60%～70%；北方各省的汛期，一般在 6—9 月；不少地区的降雨量集中在 7—8 月，占全年降雨量的 70%～80%。冬春枯水季节作物需水时，却干旱少雨，水位低落，水资源量少，造成严重的干旱缺水，致使我国北方作物受到严重威胁。水资源的年际变化也很大，往往形成干旱年份和洪涝年份交错出现的现象，丰水年或枯水年往往连续出现，丰水年与枯水年交错，丰枯年循环的周期不等，丰枯的量值也不相同。南方河流丰水年、枯水年的水量一般相差 2～3 倍；北方河流一般相差 4～6 倍，高的可达 10～20 倍。另外，河流越小，丰水年、枯水年的水量相差越大。以上原因导致我国洪涝、干旱灾害频发。

4. 水资源分布与人口、耕地的分布不协调，南北方水资源与人口呈逆向分布

我国南方（长江流域、华南地区、东南地区、西南地区）耕地面积占全国的 36%，人口占 54%，水资源总量占全国的 81%，人均水量为 4 180 m^3，为全国人均水量的 1.6 倍；每平方米耕地面积水量为 6.19 m^2，为全国的 2.3 倍；其中西南诸河流域水资源尤其丰富，人烟稀少，耕地少，人均水量达 38 400 m^3，为全国人均水量的 15 倍；每平方米耕地面积水量达 32.68 m^2，为全国的 12 倍。东北地区人均水资源量约为全国人均水资源量的 66%，华北地区人均水资源量只有全国平均水平的 1/4；西北地区人均水资源量相当于全国的平均水平，但由于西北地区气候干旱，生态用水量较大，人均水量实际情况会低于统计值。西南地区人均水资源量为全国平均水平的 2 倍多，水资源丰富。

8.1.2 节水灌溉发展现状

新中国成立以来，我国在节水灌溉技术的研究推广、节水灌溉设备的开发生产、节水示范工程的建设、节水灌溉服务体系的建立等方面做了大量的工作，取得了较为显著的成绩。20 世纪 60 年代开始进行节水灌溉技术试验研究；70 年代大面积推广应用渠道防渗、畦田改造；80 年代大面积推广低压管道输水并大范围进行喷灌、滴灌、微喷等先进节水灌溉技术的试点示范；90 年代节水灌溉全面推广普及，节水灌溉技术水平越来越先进，工程标准越来越高，推广范围越来越广。截至 2019 年 7 月，全国节水灌溉工程面积达到 5.14 亿亩(3 427 万 hm^2)，占灌溉面积 46.3%，其中微灌面积 9 425 万亩(628 万 hm^2)，居世界第一。在多年的实践探索中，各地摸索总结出一套适合各自地区特色的节水灌溉技术与方法，包括各种渠道防渗和管道输水技术，适合蔬菜和果树等经济作物使用的滴灌、微喷灌、膜下滴灌、自压滴灌、渗灌等技术，南方水田的控制灌溉技术和园田化建设，西北干旱、半干旱地区的雨水集流、窖水滴灌技术，东北、西北等干旱地区的“坐水种”“旱地龙”以及保水剂等抗旱措施。节水灌溉技术在全国迅速推广普及，取得了显著的经济效益和社会效益。

8.1.3 我国节水灌溉发展存在的问题

我国现阶段的节水灌溉还处于低水平发展阶段，田间灌溉多属传统的地面灌溉方式，喷灌、微灌及管道输水灌溉等先进节水灌溉技术覆盖率还比较低。预计到 2030 年，我国人口将达到 16 亿，需要粮食 7 亿 t 左右，为保证粮食与其他农产品的供给，灌溉面积必须达到 6 000 万 hm^2 左右，要达到这个目标，唯一的出路是大力发展节水灌溉技术，提高灌溉水利用率，把灌溉水利用系数从目前的 0.47 左右提高到 0.65。目前我国节水灌溉还存在以下问题：

1. 管理体制和机制不完善，管理技术落后

目前，不少灌区经费短缺，灌溉管理比较薄弱，工程老化失修，效益衰减，信息技术、计算机技术、自动控制技术等高新技术在灌溉用水管理的应用还很少，与发达国家相比差距很大；田间灌排工程不配套，土地平整差，管理粗放；推广应用上缺乏与生产责任配套的管理体制，造成不少工程效益不能发挥；适应市场经济发展要求的农业用水体制还没有完全建立齐全，缺乏鼓励合理、高效用水的机制和调控手段等。

2. 基础研究滞后

节水灌溉效益的充分发挥需要建立在一些基础研究上，而我国基础研究又相对比较滞后，如农田水分遥测遥感技术、SPAC 水循环运移规律、非充分灌溉理论及应用技术、水净化技术研究及应用、灌区灌水自动控制技术等，其总体比国外先进水平落后；改进地面灌水技术的节水机理还不完全清楚，灌水均匀度对作物产量的影响，改进地面灌水质量评估体系和方法，各种改进地面灌水技术要素之间的优化组合方式等问题无明确的结论；在激光平地基础上开展水平微灌技术在我国尚属空白，一些关键性的技术问题尚未得到很好的解决，这些都严重制约节水灌溉技术在我国的大面积推广应用。

3. 节水灌溉设备质量差、配套水平低

节水灌溉设备质量差、配套水平低主要表现在系列化、标准化程度低，设备种类少、配套性差，技术创新与推广体系不健全，产品的性能及耐久性同国外先进技术相比存在较大差距。节水灌溉技术说到底是技术创新，要想改变传统、落后的灌溉方式，必须在基础设施和技术上下功夫。但是，我国可投入的资金有限，相关技术也不够成熟，所以当下最重要的就是要引进技术和硬件设备等，研究出适合我国农业节水发展需求的新设备与新技术。

4. 工程与农艺节水结合不够

我国农业节水发展长期以来存在“重工程措施，轻农艺措施”的倾向，忽视农艺技术在节水中的地位与作用，然而在作物生长过程中，只有在农、水两方面找到平衡点，紧密地相互配合，形成有机的统一体，使水的利用率和利用效益都能充分发挥，只有这样才能满足节水农业发展的需要。例如，各种节水灌溉技术条件下的水肥运动、吸收、转化利用规律，耕地保墒、覆盖保墒技术如何与节水灌溉技术的配水相结合，各种单项农艺节水技术如何在不同的作物上及不同的节水灌溉技术条件下综合应用等问题都需要进行深入、系统的研究，才能保证综合节水农业技术的持续发展。

8.1.4 设施园艺发展节水灌溉的必要性

我国设施农业面积虽居世界首位，但产量仅为世界先进水平的 1/3。究其原因，除设施结构较简陋，内部调控设备和功能不齐全、不完善，以及总体规划不尽合理和综合配套栽培技术水平低等原因外，更重要的是设施内灌溉技术落后，严重影响设施内的环境状况，使其未能充分发挥节水增产的巨大作用。

设施农业由于土壤耕层不能直接利用天然降水，而要依靠人为灌溉来补充水分，在大型保护设施内实现周年生产的栽培制度下，如果仍然采用传统经验灌水，灌溉水量就会比露地同类作物栽培要大得多。传统的灌溉方式，不仅浪费宝贵的水资源，而且会使设施内环境恶化，导致病虫害发生、作物品质及产量下降。在现代节水农业生产中，仅靠灌溉设备，即使是最先进的产品，如果没有科学地使用及管理，没有相应的农业生产措施，其结果也会令人失望。灌溉技术与设施农业在农业生产上都发挥着重要的作用，构成了现代农业的一个重要内容。可以说，灌溉与设施任何一方的生存和发展都与另一方的发展密切相关。二者的集成发展、良好配置，其结果一定大于二者单独功效之和，一方的落后同时制约另一方功能潜力的发挥。就目前发展而言，灌溉与设施均存在不足甚至严重问题。这些问题若不尽快解决，节水农业的发展就将成为一句空话，这是关系到 21 世纪国家农业发展的大事。

然而，我国温室大棚种植的蔬菜、花卉和经济作物，绝大多数采用传统的畦灌，水的利用率只有 40%，亩灌水定额为 600～800 m^3。进入 20 世纪 90 年代，我国开始大面积推广节水灌溉技术，先后开发和引进了先进国家的温室灌溉设备(主要是滴灌、微灌和与之相配套的设备)后,促进了我国温室大棚节水灌溉设备的生产和应用。温室大棚推广滴灌设备后,节水效果十分明显,亩灌水定额仅 300 m^3 左右,增产 20%～100%,提高了作物的品质,节省了劳力,为发展工厂化农业奠定了基础。因为微灌用水量少,工作压力比喷灌低得多,所以节水又意味着节省能源。利用微灌系统直接向根部施入可溶性肥料,还可以减少肥料流失,提高肥效。

8.2 作物需水量及其影响因素

8.2.1 作物需水量

作物需水量主要是指作物的蒸腾量、棵间土壤或植物基质的蒸发以及作物体内满足其生存生理需求水量的总和,作物蒸腾量和棵间基质的蒸发量通常占作物需水量的 99%。作物不同发育期的需水量差别很大。一般在整个生育期中,前期小,中期达最高峰,后期又减少。生殖生长时期,往往是需水临界期。确定作物需水量的基本方法有水量平衡法和能量平衡法。前者简便易行,用筒测法、坑测法和田测法即可测定;后者测定项目有净辐射量、乱流热通量、土壤吸收或放出的热量等。在资料短缺时常采用彭曼公式等经验或半经验方法估计可能蒸散量。作物需水量是农业用水的重要组成部分,是整个国民经济中消耗水分的主要部分,是确定作物灌溉制度以及地区灌溉用水量的基础,是灌排工程规划、设计和管理的基本依据。

8.2.2 影响作物需水量的因素

作物的需水量的影响因素有很多,一般认为,叶面积较大、生长速度快、根系发达、作物体内油脂和蛋白质含量高、果实采收期长的作物需水量较高,而且外部不同的耕作方式、灌溉制度、气候环境因素、地下水位深度等都会导致作物的需水量发生变化。因此,对于作物需水量变化规律和影响因素的研究,有助于制定合理的灌溉方式和灌溉量,提高作物的水资源利用效率。设施作物需水特性与需水规律见视频 8-2。

视频 8-2 设施作物需水特性与需水规律

1. 作物种类与生长阶段

不同的作物生理特征、生长周期和对外部环境的响应都有区别,因此需水量也存在一定差异。齐述华、叶澜涛等分别使用水平衡法测定了菠菜、苋菜以及花椰菜、甜椒、番茄、豇豆和西瓜在整个生长阶段内的需水量,说明不同种类作物在不同的生长周期、生长时间和环境以及生理结构上的差异都会对需水量的变化产生影响。高金华使用水平衡法测定了番茄和茄子需水量,发现在同一时期,番茄和茄子的需水量呈现很大差异,番茄的需水量呈现"增加—减少—增加—减少"的趋势,茄子的需水量呈现"增加—减少",除了受到降水和地下水位的影响,说明不同种类作物的需水量对水分变化的响应也有很大的不同。

作物在不同的生长阶段都会呈现出不同的需水量特征，一般作物的需水量，整个生长阶段都表现出先增长，达到最大值后再下降的趋势。但不同的作物生理结构不同，加上采摘方式和时期具有差异，所以需水量也会出现多次波动的情况。杨宜、刘浩、范洪梅等分别对秋茬温室茄子、番茄、冬春茬辣椒的需水量进行了研究，发现温室中作物在整个生长阶段中的需水量呈现“增加—下降”的趋势，其中开花坐果时期的需水量达到最大，移植初期的需水量最小。李艳梅等通过研究发现，根据温室芹菜的需水量将芹菜分为四个生长阶段，分别为苗期、叶丛初期、叶丛中期和叶丛后期，需水量随着生长呈现出“增长—下降—增长”的特点。这些都说明了不同作物需水量在不同的生长阶段的变化。

2. 气象环境因素

各种气象环境因素对作物的生长均具有很大的影响，尤其是湿度、温度、风速、光照条件。叶水势的增大会促进植物根部对水分的吸收，导致作物的需水量增大，而光照、温度、风速均会影响植物的叶片水势，当温度升高、光照变强、风速增大，都会加快植物叶片水分的蒸发，使叶片水势增大；反之则对作物的水分需求起到一定抑制作用。当光照过强或水分损失过大时，植物会关闭气孔，减少蒸腾，起到一定的自我保护作用。大棚所属环境与外部有很大差别，受风速影响较小，而受相对湿度影响较大。任自力对膜下大棚滴灌条件下的西瓜需水规律进行研究，发现大棚西瓜的需水量与光强、温度、蒸发量呈极显著正相关关系，与相对湿度呈极显著负相关关系。李洋在温室大棚内对冬春茬和秋冬茬的番茄种植做对比发现，冬春茬番茄的需水量高于秋冬茬，但叶面积指数、叶面积、茎粗、光合特性、根系活力及产量品质均优于秋冬茬，产生的差异主要是由于冬春季节随着植物生长，气温逐渐升高，光照逐渐增强，湿度不断下降更有利于作物的蒸腾作用；冬春季节温室光照相对较弱，影响作物的生长发育。倪纪恒对温室大棚中黄瓜进行不同光质的补充发现，光质的补充能够提高冠层温度，另外发现补充红光能够促进黄瓜根和茎的发育，补充蓝光有助于促进同化产物向果实运输，说明光照对温室作物生长的重要性。

3. 灌溉量对作物需水量的影响

通常灌溉量的增大会促进作物对土壤水分的吸收、利用，导致作物的蒸散量和需水量增大。但当土壤水分超过一定阈值时，对植物的生长又会产生一定的抑制作用，导致作物的产量和需水量下降。灌溉水的盐度也会影响到作物的需水量，盐度越大需水量越小。Soria 和 Cuarter 研究发现，在不同的土壤水分盐度情况下，温室番茄需水量会在 0.19～1.03 mm/d 范围内变化。Fhivio 等研究巴西春季温室黄瓜的需水规律发现，黄瓜的作物系数和蒸腾量与灌溉水的盐度浓度成线性反比的关系，当电导度增加 1，黄瓜的蒸腾量就会相应降低 4.6%。殷飞等对不同灌溉条件下大棚葡萄的需水量研究表明，在葡萄生育期田间持水量 60% 和 85% 时最有利作物生长，同时作物的需水量也会达到最大。冯诚等对阳光大棚不同水分处理下的黄瓜灌溉制度研究发现，随着灌水量的增加，黄瓜的产量会也会增大，当灌水量超过 16 mm/m^2 时会抑制黄瓜生长，产量反而会下降。因此，合理地控制灌溉水分和灌溉水源的质量对作物的生长和作物果实产量和质量的提高有着十分重要的作用。

除了灌溉水分和环境因素会对作物的需水量产生影响以外，根据实际情况不同，还有一些其他因素也会影响作物需水量，例如，①灌溉方式：滴灌、喷灌等；②耕种方式：沟播耕作法、沙田耕作法、少耕和免耕法等；③土壤类型：沙土、黏土、壤土等；④温室大棚材质：玻璃、PC 板、塑料膜等。因此，在对作物需水量研究时需要综合各个方面的因素。

8.3 作物需水量的计算方法

目前,对作物需水量的计算方法包括:①通过各类气象数据或者环境因素和相应作物的作物系数计算蒸散量的 Hargreaves 公式、Priestley-Taylor 公式、Penman-Monteith 公式等;②以遥感数据为基础,提取参数构建相关的模型来进行估算;③水平衡法和蒸渗仪法:水平衡法是通过计算划分某段时间内引起土壤水分变化所有因素的量来确定作物需水量的,蒸渗仪法也是通过此原理进行计算的;④蒸发皿法:通过蒸发皿的蒸发量和相应的作物系数估算作物的需水量;⑤波文比法能量平衡法;⑥涡度相关法等。有些研究是基于测量作物蒸腾量来计算作物的需水量,关于作物蒸腾的测量方法包括:TDP 茎流计测量、同位素示踪法、称重法等。温室大棚受环境限制,遥感测量无法应用,而波文比法和涡度相关法的仪器成本相对较高,并且仪器的布设也不适用于温室大棚环境。因此大部分研究选取公式计算、水平衡法、蒸发皿法,就能取得较好的结果。另外,近几年许多学者使用神经网络模型,以各种环境为参数,作物需水量为输出进行非线性拟合,也取得了较好的结果,在此主要对公式法、水平衡法、蒸发皿法、神经网络模型四种方法进行介绍。

8.3.1 公式法

1. Penman-Monteith 公式

作物需水量的计算公式为

$$ET = \frac{0.408\Delta(R_n - G) + \gamma \dfrac{900}{T+273} u_2 (e_s - e_a)}{\Delta + \gamma(1 + 0.34u_2)} \tag{8-1}$$

式中:ET 为作物的需水量,mm/d;Δ 为饱和水汽压与温度关系曲线在某处的斜率,kPa/℃;R_n 为输入冠层净辐射量,MJ/(m^2 · d);G 为土壤热通量,MJ/(m^2 · d);γ 为干湿温度计常数,kPa/℃;T 为 2 m 高度的日平均温度,℃;u_2 为 2 m 高度风速,m/s;e_s 为饱和水汽压,kPa;e_a 为实际水汽压,kPa。

2. Priestley-Taylor 公式

$$ET = \alpha \frac{\Delta}{\Delta + \gamma}(R_n - G) \tag{8-2}$$

式中:ET 为作物的需水量,mm/d;α 为 Priestley-Taylor 系数,通常取 1.26;R_n 为冠层净辐射量,MJ/(m^2 · d);G 为土壤热通量,MJ/(m^2 · d)。

3. Hargreaves 公式

$$ET = \frac{\alpha (T_{max} - T_{min})^{\eta} (T_{mean} + T_{off}) Ra}{\lambda} \tag{8-3}$$

式中:ET 为作物的需水量,mm/d;α 为转换系数,通常取 0.002 3;λ 为水汽化潜热,一般为 2.45 MJ/kg;T_{max} 为最高温度,℃;T_{min} 为最低温度,℃;η 为指数系数,一般取值 0.5;T_{mean} 为平均温度,℃;T_{off} 为温度偏移量,一般取值 17.8;Ra 为大气顶层辐射量,MJ/(m^2 · d)。

8.3.2 水平衡法

水平衡法是根据土壤总体水分的进出保持质量平衡的原理来对作物需水量进行计算的方法。其计算公式为

$$ET = P_0 + K + M + \Delta W - q_1 - q_2 \quad (8\text{-}4)$$

式中:ET 为作物的需水量,mm;P_0 为有效降雨量,mm,一般可用降水量 P 乘以经验系数 α 进行计算;K 为地下水补给量,mm;M 为灌溉量,mm;ΔW 为某一时段内土壤水分的变化量,mm;q_1 为地表径流量,mm;q_2 为作物根区深层渗漏量,mm。

如果使用蒸渗仪或使用覆膜分割环境的方法,在温室大棚环境中可忽略 P_0、K、q_1、q_2 的影响,因此式(8-4)可化为

$$ET = M + \Delta W \quad (8\text{-}5)$$

式(8-5)中限定了影响水分平衡的其他因素,只需要考虑灌溉量和监测时间段内的水分变化量,试验方法简单,容易操作,并且现在称重式蒸渗仪带能够自动记录数据,精度高,连续性好,因而应用很广。

8.3.3 蒸发皿法(α 值法)

大量的灌溉试验资料表明,气象因素是影响作物需水量的主要因素,而当地的水面蒸发又是各种气象因素综合影响的结果。蒸发量与水面蒸发都是水汽扩散,因此可以用水面蒸发这一参数估算作物需水量,其计算公式为

$$ET = \alpha E_0 \quad (8\text{-}6)$$

$$\text{或 } ET = \alpha E_0 + b \quad (8\text{-}7)$$

式(8-6)、式(8-7)中:ET 为某时段内作物的需水量,以水层深度计,mm;E_0 为与 ET 同时段的水面蒸发量,以水层深度计,mm;E_0 一般采用 80 cm 口径蒸发皿的蒸发值,若用 20 cm 口径蒸发皿,则 $E_{20}=0.8E_{80}$;α 为各时段的需水系数,即同时期需水量与水面蒸发量之比值,一般由试验确定,水稻 α 为 0.9～1.3,旱作物 α 为 0.3～0.7;b 为经验常数。

由于“α 值法”只需要水面蒸发量资料,该资料较为容易测量且数据真实。需要注意的是,该方法要注意水面蒸发皿的规格及非气象条件对 α 值的影响,切实注意测量场地及测量技术的规范化,否则会使计算产生较大误差。

8.3.4 神经网络模型

随着计算机技术的发展应用,机器学习算法越来越多地应用到非线性拟合的研究领域中,目前,国内外有许多研究都利用这些算法对温室参考作物需水量和环境因素进行了计算与预测,都取得了较好的精度。采用径向基网络,使用多种不同的输入因子组合进行预测,经过比较认为,以日照时数、平均温度、风速为输入的模型精度较高,相比 Penman-Monteith 公式计算结果具有更高的准确性。

徐意和向美晶采用径向基网络预测不同温度下作物光合作用速率,用来调节控制温室

内作物生长。王定成采用支持向量机对温室的数据进行回归拟合分析，并用数据对修正模型进行检验，这种方法能较好地处理温室环境的不确定性。此外，温室大棚内环境受到大棚内位置和一些温室内通风设备的影响并不是完全均匀的，因此一些学者针对温室小气候进行了研究。目前，研究温室大棚小气候常用方法主要有示踪气体法、质量（或能量）平衡法以及计算流体动力学法（CFD）。但通过示踪气体法难以反映温室内气流场的时空分布模式，且难以得到普遍性的结论。基于能量（或质量）平衡建立的温室环境模型虽然可以方便地对给定条件下的温室进行随时间变化的预测，但模型的假设和简化严重，同时难以应用在占地面积较大的温室上。而 CFD 随着近年来发展应用，已经能够满足流体流动、传热、通风等计算的需求。Boulard 等利用 CFD 对不同类型的温室小气候进行了研究，并进行了温室作物需水量的计算。结果表明，CFD 能够通过数值模拟得到完整的空气压力、流速、温度等在整个温室空间上的分布，且能够适应多种不同气候条件下的模拟要求。

8.4 灌溉制度和灌水定额

灌溉制度是指某作物在一定的气候、土壤等自然条件和农业技术措施下，为了获得较高且稳定的产量以及节约用水，所制定的一整套作物灌溉的制度，包括作物播种前（或作物移栽前）及其全生育期内的灌水定额、灌溉定额、每次的灌水时间及灌水次数这四项内容。灌水定额是指一次灌水单位灌溉面积上的灌水量或灌水深度，其与作物、土壤持水量、灌溉面积和可利用的灌水时间有关。灌溉定额是指播种前和全生育期内单位面积上的总灌水量，即各次灌水定额之和。灌水定额和灌溉定额的单位常以 m^3/hm^2 或 mm 表示，它是灌区规划及管理的重要依据。农作物在整个生育期中实施灌溉的次数即灌水次数，灌水时间以年、月、日表示。

8.5 设施栽培对灌溉的要求

8.5.1 作物对水的需求

不同种类的温室作物需水量差异很大，为适应环境的湿度状况，作物在形态结构和生理机能上形成各自的特殊要求。根据作物对水分要求的不同，可以将其划分为以下三类。

（1）旱生作物　这类作物能长期忍受空气和土壤的干燥，叶片小而呈革质，具有厚茸毛，气孔下陷，因而能减少叶面蒸腾。此外，根系发达，吸水能力强。蔬菜中的南瓜、西瓜，花卉中的仙人掌科、景天科，果树中的葡萄、石榴等均属于旱生作物。

（2）湿生作物　这类作物耐旱性差，需生长在潮湿环境下或水中，在干燥或中等湿度环境中常常发育不良，甚至枯死。湿生作物通气组织发达，叶片薄而软，且根系不发达。如蔬菜中的藕、茭白、水芹，花卉中的睡莲、秋海棠、蕨类等。

（3）中生作物　这类作物宜生长在干湿适中的环境中，过干或过湿的环境均不利于其生长。蔬菜中的茄类、豆类、叶菜类及葱蒜类，花卉中的月季、丁香、君子兰等均属于中生作物。

8.5.2 温室内蔬菜的需水特性与水分管理

8.5.2.1 温室内主要蔬菜的需水特性

蔬菜是需水量较大的作物,蔬菜产品的含水量一般在80%以上。蔬菜对水分的反应极其敏感,蔬菜生长期需要频繁灌溉,灌水的及时与否对蔬菜产量、品质均有明显影响。灌水不足可导致生产迟缓、产量下降;灌水过多则将可能使根际通气状况变得不好,而对蔬菜根系发育和吸水吸肥力产生影响,甚至导致烂根。

不同类型、不同品种的蔬菜需水量也有差异。一般来说,生长期叶面积指数大、生长速度快、根系发达、采收期长、产量高的蔬菜需水量较大;相反,叶面积指数小、生长采收期短的则需水量较小;含蛋白质或脂类较多的蔬菜需水量要多于含淀粉多的蔬菜;耐旱品种和早熟品种需水量要少于普通品种和中晚熟品种。根据蔬菜根系吸水能力和需水量的差异,可将蔬菜分为五类,见表8-1。

表8-1 主要蔬菜的需水特性和灌溉策略

根系吸水力	需水量	温室作物种类	灌溉策略
强	少	西瓜、甜瓜、南瓜、苦瓜等瓜类	根系发达、耐旱能力强、灌水次数少
中等	中等	茄果类、西葫芦、根菜类、豆类	根系发达,叶面蒸腾大,需水量较大,较耐旱,需经常灌大水
较弱	较少	葱蒜类	根系不发达,要求土壤湿度高,耐旱喜湿,应小水勤浇
	较多	白菜类、甘蓝类、黄瓜、叶菜类	喜湿,需经常灌水,保持土壤湿润
很弱	很多	藕、茭白、菱等水生蔬菜	水中栽培,保持淹水状态

同一种蔬菜不同生育期的需水特性也不一样。一般而言,幼苗期和成熟期需水较少,生育中期包括开花期、坐果期和果实发育期需水较多。在蔬菜全生育期中对缺水最敏感、影响生长发育最显著的时期称为需水临界期。大多数蔬菜的需水临界期在营养生长旺盛期和生殖生长期,此时保证水分供应对蔬菜产量的形成有着十分重要的意义。

蔬菜需水量的大小还与栽培方式密切相关,温室土壤栽培中土壤质地、团粒结构和地下水深度都将影响土壤水分状况,从而改变作物需水量(表8-2)。例如,沙质土壤渗水性强而耗水量大,无土栽培基质保水性良好而耗水量较小。

表8-2 蔬菜的土壤需水指标与灌水指标

蔬菜种类	生殖生长和营养生长期需水指标	灌水指标
番茄	2.5～1.8	2.7～2.0
黄瓜	2.5～1.7	2.5～2.0
茄子	1.5～2.0	2.3～2.0
青椒	1.5～2.0	2.5～2.0
芹菜	1.5～2.0	1.5～1.8
莴苣	2.0	2.0
草莓	1.5～2.0	1.5

8.5.2.2 温室内主要蔬菜的水分管理

1. 温室番茄主要生育期水分管理

番茄是国内外设施栽培最主要的蔬菜品种，具有产量高、市场广阔等特点，因此番茄设施栽培面积在逐年增加。番茄是直根系的植物，可以实现周年生长、连续采收和高产稳产。现以日光温室越冬季节栽培蔬菜为例介绍其主要生长发育期的水分管理原则。

(1)发芽期　播前需要催芽，且应浇透底墒水。

(2)幼苗期　幼苗期一般不浇水。若高温或空气干燥，可于晴日上午适量喷水。从两片真叶至定植前以保持表土"间干间湿"为宜，过干时采用雾喷灌溉技术进行喷水。

(3)开花坐果期　定植后的水分管理宜采取前控、中促、后加强的管理措施，定植时灌足定植水，5 d 后灌缓苗水，以后维持土壤相对含水量在 65%左右，直到第一穗果膨大到直径为 3 cm、第二穗果开始膨大再灌水。

(4)结果期　保持田间持水量 80%～90%，应注意小水勤浇，保证土壤水分的均衡供应，防止忽干、忽湿引起裂果。

2. 温室黄瓜主要生育期水分管理

黄瓜是我国北方设施栽培面积最大的蔬菜品种，黄瓜可一年多茬栽培，在蔬菜周年供应中占有十分重要的地位。现以日光温室冬春茬栽培为例，介绍黄瓜各生长发育期的水分管理原则。

(1)发芽期　黄瓜种子发芽对水分要求较高，播前应浸种催芽，发芽期水分不宜过多，以免引起种子腐烂。播前应浇透底墒水，播后除非土壤特别干，一般不浇水。

(2)幼苗期　如果植株顶叶抱合，节间伸长速度正常可不浇水；如果出现缺水症状，则可酌情少量浇水。此期是花芽分化的重要时期，土壤相对含水量在 80%～85%比较适宜。

(3)初花期　此期是植株由营养生长转向生殖生长的转化时期。需水量逐渐加大，植株生长旺盛，从直立生长转向蔓性生长，应注意协调坐果与长秧的关系。此期如果水分过多，极易造成徒长、枝叶茂盛、根瓜、化瓜，从而降低早熟性；如果控制水分过度，则促进生殖生长，严重抑制营养生长，容易形成"瓜打顶"现象。

(4)结瓜期　此期是决定产量的最关键时期，应围绕促进生殖生长和营养生长同时旺长、延长持续结瓜时间和延长叶片寿命进行水分控制，以确保植株不早衰，不出现结瓜间歇为重点。结瓜盛期前期每 3～5 d 浇一次水，高温期可 1～2 d 浇一次水，总之，结瓜期应保持土壤湿润，相对含水量在 80%～85%为宜。灌溉应在上午，最好是采瓜前进行，以免采瓜后灌溉把尚未坐住的瓜顶掉。此外，采前灌溉还有利于黄瓜增重并使其更加鲜嫩。

3. 温室甜椒主要生育期水分管理

甜椒是含辣椒素少、果型较大的辣椒，具有产量高、效益好、耐储运等特点，因此甜椒设施栽培面积逐年增加。现以日光温室冬春茬栽培为例，介绍甜椒各生长发育期的水分管理原则。

(1)发芽期　甜椒播种前应将育苗盘或种畦喷透水，采用地膜覆盖保湿，出苗后改为低拱棚保温保湿，苗齐后可适当降温管理。

(2)幼苗期　分苗前需先将苗盘或种畦浇透水，然后提苗移栽，分苗后浇水高温缓苗 2～3 d。若苗钵过干，可于晴日上午适量喷水。

(3)开花坐果期　甜椒较耐湿，因此定植时要灌足定植水，缓苗期不用浇水，使膜下土既保持湿润，又疏松通透，还应保持表土间干间湿，通过控制水分调节营养生长和生殖生长的关系，使其达到均衡生长。此外，保持空气相对湿度在60%～80%比较有利于甜椒的开花坐果。

(4)结果期　以生殖生长为主，并继续进行营养生长，故需水量大，应加强水分管理，促进秧果并旺，达到高产高效的目的。甜椒根系吸收力弱，需经常供给水分才能生长良好，可以通过小水勤浇保持土壤湿润疏松。

8.5.3　温室内果树的需水特性与水分管理

8.5.3.1　温室内果树的需水特性

果树种类很多，但用于温室栽培的果树不多，常见的有桃树、李树、樱桃、枇杷、葡萄、木瓜等，其目的是一方面通过温室保温促进某些果品早熟，如桃、李、樱桃、葡萄等；另一方面可使南方果树在北方越冬并结果。果树在各个物候期对水分的要求不同，需水量也不同，通常萌芽前需水量增大；开花期水分过多或过少均会引起落花落果；以新梢生长期的需水量最多，对缺水最敏感，为需水临界期。果树的需水量还随树种、土壤类型及栽培管理条件的不同而不同。一般来说，叶片小、角质层厚、气孔小的为旱生果树，需水量小，如石榴、扁桃、无花果等；而叶片大的果树则需水量较大。在温室内空气湿度较大，蒸腾作用弱，所以需水量明显低于大田。果树灌溉应在果树未受到缺水影响之前就进行，如果树体已表现出缺水症状时才进行灌溉，将对果树的生长和结果造成不可挽回的损失。确定果树是否需要灌水的主要依据是果树生长发育期的需水要求和当时的土壤含水量。果树灌溉应抓住花前、花后、花芽分化和休眠四个重要时期。

(1)花前水　又称催芽水。在果树发芽前后到开花前期，若土壤中有充足的水分，将会加强新梢的生长，加大叶片面积，增强光合作用，使开花和坐果正常，为当年丰产打下基础。因此，春旱地区，花前灌水是促进果树萌芽、开花、新梢叶片生长，以及提高果树坐果率的有效措施。一般可在果树萌芽前后进行灌水，但以提前尽早灌水效果更好。

(2)花后水　又称催梢水。果树新梢生长和幼果膨大期是果树的需水临界期，此时期果树的生理机能最旺盛。若土壤水分不足，果树叶片因强烈蒸腾而吸收幼果水分，致使幼果的膨大受影响，出现皱缩和脱落；根系的吸收作用也会受到影响，果树生长减弱，产量显著下降。因此，这一时期若遇干旱，应及时进行灌溉。花后水对加强新梢迅速生长，提高坐果率，并促使幼果膨大有显著作用，是保证果树高产稳产的关键水，一般可在落花后15 d至生理落果前进行灌水。在南方多雨地区，此时期正值梅雨季节，应特别注意果园的排水工作。

(3)花芽分化水　又称成花保果水。对多数落叶果树而言，此时正值果实迅速膨大期及花芽大量分化期，应及时灌水。这样既可以满足果实膨大对水分的要求，保证提高当年产量，又能促进花芽健壮分化，形成大量有效花芽，为来年丰产创造条件。

(4)休眠期灌水　又称冬灌。一般在冬季土壤封冻前灌水，可起到防旱御寒作用，保证果树安全越冬，也有利于花芽发育，并在土壤中储足水分，促使肥料分解，有利于果树翌年春天生长。我国北方地区，冬春比较干旱，更有必要进行冬灌。通常，果树在一般年份的上述各个灌水时期需各灌水一次，即可满足果树该时期的需水要求。一般认为，在果树生长期的前半期，应充足供水，以利于果树生长发育和结果；在果树生长期的后半期，要适当控制水分，使果树逐渐停止生长，适时进入休眠期，做好越冬准备。若果园内土壤含水量降低到田间持水量的 50%，则必须及时进行灌水。

8.5.3.2 温室内果树的水分管理

1. 温室葡萄的水分管理

我国日光温室葡萄栽培面积已达 4 000 m^2，葡萄的生长发育与水密切相关，水在葡萄各种生理代谢中占有极其重要的地位。

葡萄主要生长期的水管理要点如下：新建温室应挖深 0.4～0.5 m、宽 1.0 m 的定植沟，大水灌足。

(1)花前水　定植后的灌水管理应根据土壤和环境气候条件灵活掌握。11 月上旬灌封冻水，葡萄在发芽前的催芽水十分重要，这是其生育期需水量最大的时期，此时若水分供应不足，容易使催芽期延长、发芽率下降及发芽不整齐，故应充分灌水，每亩灌水 20 m^3。为防止茎叶徒长，利于花器官分化发育，应严格控制灌水。

(2)花后水　葡萄发芽后至开花期，可在花前 10 d 左右酌情灌一次小水，每亩灌水 10 m^3 即可。开花期间不宜灌水，否则会引起落花、落果。

(3)坐果后着色前　可灌催果水，着色期不灌水，否则易引起裂果和营养品质下降，采收后应灌下架水。

(4)浆果膨大期　果实迅速膨大，枝叶生长旺盛，叶片蒸腾量也大，是生长发育期中需水量大的时期，此时也是促进温室葡萄提早成熟的关键期，小水勤浇、适时灌水对促进幼果膨大及养分吸收十分有利，一般可每 7 d 灌水一次、每次每亩灌水 20～30 m^3。

(5)浆果着色至成熟期间　灌水次数和灌水量均应减少，每 10～15 d 每亩灌水 20～25 m^3，方法同浆果膨大期，以保证果实糖分积累和果实第二个生长高峰对水分的需要。

2. 温室樱桃的水分管理

樱桃果实颜色艳丽、风味鲜美，是温室栽培的重要果树种类之一。樱桃的生长发育与光照、温度、水分等环境因子密切相关，因此应该加强水管理以保证植株有良好的生长状态，达到高产优质的目的。

樱桃主要生长期的水管理要点如下：樱桃对水分反应敏感，既不耐旱又不耐涝，所以不浇大水，一般果实采收后，结合施基肥灌一次水，对树体恢复和花芽分化很重要；土壤上冻前应灌一次水，这样可使土壤储足水分，利于肥料分解吸收和花芽发育。

(1)樱桃发芽后至开花前　可灌一次催芽水，以利于新梢和叶片的生长。空气相对湿度要求在 80%左右，过低开花不整齐，易受高温危害；过高对花粉、发芽不利，易染病。

(2)开花期　相对湿度宜在 40%～60%，湿度低柱头易干燥，影响授粉。

(3)落花后　不宜灌水，以防新梢徒长造成落果并利于花器官分化发育。

(4)樱桃果实膨大期　果实迅速膨大、枝叶生长旺盛，叶片蒸腾量也大，是生长发育中水分需求量大的时期，此时也是促进温室樱桃早熟的关键时期，湿度控制在 60%。在果实硬核期之前进行，小水勤浇对促进幼果膨大、养分吸收十分有利。

(5)着色至成熟期　湿度控制在 50%左右。土壤湿度可通过灌水来调节，果实膨大期需水较多，但此期宜小水勤灌，每次灌水 10～15 mm。果实成熟前灌水量在 5～7 mm 为宜。

3. 温室桃的水分管理

温室桃栽培品质优良，具有良好的经济效益，因而发展迅速。温室桃可较露地提早20～50 d收获。加强水管理可保证植株有良好的生长状态，达到高产优质的目的。温室桃主要生长期的水管理要点如下：

日光温室桃栽培的灌水应在萌芽前、开花前、开花后及果实采收前10 d各灌水一次，每次灌水10～15 mm。果实成熟前灌水量在5～7 mm为宜。发芽后至开花前，灌催芽水有利于新梢和叶片的生长。开花期间和落花后不宜灌水，以防新梢徒长造成落花、落果并利于花器官分化发育。追肥后灌一次水，有利于肥效提高和利用，对促进幼果膨大、养分吸收十分有利。

4. 温室枣树的水分管理

枣果富含多种营养保健成分，具有极高的药用价值，风味独特，具有较强的耐瘠薄和耐旱的特点，是较理想的经济果树和较好的生态经济林品种。虽然枣树是一种耐旱的树种，但必须保证适当的水分供应，只有在保障枣树对水分生理需求的条件下，在枣树一年中每个生命活动的每个生育环节保证水分供应，才有高产和优质可言。温室枣树主要生长期的水管理要点如下：

(1)枣树萌芽展叶期　枣树进入萌芽时期，为了保证枣树萌芽整齐，在春季干旱的情况下，一般主张灌一次轻水，特别是对于10年以上的大树很有必要。主要是由于10年以上的大树已进入了一个丰产期，生殖生长与营养生长趋于平衡，灌水后，一般不会出现大量冒芽的情况；而对于幼树来说，灌水容易促进营养生长过快、过旺，对坐果不利，所以还是主张"控水"为好。但对于未成形的幼树，为了扩大树冠，此时浇水还是有必要的。为保证种子发芽和幼苗的正常生长发育，萌芽展叶期的土壤含水量为15.2％～19.8％(占田间持水量的65％～85％)。

(2)开花坐果期　枣树需水临界期通常出现在枣树花期，如果土壤含水量小于这个值，将会影响枣树的生长，以水分下渗到土层以下20～30 cm为宜。开花坐果期的土壤含水量为15.2％～22.1％(占田间持水量的65％～95％)。

(3)果实膨大期　在果实膨大期，适当灌水还是非常必要的。一是防止枣果缺水萎缩、脱落，减轻采前落果；二是增加鲜食枣的含水量，使脆度增加。果实膨大期的土壤含水量为15.2～22.1％(占田间持水量的65％～95％)。

(4)果实成熟期　枣果进入成熟期，枣树叶片大部分变黄枯死，生理机能衰退。此时主要是糖分的积累，需水量不大，土壤湿度不宜过高。适宜的土壤含水量为10.2％～19.8％(占田间持水量的65％～85％)。

8.5.4 温室内花卉的需水特性与水分管理

8.5.4.1 温室内花卉的需水特性

花卉对水分的要求很高，不同花卉的需水量差异很大。根据花卉对水分需求的不同，一般将其分为旱生花卉、中生花卉、湿生花卉和水生花卉。主要花卉植物的生境、结构特征和需水特性见表8-3。

表 8-3　主要花卉植物的生境、结构特征和需水特性

花卉类型	生境	结构特征	需水量	灌溉方法
旱生花卉	干旱荒漠地区	叶片变小或肉质化，根系发达	少	根系发达，耐旱能力强，灌水次数少
中生花卉	湿带草原	叶片较大，输导组织发达，根系较发达	中等	叶面蒸腾大，需水量较大，较耐旱，需经常浇水
湿生花卉	热带、亚热带森林	通气组织较发达，叶片薄而软，根系较不发达	较多	要求空气湿度和土壤湿度高，喜潮湿，需小水勤浇和叶片喷水
水生花卉	湖泊及湿地沼泽	通气组织发达，输导组织衰退，叶片薄软，根系不发达	多	需长期浸没在水中才能生长，根据形态还可分为挺水花卉、浮叶花卉、漂浮花卉和沉水花卉

花卉植物在不同的生长发育期对水分的需求量是不同的。一般来说，种子发芽时需要水分较多，主要用于吸胀和胚根萌发抽出。幼苗期根系弱小，植株抗旱力弱，应保持土壤湿润。植株生长期抗旱力有所增强，可适当小水灌溉，以满足其生长需要。花卉植物的生长过程一般都需要较高的空气湿度，但湿度太大往往会导致植株徒长。开花结实期要求空气湿度相对较小，以利于开花和受精。种子成熟期也要求将湿度控制在较低水平。花卉的花芽分化和色泽发育受水分影响很大，花芽分化期控制灌水可以抑制营养生长，促进花芽分化。球根花卉的种球含水量高低决定其花芽分化的迟早，含水量高的球根花芽分化延迟，含水量低的球根花芽分化早，因此可以通过高温脱水使水仙、风信子、百合、郁金香等球根花卉提早开始花芽分化而缩短开花期。缺水干旱将对花卉正常发育造成伤害。根据花卉的需水特性，花卉灌水一般应按以下原则进行：间干间湿，不干不浇，见干就浇，浇则浇透；浇水时间以上午最好，必要时亦可在傍晚灌水；为降低室温和增加空气湿度，可在中午或下午适当喷雾洒水，以减轻空气干燥对花卉生长的不利影响。

8.5.4.2　温室内花卉的水分管理

1. 温室玫瑰的水分管理

玫瑰又称现代月季，是蔷薇科蔷薇属亚灌木花卉，与菊花、香石竹和唐菖蒲一起被列为四大切花植物，在国际花卉贸易中占重要地位，世界年产切花达 40 亿～50 亿支。玫瑰切花生产可采用槽式基质培、岩棉培进行。槽式基质培和岩棉培均以滴灌最好，营养液岩棉无土栽培一般夏季每天供液 7～10 次，冬季每天供液 3 次。

2. 温室香石竹的水分管理

香石竹也称康乃馨，是石竹科常绿亚灌木，常作多年生宿根草花栽培，是较为流行的切花之一。香石竹切花生产采用槽式基质培方式，使用滴灌带进行灌溉。采用营养液基质栽培，需要在定植后 20 min 开始供水，第一次需要浇透，后面浇水只保持叶面湿润即可。低光照条件下，水分不足可使植株正在进行伸长生长的茎节变软。因此，控制水分可以调节低光照下植株茎秆的强度。高光强下水分过重会使得花小，生长减缓，品质变差。一般香石竹定植初期使用低浓度营养液进行灌溉，每天供液 4～5 次，每次 5 min 即可。香石竹土壤栽培浇水以保持土壤湿润为宜，可采用滴灌小水勤浇，每次灌水量不宜过多。灌水在上午进行，同时尽量避免将水浇到枝叶上，冬季可适当减少灌水次数和灌水量。

3. 温室菊花的水分管理

菊花是菊科多年生宿根草本花卉，其切花产量和销量均居切花植物首位，也是一类重要的盆栽花卉。菊花品种有2万多种，多采用扦插繁殖，可采用槽式基质培、盆栽方式进行生产，槽式基质培以滴灌最好，盆栽可采用滴灌或人工灌水。菊花基质培营养液一般每天通过滴灌系统供液3～4次，每次每株0.3～0.5 L，晴天可适当增加，阴雨天可减少灌溉次数。一般温室春菊于当年11月至翌年1月定植；夏菊2—3月定植；秋菊5—6月定植；寒菊8月定植。水分管理原则是前期少灌水，土壤不干不灌水，花芽分化时一般不灌水，花芽形成后灌足水，使花蕾迅速发育，开花后则应小水勤浇，保持土壤湿润。通常可3～5 d灌一次水，保持土壤湿润并经常中耕松土，防止土壤板结。

4. 温室百合的水分管理

百合是百合科百合属植物，可分为观花百合、切花百合和食用百合，是具有鳞茎的多年生草本花卉。百合生长发育可分为抽茎、显蕾、开花、地上部枯死和鳞茎休眠五个阶段，百合生长期要求最适相对湿度为80%～85%。为保持土壤湿润，通常每5 d灌一次水，但每次灌水不宜过多，还应根据植株生长情况、天气状况调节灌水量。

8.5.5 设施栽培对灌溉技术的要求

设施内环境条件特殊以及种植在设施内的蔬菜、花卉、苗木等对环境水分条件的要求与大田作物、露地蔬菜和果树等完全不同，因此，设施内灌溉技术有其独特性。但是，无论选用何种灌溉技术，都必须以有利于设施内植物、为设施内植物创造良好的水分环境为重要依据。

1. 设施内灌溉技术的基本要求

为有效调控设施内的水分环境，设施内采用的灌溉技术必须满足下述基本要求：

①依植物需水要求，遵循灌溉制度，按计划灌水定额实施适时适量灌水；

②灌溉水有效利用率：滴灌不低于0.9，微、喷灌不低于0.85；

③保证高效、优质、高产和稳产；

④灌水劳动生产率高，灌水用工少；

⑤灌水简单经济，易于操作，便于推广；

⑥灌溉系统和装置投资小，管理运行费用低。

2. 设施内灌溉技术的合理选择

近年来，通过设施农业建设实践，目前设施内采用的灌溉新技术应以微灌技术为主，选用滴灌技术和微喷灌技术，以及由其派生出的一些现代化、自动化程度高的灌溉新技术。微灌技术一般一次性投资较高，但省水、节能、高产效益十分显著，并可节省打畦、筑埂、开沟和灌水的劳动力，减轻劳动强度。据文献报道，微灌系统全部由管道输配水，无沿程渗漏和蒸发损失。微灌属局部灌溉，一般只湿润植物根部附近土壤，灌水流量小，能适时适量依植物生长需要供水，完全避免地表径流和深层渗漏，所以一般比地面灌溉省水50%～70%，比喷灌省水15%～25%。微灌灌水器在低压下运行，一般工作压力为50～150 kPa，比喷灌低，可节能。微灌灌水均匀度高，一般可达80%～90%，又可结合灌水施肥或施农药，还可调节植株间的温度和湿度，因而可实现高产、稳产，提高产品质量，一般微灌比其他灌水方法增产30%～50%。据各地示范推广中应用的实践经验，目前我国设施内微灌系统主要采用下述几种：

(1)地面上固定式滴灌系统　其灌水器多采用带有迷宫式消能与抗堵塞长流道的边缝式和贴壁式滴灌带，其次是有压力补偿和无压力补偿的内镶式滴灌管以及其他纽扣式滴头，主要适用于蔬菜灌溉。

(2)悬吊式向下喷洒、插管式向上喷洒的固定式或半固定式微喷灌系统　其灌水器多采用折射式、射流式微喷头，主要适用于喷洒花卉、苗圃、盆栽和低矮的观赏植物，设施内也有采用摇臂旋转式小喷头的，主要喷洒大棚内较高的苗木、果树或要求环境湿度较大的观赏植物或高架植物。大多数蔬菜要求设施内空气湿度不宜过高，否则会使蔬菜生长受阻，并易发生病虫害，因此以选用滴灌技术为最好，一般不宜采用微喷灌技术。对花卉、苗木、无土栽培植物、盆栽和观赏植物往往需要设施内湿度较高，应以选用微喷灌技术为宜。

复习思考题

1. 为什么设施农业需要发展节水灌溉？
2. 作物需水量的概念是什么？
3. 影响作物需水量的因素有哪些？
4. 灌溉制度的概念是什么？
5. 设施内灌溉技术的基本要求都有哪些？

Chapter 9

第9章

节水灌溉技术

本章学习目的与要求

1. 掌握节水灌溉技术的概念。
2. 掌握我国的节水灌溉体系。
3. 了解各种节水灌溉的原理。

9.1 节水灌溉技术的定义与分类

减少水量损失、提高浇灌水使用效率和经济效益的各种措施，均属节水灌溉范畴。当前我国的节水灌溉系统已逐步形成以农艺节水技术、工程节水技术和生物节水技术为主的节水灌溉体系。农艺节水技术包括控制性交替灌溉技术、节水型沟灌技术等；工程节水技术包括滴灌技术、微喷灌技术、渗灌技术、潮汐灌溉技术、痕量灌溉技术、微润灌溉技术、自动化控制灌溉技术、信息节水技术等；生物节水技术包括抗旱品种、抗蒸腾剂、保水剂、植物生长调节剂的选用。

9.2 农艺节水技术

农艺节水技术见视频 9-1。

视频 9-1
农艺节水技术

9.2.1 控制性交替灌溉技术

控制性交替灌溉(controled alternative irrigation，CAI)的基本概念与传统的概念根本不同。传统的灌水方法追求田间作物根系层的充分和均匀湿润，而 CAI 则强调利用作物水分胁迫时产生的根信号功能，即人为保持或控制根系活动层的土壤在垂直剖面或水平面的某个区域干燥，使作物根系始终有一部分生长在干燥或较干燥的土壤区域中，限制该部分的根系吸水，让其产生水分胁迫的信号传递到叶气孔，形成最优的气孔开度；同时，通过人工控制，使在垂直剖面或水平面上的干燥区域交替出现，即该次灌水湿润的区域，下次灌水让其干燥，而上次灌水干燥的区域，下次让其湿润，这样就可以使不同区域或部位的根系交替经受一定程度的干旱锻炼，既可减小棵间全部湿润时的无效蒸发损失和总的灌溉用水量，又可提高根系对水分和养分的利用率，以不牺牲作物的光合产物积累而达到节水的目的。

9.2.1.1 分根区交替灌溉

控制性分根交替灌溉(control root-splited alternative irrigation，CRAI)就是人为保持根系活动层的土壤在水平或垂直剖面的某个区域干燥，使作物根系始终有一部分生长在干燥或较为干燥的土壤区域中，限制该部分的根系吸水，同时通过人工控制使根系在水平或垂直剖面的干燥区域交替出现，使干燥区的根系产生水分胁迫信号传递到叶气孔从而有效地调节气孔关闭，而处于湿润区的根系从土壤中吸收水分以满足作物的最小生命之需，使对作物的伤害保持在临界限度以内。同时由于表层土壤总是间歇性的处于干旱区，这样既可减少棵间一直湿润时的无效蒸发损失和总的灌溉用水量，又可降低土壤机械强度，改善土壤的通透性，促进根系的补偿生长，提高根系对水分、养分的利用率，提高矿质养分的有效性，以不牺牲作物的光合产物累积而达到节水的目的。果树根区交替滴灌系统见图 9-1。

王志平等的研究表明，甘蓝、青花菜和大白菜采用交替灌溉时，产量降低并不显著，但灌溉水生产效率分别提高 33.5%、25.4%和 62.0%，平均单株根干重分别增加 60.0%、

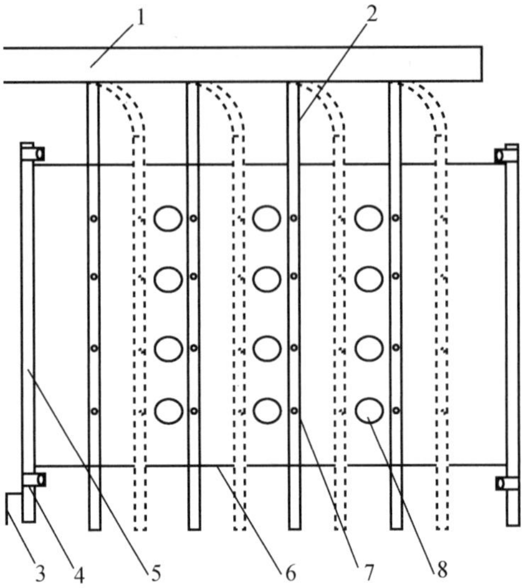

图 9-1 果树根区交替滴灌系统(刘佳伟,2014)

1. 支管;2. 毛管;3. 转柄;4. 升降机构;5. 卷放轴;6. 牵引绳;7. 出水口;8. 果树

34.1%和58.3%。宋磊、岳玉苓等研究了交替灌溉对桃树生长发育及水分利用效率的影响,采用交替灌溉的桃树水分利用率提高了75%,桃树新梢生长量减少,但对果实直径没有显著影响。Davies等对地中海地区的柑橘、橄榄、柚子、西红柿、葡萄、草莓、苹果等作物进行了室内盆栽和大田交替灌溉研究,结果表明,交替灌溉技术节水效果显著,作物产量略有减少或基本持平,但可促进糖分向果实转移,从而提高果实的品质。大量试验结果证明,粮食作物、经济作物等采用交替灌溉均可以在不显著影响产量的情况下,提高灌溉水利用效率。对于某些作物,交替灌溉甚至可以提高产量和品质,它是一种切实可行的灌水技术。

9.2.1.2 隔沟交替灌溉

隔沟灌水技术是建立在控制性分根交替灌溉理论基础之上的一种灌水新方法,是通过改变灌水方式与作物根区土壤的湿润方式,利用作物根系生长的向水性,控制性地隔沟灌溉作物的节水灌溉技术。隔沟灌水技术主要适用于作物需水少的生长阶段,或地下水位较高的地区以及宽窄行种植作物。采用这种技术灌水时相邻的沟不同时灌水,而是间隔一条沟通水。下一次灌水时,再间隔灌上次没有灌水的沟。隔沟灌适用于有沟灌系统的田地,还可以建立在低压管道输水系统上,无须额外的灌水器材,但需要人工改水,劳动量大。

9.2.2 节水型沟灌技术

9.2.2.1 膜上沟灌技术

膜上沟灌是在地膜覆盖栽培的基础上,把膜侧灌水改为膜上灌水,使水流在膜上推进过程中,通过放苗孔(有时再增打专门渗水孔)或膜侧缝入渗给作物供水的一种局部灌水技术,是畦灌、沟灌和局部灌水方法的综合。

膜上灌是通过放苗孔或膜侧缝入渗来给作物供水的,实际上是把传统的浇灌作物种植区域的田地,变成直接浇灌作物。这种供水方式可改善作物的生长发育环境,同时可提高灌溉水的有效利用率，节水增产效果显著，该技术的特点主要体现在以下几个方面：

1. 节水效果明显

研究结果表明，膜上灌较传统的地面灌溉可节水 30%～50%，最高可达 70%。节水原因主要是膜上灌是可控的局部灌溉，平均施水面积(放苗孔和渗水带)仅为传统沟(畦)灌灌水面积的 2%～3%，其余 97%～98%的面积均依靠灌水孔的旁渗浸润来进行灌溉，因此可以克服灌水过程中的深层渗漏。

2. 灌水质量高

膜上灌水质量明显高于传统的沟(畦)灌，主要表现在以下两个方面：①灌水均匀度提高。膜上灌的地膜作为畦块的防渗护面材料，糙率较小，膜上水流速度较大，畦块首尾部进水时差短，所以沟畦首、中、尾的横断面和纵断面的入渗量差异小，可提高沟畦中作物均匀受水的程度。另外，膜上灌可以通过增开或封堵灌水孔的方法来消除沟(畦)首尾或其他部位处进水量的大小，以调整和控制灌水孔数目对灌水均匀度的影响。因此，膜上灌不仅可以提高地膜覆盖沿沟(畦)长度方向的灌水均匀度和湿润土壤的均匀度，同时可以提高地膜沟(畦)横断面方向上的灌水均匀度和湿润土壤的均匀度。②保持土壤结构。膜上灌水流是在地膜上流动或存蓄的，因此不会冲刷膜下土壤表面，也不会破坏土壤结构；而通过放苗孔和灌水孔向土壤内渗水，又可以保持土壤疏松，不使土壤产生板结。

3. 作物生长发育环境得到改善

地膜覆盖栽培技术与膜上灌水技术相结合，改变了传统的农业栽培技术和耕作方式，也改善了田间土壤水、肥、气、热等作物生长发育环境。

(1)水　膜上灌在田面覆盖地膜，可显著减少棵间蒸发，膜下水分则主要被作物根系吸收，相对供水量充足，能充分满足作物生长发育的需求；同时，土壤水分集中于作物主根四周，根系向四周发育庞大而均匀，有利于水分和养分的吸收。

(2)肥　膜上灌不会冲刷表土，又可减少深层渗漏，从而大大减少土壤肥料的流失；覆盖地膜后，膜下土温提高，有利于土壤中微生物的活动，还可活化土壤中的钙离子，降低土壤容重，促进有机质的分解和矿化，减少氮的挥发和流失，前期增加土壤中氧的解吸，后期则提高土壤对氮的固结能力，土壤肥力提高。

(3)气　膜上灌可以保持土壤结构疏松，从而保持良好的土壤通气性。

(4)热　作物生育期内田面均被地膜覆盖，膜下土壤白天积蓄热量，晚上则散热较少，而膜下的土壤水分又可增大土壤的热容量，导致地温提高且相当稳定。据观测，采用膜上灌可以使作物苗期地温平均提高 1～1.5 ℃，作物全生育期的土壤积温也有所增加，从而促进作物根系对养分的吸收和作物的生长发育，使作物提早成熟。一般粮棉等大田作物可提前 7～15 d 成熟，辣椒、西瓜等作物可提前 20 d 左右上市。

4. 增产效益显著

膜上灌可改善作物的生长发育环境，使作物出苗率高，根系发育健壮，生长发育良好，从而促使作物提早成熟、增产增效。据观测，采用膜上灌灌水技术与沟灌相比，均匀度有很大的提高，可以给蔬菜提供较适宜的水分状态，有利于蔬菜吸收。据测算，膜上灌比常规沟灌增产 15%～20%。膜上灌是在原覆盖蔬菜的地膜上流水，可使一膜多用，基本上不增加投入，是一项值得推广的农田节水技术。

总之，膜上灌具有节水、灌水质量高、投资少、产量高、易推广和见效快的特点，尤其在干旱条件下更显示出巨大的节水潜力，节水效果50%～60%，是一项值得大力推广、广泛应用的灌溉技术。

9.2.2.2 膜下灌溉技术

膜下灌溉一般分为膜下沟灌和膜下滴灌。膜下沟灌是将地膜覆盖在灌水沟上，灌溉水流在膜下的灌水沟中流动，以减少土壤水分蒸发。膜下沟灌的入沟流量、灌水技术要素、田间水有效利用率和灌水均匀度与传统的沟灌相同。该技术主要用于干旱地区的条播作物上。温室灌溉采用该技术可以减小温室的空气湿度，减少和防治病害的发生。膜下滴灌主要是将滴灌带管铺设在膜下，以减少土壤棵间蒸发，提高水分利用效率，该技术更适合干旱、半干旱地区使用。

1. 膜下沟灌技术

膜下沟灌技术是在蔬菜定植后，于两小行之间的灌溉沟上覆盖一层地膜，做成膜下灌水沟，在膜下沟中进行灌溉。由于基本不增加生产成本，在蔬菜生产中应用较为普遍。

2. 膜下滴灌技术

在设施蔬菜生产中，膜下滴灌是将地膜覆盖与滴灌技术有机结合的一种灌溉技术，即在滴灌毛管上覆盖一层地膜，通过安装在毛管上的滴头，将水一滴一滴均匀缓慢地渗入农作物根际土壤中。采用滴灌技术可大大降低棚室内的湿度，蔬菜病害明显减少，主要结合黄板诱杀害虫和防虫网等即可综合防治病虫害。蔬菜生长期间很少用药，不仅可提高蔬菜的商品价值，增加农民收入，还能从源头保障食品质量安全。

9.3 工程节水技术

现代工程节水通过各种工程手段，以达到高效节水目的。常用的工程节水技术（视频9-2）有：滴水灌溉技术、微喷灌技术、渗灌技术、潮汐灌溉技术、痕量灌溉技术、微润灌溉技术、自动化控制灌溉技术、信息节水技术等。

视频9-2
工程节水技术

9.3.1 滴水灌溉技术

滴水灌溉技术，又称滴灌技术（视频9-3），简称滴灌，它是将具有一定压力的水（以及肥料、农药等），由滴灌管道系统输送到毛管，然后通过安装在毛管上的滴头、孔口或滴灌带等灌水器，将水以水滴的方式均匀而缓慢地滴入土壤，以满足作物生长需要的灌溉技术，它是一种局部灌水技术。由于滴头流量小，水分缓慢渗入土壤，因而在滴灌条件下，除紧靠滴头下面的土壤水分处于饱和状态外，其他部位均处于非饱和状态，土壤水分主要借助毛管张力作用入渗和扩散，若灌水时间控制得好，基本没有下渗损失，滴灌时土壤表面湿润面积小，可有效减少土面蒸发损失，节水效果非常明显。通常将毛管和灌水器放在地面，也可以把毛管和灌水器埋

视频9-3
滴灌技术

入地面以下 30～40 cm，前者称为地表滴灌，后者称为地下滴灌。

1. 滴灌的优点

(1)节约用水　滴灌是局部灌溉方法，它可根据作物的需要精确地进行灌溉，一般比地面灌溉节约用水 30%～50%，有些作物可达 80%左右，比喷灌省水 10%～20%，比地面畦灌省水 50%～70%。

(2)降低室内空气湿度　由于滴灌除作物根部湿润外，其他地方始终保持干燥，因而可大大减少地面蒸发，一般情况下室内空气相对湿度下降 20%左右。

(3)灌水均匀　滴灌系统能够有效地控制每个灌水器的出水流量，因而灌水均匀度高，一般可达 80%～90%。

(4)节省劳力　滴灌是管网供水，操作方便，且便于自动控制，因而可明显节省劳力。同时滴灌是局部灌溉，大部分地表保持干燥，可减少杂草的生长，减少用于除草的劳力。

(5)地温降幅很小　滴灌的运行方式是采用浅灌、勤灌的方式，每次灌水量很小，因而几乎不会引起地温下降。

(6)提高肥料利用率　滴灌系统可以在灌水的同时进行施肥，而且可根据作物的需肥规律与土壤养分状况进行精确施肥和平衡施肥，同时滴灌施肥能够直接将肥液输送至作物主要根系活动层范围内，作物吸收养分快且不产生淋洗损失，可减少对地下水的污染。因此，滴灌系统不仅能够提高作物产量，还可大大减少施肥量，提高肥效，比常规施肥节省 50%以上的肥料。

(7)减少病虫害的发生　滴灌可以降低室内的空气湿度，使与湿度有关的病虫害大幅度下降，同时可降低防治病虫害的农药使用量，减少蔬菜农药残留量，提高蔬菜品质。

(8)便于农作管理　滴灌只湿润作物根区，其行间空地保持干燥，因而即使是灌溉的同时，也可进行其他农事活动，可减少灌溉与其他农作物的相互影响。

(9)提高农作物产量　滴灌可以给作物提供更佳的生存和生长环境，使作物产量大幅度提高，一般增产幅度达 30%～80%。

(10)降低能耗　滴灌比地面畦灌节水 50%～70%，比喷灌节水 10%～20%，因而可降低抽水的能耗；同时滴灌时地温下降幅度小，可减少或免去提高地温所需的能耗，一般能耗可下降 30%左右。

2. 局限性

(1)滴头堵塞　使用过程中若管理不当，极易引起滴头的堵塞，滴头堵塞主要是由悬浮物(沙和淤泥)、不溶解盐(主要是碳酸盐)、铁锈、其他氧化物和有机物引起的。滴头堵塞主要影响灌水的均匀性，堵塞严重时可能使整个系统报废。

(2)盐分积累　在干旱地区采用含盐量较高的水灌溉时，盐分会在滴头湿润区域周边产生积累。这些盐分易于被淋洗到作物根系区域，当种子在高浓度盐分区域发芽时，会带来不良后果。但是，这种现象在雨水较多的南方基本不存在。

(3)影响作物的根系分布　对于多年生果树来说，滴头位置附近根系密度增加，而非湿润区根系因得不到充足的水分供应，根系生长会受到影响，尤其是在干旱、半干旱地区，根系的分布与滴头位置有很大关系。少灌勤灌的灌水方式会导致树木根系分布变浅，在风力较大的地区可能产生拔根的危害。

(4)投资相对较高　与地面灌溉相比，滴灌一次性投资和运行费用相对较高，其投资与作物种植密度和自动化程度有关，作物种植密度越大，则投资越高，反之越小；但自动化控制虽较之投资增加，但可降低运行管理费用，选用时要根据实际情况而定。

9.3.2 微喷灌技术

微喷灌（视频 9-4）是通过低压管道将有压水流输送到田间，再通过直接安装在毛管上或与毛管连接的微喷头或微喷带将灌溉水喷洒在土壤表面的一种灌溉方式。灌水时水流以较大的流速由微喷头喷出，在空气阻力的作用下粉碎成细小的水滴降落在地面或作物叶面，其雾化程度比喷灌要大，流量介于喷灌与滴灌之间。

视频 9-4
微喷灌技术

1. 微喷灌的优点

微喷灌不仅与地面灌溉相比具有很多优点，而且在某些方面还有喷灌和滴灌不及之处。

（1）水分利用率高，节约用水　微喷灌也属于局部灌溉，因而实际灌溉面积要小于地面灌溉面积，可减少灌水量，同时微喷灌具有较大的灌水均匀度，不会造成局部的渗漏损失，且灌水量和灌水深度容易控制，根据作物不同生长期需求规律和土壤含水量状况适时灌水，可提高水分利用率，管理较好的微喷系统比喷灌系统节水 20%～30%。

（2）提高作物品质，增产增收　微喷灌灌水效果好，能保持土壤疏松、不板结，为作物的生长提供良好的水气环境，不仅可增加作物产量，改善产品品质，还能缩短作物成熟期，延长收获期。微喷灌还可以在灌水过程中喷施可溶性化肥、叶面肥和农药。研究表明，该技术具有显著的增产作用，尤其对一些花卉、温室育苗、木耳、蘑菇等对温度和湿度有特殊要求的作物，其增产效果更为明显。

（3）灵活性大，使用方便　微喷灌的喷灌强度由单喷头控制，不受邻近喷头的影响，相邻两微喷头间喷洒水量不相互叠加，这样在果树不同生长阶段可通过更换喷嘴来改变喷洒直径和喷灌强度，以满足果树生长需水量。微喷头可移动性强，根据条件的变化可随时调整其工作位置，如树上、行间或株间等。在有些情况下微喷灌系统还可以与滴灌系统相互转化。

（4）节省能源，减少投资　微喷灌也属于低压灌溉，设计工作压力一般为 150～200 kPa，同时微喷灌系统流量要比喷灌小，因而对加压设施的要求要比喷灌小得多，可大大节省能源，发展自压灌溉对地势高低的要求也比喷灌小。同时由于设计工作压力低，系统流量小，又可减少各级管道的管径，降低管材公称压力，使系统的总投资大大下降。

（5）可调节田间小气候　由于微喷灌水滴雾化程度大，水滴直径一般小于 0.5 mm，有利于作物根系发育，既可补充土壤水分，又可有效增加近地面空气湿度，降低田间温度，改善田间小气候。如在干旱高温低湿季节，采用合适的微喷灌能使作物株间湿度提高 20%以上，温度降低 3～5 ℃，叶片相对含水量增加 10%～15%，从而减缓或消除因高温、低湿对光合作用的抑制作用。在寒冷的冬季，甚至还可将微喷头移至树冠上，以防止霜冻灾害等。

（6）容易实现自动化，节约劳力　采用微喷灌一般可省去平田整地、开沟、筑畦等一系列地表作业，灌水时，管理人员只需要进行必要的调整就可以较好地完成灌溉任务，而不需要人工进入田间操作，便于实施灌溉的自动化管理，劳动效率高，管理作业方便。因此，与地面灌溉相比，采用微喷灌技术可以节省大量的灌溉劳力。

2. 局限性

(1)对水质要求较高　水中的悬浮物等容易造成微喷头的堵塞,因此为避免微喷灌系统的堵塞,保持作物叶面干净,必须对灌溉水进行过滤,特别是采用硬质水源时,一定要对水源进行严格的净化过滤,甚至软化处理后才能使用。

(2)易受杂草、作物茎秆阻挡　田间微喷灌易受杂草、作物茎秆的阻挡而影响喷洒质量。

(3)灌水均匀度受风影响较大　在大于 3 级风的情况下,微喷水滴容易被风吹走,灌水均匀度降低,这时一般不宜进行灌水。因而微喷头的安装高度在满足灌水要求的情况下要尽可能低一些,以减少风对喷洒的影响。

(4)一次性投资较大　微喷灌系统属于加压灌溉系统的一种,它的使用涉及动力系统,加上在田间需要大量的管材等,一次性投资相对较高。

(5)有可能增加作物病害　对于在相对封闭环境的温室、大棚,完全依靠微喷灌进行灌溉,有可能使温室、大棚中的湿度过高,若管理不善,易导致作物发生病虫害。

9.3.3　渗灌技术

渗灌是指灌溉水以滴渗方式湿润作物根系层,实现对作物灌溉。目前工程上的做法是将灌溉水通过低压渗灌管壁上的微孔(裂纹、发泡孔)由内向外呈发汗状外渗,随即通过管壁周围土壤颗粒间孔隙的吸水作用向土体扩散,向作物根系供水,一次性连续实现对作物灌溉的全过程。

1. 渗灌的优点

(1)节水、节能,便于中耕　渗灌时灌溉水仅湿润作物根系层,地表土壤含水量很小,故地面蒸发量小,非常节水,同时渗灌管都在低压条件下渗水(工作压力在 40～100 kPa),灌溉水所需动力小,节省能源。据统计,渗灌比沟灌节水 50%～70%,比管灌节水 43%,同畦灌相比节水率至少在 60%以上。

(2)节省工时　用明水浇地需大量人力,若采用渗灌,因管道全部埋入地下,可直接向作物根系层适时、适量灌水。另外,采用渗灌时,地表土壤含水量少,没有适宜杂草生活的环境,可省去除草用药及人工除草工时,二者相比,省工 95%。

(3)不破坏土壤结构　渗水管外渗水流非常缓慢,多为层流,管内水流压力低,灌溉水通过管壁周围土壤颗粒的吸水作用向土壤扩散,不会破坏田间土壤结构,防止土壤板结、干裂,同时能够保证田间土壤具有良好的通透性。

(4)按需供水,给作物创造良好的生长环境　渗灌非常适宜蔬菜和果树生长,并能有效地抑制病虫害发生。菜苗生长一般都是从育苗床上移栽过去的,秧苗在苗床中,土壤具有一定含水量,移栽后的干土与原秧苗床含水量不一致,不能有机地结合成一个整体;采用渗灌后,能够按时、按量供水,不用封掩,整个苗区没有干土,秧苗在苗床所带土壤与苗田里土壤很容易结合为一体,适合秧苗生长,秧苗没有缓苗期,死苗率降低,每百株秧苗仅补苗 4～5 株。渗灌能解决一些特殊品种需水问题,如草莓秧适宜生长在湿润的土壤中,而草莓果又不能接触明水,沾上水的草莓果易发生霉烂。过去采用的大畦漫灌、膜上灌、喷灌都无法解决这一问题,而渗灌恰好可以很好地解决此类问题。

(5)一物多用　灌水时可同时施用化肥、根系灭菌剂。渗灌在保护地中应用效益更加明显，同时能较好地调节土壤中的水、肥、气、热。

2. 局限性

渗灌灌溉技术虽然具有诸多优点，但由于渗水管埋设于作物根系层，出水口小且不均匀，作物根系具有趋水性，很容易产生堵塞，清理也很困难，埋设地面以下的管道属于隐蔽工程，不同位置的出水量、堵塞情况、深层渗漏等问题不易被发现。每季作物收获后，检查清理渗灌管难度较大。施加有机肥的过滤器（网）容易锈蚀，会减少有效过水断面面积。渗灌灌溉技术虽经过了多年的研究，但由于土质差异及作物差异，合理确定不同土质、不同作物灌水技术要素指标还存在一定的问题。同时，不合理的渗管出流量也会引发灌溉水出现深层渗漏现象。土壤渗透性很大或地面坡度较陡的地方采用渗灌灌溉技术也存在一些问题。

9.3.4 潮汐灌溉技术

潮汐灌溉是一种针对花盆、穴盘等容器或基质块设计的底部灌溉方式，适用于果蔬育苗及栽培，主要由栽培床、营养液循环部分（供回液管道、营养液储备池、循环水泵、消毒设备等）、控制部分、植物栽培载体（基质块或栽培容器）四部分组成。潮汐灌溉系统运行时，营养液由栽培床进水口漫出（称为“涨潮”），当液面到达一定高度时，营养液从容器底部浸润基质，通过基质的毛细作用被吸收，供栽培作物吸收利用。当灌溉完成后，营养液从回水口排出栽培床（称“退潮”）。

1. 潮汐灌溉的优点

（1）节约水肥，减少环境污染　应用潮汐灌溉方式进行蔬菜种苗生产，不仅可以节约水肥，还可以避免多余水肥洒落地面，避免形成面源污染，有利于保护生态环境。

（2）节省用工，降低人工成本　在集约化育苗过程中，采用潮汐灌溉方式，控制系统和营养液循环系统配合使用，可实现水肥的自动化管理，自动完成营养液的调配、供液、回液等环节，与移动喷灌车相比，可节省用工 60%以上。

（3）促进作物生长发育　与传统顶部喷灌相比，潮汐灌溉能避免植物表面水膜的形成，有利于植物进行光合作用和蒸腾作用，使根际环境更利于毛细根的生长，对植物的生长发育具有促进作用。

（4）减缓病害的发生和传播　应用潮汐灌溉可以在为植物提供充足水肥的同时，解决由灌溉造成的设施内相对湿度增加的问题，保持植物表面干燥，切断传播途径，降低病虫害的发生频率。

2. 局限性

（1）投资大　虽然潮汐灌溉系统的设备，如苗床、营养液循环模块等已经实现国产化，但是较传统苗床架和移动水车等设备价格偏高，在短时间难以被广大育苗企业接受。应开展低成本潮汐灌溉系统的研发和推广，并加大技术培训力度，提高育苗企业的应用积极性，以扩大蔬菜潮汐育苗生产面积。

（2）基础研究滞后　蔬菜潮汐灌溉技术的研究，如专用基质、营养液配方、灌溉策略等方面的研究，大多还停留在试验阶段，亟须制定相应的技术规范和生产规程，总结标准化的潮汐育苗技术体系用于指导大面积生产，从而实现蔬菜潮汐育苗技术的标准化。

(3)缺少有效病虫害防治方案　潮汐灌溉条件下，病虫害的发生规律和营养液消毒处理方面的研究尚少，难以应对突发的病害传播。应加大对病虫害发生规律的研究力度，结合现有无土栽培病害发生及消毒设备等方面的研究，探索适用于潮汐灌溉技术的营养液消毒设备，制定有效的病虫害防治方案。

9.3.5 痕量灌溉技术

痕量灌溉技术是以土壤的毛细管力为基础力，依照植物的需求，缓慢、适量地为植物根系进行供水的一项技术，它是一项在正压灌溉中最省水的灌溉技术，该技术与植物需水特点基本匹配，即植物需要多少水就供给多少水。

1. 痕量灌溉技术优点

(1)节水　与世界最先进的节水技术滴灌相比，在同等条件下痕量灌溉技术可节水40%～70%。节水的同时，作物未发生减产。在正确操作的前提下，作物有增产趋势。

(2)节能　痕量灌溉系统以毛细力为基础力，为植物长久稳定供水，并且可以根据需要配合重力调节供水量，不需要外部能源即可实现自动灌溉。

(3)节资　据测算，滴灌技术投资大致在 2 000～3 000 元/亩，根据自动化控制设备情况，每亩投资还会有所增加。而痕量灌溉与滴灌相比，可节省投入 25%～40%。根据不同作物情况及规范的灌溉操作，成本还有会有所下降。

(4)永不堵塞　痕量灌溉技术依靠其控水头独特的膜滤方式对灌溉水源完成自动过滤，只要有充足的水源，系统就能自动稳定工作，使用方法简单，更不需要清理管道，可免除管道物理性的、化学性的及生物性的堵塞之害。

2. 局限性

(1)理论基础存在质疑　如对“痕量灌溉是完全依靠毛细管力达到蓄水触动式的自适应灌溉”这一论断存在质疑。从理论上讲，凹液面的存在是产生毛细管力和毛细管水的必需条件，一旦形成连续水流，凹液面和毛细管力将立即消失，因而毛细管水也不复存在，即毛细管水不是连续水流，因而保证痕量灌溉连续出流的力不是毛细管力。另外，只有在凹液面下的水饱和区内才可能出现毛细管现象，说明土壤-管内的水势差不是产生毛细管力的驱动力。因此，应进一步研究痕量灌溉实现的理论基础。

(2)试验观测时间较短　目前的试验研究大都是基于一年甚至更短系列的观测数据，观测时间较短，试验结论有待进一步验证。

9.3.6 微润灌溉技术

微润灌溉技术又称半透膜灌溉技术，是利用功能性半透膜作为灌溉输水管，以膜内外水势差和土壤吸力作为水分渗出和扩散动力，并根据作物需水要求，以缓慢出流的方式为作物根区输送水分的地下微灌技术。它通过地埋的方式为作物供水，与滴灌相比，微润灌溉技术具有节水效果明显、有效减少地面蒸发、改善作物根区土壤环境、运行成本低、抗堵塞性能强等优点，适宜旱区作物的用水需求。

1. 微润灌溉技术优点

(1)省工　系统取水口与调压池进水均采用浮球阀控制，灌溉时，打开取水口的球阀与各个微润灌溉小区的控制球阀，就能对整个果园持续性进行灌溉，不需要人员看守，即可实现微润灌溉小区的自动化灌溉，最大限度地节省灌水所需的人工。

(2)延长系统的使用寿命　地表毛管由裸铺改为埋设后，在用割草机除草时，避免对毛管的损坏，同时可降低管道的老化速度，延长管道的使用寿命。

(3)提高水肥一体化灌溉的可操作性　每次施肥时，只需将肥料装入塑料网袋放入调压池中或直接将液体肥倒入调压池搅匀即可。

(4)灌水器(微润管)不易堵塞　微润管是以高分子半透膜为核心材料制造的，具有纳米级孔隙，不易堵塞，系统日常维护主要是清洗过滤器，而不需要查看灌水器是否堵塞。

2. 局限性

(1)安装难度大，要求高　一是微润管竖立状安装时，需要用钻孔设备钻孔，劳动强度大，一般需要 2 人轮换操作；二是需要一定的技巧，利用钻孔设备将孔内的泥土提出来；三是钻杆磨损快，须经常更换；四是配件多，安装费时；五是钻孔回填时，须用细土回填，以确保钻孔壁与微润管间无缝隙。

(2)须排空气　在恢复使用时，部分微润管须排空气，否则不出水。竖立状安装的微润管因与毛管没有形成回路，在雨季过后或停水一段时间后，当重新使用时，部分微润管因气阻现象，管内无法流水进去，须将连接件取下，重新安装微润管。

(3)后期清淤困难　因微润管呈竖立状安装，尾端安装的是一个堵头，经过 2 年多的使用，部分微润管内淤积严重，须把微润管从钻孔内拔出来清洗，在清洗完后，须重新对原钻孔进行扩孔，才能把它重新装回孔内。

(4)竖状安装的微润管壁易出现爆裂　在实际应用中，部分竖状安装的微润管易从侧面破裂，造成此现象的原因：一是产品生产缺陷；二是使用中开启阀门过快，管道中易形成气锤现象。

(5)管道的布置影响施农家肥　微润灌溉系统所有管道均采用埋设方式，地里到处都是管子，在进行穴施、坑施农家肥或进行窝盘作业时，非常容易损坏到毛管与微润管。

(6)过滤器非常容易堵塞　微润管灌溉是渗灌，出水量小，微润灌溉系统的管道内水流速度慢，细泥沙会在调压池底部慢慢淤积，很快就把微润灌溉小区出水口的网式过滤器堵塞，一般 1～2 d 就要清洗 1 次。

(7)灌水效果受土壤类型因素的影响较大　微润管的灌溉是通过浸润方式，在实际应用中发现，黏性越大的土壤，其浸润半径越小，灌溉效果越差，主要原因是土壤将微润管紧密地包裹在一起。在推广微润灌溉技术时，最好在沙性土壤中实施。

9.3.7　自动化控制灌溉技术

自动化控制灌溉技术是集成工程化节水技术与自动化控制技术的一种灌溉技术，其灌溉系统一般由中央控制计算机、数据采集系统和传感器等部分组成，在操作时需要工作人员制定科学的灌溉数据标准，并以它为标准值，利用传感器获取土地中各类实际数值，向中央处理系统传输感知的数据，由中央处理系统比较两组数据，最后确定灌溉与否。如果实际数值比标准数值高就不需要灌溉，如果实际数值比标准数值低就需要灌溉。

自动化灌溉控制系统是将灌溉节水技术、农作物栽培技术及节水灌溉工程的运行管理技术有机结合，通过计算机通用化和模块化的设计程序，构筑供水流量、压力、土壤水分、作物生长信息、气象资料的自动监测控制系统，能够进行水、土环境因子的模拟优化，实现灌溉节水、作物生理、土壤湿度等技术控制指标的逼近控制，从而将农业高效节水的理论研究提高到新的现实应用水平。

该系统的关键技术是精确可靠地实现对作物生长过程中的湿度、温度、降雨量、蒸发量及土壤水分含量等因子的自动采集、传输、分析，并作出综合判断。根据不同作物不同生育阶段所需求的适宜土壤含水量及其他因素实时地作出控制机泵开启的指令，并根据预置的灌水计划有序地启闭闸阀，使整个灌水过程处于无人值守的控制状态。该系统的最大特点是高产高效优质作物与现代化自动化灌溉技术相结合，替代了传统、粗放的灌溉方式。建立在对气温、湿度、土壤含水量、降雨、蒸发量及不同作物不同生育期所需适宜含水量及相应的气象参数的综合分析基础上的灌溉专家决策支持系统，可根据作物生长需要，支持机泵及电磁阀按照预定的供水计划实施启闭，使不同的作物在不同的生育期可以科学地获取适宜的灌水时间和适宜的灌水量，从而使有限的水资源发挥最大效益。系统的工作过程如图 9-2 所示：首先自动气象站采集的气象因子、田间土壤传感器采集的土壤墒情等实时信息，通过不同的信号输入转换模块进入灌溉专家支持决策系统分析判断，然后向田间测控站、水源测控站、动力测控站及时发出指令，实施水泵、电磁阀的启闭。同时，运行过程中的灌水流量、工作压力、田间墒情、气象信息等数据自动存储于上位机，以供查询、输出。系统会编制可根据降雨、蒸发、土壤墒情等资料，采用田间土壤水量平衡计算公式，预测土壤水分短历时状况的动态变化软件，对土壤含水量逐段实行灌溉预报。

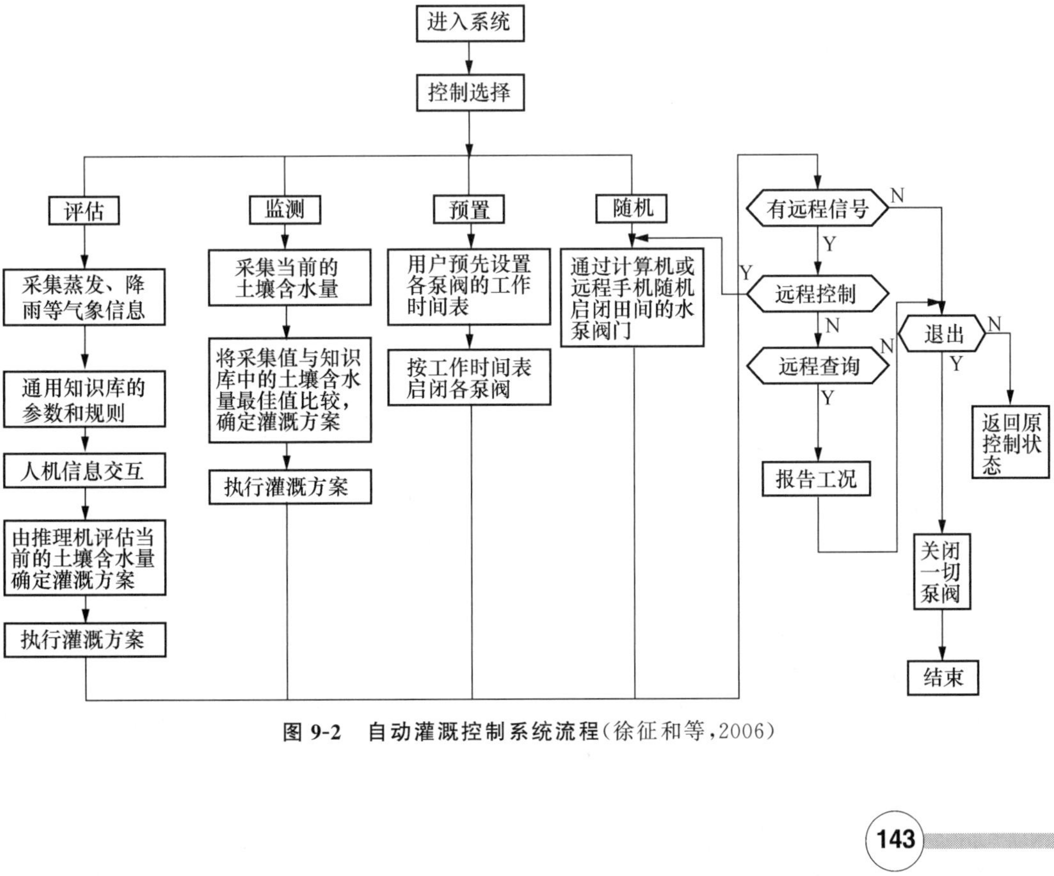

图 9-2　自动灌溉控制系统流程（徐征和等，2006）

9.3.8　信息节水技术

节水灌溉系统主要由水源地水位、水质监测、取水控制、供水控制、供水计量、土壤墒情监测、气象监测、视频监控等组成。通过自动化控制，以实现自动取水、供水、水质监测、土壤水分控制，对水资源实施精确计量，为节水灌溉提供依据。在此基础上，通过视频监控、无线传导，集中管理、加强控制，按时按需供水，严格控制灌溉用水量，达到节水用水目的。通过对取水、供水、水质监测、土壤墒情采集、大数据处理、平台综合应用等一系列操作，实现节水灌溉技术的自动化控制。

生物信息(冠层温度、冠层叶片水分、茎流等)节水灌溉技术是指根据作物的需水规律控制、调配水源，以最大限度地满足作物对水分的需求，实现区域效益最佳的农田水分调控管理技术。包括用水管理信息化系统、输配水自动检测及监控技术、田间管理技术等。其中，自动测量及监控技术采用高标准的检测设备，及时准确地掌握灌区水情，如水库、河流、渠道的水位以及抽水水泵运行情况等技术参数，通过数据采集、传输和计算机处理，实现科学配水，减少弃水。土壤墒情自动监测技术采用张力计、中子仪、TDR 等先进的土壤墒情监测仪器监测土壤墒情，以便科学地制订灌溉计划，实施适时适量的精细灌溉。田间管理方面可通过平整土地、秸秆覆盖、地膜覆盖、少耕免耕技术，以及合理调蓄、综合利用灌溉水源等方法以达到节水的目的。随着信息技术的发展，通过遥感(RS)、地理信息系统(GIS)、全球定位系统(GPS)及计算机网络技术等获取、处理、传送各类农业节水信息，为现代农业的发展提供技术支持。

9.4　生物节水技术

生物节水技术见视频 9-5。

视频 9-5
生物节水技术

9.4.1　抗旱品种

耐旱作物是指具有较强的耐旱抗逆性，在干旱缺水的情况下，能正常生长发育，保持或接近正常产量的作物。它的形态主要表现在：叶窄小，遇到干旱甚至能卷成筒状，将气孔卷在里面；有的叶片上气孔少又小，干旱高温时气孔能自动闭合；有的叶片上有茸毛，表皮层和角质层厚，能反射阳光；还有的气孔能陷入表皮层内。蔬菜按水分需求特性可以分为五类：

(1)水生蔬菜　这类蔬菜根系不发达，根毛退化，部分或全部植株必须浸没在水中才能存活，如藕、茭白、荸荠等。

(2)湿润性蔬菜　这类蔬菜叶面积大、耗水多且根层浅，吸收力弱，要求有较高的土壤和空气湿度，如黄瓜、白菜等。

(3)半湿润性蔬菜　这类蔬菜叶面积较小，组织粗硬、常有绒毛且根系较发达，对土壤和空气湿度要求不高，如番茄、茄子、豆类、根菜类等。

(4)半耐旱性蔬菜　这类蔬菜叶片呈管状或带状，叶面积小，常覆盖蜡质，水分消耗少，但根系入土浅、分布小，如葱蒜类和石刁柏等。

(5)耐旱性蔬菜　这类蔬菜虽然叶片大，但有裂刻及茸毛，且根系强大，吸水能力强，如西瓜、甜瓜、南瓜、胡萝卜等。

同一作物不同品种的抗旱耐旱性也有很大差异。从理论上来说，耗水系数小、蒸腾比率小、干旱伤害指数小、水分生产效率高、抗旱指数大于1的品种抗旱耐旱性好。从品种的特征特性上来说，抗旱耐旱品种主要表现在：一是根系发达，扎根深，根冠比大；二是叶细胞小，叶脉致密，遇旱时能够快速卷叶；三是叶片单位面积的气孔数量少又小，遇旱时气孔能快速关闭；四是叶片角质层厚，持绿性和耐脱水性好。

9.4.2 抗蒸腾剂

植物吸收的水分中通过光合作用用于生长的仅为1%左右，而90%以上的水分是由植株表面的蒸腾作用消耗的，因而降低蒸腾耗水是节水、防旱、抗旱的重要环节。使用抗蒸腾剂的目的在于：在对光合作用和物质积累影响不大的情况下，改善作物的水分状况，使供应作物的水分不过度耗竭，提高水分生产效率(WUE)和产量。

抗蒸腾剂按其性质和作用方式可以分为代谢型气孔抑制剂、薄膜型抗蒸腾剂和反射型抗蒸腾剂三类。

(1)代谢型气孔抑制剂　能控制气孔开张度而减少水分蒸腾损失。在代谢型气孔抑制剂中，有琥珀酸、醋酸苯汞、羟基磺酸、克草尔、阿特拉津、叠氮化钠、氰化苯肼等。此类化合物能引起植物气孔关闭，从而达到降低蒸腾的目的。此外，还有一类具有反射能力很强的物质，这些物质被喷洒到叶面以后，能反射400 nm以下和700 nm以上的辐射，从而降低叶面温度和蒸腾作用。

(2)薄膜型抗蒸腾剂　是应用单分子膜覆盖叶面，阻止水分子向大气中扩散。其中有石蜡、蜡油乳剂、高碳醇、硅酮、聚乙烯、乳胶和树脂等。此类化合物能在叶子或果实表面形成一层薄膜，以堵塞气孔和覆盖角质层，达到防止蒸腾失水或果实保鲜的目的。李继东等利用Transfilm、Wilt Pruf和Vapor Gard三种薄膜型抗蒸腾剂处理红富士苹果，研究其对常温条件下果实贮藏性的影响。结果表明，抗蒸腾剂处理可抑制红富士苹果常温下的果实水分散失，降低果实失重率，处理后91 d，累计失重率比对照分别减少53.34%、53.76%和70.97%。抗蒸腾剂处理可提高果实硬度，减缓可溶性固形物含量和可滴定酸含量的下降速度，增加可溶性糖含量，提高果实品质。处理后100 d，果实硬度比对照分别高出30.88%、30.88%和45.59%；可溶性固形物分别高出10.16%、11.72%和5.47%；可溶性糖分别高出39.1%、24.3%和32.2%；可滴定酸分别高出63.3%、56.7%和33.3%。综合果实品质和使用经济性，在这三种抗蒸腾剂处理中，以7.5%的Wilt Pruf效果最好，10%的Transfilm次之。

(3)反射型抗蒸腾剂　是一种能反射无效光辐射的物质，使用较多的是高岭土。使用抗蒸腾剂抑制蒸腾的同时，一般也抑制光合，但对蒸腾的抑制作用比光合大，从而可提高植物对水分的利用效率。

经过40年抗蒸腾剂研究取得了一定的进展。但由于价格、毒性及效果等问题，至今仍处于试验阶段。目前在生产中主要推广的是黄腐酸。黄腐酸被认为是一种兼具抗蒸腾作用和抑制生长作用的物质，常常被当作一种有提高作物抗旱能力的抗旱剂。据孙山等以甜樱桃砧木"吉塞拉"扦插苗为试材，分析喷施浓度为 0.08 g/L、0.16 g/L、0.32 g/L 代谢型抗蒸腾剂黄腐酸对其光合速率、蒸腾速率、气孔导度及水分利用效率的影响，并对其移栽成活率进行研究。结果表明，喷施黄腐酸可显著降低叶片的气孔导度和蒸腾速率，提高植株的水分利用效率，且黄腐酸浓度越高效应越显著；与清水对照相比，喷施 0.08 g/L、0.16 g/L、0.32 g/L 的黄腐酸，使移栽成活率分别提高 4.0%、8.3%、6.7%。综上所述，喷施代谢型抗蒸腾剂黄腐酸能通过调节气孔开度而减少水分损失，浓度以 0.16 g/L 最佳，还可提高扦插苗的移栽成活率。

9.4.3 保水剂

保水剂的主要成分为高吸水性树脂，它是一种高分子材料，能吸收并保持相当于自身重量几百甚至几千倍的水分，是一种高效的持水剂。其主要特征：①溶胀比大，吸水能力强。当保水剂施入土壤后，可将雨水或灌溉水吸存起来，当植物缺水时又缓慢释放水分，因而使极端土壤和气候条件下土地耕种成为可能。②具有保水和释水性能。保水剂所保持水分的 85%～90%为作物可吸收的自由水，保水释水过程在 2～3 年内可反复使用。③改良土壤、保持水土。使用保水剂可降低土壤水分蒸发和深层渗漏。④提高土壤水分和肥料利用率。保水剂使用后一般可使土壤水分利用率提高 10%～20%，肥料利用率提高 20%～30%。保水剂按其原料和合成途径可分为淀粉类化合物、纤维合成物和聚合物三种类型。

保水剂本身无毒无污染，因而符合生态农业和农业可持续发展的要求，其应用前景广阔。目前保水剂已在工业、医疗和农林业中得到广泛应用。在农林方面，保水剂已被广泛应用于农业生产中，作为土壤改良剂使用的方法主要有拌土及作为培养基质，拌土方式主要有沟施、层施、穴施、拌土和拌种等，也可直接采取蘸根、浸种、种子包衣等方式，发挥其保水效果。生产中将保水剂与种子同时播入，可抑制土壤水分蒸发。保水剂与地膜覆盖复配，可进一步抑制土壤水分蒸发。保水剂因具有吸水倍率大、保水能力强、无毒、无刺激等优势，在园艺作物种植中有非常广泛的应用。园艺作物用保水剂要根据使用对象和目的，考虑吸水性、保水性、耐盐性、稳定性和价格等因素。目前常用的方式为育苗期选用吸水倍率高、吸水速度快的丙烯酸盐类保水剂，而在日常管理中则选用蓄水保墒能力较高的聚丙烯酰胺类保水剂。此外，我国北方降水稀少且时空分布不均，森林覆盖率低，水土流失严重。土壤中施用保水剂，可以起到拦蓄、储存水分的作用，从而达到减少风蚀、固定扬沙的效果。同时，保水剂的加入可以有效改善土壤毛管孔隙，提升土壤团聚体含量，达到保存降水、增加入渗、减少径流的作用。

9.4.4 植物生长调节剂

植物生长调节剂是一类人工合成的，具有类似于植物内源激素功能的化合物，它可以作为化学信使，使植物体内酶的活动相互关联起来，控制酶的产生或活动，因此对植物生长发育的各个方面都具有重要作用。若使用得当，可达到调节作物水分平衡，改善作物水分状况的目的。

天然植物生长剂 ABA 和 GA 都具有这种作用。ABA 的一个重要生理效应是促进气孔关闭，抑制蒸腾，因而是一种高产的代谢型抗蒸腾剂。在糖槭、白桦和柑橘上喷 1×10^{-4} mol/L ABA 可使蒸腾下降 60%，效果维持约 20 d。GA 有提高作物逆境成苗的能力。研究表明，用 1×10^{-4} mol/L 赤霉素和 1%氯化钙拌种，都具有提高出苗率、加快出苗速度的作用。若两种药物混合处理种子，效果更加明显。化控节水是一种高效的提高水分利用效率的方法，现有的化控技术研究集中在保水剂和蒸腾抑制剂等方面，忽视了对同属化控措施的植物生长调节剂节水效益的研究。汪有科等研究表明，在旱作条件下，GA_3、BR-481、GA_3+PP333 三种植物生长调节剂处理虽然耗水量增加，但由于坐果率提高带来的增产效益可提高水分利用效率，进而实现"效率型"真实节水。其试验利用水量平衡原理和真实节水概念，初步揭示了陕北梨枣花期喷施植物生长调节剂的节水效益。此外，汤海军等、赵轶鹏、山仑等研究指出，GA_3 浸种能够提高玉米和小麦等作物的水分利用效率。这些研说明植物生长调节剂具有调节水分利用效率的作用。除天然的植物生长调节剂外，一些人工合成的植物生长抑制剂如矮壮素(CCC)、B9、Phosphon-D 等，在抑制地上部分生长的同时，可以促进根系的生长，增强根系的吸水能力，在节水抗旱和增产增收方面取得的良好效果。

植物生长源刺激素也有保水作用，如萘乙酸在农业上用作植物生长刺激素，可防止果树和棉花的脱落，促进各种植物插条生根、开花，提高发芽率。

除上述几种主要的化控制剂外，一些无机离子如 Ca^{2+}、K^{+}、Zn^{2+}、Na^{+}、NH_4^{+} 及一些稀土元素离子(Nd^{3+})也具有调节作物水分利用和增强作物抗旱性的作用。

复习思考题

1. 精准灌溉技术的含义是什么？
2. 我国节水灌溉的分类都有哪些？
3. 控制性交替灌溉技术是什么？
4. 膜上灌溉的概念及特点分别是什么？
5. 微喷灌技术的概念及特点是什么？
6. 渗灌技术的概念及特点是什么？
7. 自动化灌溉控制系统的概念及其关键技术是什么？
8. 生物节水技术包括哪些？
9. 信息节水技术包括哪些？

Chapter 10

第10章

设施农业代表性节水技术设备组装、运行与管理

本章学习目的与要求

1. 掌握微喷灌、滴灌、潮汐灌溉技术的工作原理。
2. 了解痕量灌溉与微润灌溉技术的工作原理。
3. 学会节水灌溉系统的设计与运行管理。

10.1 微喷灌技术设备组成与维护

微喷灌技术设备组成与维护见视频 10-1。

视频 10-1
微喷灌技术设备
组成与维护

10.1.1 微喷灌系统设备工作原理

微喷灌是通过低压管道将有压水流输送到田间，再通过直接安装在毛管上或与毛管连接的微喷头或微喷带将灌溉水喷洒在土壤表面的一种灌溉方式。灌水时，水流以较大的流速由微喷头喷出，在空气阻力的作用下粉碎成细小的水滴降落在地面或作物叶面，其雾化程度比喷灌要大，流量介于喷灌与滴灌之间。

10.1.2 微喷灌系统设备组成与设计

灌水器是微灌系统的出流部件，其作用是将末级管道中的压力水流均匀而稳定地灌到土中，满足作物生长对水分的需要。灌水器的结构性能决定微灌系统的出流特征，即湿润土壤的方式，因此，灌水器是体现微灌技术特点的核心部件，不同类型的灌水器，灌溉方式不同，从而在微灌系统中根据所使用灌水器类型常将微灌系统区分为滴灌系统（灌水器使用滴头、滴灌带）、微喷灌系统（灌水器使用微喷头）、小管出流灌（涌泉灌）系统（灌水器使用微管、涌水器）。

图 10-1 为微喷灌系统组装示意图。

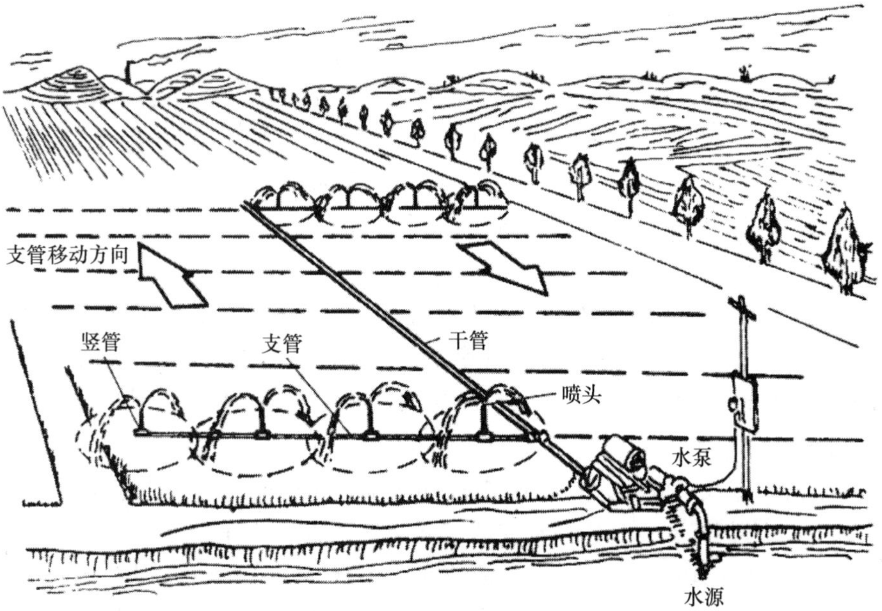

图 10-1　微喷灌系统组装示意图（李宗尧，2010）

10.1.3 微喷灌系统设备安装

1. 水源工程

要使微喷灌系统能够正常运转，必须要有足够的水源保障，一般可以作为微喷灌用水的水源有河流、湖泊、水库池塘、泉水、井水或渠道水等。微喷灌用水水源工程的作用是通过水源工程的蓄积、沉淀及过滤作用，为微喷灌系统的正常运行提供足够的水源。微喷头的出水口径要小于喷灌系统喷头的出水口径，因此微喷灌系统在水源水质方面较喷灌系统有更高的要求。

2. 首部枢纽

首部枢纽包括水泵、动力机、肥料和化学药品注入设备、过滤设备控制阀、进排气阀、压力及流量量测仪表等。其作用是从水源取水增压并将其处理成符合微灌要求的水流送到系统中去。

微灌常用的水泵有潜水泵、深井泵、离心泵等。动力机可以是柴油机、电动机等。在有足够自然水头的地方可以不安装水泵。对供水量需要调蓄或含沙量很大的水源，常要修建水池和沉淀池。沉淀池用于去除灌溉水源中的大固体颗粒，为避免在沉淀池中产生藻类植物，沉淀池或蓄水池须加盖。过滤设备的作用是将灌溉水中的固体颗粒滤去，避免污物进入系统，造成系统堵塞。过滤设备应安装在输配水管道之前。

肥料和化学药品注入设备用于将肥料、除草剂、杀虫剂等直接施入微喷灌系统，注入设备应设在过滤设备之前。流量及压力测量仪表用于测量管线中的流量或压力，包括水表、压力表等。水表用于测量管线中流过的总水量，根据需要可以安装于首部，也可以安装于任何一条干管、支管上。若安装在首部，须设于施肥装置之前，以防肥料腐蚀。压力表用于测量管线中的内水压力，在过滤器和密封式施肥装置的前后各安设一个压力表，可观测其压力差，通过压力差的大小能够判定施肥量的大小和过滤器是否需要清洗。

控制器用于对系统进行自动控制，一般控制器具有定时或编程功能，根据用户给定的指令操作电磁阀或水动阀，进而对系统进行控制。

阀门是直接用来控制和调节微灌系统压力流量的操纵部件，布置在需要控制的部位上，一般有闸阀、逆止阀、空气阀、水动阀、电磁阀门等。

3. 输配水管网

输配水管网的作用是将首部枢纽处理过的水按照要求输送分配到每个灌水单元和灌水器，输配水管网包括干管、支管和毛管三级管道。毛管是微灌系统最末一级管道，其上安装或连接灌水器。微灌系统中，直径小于或等于灌水器的管道常用聚氯乙烯管材。

4. 微喷头

微喷头是微喷灌系统的标志性设备，其作用主要在于将管道内的连续水流喷射到空中，形成众多细小水滴，洒落到空气中或地面的一定范围内以补充土壤水分。微喷头必须满足的基本要求有：能使连续水流变为细小水滴或雾化水滴；能使水滴均匀地喷洒到空气中或地面一定范围内，达到合理的水量分布；灌溉时单位时间内喷洒到地面的水量应适应土壤入渗能力，不产生地表径流。

10.1.4 微喷灌系统设备运行管理与维护

1. 微喷灌系统的运行管理

运行前应对首部枢纽的各个部件进行检查:各部件是否完好无损,连接部件螺丝是否紧固,转动部件转动是否灵活,运行声音是否正常,水泵与电机联轴器是否同心,间隙是否合适,用皮带传动的皮带位置是否正确,松紧度是否合适。运行过程中应注意观察各零部件的工作情况,出现异常现象时应及时停机处理。

过滤器的运行管理主要是当进出口压差达到设计规定的最大压差时,应进行清洗。施肥器的运行管理主要是当使用压差式肥料罐施肥时,由于施肥时间长,肥液浓度逐渐变低,要不断调整注入时间的长短。

输配水管网的运行管理主要是在运行中应随时观察管道的工作状况,如果漏水或破裂,要停止供水,查明原因并及时处理。微喷头在工作时要对其细心观察,发现出水不均匀或不出水时,应及时排除问题或更换。

2. 微喷灌系统的保养维护

在非灌溉季节,要及时对首部枢纽(水泵及动力机、过滤器、施肥器、控制阀门、调压保护设备及量测仪器等)进行全面彻底的检查,如果有损坏或者松动,应及时修理。对各种仪器设备应进行清洗,并上油保养。过滤器及时清洗,外壳要进行除锈、防锈处理。喷头喷洒一段时间后,要清洗泥沙,擦净水迹,在转动部位加注少许润滑油。对于管道部位,发现锈蚀现象时应及时清理,然后涂上黄油或刷油漆,以保证管道畅通。

10.2 滴灌技术设备组成与维护

滴灌技术设备组成与维护见视频 10-2。

视频 10-2
滴灌技术设备
组成与维护

10.2.1 滴灌系统设备工作原理

国内外各种滴头的消能减压设计很多,但它们的基本工作原理都是通过流道的变化来消能的,可保证在一定压力范围内出水相对均匀。

迷宫流道具有扰动作用,一般较长,其水头损失包括边壁摩擦、尖端弯曲、收缩和放大。迷宫式滴头内流态为紊流,不随温度的变化而变化。内镶迷宫贴片式滴灌管的滴头有过滤窗,一个滴头只有一个出水口,适合需水量较小的作物灌溉。内镶管式(柱式)迷宫滴灌管四周有几个流道,流道是波浪线式,有较大的出水量和压力补偿效果。一般有 2~6 个出水口,发生堵塞的可能性小,可靠性高,适用于需水量较大、生长期较长的作物灌溉。

内镶式压力补偿型滴头(如图 10-2 所示的发丝管)与管上式滴头一样,也是利用水流压力对滴头内弹性体的作用,使流道(孔口)形状改变或过水断面面积发生变化,即当压力减小时,增大过水断面面积;当压力增大时,减小过水断面面积,从而使滴头流量自动保持在一个变化幅度很小的范围内，同时还具有清洗功能。

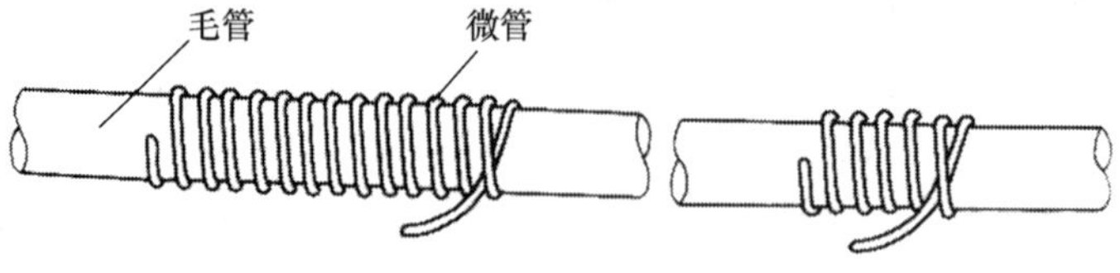

图 10-2 发丝管(廖林仙等，2011)

10.2.2 滴灌系统设备组成与设计

一般来说，一套完整的滴灌系统应包括水源工程、首部枢纽、输配水管网和滴水器四部分(图 10-3)。

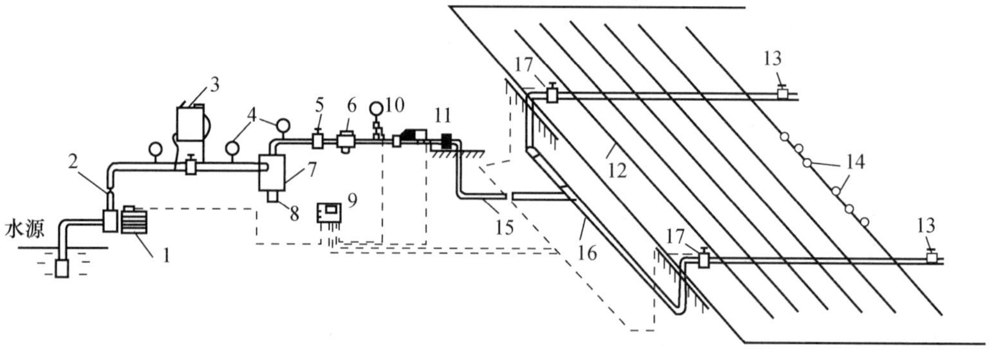

图 10-3 滴灌系统的设备组成(廖林仙等，2011)

1. 水泵及动力机；2. 止回阀；3. 施肥罐；4. 压力表；5. 控制阀；6. 水表；7. 过滤器；8. 排沙阀；9. 电控箱；10. 压力传感器；11. 主控制电磁阀；12. 毛管；13. 放空阀；14. 滴头；15. 干管；16. 分干管；17. 灌区阀门

滴灌系统的水源工程、首部枢纽、输配水管网的设置和安装与微喷灌系统类似。对于滴灌系统而言，滴水器是它的核心部件。在一定压力下，水由毛管流进滴头，滴头再将灌溉水注入土壤，并在土壤中向四周扩散。在实际应用中，滴水器主要有滴灌管和滴灌带两大类。

温室滴灌系统一般由水源工程、总首部系统、输配水管网系统、温室内首部系统及灌水器组成。由于各个温室内种植的作物种类不同，通常在每个温室内设首部控制系统，由控制阀施肥罐、小尺寸网式过滤器、水表、压力表等仪器组成。

滴灌采用压力管道系统，但一般来说，其工作压力较低，用水率较小。滴灌管网通常由毛管、支管和干管构成。毛管是与支管连接带滴头的小管径塑料管或有出口的塑料薄膜滴灌带，通过毛管设计对田块进行均匀地灌水；支管把水送到毛管，它也需要适当设计，使水能均匀地流入毛管；干管作为输水系统输送全部水并调节滴灌系统水压。

10.2.3 滴灌系统设备运行管理与维护

随着农业的发展，设施灌溉技术特别是滴灌技术越来越被人们所重视。目前，在对滴灌技术的使用过程中，系统堵塞问题最为严重。这其中既有系统本身的原因，如滴头流道尺寸较小，易引起堵塞，又包括很多人为的因素。

1. 物理因素

物理因素主要是指包括一些有机、无机悬浮物对系统的影响。无机悬浮物一般由沙、粉粒、黏粒等组成；有机悬浮物包括浮游生物、枯枝、落叶及藻类等。对于物理因素引起的堵塞，可以通过沉淀池或沙石过滤器等措施预先处理灌溉水。

2. 化学因素

化学因素主要是指化学沉淀堵塞。在一定条件下，灌溉水中溶解的无机物质可能停留在管网及各组成部分。对 pH 超过 7.5 的硬水，钙或镁可能停留在过滤器中；当碳酸钙的饱和指标大于 0.5 且硬度大于 300 mg/L 时，也存在堵塞的危险。在南方，pH 较小的水中，当含铁量较高时，易形成金属氢氧化物沉淀而堵塞滴头等，这一现象在使用井水作为灌溉水源的地方出现的频率更高。对于由 pH 较大的硬水引起的堵塞，可以采用酸液冲洗的办法进行处理；而由于铁、锰等引起的堵塞，一般可以通过适当增大系统所使用滴头的流量，以减免堵塞现象的发生，或者是在灌溉水进入系统之前先经过一个曝气池进行曝气处理，使铁、锰等先被氧化、沉淀而不进入系统。

3. 生物因素

生物因素主要是由藻类植物、细菌、浮游动物等引起的堵塞。要防止这种堵塞现象的发生，最重要的是要切断这些生物的食物链环节。例如，毛管采用加炭黑的聚乙烯软管，使其不透光；而对于滴灌施肥系统来说，在每一次施肥后，必须再滴清水 30 min 以上，将滴头处的养分全部带出，以破坏藻类滋生的环境。

4. 其他因素

在系统安装、检修时，若采用的方法不当，管道屑、锯末或其他杂质可能从不同的途径进入管网系统引起堵塞。对于这种堵塞，一方面要切实加强管理，在安装、检修后应及时用清水冲洗管网系统；另一方面要加强过滤设备的维护。

10.3 潮汐灌溉技术设备组成与维护

潮汐灌溉技术设备组成与维护见视频 10-3。

视频 10-3
潮汐灌溉技术设备
组成与维护

10.3.1 潮汐灌溉系统设备工作原理

潮汐灌溉是一种高效、节水、环保的灌溉技术，基本原理是使灌溉水从栽培基质底部进入，依靠栽培基质的毛细管作用，将灌溉水供给植物。根据栽培池类型的不同，潮汐灌溉分为植床式潮汐灌溉和地面式潮汐灌溉。植床式潮汐灌溉是指在温室中修建的高出地面一定高度的栽培床等空中栽培设施中实施的潮汐灌溉。地面式潮汐灌溉是指在温室地面上修建的栽培池等在地面栽培设施中实施的潮汐灌溉。

10.3.2 潮汐灌溉系统设备组成与设计

潮汐灌溉系统由储水罐、过滤和消毒系统、补水系统、加热设备、自动控制设备和栽培设备组成(图 10-4)。

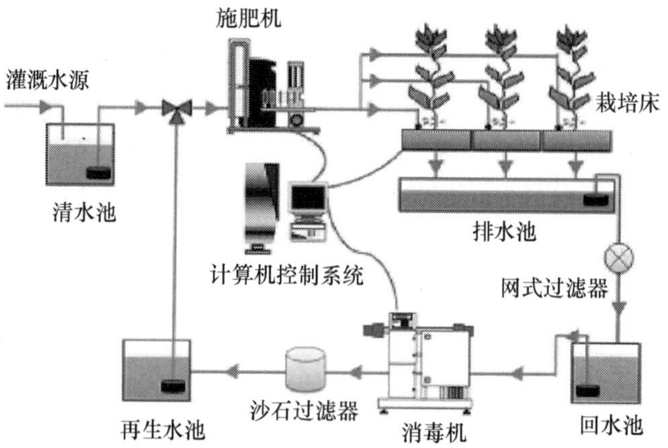

图 10-4 潮汐灌溉系统的工作原理(刘宏久等,2014)

1. 储水罐

进行潮汐灌溉时需将灌溉水保存在储水罐中,一般系统中可采用 2～4 个储水罐,每个储水罐中放入不同的肥料溶液,这样可以根据作物需要灵活选择使用。此外,储水罐还可建在地面或地下。

2. 过滤和消毒系统

在潮汐灌溉系统中,所有的水均可循环,灌溉水所到之处都有多余的水要回收。每次回收的灌溉水需进行过滤和消毒,以除去水中的基质纤维等杂质,避免引起温室内大多数作物的病害传播。

3. 补水系统

除非储水罐足够大,达到能满足作物全生长期的灌溉用水要求,否则必须在灌溉时及时补充作物所需的水分和养分。管理灌溉水及水中的肥料浓度有两种方式:①对灌溉水中营养液浓度(EC 值)进行连续检测,并根据需要将肥料或清水加入储水罐中;②采用肥料浓度固定的灌溉水,并定期更新系统中全部的灌溉水。

4. 加热设备

采用潮汐灌溉时,为保持土壤和基质中的空气含量,一般须对栽培区加热。通常采用的加热方式有栽培床加热和栽培槽底部加热。

5. 自动控制设备

潮汐灌溉一般需配置自动控制设备,小型灌溉系统通常可采用灌溉定时器和储水罐自动供水设备。较为先进的潮汐灌溉系统可用中心计算机统一控制。

10.3.3 潮汐灌溉系统设备运行管理与维护

潮汐灌溉系统的价格较为昂贵，在我国的温室中应用较少，需要大力研发和推广使用。潮汐灌溉系统对灌水高度、灌水频率以及适宜的栽培基质研究较少，实际应用中缺少科学理论的指导，易出现不合理的潮汐灌溉。另外，对潮汐灌溉条件下病虫害控制理论的研究也较少，这样容易加大作物病虫害发生的频率，造成不必要的经济损失。

泵站作为潮汐灌溉系统的核心，需要对泵站的正常运行进行管理与维护。水泵运行前应检查，机组转子的转动是否灵活，叶轮旋转时是否有磨阻的声音；各轴承中的润滑油是否充足、干净，用机油润滑的轴承，油位应正常，用黄油润滑的轴承，油量应占轴承室体积的50%～70%；填料压盖螺栓松紧是否合适，填料函内的盘根是否应化变质，引入填料函内的润滑水封管路有无堵塞；水泵和动力机的地脚螺丝以及其他各部件螺丝是否松动；进水池内是否有漂浮物，吸水管口有无杂物阻塞，拦污栅是否完整；出水阀门与出水闸阀关闭应严密，并灵活可靠。

10.4 痕量灌溉技术设备组成与维护

痕量灌溉技术设备组成与维护见视频10-4。

视频10-4 痕量灌溉技术设备组成与维护

10.4.1 痕量灌溉系统设备工作原理

灌溉水由储水箱依靠水重力输送到地埋毛管内，经过毛管中的控水头自动将水或营养液输送到植物根系区，控水头一段的毛细管束置于土壤中，利用土壤毛细力根据植物生长需要自动吸取水分，植物可以连续不断地以极小的速率获得水分或营养液，满足生长需要，不产生灌溉水地下渗漏及土壤表面大量水分蒸发的问题。

痕量灌溉是指在满足植物水分需求的前提下，通过特制的控水头，将低压水转化成极细小的水流，以极其微小的速度（小于200 mL/h），均匀、不间断地直接输送到植物根系附近的土壤，为植物长久供水。我们通常所讲的常量灌溉是按吨每小时计算的，而痕量灌溉则是按毫升每小时计算的。痕量灌溉是世界上最省水的灌溉技术，该技术与植物需水特点完全匹配，即植物需要多少水就供给多少水。

控水头是痕量灌溉技术的核心部件。控水头腔中安装滤膜，出水口处是很多根毛细管构成的毛细头。控水头实现了适量、均匀、连续不间断地向植物供水的目标。

当控水头出水口的毛细管与土壤接触时，控水头中的水会被土壤中的毛细孔隙自动抽出，在控水头内部产生相当大的抽水力，迫使进水口处的水通过滤膜后流入控水头出水口的毛细管中，并再次被土壤吸走。水分进入土壤后除了毛细管外，还受到重力和土粒中范德华力的作用，这些为水分移动提供了动力。植物根系吸收水分，根系周围的土壤中水分减少，控水头出水口附近较湿润土壤中的水分在土壤毛细力、重力和范德华力的作用下扩散到根系周围土壤中，并最终经由根毛区表皮细胞被植物吸收。

10.4.2 痕量灌溉系统设备组成与设计

痕量灌溉系统(图10-5)构成简单,只需要一个贮水器用管道将其与控水头连为一体,系统就会自动工作。痕量灌溉系统流量低,可进行长距离铺设,在保证良好灌溉均匀度的前提下,痕灌管的最大铺设长度可达500～600 m,地埋毛管可使用5～10年,可节约干管道、支管道的使用量,减少系统的投资。痕灌管不易堵塞且机械拉伸力强,能多年使用。

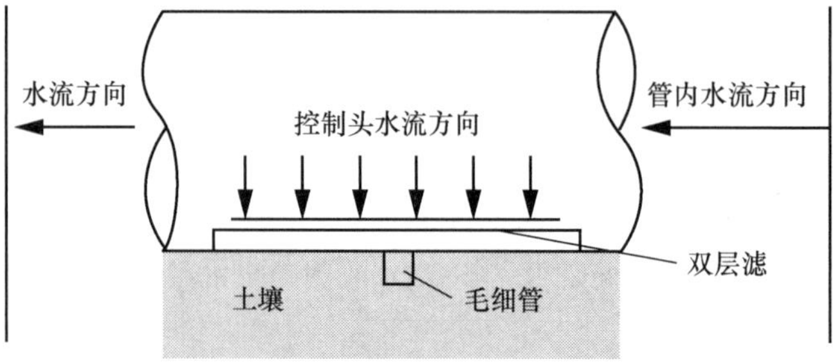

图10-5 痕量灌溉系统的设备组成(李顺平,2012)

研发者认为,以往的灌水器的出水量在设计工作压力下,其出水量是一定的,而痕量灌溉技术中最关键的灌水器——控水头,出水量在1～200 mL/h,经控水头流出的水在作物根系区土壤毛管力作用下被缓慢运送至土壤,达到灌水器、土壤、植物间水分的动态平衡后,则控水头自动关闭。控水头能识别作物需水信号,实现需水触动式自适应效果,其出水量可自动调节,具有自动控制的功能,因此将灌水器命名为控水头。

10.4.3 痕量灌溉系统设备运行管理与维护

根系会向控水头生长,但控水头的出口处是由很多根并列在一起的表面能强大的纳米材料填充而成的,且间隙远远小于植物根系直径,从而完全杜绝了植物根系伸入出水口引起的堵塞。管路在负压存在的情况下可以依靠控水头继续正常抽水运行而不发生水分倒吸。

由于控水头的流量小,水压低,管材的损伤小,维护控水头的工作量很小。单眼机井控制面积增加既可缓解水资源紧缺的压力,也可减少打井的数量,节省投资。但是,目前痕量灌溉管生产是半机械化,生产规模不大,价格较高。膜过滤是一种与膜孔径大小相关的筛分过程,以膜两侧的压力差为驱动力,以膜为过滤介质,在一定的压力下,当含杂质的水流过膜表面时,膜表面密布的许多细小的微孔只允许水及小分子物质通过,而面积大于膜表面孔径的杂质则被截留在膜的进液侧。灌水器在生产过程中通过设置合理的滤膜与出水口毛细管头面积比,降低滤膜的透水流速。当面积比超过临界值后,滤膜几乎无法堵塞。在滤膜阻挡下的杂质会稀松地堆砌在滤膜表面不仅不会阻挡缓速的水流,反而会变成一层层新滤膜。更大颗粒的杂质由于滤膜微孔过小,也无法堵塞滤膜。尤其是在管道灌溉中使用的灌水器,其滤膜拦截的杂质会受到来自管道中动荡水流的搅扰,杂质无法附着在滤膜上,可成功避免物理性堵塞。输配水管网浅埋于地下,管道内外温度相对恒定,进而可有效避免灌溉水质相对较硬时,化学物质结晶析出而附着在管道内壁堵塞控水头这种现象的发生。同时,输配水管网浅埋于地表下，处于黑暗不见光状态，故不易为藻类及其他微生物创造适宜的生存环境，可有效避免此类型生物堵塞控水头。

10.5 微润灌溉技术设备组成与维护

微润灌溉技术设备组成与维护见视频 10-5。

视频 10-5 微润灌溉技术设备组成与维护

10.5.1 微润灌系统设备工作原理

微润灌溉的过程是微润管(图 10-6)逐渐湿润附近的土壤，随着渗出水量的增加，土壤水分向微润管周边循环扩散，土壤最终形成湿润体。土壤中水分的扩散迁移速度受土壤孔隙率、初始含水量、微润管内部水压力、管道埋深等参数的影响，掌握微灌过程中土壤水分入渗和湿润体形成及变化特征是认识微润灌溉灌水机理的关键。

10.5.2 微润灌系统设备组成与设计

微润灌系统由水源井、潜水泵、储水箱、自动注水控制装置、文丘里施肥器、过滤器及控制阀等组成。灌溉管网分三层布设，即干管、支管和毛细管，干管、支管和毛细管互相垂直并于灌水器串联起来，直接灌溉到作物根系，毛管间距取决于种植作物种类，总布置间距在 0.6～1.0 m，毛管铺设长度不大于 10 m，灌水器间距在 0.2～0.5 m。100 m 温室一般由四个轮作灌溉区进行灌溉，干管和支管可采用普通 PE 管或薄壁 PE 管，主要是为保证灌溉水的均匀性，干管、支管采用双向供水，灌水器向上放置，微湿灌水器主要位于膜下和土地表面。

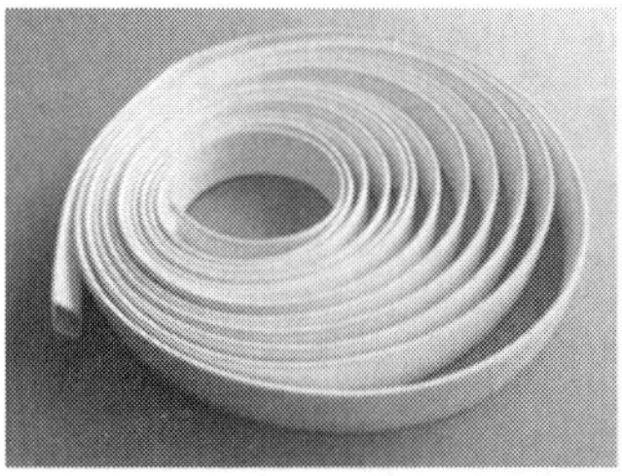

(a) 微润管产品

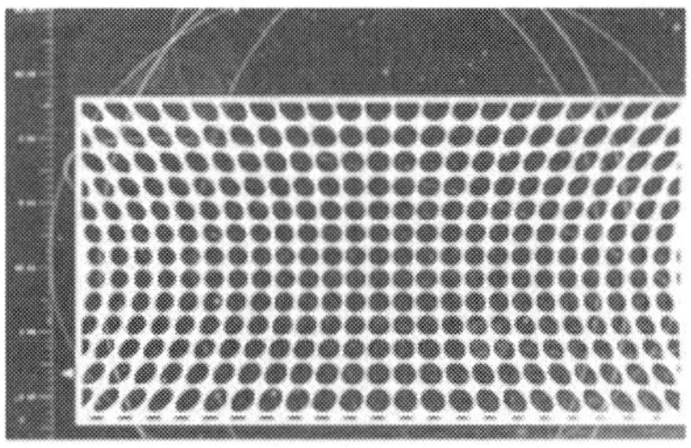

(b) 微润管纳米孔分布

(c) 微润管水分渗透过程

图 10-6 微润灌溉的相关图片(高振军等，2012)

10.5.3 微润灌系统设备运行管理与维护

灌溉水中的泥沙颗粒会影响微润管的出水量，当泥沙颗粒较大时，微润管易发生堵塞。微润灌溉系统堵塞主要是由物理堵塞、化学堵塞和生物堵塞三方面组成。物理堵塞是由灌溉水体中的无机物悬浮颗粒、微生物残体和生物代谢产物引起的堵塞。化学堵塞和生物堵塞均是由灌溉水中的可溶性盐分、氢氧化物和硅酸盐等化学成分及藻类、细菌、微生物分解物等生物成分引起的堵塞。通过合理的灌溉系统管理并使用微润管活化剂可有效消除微润管堵塞问题。

复习思考题

1. 简述微喷灌技术的工作原理及其安装步骤。
2. 滴灌技术的工作原理及其特点是什么?
3. 痕量灌溉技术的工作原理及其特点是什么?
4. 痕量灌溉技术中控水头防堵的原理是什么?
5. 微润灌溉技术的工作原理及其特点是什么?
6. 微润灌溉系统堵塞主要包括哪些?如何解决堵塞问题?

第4篇

病虫害绿色防控技术在现代园艺绿色生产中的应用

园艺作物的生长发育过程中会遇到各种病虫害，由于园艺植物具有品种繁多、生物学特性差异大、耕作栽培措施要求高、生态环境复杂等特点，病虫害的发生规律难以把握，治理难度大。这些病虫害不仅影响到园艺作物的产量，而且会降低园艺产品的质量，有时还会影响国际贸易和出口换汇。如果对于病虫害的防治方法不当，会引起作物药害、人兽中毒和生态环境污染。随着人民生活水平的提高，园艺产品不仅要解决有无问题，还要追求优质、安全，这就对病虫害治理提出了更高的要求。

在建设现代农业的新形势下，为了确保国家粮食安全、农产品质量安全、农业生态安全和农业贸易安全的新要求，公共植物保护、绿色植物保护应运而生。实施病虫害绿色防控是贯彻“预防为主，综合防治”植物保护方针的体现，也是贯彻公共植物保护和绿色植物保护理念的重大举措。通过推广应用生态调控、生物防治、物理防治、科学用药等病虫害绿色防控技术，不仅能实现病虫害的可持续控制，而且有利于提升农产品质量安全水平，促进农民增产增收，保护农业生态环境，促进农业节本、增效和可持续发展。

Chapter 11

第11章 绿色防控技术支撑园艺绿色生产

本章学习目的与要求

1. 了解园艺生产病虫害发生的特点。
2. 全面认识绿色植物保护的内涵及其对保障园艺绿色生产的重要作用。
3. 了解部分常用、新型的病虫害诊断及监测预警技术。

11.1 园艺生产病虫害的特点

11.1.1 病虫害对园艺绿色生产的影响

视频 11-1
园艺生产中的病虫害与绿色防控

园艺作物病虫种类多、危害重，直接影响园艺产业的发展(视频 11-1)。例如，陕西日光温室栽培黄瓜病害有 4 目 15 科 31 种，生理病害有 20 余种，虫害有 6 目 11 科 28 种；番茄病害有 5 目 16 科 35 种，生理病害近 20 种，虫害有 5 目 10 科 25 种。近年来，随着设施园艺的大面积发展，栽培年限的延长，与露地果蔬相比，设施果蔬连茬种植、周年生产，且生长处于低温、高湿、封闭、寡照的环境条件，为病虫的滋生繁衍提供理想的生态环境，导致病虫害发生种类多、危害日趋加重，甚至突发成灾。例如，蔬菜根结线虫病猖獗发生，导致一些菜农弃棚不种或改种其他粮食作物，中国每年仅为害蔬菜造成经济损失就达 200 亿元。番茄黄化曲叶病毒病在 2000 年前后传入我国境内，2005 年开始在我国南方大面积蔓延，流行速度十分迅速，2006—2007 年江苏省受害异常严重，温室内番茄发病率达 100%，所有番茄几乎绝收。时至今日，番茄黄化曲叶病毒病已在中国的山东、云南、广东、广西、上海、浙江、江苏、河南、甘肃、宁夏、山西、陕西、北京、天津、四川、河北、重庆、福建、安徽、辽宁、内蒙古等地发生。2009 年该病在山东省发生面积近 1.5 万 hm^2，发病田发病株率一般在 20%～30%，严重时达 60%～80%，其中近 0.7 万 hm^2 严重减产或绝收；全国 2009 年发生面积 20 万 hm^2，经济损失数十亿元。2010 年，该病在陕西突然暴发，给渭南、杨凌、西安、咸阳等地造成严重危害，发病田发病株率一般在 30%～40%，重的达 60%～80%，相当一部分棚室毁种，给菜农造成十分严重的经济损失。另外，被世界昆虫学家称为“超级害虫”的烟粉虱，近年来在我国北方地区暴发成灾，发生高峰期，一般百株虫口密度达 50 万～80 万头，防治十分困难。葫芦科霜霉病、灰霉病及番茄晚疫病、十字花科的菜青虫等常发性病虫仅在陕西常年发生面积就达 800 万亩次以上，造成蔬菜产量损失达 20%以上。病虫害已成为制约园艺作物生产的重要因素，且随着园艺作物种植面积的迅速扩张，种植年限的延长，病虫害的问题会越来越突出。做好病虫害的防治研究工作，是确保园艺作物优质、高产及可持续发展的关键，研究探讨果蔬病虫害的发生规律和绿色防控技术，是当前亟待解决的重要课题。

11.1.2 园艺生产病虫害发生特点

1. 病虫害种类多，发生情况复杂

园艺生产病虫害种类多是由园艺作物本身种类繁多的特点决定的。园艺作物包含草本植物、木本植物、水生植物等，它们的习性各异，生态环境复杂，且覆盖的科属范围广，生物学特性差异大，因此出现的病虫害种类也相对比较复杂。随着设施园艺的发展，园艺作物种植种类和种植模式被丰富的同时，也为病虫害的越冬越夏提供便利，导致一些原本露地栽培中的偶发性(次要)病虫害(如灰霉病、疫病、烟粉虱、美洲斑潜蝇等)种群不断上升,为害严重。另外,对于栽培期长的园艺作物,不同病害之间、病害与虫害之间可以互为因果。例如,非侵染性病害发生后会降低植株的抵抗力,导致侵染性病害严重发生;虫害的伤口成为病菌侵染的重要途径等。另外,随着园艺作物种苗及产品在各地区之间的频繁流动,加上园艺作物的大量种植,新种类的病虫害、病原菌变异产生的新型小种也相应地不断发生。

2. 为害期长,损失大

在果树和设施栽培作物上表现明显,不少病虫从春季果树萌芽即开始为害,持续整个生长季,为害期长达6~7个月。设施栽培提供相对稳定的内环境,温、湿度较高,食源丰富,进一步延长病虫的为害期。蔬菜类作物随着连作年限的增加,土壤养分失衡和土壤次生盐渍化逐年加重,也伴随着土传病虫害,如枯萎病、根腐病和根结线虫等的发生加重。在此基础上,生产者如果不能合理地使用农药,在削弱天敌种群的同时,也会诱导病虫产生抗药性,导致抗药群体增加,防治效果下降,为害期延长。园艺作物经济价值较高,需要的管理精细,生产管理投入成本高,病虫害一旦长期发生,引起的经济损失十分严重。

3. 传播流行速度快

蔬菜花卉品种更新替换较为频繁,种苗及产品在不同地区之间流动性强,导致一些病虫害广泛传播。设施栽培环境下,土壤和空气的湿度较露地大,有时棚室内部还产生雾气或水滴,十分有利于病害的发生传播。此外,高温高湿的条件造成病虫害繁殖速度加快,世代增多,蔓延速度加快,给病虫害防治带来困难。

11.2 绿色防控技术

11.2.1 综合防治的概念及其发展

20世纪中期,人们在总结以往经验的基础上,提出"综合防治(integrated pest control, IPC)"的概念,当时的指导思想是把化学防治与农业、生物、物理的多种防治方法,因地制宜地结合运用,以提高各种防治方法的效果,补充单一方法的不足,不同于现在"综合防治"的概念。到20世纪60年代初期,Geier提出有害生物治理(pest management)的概念,明确指出害虫防治不是以"消灭"为目标,而是将其种群数量控制在不致造成为害的水平以下。在1965年联合国粮农组织(FAO)召开的综合防治学术讨论会上,将综合防治定义为"以互不矛盾的方式,应用一切适当的技术,使害虫种群减少到经济受害允许水平以下,并维持这个低水平害虫种群的管理系统"。后来Huffer在有害生物治理之前,加上"综合"一词形成了"综合治理(integrated pest management, IPM)"。IPM与我国的"综合防治"有着近似的含义。

我国于1975年在全国植物保护会议上,制定"预防为主,综合防治"的植保方针,并贯彻至今。1986年修订防治的概念:综合防治是对有害生物进行科学管理的体系。它从农业生态系统总体出发,根据有害生物和环境之间的相互关系,充分发挥自然控制因素的作用,因地制宜地协调应用必要的措施,将有害生物控制在经济受害允许水平以下,以获得最佳的经济、生态和社会效益。2006 年全国植物保护会议正式提出“公共植物保护”“绿色植物保护”理念。“公共植物保护”理念，就是要把植保工作作为农业和农村公共事业的重要组成部分，突出其社会管理和公共服务职能；“绿色植物保护”理念，就是要把植保工作作为人与自然和谐系统的重要组成部分，突出其对高产、优质、高效、生态、安全农业的保障和支撑作用。

2011 年，农业部办公厅《关于推进农作物病虫害绿色防控的意见》颁布，首次正式定义农作物病虫害绿色防控的概念：农作物病虫害绿色防控是指以保护农作物、减少化学农药使用为目标，协调采取生态调控、生物防治、物理防治、科学用药等环境友好型措施控制农作物病虫为害的植物保护行为和措施。

11.2.2 绿色防控的作用地位

随着科学技术的发展和健康意识的增强，人们对农产品质量安全有更高的要求，因此减少化学农药的使用是必然趋势。控制农药对环境污染，减少农药对人畜危害，最根本、最有效、最彻底的措施是不施、少施、巧施化学农药。以自然控制、生态控制为特色的病虫害可持续控制技术的研究和应用必然成为今后的发展趋势。

实施病虫害绿色防控是贯彻“预防为主，综合防治”植物保护方针，是贯彻公共植物保护和绿色植物保护理念的重大举措，是发展现代农业、建设资源节约型、环境友好型农业，促进农业生产安全、农产品质量安全、农业生态安全和农业贸易安全的有效途径。实施病虫害绿色防控的意义主要有以下几方面：

(1)病虫害绿色防控是持续控制病虫灾害，保障农业生产安全的重要手段　目前我国防治农作物病虫害主要依赖化学防治措施，在控制病虫危害损失的同时，也带来了病虫抗药性上升和病虫暴发概率增加等问题。通过推广应用生态调控、生物防治、物理防治、科学用药等病虫害绿色防控技术，不仅有助于保护生物多样性，降低病虫害暴发概率，实现病虫害的可持续控制，而且有利于减轻病虫危害损失，保障粮食丰收和主要农产品的有效供给。

(2)病虫害绿色防控是促进标准化生产，提升农产品质量安全水平的必然要求　传统的农作物病虫害防治措施既不符合现代农业的发展要求，又不能满足农业标准化生产的需要。大规模推广病虫害绿色防控技术，可以有效解决农作物标准化生产过程中的病虫害防治难题，显著降低化学农药的使用量，避免农产品中的农药残留超标，提升农产品质量安全水平，增强市场竞争力，促进农民增产、增收。

(3)病虫害绿色防控是降低农药使用风险，保护生态环境的有效途径　病虫害绿色防控技术属于资源节约型和环境友好型技术，推广应用生物防治、物理防治等病虫害绿色防控技术，不仅能有效替代高毒、高残留农药的使用，还能降低生产过程中的病虫害防控作业风险，避免人兽中毒事故。同时，显著减少农药及其废弃物造成的面源污染，有助于保护农业生态环境。

农作物病虫害绿色防控技术示范与推广工作是一项持久的植物保护系统工程，不是单纯的技术行为。绿色防控属于公共植物保护的范畴，是绿色植物保护的体现，是食品安全的依托，具有社会公益性。

11.3 病虫害的诊断与监测预警

病虫害诊断与监测见视频 11-2。

视频 11-2
病虫害诊断与监测

11.3.1 病虫害的诊断

1. 植物病虫害的诊断步骤

诊断是依据病虫害的症状特点、所处场所和环境条件，经过详细地调查、检验和综合分析，对病虫害做出准确判断和鉴定的过程，是病虫害防治的前提和基础。当病虫害发生时，首先，要进行田间病征状和虫害征状观察，了解其发生情况，如发生时间、普遍性和严重性、分布范围、发展快慢、受害寄主及其部位等。其次，要仔细地检查受害部位有无菌丝、菌核、子实体、细菌溢和虫体、虫粪与虫伤，做出是病害还是虫害的初步判断，再做进一步调查。对于植物病害的诊断，一般有如下的步骤：

(1)全面的症状观察　现场观察发病植物的症状和特点，包括植物病状如变色、坏死、腐烂、萎蔫和畸形，以及病原物的病症，如霉状物、粉状物、锈状物、颗粒体等。进行典型样本的收集，症状的记录和拍照等。

(2)调查询问，了解病害发生的有关情况和发病环境　包括宿主品种、植株上的发病位点、病害的田间分布；发病植物的生长环境(周边环境、土壤类型等)；发病时期、传播时间和发展过程等；管理措施或农事操作，如施肥、用药、耕作、灌溉等；近期的气候条件；等等。

(3)实验室检测和鉴定　对于现场难以判断病因的，将典型样品带回实验室内通过显微镜观察、分离培养或分子生物学技术进行进一步鉴定。

(4)综合分析　依据田间现场调查和实验室检测的结果，与文献和书籍中的描述比较，得出诊断结论。近年来，借助于网络通信及人工智能等技术的发展，也可以通过线上平台开展远程专家会诊，以及借助计算机视觉辅助诊断等，综合获取多方的意见来开展诊断。

2. 病原的常用检测鉴定技术

植物病害诊断的核心问题是病原问题，根据病原学特点对病害进行诊断是最重要的。新发生的或疑难病害的诊断，必须要对病原物进行鉴定或检测。病原的常用检测鉴定技术包括：

(1)镜检技术　对于有明显病征的样品可以采用挑、切、刮、粘等方法制片后直接在立体显微镜和光学显微镜下观察形态特征。对于病部无明显病征的样品可以保湿培养后再进行镜检。对于病毒、植原体等尺度更小的病原可以采用电镜技术加以观察。

(2)分离、培养和接种技术　参考科赫氏法则。

(3)生物学技术　利用染色反应、产酸产气反应、碳氮利用能力等生理生化手段加以检测。

(4)免疫学技术　利用抗原和抗体间的特异性结合，包括凝集反应、沉淀反应、荧光抗体等进行检测。目前应用较广的酶联免疫吸附技术(ELISA)是把抗原、抗体的免疫反应和酶的高效催化反应有机结合而发展起来的一种综合技术。据此原理制成的检测试剂盒、试纸条可以实现较为便捷的田间快速检测。

(5)分子生物学技术　如利用核酸分子杂交技术(Northern 杂交)进行膜上印记杂交或核酸原位杂交,利用多聚酶链式反应(PCR)扩增真菌的 ITS 序列、18S rDNA 以及细菌的 16S rDNA 进行鉴定等。

对于虫害的诊断通常依赖于对虫体的观察,取得虫体可以采用直接检查、过筛、漂浮、染色、剖开、软 X 光机透视、培养等方式,对于卵、幼虫和蛹可以在室内进一步饲养观察,部分种类的害虫在制作成标本后更容易进行鉴定。此外,还可以采用分子生物学手段进行鉴定。

11.3.2 病虫害的田间调查

在病虫害防治和研究工作中,要掌握其发生的时期、发生数量、对农作物的为害程度及防控效果和防治效益等,必须进行田间调查。通过调查,获得准确的数据资料,经过分析,做出正确判断,为制定绿色防治工作的策略和措施提供依据。同时,调查以往积累的资料,也可以为植物保护工作进一步开展科学研究,制定防治规划及长期预测预报提供参考。因此,病虫害发生情况的调查与记载是研究病虫害和防治病虫害中最基本的内容之一。

1. 调查时期和次数

应根据调查的目的确定调查时期。对于病虫害一般发生和为害情况的调查,可在作物不同生育时期或规定适当时期进行调查,对特定病虫发生为害程度的调查,应在该病虫发生盛期进行。对某种病虫的发生规律或进行预测预报的调查,就必须从播种到收获,定点定期进行系统调查,一般每隔 3～5 d 调查 1 次,所得资料应反映出真实的规律。对储藏期发生的病虫,可定期取样观察或结合查仓窖进行检查。调查药剂防治的效果,则应事先确定处理区和对照区,在施药前和施药后的一定间隔期进行调查,最后测产,确定防控效果。

2. 调查的指标及其计算

一般调查资料用被害率、虫口密度、病害严重度和病情指数、损失率等表示。

(1)被害率　主要反映病虫为害的普遍程度,也称普遍率,表示作物的株、茎、叶、果等受害的比例,不考虑受害轻重、计数时间等。根据不同调查对象,采取不同的取样单位。在病害方面,有病株率、病叶率、病穗率和病果率;在虫害方面,则有被害率、有虫株率、卷叶率等。

$$\text{发病率}=\frac{\text{病叶(株或穗)数}}{\text{调查总叶(株或穗)数}}\times 100\%$$

$$\text{被害率}=\frac{\text{被害叶(株或穗)数}}{\text{调查总叶(株或穗)数}}\times 100\%$$

(2)虫口密度　虫口密度表示一定数量植株上或面积内的害虫数量。一般用百株虫数或每公顷虫数表示。

$$\text{百株虫口数}=\frac{\text{查得总活虫数}}{\text{调查总株数}}\times 100$$

$$\text{每公顷虫数}=\frac{\text{查得总活虫数}\times\text{每公顷总株数}}{\text{调查总株数}}$$

(3)病害严重度和病情指数　严重度是指已发病单元发生病变的程度,通常用发病面积或体积占该单元总面积或总体积的百分比表示。个体植株的严重度表示方法有,反应型(急性型、慢性型、枯斑型等)、级别(1、2、3 级)和发病面积百分比(5%、10%、25%、40%、60%、80%、100%)。获得若干样本的严重度数值后,可以用加权平均法计算出平均严重度。病情指数表示群体水平上的病害发生程度,由发病率和严重度构成的综合指标。以 0~100 来表示。在调查前先按受害轻重分成不同等级或严重度。调查时分级计数,按下面公式计算。

$$病害严重度=\frac{\sum(各级发病植株体单元数\times该级严重度级值)}{调查发病的植物体单元总数\times最高级值}\times100\%$$

$$病情指数=\frac{\sum(各级病株数\times该级的代表值或级别)}{调查总株数\times最高级值}\times100$$

(4)产量损失率　包括估计损失率和对比损失率。

①估计损失率。适用于按级别计算损失产量,计算公式为

$$估计损失率=\frac{\sum(各受害级的产量损失比例\times相应级的发生数)}{总发生数}\times100\%$$

②对比损失率。在田间设药剂保护区,使之不受病虫为害作为对照区,然后与相同面积的受害区进行比较,计算公式为

$$对比损失率=\frac{无病对照区产量-受害区产量}{无病对照区产量}\times100\%$$

3. 田间调查取样方法

要根据调查对象的分布特点、集团大小和变异程度、要求的准确程度,采用合适的取样方法。五点式、棋盘式和对角线式取样方法适用于田间分布比较均匀的病虫;Z 字形和平行跳跃式取样方法适用于在边行发生较重或点片发生的病虫(图 11-1)。

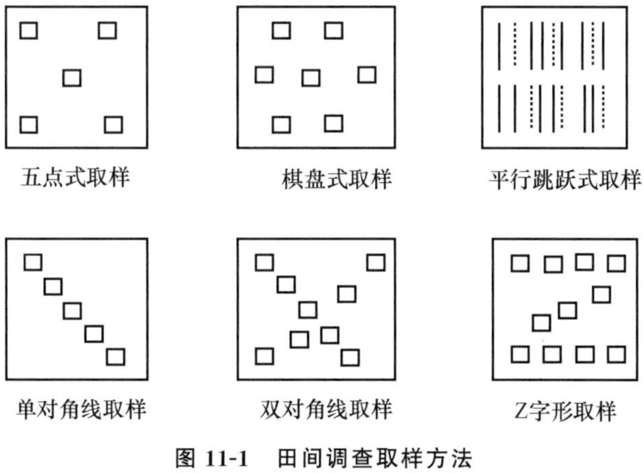

图 11-1　田间调查取样方法

11.3.3　病虫害的预测预报

病虫害的预测是根据其发生、发展规律和影响因素的监测,结合历史资料进行分析研究,对未来病虫害发展趋势和流行程度做出定性或定量估计的过程。由权威机构发布预测结果称为预报,有时对二者并不做严格的区分,通称预测预报。

病虫害预测是实现病虫害防治的先决条件,在现代病虫害综合治理中占有重要的地位。

根据准确的病情、虫情预测，可以及早做好各项防治准备工作；可以更合理地运用各种防治技术，提高防控效果、效益；还可以减少不必要的防治费用和滥用农药所带来的环境污染。

病虫害预测按其机制和主要特征，可分为专家评估法、类推法、数理统计模型法等。

1. 类推法

类推法是利用与植物病虫害发生有相关性的某种现象作为依据或指标，推测病虫害的发生始期或发生程度，其中有物候预测法、指标法、发育进度法和预测圃法。

(1)物候预测法　物候是指自然界反映气候季节变化的生物和非生物现象。在生物的长期演化过程中，植物各器官的发育变化与病虫害、气候三者之间有着紧密的相关性。例如，油菜菌核病与小麦赤霉病发生趋势一致：当地油菜菌核病的发生盛期一般比小麦赤霉病始期提早 10～20 d，可用油菜菌核病的发生情况对小麦赤霉病的发生程度做出预报。

(2)指标法　病虫害预测的指标可以是气候指标、菌量指标、寄主抗病性指标等。目前，预测预报站应用最多的是，根据流行的主导因素(主要根据历年病害流行的记录)划分流行程度等级，预测病害程度，一般积累历史资料时间越长，预报的准确率越高。例如，马铃薯晚疫病预测时，若 48 h 内最低气温不低于 10 ℃，相对湿度在 75%以上，一般在 3 周内，田间将发生晚疫病。

(3)发育进度法　此法以作物易感病生育阶段或病菌和害虫发育进度作为预测的依据。例如，苹果花腐病的防治适期预测：花腐病可用子囊壳发育进度作为病害侵染期预测的依据，从 4 月中旬开始，每天观察 100 个病果上子囊孢子产生情况，当子囊盘开始放射孢子时，即防治适期。

(4)预测圃法　预测圃是在易于发病地区种植感病品种，同时创造有利于发病的条件，诱导作物发病。再依据预测圃的发病情况，预测病害的始发期等，用来指导大田防治。

2. 数理统计模型法

数理统计模型法预测是利用数理方法对已有相关数据进行处理分析，建立预测模型，再用模型进行预测。20 世纪 60 年代我国在植物病虫害预测中开始应用数理统计模型法。数理统计模型法的内容很多，其一般过程可分为资料整理、因素选择、模型选择、拟合度检验等。依据主要因素与病虫害之间的关系选择适当的预测模型。在预测模型的研制过程中，一般要制作多个不同形式的预测模型，相互比较后，选择预测效果较好的模型试用。

数理统计模型法预测的优点是建立模型较为简单，使用起来也比较方便，对一些发生规律比较简单、影响因素比较明确的病虫害，用这种方法预测可取得较好的效果。但其预测的准确程度受资料的代表性、完整性和预测因素的选择等的影响较大。

3. 专家评估法

随着科学技术的发展，数理统计等数学方法以及各种计算机软件不断应用于病虫害预测预报，但在缺乏足够统计数据和完整信息资料的情况下，应用专家评估可以集中人类的智慧、认识，对影响因素多、关系复杂的系统做出预测仍是可取的办法。

4. 专家系统

专家系统的研制始于 20 世纪 60 年代中期，美国斯坦福大学和麻省理工学院于 1991 年研制出首批专家系统 DENDRAL 和 MACSYMA，随后，专家系统的研究得到迅速发展，各种实用、高效的专家系统以及专家系统工具相继问世。在农业方面，我国专家系统的研制起步较晚，现有的研究主要集中在病虫管理、作物育种、土壤施肥等方面。

复习思考题

1. 园艺生产病虫害发生的特点有哪些？
2. 绿色植保相关理念提出的背景是什么？
3. 农作物病虫害绿色防控的概念是什么？
4. 农作物病虫害绿色防控对于园艺绿色生产有何作用？
5. 农作物病害诊断的核心是什么？
6. 列举部分常用的病虫害检测诊断的手段。
7. 简述病虫害监测的常用指标，如发病率和病情指数的计算方法。

Chapter 12

第12章

病虫害防治原则与绿色防控技术

本章学习目的与要求

1. 了解病虫害绿色防控的整体原则。
2. 全面认识绿色防控各类技术措施，理解各类技术的优势与缺点。
3. 能够说出病虫害绿色防控技术的主要类别，并举例说明具体技术手段。

12.1 病虫害绿色防控的原则

贯彻“预防为主，综合防治”植物保护方针和公共植物保护、绿色植物保护的植物保护理念，分区域、分作物优化集成有害生物绿色防控配套技术。

（1）要有生态观点　必须从农业生产和农业生态系统的全局出发，利用各种措施创造有利于作物生长和有益微生物繁殖生存而不利于有害生物滋生的环境条件。

（2）要有经济观点　在防治过程中应力争做到使用最少的人力、物力和财力，得到最佳的防治效果，获得最大的经济效益（图 12-1）。

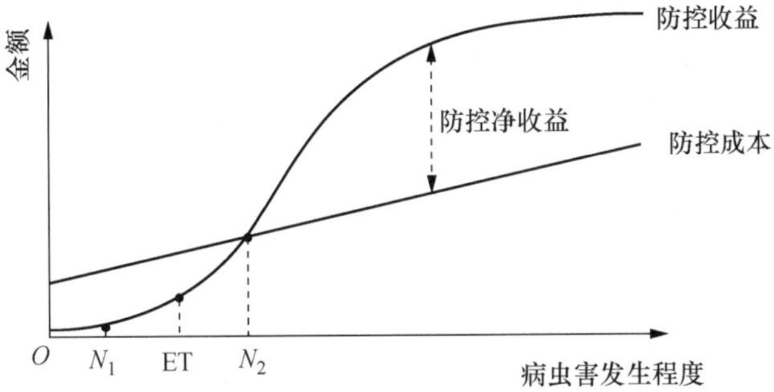

图 12-1　植物病虫害防控的经济观

N_1. 病害未造成明显损失，防治＝白花钱；N_2. 防治费用＝防治挽回损失金额，造成经济损失的最低病害发生程度（经济受害水平）；ET. 经济阈值，即病害达到该程度时应当采取控制措施，以防止病害程度增至经济受害水平

（3）要有环境意识　环境是人类赖以生存的基础，植物保护的原始目的也是为了人类的需要，所有防治措施的运用必须考虑环境保护。

（4）要科学合理配置　综合防治绝不是各种措施简单的累加，也不是措施越多越好，而是要根据病虫害发生的规律，结合当地当时的具体情况，合理协调运用必要的手段，争取获得最好的防治效果。

12.2 病虫害绿色防控技术

12.2.1　植物检疫技术

植物检疫是根据国家颁布的法令，对某些农产品、种苗进行检验和控制，防止危险性病、虫、杂草在国际、国内的传播和蔓延，保证农业生产的一项重大措施（视频 12-1）。病、虫、杂草一旦传入新区，要组织人力、物力进行彻底消灭，达到保护农业生产、维护国家信誉和促进对外贸易发展的目的。病、虫、杂草的远距离传播和入侵新区，主要是通过农产品、种苗和

视频 12-1
植物检疫

包装材料的调运及贸易活动实现的。就设施蔬菜而言，近年来黄瓜黑星病、瓜类褪绿黄化病毒病、甜瓜细菌性果斑病、番茄溃疡病、番茄黄化曲叶病毒病、番茄褪绿病毒病、马铃薯腐烂茎线虫、南美斑潜蝇、美洲斑潜蝇、花蓟马、烟粉虱等病虫害主要在国内一些省份之间大面积传播和蔓延。随着国内外交流的加强、商品经济和现代交通运输业的发展，检疫性病虫传入的风险性增加，传播速度加快，尤其是蔬菜品种的进入途径很多，其中很大一部分是通过民间引入，不像农作物品种进入渠道相对单一，检疫相对严格，加之种植者对植物检疫的重要性认识不到位，导致蔬菜外来有害生物不断传入，给蔬菜安全生产带来很大威胁。

植物检疫具有以下特点：①法制性。国家颁布检疫法规，授权检疫机构执行，是依靠行政手段和技术措施，控制病、虫、草害的传播和扩散。②预防性。实践证明，危险性病虫传入后很难被彻底消灭。植物检疫是一项以预防为主、防患于未然的工作，可以用较少的人力、物力实现保护农业生产的目标，获得长期的、根本的效果。③严格性。植物检疫，实行检查制度，采取严格的处理措施。经检验发现的疫情，采取严格措施进行除害处理；对于还没有安全有效处理办法的，立即销毁或退回。④地区性。植物检疫工作，需要国际、国内部门间、省际间的协作，应得到广泛的重视与支持。

检疫对象是根据每个国家或地区为保护本国或本地区农业生产的实际需要以及病、虫、杂草的发生特点而制定的，不同国家或地区所规定的检疫对象是不同的，但都遵循一个共同的原则：首先是危险性的，即发生十分严重并难以控制的病、虫、草害；其次是局部发生的，即国内或地区内尚未发生或分布不广的病、虫、草害；最后是人为传播的，即主要依靠人为活动进行传播和蔓延的病、虫、草害。满足以上三个条件的病虫即可确定为检疫对象。各省（自治区、直辖市）可根据各自的情况制定补充对象，如北京、吉林、天津、山西、辽宁等地将黄瓜黑星病列为补充检疫对象，陕西将马铃薯环腐病作为补充检疫对象，进行检疫。

如何控制外来危险性病虫侵入，除了植物检疫部门加强检疫外，重点要提高对检疫工作的重要性的认识，在流通和贸易繁荣的今天，种子、种苗、有机肥等的进入渠道呈现多元化特点，给植物检疫增加了很大难度，如一些园区企业，想要从外省甚至国外直接引进种苗，往往逃避植物检疫部门的检疫，这样会加速一些危险性病虫的传播和蔓延。尤其是农业行业的部分科技工作者，在私自引入蔬菜种子或种苗时，没有进行严格的检疫，将一些原产地的危险性病虫种类带入，造成不必要的人为损失。这些现象有越来越多的趋势，成为蔬菜危险性病虫传入的重要途径之一。

对于已经传入的危险性病虫，政府高度重视，投入大量的资金和人力，采取堵截、扑灭等措施，对其传播和蔓延起到一定的减缓作用。无数事例说明，对于外来危险性病虫一味地采取堵截、扑灭措施，成本高，也难以达到预期效果。一种生物一旦进入某一区域并"定居"繁衍，作为生态系统中的一员，很难将其彻底消灭，科学的对策应该是首先对外来有害生物的风险性进行评估，并积极组织攻关协作组，研究其发生特点，明确其影响因素，寻求生育周期中的薄弱点，提出行之有效的控制措施，进行有效的管理，将其种群数量控制在经济阈值之下。

12.2.2 抗病虫品种的选用

1. 作物抗病性和抗虫性的概念

（1）作物抗病性　是指在一定地区范围内，寄主植物所具有的能抵御或减轻某些病原菌的侵袭或危害的能力。当某种病害流行时，农作物某品种不被这种病害感染或感染较轻，生长发育和农艺性状受害较小，则表明该品种具有抗病性或耐病性。

作物对病原菌的抗性主要是通过植株表面特殊的形态结构、植株体内特殊的组织结构等限制其侵入和建立寄生关系，使其不能繁殖，防止病原菌在寄主体内的扩展。研究比较清楚的有抗侵入、抗扩展、避病、耐病、抗再侵染等抗病性机制。

(2)作物抗虫性　是指寄主植物所具有的能抵御或减轻某些害虫的侵袭或为害的能力，即某作物品种在相同的虫口密集度下，比其他品种获得更高产和优质的能力。按抗虫性的机制分为拒虫性或不选择性、抗生性、耐害性等。

①拒虫性或不选择性。是指由于寄主品种具有的形态结构和生理生化的特征，使昆虫不喜欢栖居、产卵和取食的特性。某些形态因素(例如植物株型、颜色、毛状体、表面蜡质等)有可能影响昆虫的选择、取食和产卵。

②抗生性。是指植物对昆虫的生物学(例如生存、发育和繁殖等)所产生的一切有害影响，例如，有些植物含有对昆虫有害的化学物质或缺少必要的营养物质，引起害虫死亡率增高，繁殖率降低，生长受到抑制而不能完成发育或延迟发育、寿命缩短的现象。

③耐害性。是指植物种类或品种在遭受害虫危害时，有一定的增殖或补偿能力，可以忍受虫害而不影响或不显著影响产量。耐害的因素包括作物受害组织的再生能力、邻近植株的补偿能力等。

2. 抗病虫作物的选育及更新

抗病虫育种是以选育对某些病虫害具有抵抗能力的优良品种为主要目标的育种工作。近几十年，随着农业科技的发展，病虫害对农业的危害以及造成的损失有所减轻，但仍十分严重。我国每年由病虫害导致的损失为农作物总产量的15%～20%，国家和农民投入的防治费用巨大。作物抗病虫品种的选育对于农业的可持续发展和农产品安全有极其重要的作用。一是，推广抗病虫品种，起到防病虫保产的作用。在农业发展的历史上，各种重大病虫害的控制，主要通过抗病虫品种的培育和推广得以解决。二是，选用抗性品种是防治植物病虫害最经济有效、简单易行且不造成环境污染的途径。而其他防治方法，花费大量的人力和物力，防控效果受外界环境条件影响较大。抗性品种不受条件影响，不增加投入，更重要的是，不会造成农药残留、环境污染和生态破坏等问题。因此，把抗病虫良种的选育工作列入病虫害综合治理中是十分必要的。

抗病虫育种的途径主要有以下几方面：

(1)引种　是一种简单有效的抗病育种方法，从外地或国外引进具有抗性的品种，通过引种试验，确认其产量、品质、抗病性优于当地品种时，可直接在生产上推广应用。

(2)杂交育种　是抗病虫育种最常用的方法之一，抗病虫育种常采用种间杂交的方法。通过对种质资源的抗性鉴定，把表现抗病虫的材料作为亲本，将其与综合性状优良而抗病虫性较差的品种杂交，通过后代分离重组，选育出抗病虫性好、综合农艺性状优良的新品种在生产上推广。例如‘巨峰’葡萄就是利用果粒大、品质优的欧洲种‘森田尼’和抗病性强的欧美杂种大粒‘康拜尔’杂交育成的大粒抗病品种。

(3)远缘杂交　利用远缘杂交扩大抗源利用范围，并将其抗性基因导入栽培植物，是选育抗病虫品种的有效方法。

(4)诱变育种　一些感病品种，经理化因素诱变后，可获得抗病的突变体，进而育成抗病的新品种。目前,通过诱变育种方法,已在许多作物中获得了抗性基因突变体,育成抗病新品种。例如用γ射线处理,育成了抗菌核病的甘蓝型油菜品种'中油821'等。

(5)回交转育法　若某推广品种的农艺性状优良但不抗病,而另一个抗病品种的抗性是由单基因或寡基因控制的,可应用回交法将其抗性基因转移到推广品种中去,选育既抗病害又农艺性状好的新品种。

(6)应用生物技术　随着现代分子生物学的发展以及植物基因工程技术的日趋完善,组织或细胞培养技术、染色体工程、基因工程(细胞融合技术)、外源DNA导入等生物技术、突变细胞的化学筛选技术,在抗病育种中有着广阔的前景。利用植物抗病基因及植物防御反应有关的基因,将其导入植物,使它们在植物体内表达从而提高植物的抗病能力。

(7)多系品种选育　以回交为基础,先利用优良的推广品种作轮回亲本,分别与含有不同垂直抗性基因的品种杂交。再分别多次与轮回亲本回交,并结合抗性鉴定和系谱选择,选育出既具有轮回亲本的优良农艺性状,又各具有一个不同抗性基因的一套近等基因系。最终根据生产实际中病原菌生理小种的变化,随时将选育出的近等基因系中各近等基因按特定比例混合成新的品种。多系品种,其实质上是一个农艺性状和表现型基本一致,而抗性基因多样化的混合群体,对病原菌生理小种分化频繁的锈病、白粉病等病害的控制特别有效。

视频 12-2
抗病虫品种的培育和利用

在生产实践中,抗病虫育种,应根据病虫种类、抗源资源、抗性遗传规律和已有的抗性育种工作基础,综合运用各种育种方法,培育出优良的抗病虫品种(视频12-2)。

对一些病害而言,生理小种组成的不断变异,往往使抗性品种的抗性不断"丧失"。保持品种抗性的相对稳定和持久是一个重要难题。从理论上看有以下解决途径:①广泛利用各种抗性,包括成株抗性、持久抗性、水平抗性、慢性抗性等;②使品种抗性基因结构复杂化;③合成多系品种;④基因轮换与合理布局;⑤抗源多样化。

3. 抗病虫品种的利用策略

抗性品种的抗性在生产上能保持多久,受很多因素影响,其中受病原菌生理小种和害虫生物型群体影响较大。在生产上能较长时间地保持其抗性的品种主要是由多基因控制的水平抗性的品种,而许多由主基因或寡基因控制的抗病虫品种,在生产上种植几年后,抗性便丧失,丧失的原因主要是病原菌生理小种和害虫生物型的变异。生产上大面积推广某个品种时,会对现有的病原菌生理小种和害虫生物型群体形成一定的选择压力,导致能侵染或危害该寄主的小种上升为优势小种,从而导致品种抗性的丧失。因此保持品种抗性的稳定、持久是抗性育种的首要任务。目前,解决的方法有如下几种。

(1)狠抓影响病原菌变异的关键环节　生产上可通过推广应用多系品种或混合品种来保持或延长品种的抗性。由于多系品种或混合品种群体内抗性基因的多样化,增加对多种病原菌生理小种和害虫生物型的抗性,可控制病原菌和害虫群体的发展和致害性的变异,稳定寄主和生理小种的相互关系及组成,延长品种的抗性。

(2)综合应用主效基因抗性和微效基因抗性　现代育种工作中,提倡综合应用主效基因抗性和微效基因抗性结合的育种,使它具有多抗性,延缓抗性品种抗性的丧失。可以通过复合杂交,把多个主效抗性基因和微效抗性基因逐步聚集到一个品种中去,使它具有多抗性,从而降低相应毒性小种或害虫生物型产生的频率。因为病原菌和害虫要克服寄主的抗性，就必须在几个基因位点上同时发生突变，但这种概率很低。将综合应用主效基因抗性和微效基因抗性结合起来的育种工作相当困难且复杂。

(3)在充分发挥品种本身抗性的基础上，协调应用各种防治措施　用以保持品种抗性的稳定、持久。根据病虫害发生规律和流行特点，进行抗源轮换和合理布局。通过培育出具有新抗性基因的品种代替生产上已丧失或即将丧失抗性的旧品种，可以从时间上切断病原菌新小种或害虫生物型的定向选择，避免产生新的流行小种或生物型。对流行性强，并有一定流行途径的气传真菌病害(如梨树的锈病)，在同一流行区的上游、中游和下游，或越夏地区、传播桥梁区和越冬区，分别种植含有不同抗性基因的品种，便可以从空间上切断其传统循环途径，从而使新小种不能定向地迅速积累。

(4)通过各种途径提高植物的抗性　提高植物抗性的主要途径如下：①扩大和丰富植物的抗性种质资源；②加强抗性良种的繁育，不断提高品种的抗性；③应用栽培措施提高抗性，如采取调整播期、合理密植、合理施肥、科学用水等措施；④应用微量元素以及使用免疫剂、抗生素等化学措施提高抗性；⑤应用生物措施提高抗性，例如采用弱毒或无毒菌系诱导、用寄生真菌的代谢产物诱导等措施。

12.2.3　生态调控技术

生态调控(视频 12-3)，或称为病虫害生态治理(ecologic pest management，EPM)，其定义为“依据整体观点和经济生态学原则，选择任何种类的单一或组合措施，不断改善和优化系统的结构与功能，使其安全、健康、高效、低耗、稳定、可持续，同时将病虫害数量维持在经济阈值水平以下。”生态调控的核心是依据整体思想和经济生态学原则，运用各种适宜的措施，调控病虫害种群，改善和优化系统功能，实现环境安全、生态协调、经济高效、可持续发展的目标。生态调控强调打造一个相对稳定的生态体系：一是不以消灭病虫害为目标，而是利用农业生态系多个物种之间的相互联系、相互制约，使病虫害保持低种群水平；二是不单纯依赖化学防治，而采用包括自然控制和人工防治在内的各种手段，控制病虫害的为害；三是尽可能不施或少施农药，按照科学防治指标控制农药用量，降低成本，提高效益。

视频 12-3
生态调控技术

病虫害生态控制技术主要采用人工调节环境、食物链加环增效等方法，协调农田内作物与病虫害之间、有益生物与病虫害之间、环境与生物之间的相互关系，达到保益灭害、提高效益、保护环境的目的。实施病虫害生态治理策略，实质上是在农业防治(选用抗病虫作物品种、轮作、间作、混作、套种、采用无病种苗、健身栽培技术的应用等)、物理防治(频振式杀虫灯、紫外线大棚杀菌灯、诱虫板等)、生物防治(应用天敌昆虫、有益微生物、病毒等)、化学防治等传统防治的基础上，实施全程人为调控、环境检测、规范操作、信息管理的生态调控策略。病虫害的生态调控，是集理论、政策、管理、知识和技术于一身的集成体系，是一项时空跨越大、涉及因素多、结构复杂、动态性强的系统工程。因此，必须树立公共植物保护和生态调控理念，突出社会管理和公共服务职能。换言之，实施生态调控策略，不是个体农户能做到的，也不是一个地区、一个部门能完成的，必须由政府(地方政府)主持，社会参与，齐抓共管，团结协作，才能取得成效。

12.2.3.1　农田生物多样性建设

大面积种植单一品种导致病害大流行和严重经济损失，是人为造成的灾难，在历史上早有沉痛的教训。目前，大多数新培育的品种仅具有单基因抗性，大面积种植后，形成强大的定向选择性压力，使病原菌生理小种组成消长迅速，原来稀有小种上升为新的优势小种，导致新品种抗性丧失。培育和推广新抗病品种的一个后果是具有不同抗性品质和机制的地方品种的丧失，最终丧失农业生产系统中的遗传多样性。在长期农业生产实践中，农业技术工作者和农民自觉或不自觉地利用多样性来减轻农作物病害，在全球许多地区，农民就用混种不同品种来减轻病害和提高作物产量。农业生物多样性的利用是我国传统农业中的瑰宝。千百年来，我国农民就有利用农业生物多样性的习惯，广大农业科技工作者在农作物复种、套种方面进行大量研究和推广工作，有效地提高复种指数，增加单位面积产量，为我国粮食生产做出巨大的贡献。生物多样性控制植物病害研究，是多学科交叉形成的新研究领域，不仅在理论上有重要的意义，而且在实践中有着十分广阔的应用前景。

1. 作物间套种技术

间作套种指的是作物种植在耕地平面上的分布方式，与间作套种相关的种植方式还有单作、混作等。

(1)单作(sole cropping)　指在同一块田地上种植一种作物的种植方式。这种方式作物单一，群体结构单一，全田作物对环境条件要求一致，生育期一致，便于田间统一种植、管理和机械化作业。作物生长发育过程中，个体之间只存在种内关系。

(2)间作(inter cropping)　指在同一田地上于同一生长期内，分行或分带相间种植两种或两种以上作物的种植方式。所谓分带，是指间作作物成多行或占一定幅度的相同种植，形成带状，构成带状间作，例如，4 行棉花间作 4 行甘薯。间作由于成行或成带种植，可以实行分别管理。特别是带状间作，便于机械化或半机械化作业，与分行间作相比能提高劳动生产率。间作的作物播种期、收获期相同或不同，但作物共生期长，其中至少有一种作物的共生期超过其全生育期的一半。间作是集约利用空间的种植方式，是不同作物在田间构成的人工复合群体，个体之间既有种内关系又有种间关系。

(3)混作(mixed cropping)　指在同一田地上，同期混合种植两种或两种以上作物的集约利用空间的种植方式。混作在田间无规则分布，不便分别管理，并且要求混种作物的生态适应要一致。

(4)套种(relay cropping)　指在前季作物生长后期的株行间播种或移栽后季作物的种植方式，也称为套作，是一种集约利用时间的种植方式。例如，小麦生长后期每隔 3～4 行小麦种植 1 行玉米。套作和间作都有作物共生期，所不同的是套作共生期短，每种作物的共生期都不超过全生育期的一半。

间作套种的主要作用有以下几个方面：

①间作套种可充分利用空间，增加叶面积系数，提高对土地和光能的利用率，在单作面积上合成和积累较多的光合产物。

②间作套种可充分利用边行优势，利用边行通风透光和根系吸收范围大的有利条件提高产量。

③间作套种可用地养地相结合，创造和恢复土壤团粒结构，从而提高土壤肥力。

④间作套种可充分利用生长季节，发挥作物丰产性能。

⑤合理的间作套种也是抑制病虫危害的措施。不同作物有不同的病虫害，对恶劣的天气条件有不同的反应。单作抗御自然灾害的能力低，运用间作套种，可利用作物的不同抗逆性和适应能力，减轻自然灾害和生物灾害的危害，稳定产量。间作套种可改变田间小气候，使病虫害发生减轻。例如，木薯与绿豆、豇豆间作可降低病毒性花叶病的发生，蚕豆与马铃薯间作可减少蚕豆赤斑病。与玉米间作的白菜，由于田间小气候改变为阴凉、昼夜温差小，病害减轻。不同作物的地下部根系互作，如增加根际微生物数量和多样性、调节土壤酶活性、化感作用等也可以起到控制土传病害的作用。例如，番茄与分蘖洋葱间作可降低番茄黄萎病发病率，辣椒与玉米间作可减轻、隔离辣椒疫病，西瓜与小麦、旱作水稻间作可减少枯萎病发生。

各地自然条件和作物种类不同，种植方式和耕作制度也很复杂，各种耕种措施(如轮作、间作、套种、土地休闲、少耕免耕等)对不同病害的影响不尽一致。因此必须根据当地具体情况，兼顾丰产优质和病害防控的需要，建立合理的耕作制度。

2. 果园生草覆盖

传统果园管理借用一年生作物的管理方式，以清耕、裸露、中耕为主要手段。清耕制短期效果虽好，但长期清耕导致果园地力退化，且需要耗费大量的时间来除草，这无形中增加了工作量，降低收益率。因此，改变传统果园土壤管理模式，走用地与养地相结合的果园生产可持续发展之路已成为果树生产的重要方式。果园生草栽培是一种现代化的果园土壤管理模式。果园生草有两种栽培方式，即自然生草和人工种草。自然生草指自然生出杂草后在株行间选留适宜草种，并去除不适宜的恶生性杂草。人工种草指选择适宜草种在果树全园或株行间进行人工种植。

常用的生草草种主要采用禾本科和豆科植物，草种生长类型有一年生和多年生之分。常用豆科草种有三叶草、多年生紫花苜蓿、百脉根、二年生的草木樨、羽扇豆等。其中三叶草属植物有 250 多种，果园以多年生的红三叶草、白三叶草和一年生的箭叶三叶草使用较多。同时，禾本科草种也是果园生草优势草种，如草地早熟禾、牛草、猫尾草、鸭茅、多年生黑麦草等。不同地区由于气候不同，采用的草种也各有不同。我国北方气候冬季寒冷，春季干旱少雨，夏季雨季集中在 6—7 月，土壤不肥沃，因此选择草种时，优先选用耐瘠薄的草种，如三叶草、多年生黑麦草、狗尾草、百脉根、紫花苜蓿等。

生草后适时刈割可改变草的高度，抑制草种的生长发育，避免与果树争夺养分。一般禾本科草要保住生长点(心叶以下)，而豆科草要保住茎的 1～2 节。以环渤海地区的苹果园为例，夏季雨量充分，草生长旺盛，一般需刈割 4～6 次，刈割留茬高度 20 cm 左右为宜。秋播那一年不进行刈割，自然生长越冬后进入常规刈割管理。相反，西北地区果园草生长量小，所以刈割数量减少，甚至不刈割。

与果树争肥水是果园生草栽培的主要矛盾，应选择浅根性的草作为生草草种，生草区保持在树干周围 0.5 m 左右的距离。另外，果园生草初期产生的杂草应及时除去，如采用化学防治法，适当使用除草剂。在草旺盛生长时适当灌水追肥，割草覆盖，减少水分蒸发。

3. 种植诱集作物

根据协同进化的原理，所有病虫害都会有一种或几种偏好的寄主植物。在主栽作物的田间种植小面积能够吸引目标病虫害的诱集作物，将病虫害集中到一个较小的范围，以便更有效地治理。在经济作物卷心菜田中种植一些转基因芥菜可以有效地控制小菜蛾幼虫的数量。油菜蓝跳甲是甘蓝型油菜上重要的害虫之一，种植一些白菜型油菜能够降低油菜蓝跳甲对甘蓝型油菜的为害。种植一些适当的诱集作物也可以显著影响植食性昆虫的运动和定殖，有利于害虫的综合治理。此外，诱集作物的选择还可以考虑天敌昆虫的因素，种植一些能够诱集天敌昆虫的作物也能够减轻害虫对主栽作物的为害。尽管诱集作物的应用是害虫生态调控的得力措施之一，但在实际操作时，诱集作物品种的选择、种植的时期、比例和布局等都是影响生态调控效果的重要因素，应科学、合理地应用以便达到良好的控制效果。

12.2.3.2 植物健身栽培技术措施

植物健身栽培技术是在农田生态系统中，改进耕作栽培技术，调节病虫害、寄主及环境之间的关系，创造有利于作物生长、不利于病虫害发生的环境条件，控制病虫害种群数量或减少其侵染的可能性，培育健壮植物，增强植物抗害、耐害和自身补偿能力，以达到稳产、高产、高效、优质、生态、安全、低成本的一种植物保护措施。其优点是贯穿在整个农业生产环节中进行，不需要过多的额外投入就能达到目的，且易与其他措施相配套，易于推广；但其也具有其局限性，如见效慢，对暴发性病虫害的防控效果不大，具有较强的地域性和季节性，常受自然条件的限制等。植物健身栽培主要有以下几项措施。

1. 使用无病虫种苗

许多植物病原物和害虫可经种苗携带而传播扩展。生产和利用无病虫种苗可有效地预防这类病虫害。一般可通过下列途径获得无病种苗。

(1)建立无病虫留种田　无病虫留种田或无病虫繁殖区应与一般生产田隔离，隔离距离因病虫的移动性和传播距离而异。同时应加强无病虫留种田和无病虫繁殖区的病虫害防治和其他田间管理工作，确保提供真正的无病虫种苗。

(2)精选种子　可采用机械筛选、风选、盐水或泥水漂选等方法汰除种子间混杂的菌核、菌瘿、虫瘿、病植物残体以及病粒、瘪种子。

(3)种子处理　表面或内部带菌的种子或其他繁殖材料需进行热力消毒或农药处理。

(4)脱毒组织培养　许多植物病毒通过营养繁殖器官传播，但通常植物茎尖生长点分生组织不带病毒。利用茎尖组织培养技术，即在无菌条件下切取茎尖进行组织培养，得到无病毒试管苗，再进行扩繁，便获得无毒苗用于生产。

(5)工厂化育苗　通过工厂化育苗，可获得无害虫种苗，以杜绝种苗传播病虫害。

2. 健身栽培技术

播种期、播种深度和种植密度均对病虫害的发生有重要影响，合理调节播种期、播种密度和播种深度，可减轻病虫害发生。例如，早稻过早播种，易引起烂秧；冬小麦过迟或过深播种，延长出苗时间，可增加小麦秆黑粉病菌和小麦腥黑穗病菌的侵染机会，加重发病；水稻过度密植，造成田间过早封行，通风透光不良，湿度高，有利于水稻纹枯病发生。推迟玉米播种期到 6 月 10 日以后，可有效减轻夏玉米粗缩病的发生。

3. 合理轮作倒茬

轮作(crop rotation)是在同一田地上不同年度间按照一定的顺序轮换种植不同作物或采取不同的复种形式的种植方式，例如一年一熟条件下的大豆-小麦-玉米三年轮作。生产上把轮作中的前作物(前茬)和后作物(后茬)的轮换,通称为换茬或倒茬。连作(continuous cropping)与轮作相反,是在同一田地上连年种植相同作物或采取相同的复种方式的种植方式。连作也称为重茬。

作物生产中是否需要轮作主要取决于前后茬作物的病虫草害和作物的茬口衔接关系,而茬口的衔接还与各作物对土壤的用养关系、种收时间有关。轮作作物必须是病原物的非寄主,轮作年限和轮作方式因病虫害而异。一般病虫害轮作 2～3 年,有些病原物腐生能力强或能产生抗逆性强的休眠体,在寄主缺乏时也可长期存活。在这种情况下,只有长期轮作才能控制病害。通常来说,水旱轮作是最理想的轮作方式,其轮作周期短,控病效果明显。部分作物品种的根际分泌物可以抑制一些土壤病原物的生长,从而降低另一部分作物品种的受害程度。如百合科蔬菜洋葱、大蒜、韭菜等的植株及根系中含有硫化丙烯、大蒜素等杀菌物质,这些物质残留在土壤中能杀死其中对作物有害的部分病菌,如栽培葱蒜类后,种植大白菜可以减轻白菜软腐病。

前后作配置时,要注意前作对杂草的抑制作用为后作创造条件。一般胡萝卜、芹菜生长缓慢,抑制杂草作用很小,葱蒜类、根菜类也易遭杂草为害,而南瓜、冬瓜因生长期间侧蔓迅速布满地面,杂草无法生长,甘蓝、马铃薯抑制杂草作用也较大。

4. 保持田园卫生

保持田园卫生是指通过深耕灭茬,拔除病虫株,摘除病叶、病虫梢和病花朵,铲除发病中心和清除田间病虫残体等措施,减少病原物接种体和害虫数量,从而达到减轻或控制病虫害的目的。例如,在作物生长期间,及早拔除病株,可减少病菌的再侵染,从而减少翌年的初侵染菌源。多种植物病毒及其传毒昆虫在野生寄主上越冬或越夏,铲除田间杂草可减少毒源。梨锈菌必须通过转主寄主桧柏才能完成其生活史,因而梨园周围不种桧柏,已有的桧柏要砍除,这样可有效控制梨锈病。作物收获后彻底清除并集中深埋或烧毁遗留田间的病残体,可减少病菌的越冬或越夏菌源数。这种措施对多年生作物或连作作物尤为重要。例如,果树落叶后,应及时清理枯枝落叶,并结合冬季修剪,剪除病枝,摘除病果,刮除病斑。在多茬种植的蔬菜栽培地,菌源残存多,应在当茬蔬菜收获后或下茬播种前清除病残体。深耕深翻可将表层病原物休眠体和病残体埋到土壤深处,加速其分解,减少田间有效接种体数量。水稻栽秧前,捞除水面混有菌核的浪渣,可减少引起初侵染的菌核量,减轻水稻纹枯病的发生。此外,沤肥和堆肥等应充分腐熟,杀死其中病原物后方可施于田间。

12.2.3.3 环境调控技术

在温室、塑料大棚、苗床等保护地栽培条件下,可根据不同病害的发生规律,合理调节温度、湿度、光照、气体组成等,创造不利于病虫侵染和发生的生态条件。例如,采用高温闷棚防治大棚内黄瓜霜霉病的发生,即选择在晴天中午密闭大棚(前一天需浇足水),使棚内温度迅速上升至 45 ℃,并保持 2 h 后放风降温,隔 3～5 d 重复 1 次。

肥水管理与病害消长关系极为密切。例如,施用氮肥过多,往往会加重花椰菜黑腐病、菜青虫和西瓜枯萎病的发生;而氮肥过少,则有利于油菜菌核病的发生。水的管理不当,会造成田间湿度过高或过低,有利于病原真菌和细菌的繁殖和侵染,不利于农作物生长,从而诱发多种病害。为减轻病害,应做到合理施肥和管水。合理施肥的一般原则:氮、磷、钾肥配合施用,避免偏施氮肥;增施有机肥,但不施用未充分腐熟的肥料;适量施用微肥;根据作物种类和品种的耐肥能力掌握肥料用量；基肥和种肥足，追肥早。合理管水的一般原则：水田应做到浅水勤灌，适时排水烤田；旱田应开深沟，以防长期下雨造成渍害；排灌结合，避免大水漫灌，提倡滴灌、喷灌、脉冲灌溉等节水灌溉。水可以调节植物对肥料的利用效率，因此水和肥的管理应结合进行，充分发挥水和肥的综合调控作用，提高植株抗病力，达到控制病害、提高产量的目的。

膜下暗灌技术是根据设施栽培特殊环境提出的一项灌水新技术，就是在蔬菜定植前先按大小行起垄，垄宽 80 cm，沟宽 40 cm，垄高 15 cm。然后在垄中间开沟，沟宽 15 cm，沟高 15 cm，垄上定植蔬菜，双垄覆膜。深冬初春浇水时，不浇大垄沟，而从膜下浇小垄沟，或者采用膜下铺管滴灌。膜下暗灌时，注意浇水量适中；使小垄沟均匀受水，南北两头见水；及时封闭进水口，尽量避免水溢出。该技术的优点是既能较大水漫灌节约水量 50%左右，又能阻止水分快速蒸发，从而在满足蔬菜生长的情况下减少浇水次数，降低棚室里的空气相对湿度，抑制蔬菜病害的发生同时，因空气湿度小还可明显减少棚室内起雾的机会，改善光照条件，有利于提高棚室内温度，促进蔬菜的生长发育。

土壤是多种病虫生活和栖息潜伏的场所。深耕改土不仅可改善土壤的理化性状，有利于作物的生长发育，提高抗性，还可通过深耕翻土使病虫暴露于地表或深埋于土层中，恶化其在土壤中的生存环境，甚至在深耕翻土过程中，机械作用可直接杀伤害虫或破坏害虫的巢穴而使其死亡。例如，火焰旋耕机在耕翻土壤过程中，可通过瞬时高温火焰杀灭土壤中病菌和害虫。

地面覆盖也是一种可以达到保温、保水、增加土壤有机质，以促进植物生长发育，提高抗害力和利用覆盖物创造高温条件来杀灭病虫害及阻隔病虫为害的措施。例如，应用塑料地膜覆盖技术，在夏季高温季节利用晒土和覆膜来控制某些严重的土传病害及地下害虫。

12.2.4 物理防控技术

物理防控技术（视频 12-4）是利用简单的器具或其他各种物理因素（如光、热、电、温度、声波等）进行病虫害防控的技术。我国古代就有采用驱赶、扑打、焚烧、挖沟、土埋等多种办法消灭蝗虫的历史记载，这也是最原始和最简单的物理防控技术。早期的物理防控技术是采用徒手捕杀、清除病株和病部、使用简单工具诱杀、设障碍防除等简单的方法对病虫害进行防控，而近代物理成就在病虫害防控技术上得到了很好运用，因而物理防控技术可算作是既古老又年轻的一类防控技术。

视频 12-4
物理防控技术

从古至今，在没有更好的防控方法的情况下，物理防控技术不失为一种最好的急救防控技术。早期的物理防控技术因为多采用人工捕杀和清除的方法，所以多数具有效率低、费时费力等缺点。进入 21 世纪后，人们对高品质生活的追求日益强烈，对农副产品农药残留问题越来越重视，对环境保护的责任感与时剧增。物理防控技术在农业生产上，特别是在无公害农产品、绿色食品和有机食品生产中发挥着积极的作用。随着我国“绿色植物保护，公共植物保护”方针的实施，减少化学农药的使用成为植物保护领域的一种趋势。此外，值得一提的是，随着科技的不断发展，近代物理技术最新成就的运用，能很好地弥补物理防控技术费时费力的缺陷。因此，物理防控技术必将极大地推动病虫害综合治理的发展。

12.2.4.1　诱杀技术

趋性是昆虫的重要习性之一，是以反射作用为基础的进一步高级神经活动，是对任何一种外部刺激来源的定向运动，这些运动是带有强迫性的，不趋即避。

1. 彩色诱虫板诱杀

利用斑潜蝇、温室白粉虱、烟粉虱、蚜虫等害虫具有趋黄性，以及蓟马具有趋蓝性的特点，在棚室内悬挂黄色或蓝色诱虫板进行诱杀，具有不污染环境和蔬菜产品、害虫不产生抗药性等特点，符合害虫绿色防控的基本要求，可协调害虫防治与绿色食品蔬菜生产的矛盾。

(1)利用黄色诱虫板诱杀烟粉虱的相关研究结果　不同颜色诱虫板诱杀烟粉虱的效果明显不同，以黄色诱虫板诱杀效果最好。棚室内黄板不同悬挂方向对烟粉虱成虫的诱集量没有差异。在生产实际中宜选择平行作物行垂直悬挂，对农事操作的影响小。黄色诱虫板大小对单位面积上烟粉虱成虫的诱集量没有显著影响，在一项试验中显示 20 cm×25 cm 黄色诱虫板对烟粉虱成虫的诱集效率稍高。黄色诱虫板高度对各日平均烟粉虱成虫的诱集量存在显著影响，烟粉虱成虫主要在植株冠层附近活动，因此黄色诱虫板悬挂高度以黄板下缘与蔬菜作物冠层持平或略高于冠层为佳。诱虫板悬挂密度方面，每 10 m^2 设置 1.5 块黄色诱虫板能够经济有效地控制烟粉虱成虫种群。

(2)利用蓝色诱虫板诱杀蓟马的效果　蓝色诱虫板与同样大小的黄色诱虫板进行田间诱集试验，挂板 1 d 后国内蓝色诱虫板上的西花蓟马数量为 107.0 头，约为黄色诱虫板的 4 倍，14 d 后国内蓝色诱虫板上的累计虫量达到 1 150.0 头，黄色诱虫板上为 412.0 头，两者相差近 2 倍。国内和国外生产的蓝色诱虫板比较试验结果表明，诱集效果最佳的是国内蓝色诱虫板，7 d 后诱集到 624.0 头，其次为国内黄色诱虫板，为 412.1 头，国外蓝色诱虫板诱集的虫量最少，仅为 147.6 头。

2. 性诱剂诱杀

从蔬菜育苗期开始，在棚室外面每亩悬挂 2 个蛾类通用型诱捕器，距地面 1 m 高(或比植物冠层高出 20～30 cm)，内放 1 枚甜菜夜蛾专用诱芯(每个生长季放 1 枚即可)，诱杀雄成虫，雌虫由于无法正常交配，从而大大降低田间的落卵量。经过多点试验结果表明，适时放置性诱剂诱杀成虫的棚室，甜菜夜蛾几乎不再用药防治，防治效果十分明显。

同样，试验结果表明，在不同的小菜蛾密度下，性诱剂均有明显的诱捕作用，且随时间的变化其诱集量的趋势相似。同时，小菜蛾卵量基数的变化同诱集效果也有密切的关系，总的趋势是卵量基数越大，诱集的雄蛾量越多。由幼虫和蛹的数量变化来看，均可显著地降低种群密度，压低种群的增长幅度，但在不同的卵量基数情况下，其压低的幅度变化差异较大。在低密度卵量下，小菜蛾性诱剂对小菜蛾种群具有很好的控制效果，而在中密度和高密度下的控制效果则较差。

性诱剂对不同蔬菜种类上小菜蛾的控制效果不同，虽然在甘蓝和大白菜上诱集量较高，但控制效果没有在菜心和上海青上高。小菜蛾在甘蓝和大白菜上适应性强，种群增长较快，因此相对控制效果不高，需要结合其他措施进行控制。

3. 糖醋液诱杀

利用甜菜夜蛾、小地老虎、蝼蛄等害虫对糖醋液强烈的趋化性，可用糖醋液对其进行诱杀。糖醋液具体配方为酒：糖：醋：水＝1：3：4：2，或用甘薯、豆饼等发酵液加少量敌百虫制成糖醋液进行诱杀。该方法对环境无污染，对非靶标昆虫无杀伤力，绿色环保。

4. 食饵诱杀

利用蝼蛄、地老虎等地下害虫对马粪、炒香的饼肥和麦麸的趋化性，可用麦麸、饼肥、马粪制成毒饵诱杀。具体方法：用90％敌百虫50 g溶于0.5 kg温水中，拌入炒香的麦麸（炒香的米糠、炒香的饼肥、马粪）5 kg，或用90％敌百虫100 g兑水1 kg，兑好后的药液拌入切碎的鲜草或菜叶6～7 kg，傍晚撒于菜地诱杀地老虎、蝼蛄等地下害虫。实践中发现，采取点式集中施药，或利用害虫的潜伏习性，将毒饵放于萎蔫的桐树叶、杨树叶下，既能提高防治效果，又能延长毒饵的持效期。

5. 潜所诱杀

利用害虫的潜伏习性和对越冬场所或栖息地的特殊要求诱杀害虫。例如，小地老虎幼虫喜欢潜藏在泡桐树叶下，可在菜田放置些泡桐叶，诱集小地老虎幼虫并集中消灭；菜田中插上萎蔫的杨树把，可诱集棉铃虫、烟青虫、斜纹夜蛾等的成虫，并于清晨捕杀。

6. 利用驱避性驱避

驱避性是指驱避物引起昆虫离去的现象，如银灰色对大多数种类蚜虫具有较强的趋避作用，根据蚜虫的这一习性，可在菜田中利用银灰色地膜驱避蚜虫迁入菜田，减轻为害。具体方法：①地面覆盖，先按栽培要求整地，用银灰色薄膜代替普通地膜覆盖，然后再定植或播种蔬菜。②挂条，在番茄、白菜等蔬菜播种后立即搭建0.5 m高的拱棚，每隔0.3 m纵横各拉1条银灰色塑料薄膜，覆盖18 d左右，当幼苗长出6～7片真叶时撤棚，避蚜效果达80％以上；或在番茄、白菜等蔬菜定植搭架后，在菜田上方拉2条10 cm左右宽的银膜（与菜畦平行），并随蔬菜的生长逐渐向上移动银膜条；也可在棚室周围的棚架上与地面平行拉1～2条银膜驱避蚜虫，防止蚜虫迁入棚内。③银灰色薄膜覆盖小拱棚或用银灰色遮阳网覆盖菜田，驱避蚜虫。

12.2.4.2 阻隔技术

1. 防虫网

防虫网阻隔技术主要是构建人工隔离屏障，以物理防治为主的害虫防治新思路，实质就是将害虫"拒之门外"，属于自然控制范畴。防虫网是一种以添加有防老化、抗紫外线灯化学助剂的聚乙烯为原料经拉丝制造而成的网状织物，具有拉力强度大、抗热、耐水、耐腐蚀、耐老化、无毒无味、废弃物易处理等优点。研究结果表明，应用防虫网栽培辣椒、番茄、南瓜，成为防治病毒病最有效的方法；在日光温室的入口及通风口处设置防虫网，是控制在陕西、宁夏等北方地区自然条件下不能越冬的斑潜蝇、温室白粉虱、烟粉虱等害虫为害的有效技术措施。防虫网阻隔技术在以色列、日本、美国等国家广泛应用。在以色列，几乎所有园艺设施的门窗（通风口）均设置防虫网。在日本和我国台湾地区，蔬菜防虫网的应用也相当普遍，在深圳、北京和江苏等地，防虫网的使用面积已占蔬菜栽培面积的50％以上。据在陕西延安、渭南地区的试验示范和从国内外的应用情况来看，防虫网阻隔技术不失为当前乃至今后一段时期内，我国应用较广、成熟且十分有效的蔬菜害虫防控技术。

蔬菜田使用防虫网可免除菜青虫、小菜蛾、甘蓝夜蛾、斜纹夜蛾、黄曲条跳甲、猿叶甲、蚜虫等的为害。试验结果显示，罩网使蚜虫的虫口数世较对照减少99.72％，使美洲斑潜蝇受害指数降低 77.31%，番茄棉铃虫蛀果率降低 68.42%。同时，防虫网还具有调节气温、土温、湿度、光照等作用。

(1)防虫网的架设方式　防虫网可采用如下的架设方式：

①浮面覆盖。即在夏、秋蔬菜播种或定植后，将防虫网直接覆盖在地面或蔬菜作物上，待苗齐或定植苗成活后揭除。

②拱棚覆盖。根据拱棚大小将防虫网直接覆盖在拱架上，即全封闭的覆盖方式。

③温室局部设置。在棚室覆盖棚膜时，在前沿及顶部通风口设置宽度为 100～120 cm 的 50～60 目防虫网，长度根据棚室的长度而定；在棚室缓冲房门及棚室出入口悬挂防虫网；如果北墙留有通风口，在通风口处需要设置防虫网。

(2)防虫网阻隔技术的特点　包括以下 5 点：

①使用范围广。不受栽培方式、地域、气候条件等因素的限制。

②防虫效果显著。对大型昆虫的防治效果可达到 100%，对小型昆虫的防治效果可达到 90%以上。

③绿色环保，不污染环境和农产品。使用防虫网不会引起害虫产生抗药性，可生产 A 级绿色食品蔬菜，具有显著的生态及社会效益。

④对不良环境适应性强，使用寿命长。防虫网是以高密度聚乙烯为主要原料，并添加防紫外线、抗老化等助剂，经过一定的机械加工编制而成的 18～120 目规格的网纱，具有耐拉强度大、抗热、耐水、耐腐蚀、抗老化、防紫外线、无毒、无味、废弃物易处理等优点。

⑤投入产出比高。拱棚覆盖防虫网，每亩成本约 2 000 元，使用寿命 5 年左右，年均费用 400 元左右；而使用化学农药，年均防治费用在 200 元左右；前者较后者增加 200 元左右，而覆盖防虫网栽培的增收效果则远大于所增加的费用。在陕西陕北、渭南等地覆盖防虫网种植小青菜，每亩平均每茬增产 205.8 kg，平均增收 246.9 元，年增收 1334.5 元，扣除使用成本，纯增收 800 余元。日光温室通风口设置防虫网，每亩费用仅为 50～60 元，明显低于喷施农药的费用。

(3)应用防虫网应注意的事项　包括以下 3 点：

①覆盖时间。必须在蔬菜全生育期覆盖。

②选择适宜的规格。根据防治对象，选择相应规格的防虫网，若防治对象为棉铃虫、斜纹夜蛾、小菜蛾等体型较大的害虫，可选用 20～25 目的防虫网；若防治对象为斑潜蝇、白粉虱、蚜虫等小型昆虫，可选用 30～40 目的防虫网；防治烟粉虱可选用 50～60 目的防虫网。

③清洁棚室内作物残体，做好棚室消毒。防虫网只能阻止棚室外的害虫迁入，对棚室内的害虫无法杀灭，因此在棚室覆盖防虫网后至蔬菜定植前，首先要清理棚室内前茬作物残体及杂草，然后要对棚室进行消毒处理，杀灭棚内的残留虫卵。

2. 果实套袋

果实套袋控病降残技术，由于袋体的机械阻隔作用，可避免或降低病原菌对瓜果的侵染，降低果实病害的发生程度。同时避免因喷施化学农药直接接触造成污染，显著降低果实中的化学农药残留。

12.2.5 生物防治技术

12.2.5.1 生物防治技术概述

生物防治技术(视频12-5)是利用生物或其代谢产物来控制有害生物种群或减轻其为害程度的方法。有害生物种类很多,在植物保护范围内涉及植物病害致病微生物、害虫、杂草、鼠类等多种类型。传统的生物防治,根据生物间简单的相生相克关系,利用有益生物控制有害生物,达到生物防治的目的。随着科学的发展,现代生物防治已不再只局限于利用生物之间的相克作用,而是发展到利用各种具有相互制约关系的生物体之间,以及生物之间在氧气、水分、营养物质、生存空间等各方面的竞争作用。

视频12-5
生物防治技术

生物防治学作为植物保护学的一个分支学科,已成为植物病虫害综合治理的重要理论支撑之一。生物防治技术是一种无公害防控技术,在防控植物病、虫、草、鼠害的同时,还可以有效地保护生产环境和维持生态系统平衡;不仅可以持续有效地控制病虫害,而且可以提高农产品品质,是绿色食品生产所需的好方法。我国作为农业大国,农业技术领域的科学发展日新月异,随着环境友好型、可持续发展以及生态农业、有机农业、绿色植物保护等理念的相继提出,生物防治技术已被广泛应用于水稻、小麦、棉花、玉米、蔬果等作物的有害生物综合治理。自2009年以来,农业部全国农业技术推广服务中心先后建立了150个以上的绿色防控技术集成与应用示范区。绿色防控技术应用范围从2006年的不足10个省份扩大到2013年的31个省份,应用作物从2006年的不到10种增加到2013年的30种以上主要农作物,推广应用面积从2009年的3.3×10^6 hm^2增加到2013年的5.3×10^7 hm^2以上,取得了显著的经济效益、社会效益和生态效益。其中就包括研发了一系列生物防治技术产品,例如,开发了捕食螨、赤眼蜂、丽蚜小蜂、平腹小蜂等天敌繁育和释放技术,稻鸭共育技术,棉田天敌诱集技术,蜘蛛、青蛙、益鸟等天敌保护利用技术,以及利用真菌、细菌、昆虫病毒等微生物制剂防控水稻、小麦、玉米、马铃薯、棉花、茶叶和蔬菜病虫害的技术;完善了天然除虫菊素、蛇床子素、苦参碱、小檗碱、苦皮藤素等植物源农药防控蔬菜、果树、茶叶等病虫害技术,以及宁南霉素、春雷霉素、申嗪霉素、多抗霉素、阿司米星、多杀菌素等抗生素防控农作物病虫害技术。

生物防治的本质是利用有益生物或其代谢产物来抑制或消灭有害生物,从病虫害绿色防控的要求出发,遵循自然规律和生存法则,把非目的性不利因素降至最小。因此生物防治的研究和应用具有多方面实实在在的意义。

1. 生物防治安全性高

率先发展起来的生产保护手段当属化学农药防控,而农药污染带来的危害包括:粮食减产、危害人类健康、损害生态环境甚至威胁着整个生态系统。越来越多的农药因为各种原因而被禁用。仅2001—2005年,通过全国农药中毒电话咨询记录就可查到5 644例农药中毒事件。对于传统意义上的"农药"来说,生物防治显然是更加符合绿色植物保护的一种有害生物防控手段。尤其是在生物防治过程中,不会产生有害物质在食物链中的富集作用,所以对人和畜禽等不存在直接或间接的危害。

2. 生物防治符合生态稳定的要求,可长期控制有害生物

生物防治遵循生态平衡所要求的各生态位之间的良性制衡,生物防治在减轻病虫草鼠害的发病程度的前提下,有利于保持植物、病原物、有益生物、其他生物及环境几个元素构成的微生态系统的平衡。另外,当同时应用生物防治的多种方法时,不会对彼此产生不良效果。例如,生物素的施用不会对有害生物天敌产生不良影响。

3. 生物防治不污染环境

从调查数据来看,化学农药的长期和大量使用,已经造成 150 多种病原菌、100 多种杂草和 500 多种害虫对化学农药产生了抗性。并且,由于在喷洒的农药中,只有占施药量 0.1%的农药真正对病虫害起到了防控作用,其余 99.9%的农药都挥发到大气或淋溶流失到土壤和水域中,或残留于作物中造成污染。但是生物防治所应用的生物防治剂一般为生物体或生物体代谢产物,属于“取之于自然,用之于自然”,不存在污染环境的弊端。

4. 生物防治技术可以起到预防有害生物暴发的作用

以贯彻“预防为主,防治结合”的综合治理为指导,已研究并应用一些生物防治技术来预防有害生物暴发。例如,应用昆虫信息素监测虫情、配合治虫、检疫害虫等,具有高效、无毒、无污染、不伤益虫等优点,国内外对其研究与应用都很重视。

5. 生物防治不干扰综合治理的其他措施

生物防治技术作为有害生物综合治理的一部分,可以配合化学防控、物理防控以及一些农事操作等防控技术,从不同的防控水平和防控阶段,协同应用于农林牧业生产的各个阶段,能够增强防控效果,减少经济损失。

12.2.5.2 植物病害的生物防治技术

植物病害生物防治是利用有益生物或其他生物对农作物病害进行有效防控的技术与方法。目前在生产上广泛应用真菌、细菌、放线菌、病毒等微生物开展植物病害生物防治,利用植物免疫诱导药物(如壳寡糖和微生物蛋白激发子)控制植物病害的研究也取得了一定的进展。

1. 植物病害生物防治的原理

在植物病害体系中,寄主植物、病原微生物、环境和生物防治制剂(尤其是生物体制剂)组成一个特殊的生态系统。不同微生物之间通过各种方式产生特定的相互作用,这些相互作用既有相互支持的共生、协生等,又有相互抑制的捕食、抗生、竞争等作用,所以了解病害循环对病害防治意义重大(视频 12-6)。植物病害生物防治对微生物间的相互抑制作用机制加以研究和利用,通过使用有效生物防治因子(生物防治剂)抑制病害,其原理包括抗生作用、溶菌作用、捕食作用、竞争作用、重寄生作用、交互保护作用、促生增产作用等。

视频 12-6
病害循环与防治

(1)抗生作用　有益微生物产生抗生物质或有毒代谢产物,可抑制或杀死植物病原微生物,称为抗生作用。绿色木霉(*Trichoderma viride*)产生胶霉毒素(gliotoxin)和绿胶菌素(viridin)两种抗生素,可抑制立枯丝核菌(*Rhizoctonia solani*),这种防控机制就属于抗生作用。

(2)溶菌作用　植物病原真菌和细菌的溶菌现象是比较普遍的,溶菌作用包括自溶菌和非自溶菌两种现象，后者可能是拮抗微生物的酶或抗菌物质所造成的，也可能是细菌被噬菌体侵染所致的，具有潜在的利用价值。

(3)捕食作用　即一种微生物直接吞食另一种微生物的现象。土壤中存在一些小型动物捕食病原菌的现象，称为食菌性。在根圈土壤中生活的食菌性线虫、弹尾虫类都有抑制土壤病害的作用，它们对菌丝有趋化性，喜食菌丝。

(4)竞争作用　是指微生物间在生活空间和营养物质的绝对量不足时，两种或多种微生物群体对同一资源的同时需求发生的争夺现象。这些资源包括营养物质、氧气、空间等，竞争类型可分为营养竞争和生活空间竞争。

①营养竞争。包括对营养物质、氧气和水的竞争。病原菌通过摄取营养物质完成生长和侵染，这些资源往往成为叶面微生物增殖的限制因素。

②生活空间竞争。即病原菌对于侵染位点的竞争。用于生物防治的菌株有些能够在定殖于植物体后，产生抗生物质，形成保护层，使得病原菌在生物防治菌定殖和产生抗生物质的部位不能生存，减少侵染机会。

(5)重寄生作用　是指植物病原物被其他微生物寄生的作用。目前，对重寄生作用的研究主要集中在侵染过程中寄主和重寄生菌的形态变化，以及重寄生菌产生的细胞壁降解酶和毒素。重寄生现象在自然界普遍存在，例如木霉(*Trichoderma lignorm*)能寄生立枯病丝核菌(*Rhizoctonia solani* Kühn)。在特定情况下，重寄生菌还需要与化学药剂结合使用，例如，只有经过溴甲烷熏蒸处理后，哈茨木霉菌(*Trichoderma harzianum*)才能在田间显著地抑制萝卜猝倒病。

(6)交互保护作用　是指无致病性的微生物或低毒性的病原物事先接种于植物后，诱发植物产生抗病性，从而抵抗同种病原物强毒菌株侵染的现象。交互保护作用最早发现于植物病毒病害，随后在植物真菌病害和细菌病害中均发现了这种作用机制。现在，该作用机制已被列入生物防治的范畴，且在植物根部病害防控中已有成功实践。例如，我国通过诱导得到烟草花叶病毒弱毒突变株系 N11 和 N14、黄瓜花叶病毒弱毒株系 S-52，将弱毒株用加压喷雾法接种辣椒和番茄幼苗，可诱导产生交互保护作用，用于病毒病害的田间防控，已取得一定的防控效果。

(7)促生增产作用　这种现象常在植物根际中存在。根际微生物种类多且活跃，以细菌为主。根据其对植物的作用，根际细菌(rhizobacteria)分为有益、有害和中性三类。根际有益菌能够促进植物对矿质营养的吸收和利用，或者产生植物生长促进物，或者可以诱导植物产生抗病性，甚至直接抑制有害微生物。因此这类有益菌直接或间接地促进植物生长的作用称为促生增产作用。

2. 植物病害生物防治的应用

1)种苗处理

种子和幼苗是农业生产的基础，种苗处理也是防治植物病害的关键措施。利用生防制剂进行种苗处理方法主要有拌种、浸种、蘸根和包衣等。

(1)利用生防细菌　澳大利亚学者 Kerr 发现利用从果树根部分离到的放射土壤杆菌 K84 菌株接种桃、李、苹果等多种果树幼苗，可以明显控制由根癌土壤杆菌引起的果树根癌病。后来，在该菌株的基础上经过遗传改造，又开发出防治效果更加稳定的生防菌株 K1026，并在世界范围内广泛推广。国内陈晓英等针对 K84 对葡萄根癌菌株防治无效问题，报道了从啤酒中分离到对葡萄根癌土壤杆菌有较好抑制作用的放射土壤杆菌 HLB-2 菌株。用 HLB-2 菌株悬浮液分别预接种根癌土壤杆菌的葡萄苗和田间自然带菌的葡萄苗，抑制葡萄癌瘤发生的效果分别为 85.6％和 100％。南京农业大学研究开发了主要有效成分为枯草芽孢杆菌的 B 系列生物农药，用于防治大白菜软腐病、油菜菌核病和小麦纹枯病，均有较好的防治效果。刘杰贤等应用荧光假单胞菌处理种子防治甜菜立枯病效果优良。连续 3 年的试验和示范结果表明，对甜菜立枯病的防治效果达 75％以上，同时还具有十分明显的促进幼苗生长的作用。

(2)利用生防真菌　木霉菌是生防真菌中报道最多的一类。木霉菌能防治的植物病原菌包括丝核菌属、小核菌属、核盘菌属、镰刀菌属、轮枝抱属、腐霉属、疫霉属、间座壳属等。徐同等报道哈茨木霉 T28 菌株对白绢病菌(*Sclerotium rolfsii*)、茄丝核菌(*R. solani*)、瓜果腐霉(*P. aphanidermatum*)、刺腐霉(*P. spinosum*)和尖镰孢菌(*F. oxysporum*)具有很强的抑菌作用，温室用 0.6％(*W*/*W*) T82 麸皮培养物(10^7 CFU/g)处理土壤，人工接种白绢病菌、立枯丝核菌及瓜果腐霉，播种 20 d 后黄瓜幼苗发病率分别比未处理对照减少 46.5％、28.4％和 81.2％；用 T82 和 NF9 木霉菌孢子悬浮液(10^9 CFU/mL)处理黄瓜种子，人工接种白绢病菌 11 d 后黄瓜成苗率分别比对照增加 14％和 20％。

(3)利用生防放线菌　近年来，利用放线菌防治蔬菜病害的研究报道也很多。杨文香等报道链霉菌 M63、S15 和 S93 菌株对黄瓜白粉病具有保护性防治作用，与对照相比，浸种的平均防效分别为 62.7％、40.3％和 56.8％，以 M63 菌株的防治效果最好且较稳定，但链霉菌对黄瓜白粉病的治疗效果不明显。潘争艳等报道放线菌Ⅲ261 和 A221 菌株对蔬菜枯萎病菌和灰霉病菌具有很强的抑菌活性，用该菌株发酵滤液 4 倍稀释液灌根 20 mL/株对黄瓜枯萎病的温室盆栽防效达到 60％以上，利用其菌悬液喷雾对番茄和辣椒灰毒病的防效分别为 62.49％和 89.76％。杨秀芳等从京郊菜园土壤中分离到一株放线菌 A03，该菌株对多种植物病原真菌均有抑制作用，其中对果蔬灰霉病菌、番茄早疫病菌和瓜果腐霉的抑制作用较强，温室防病试验结果表明，其发酵液对甜椒灰霉病和番茄灰霉病具有良好的生防作用，防治效果分别为 84.97％和 79.51％。

(4)利用农用抗生素　利用农用抗生素浸种是防治种传病害的有效措施。目前，国内用于浸种的抗生素有公主岭霉素、多抗霉素、农抗 120、中生菌素等。

2)土壤处理

利用生防制剂进行土壤处理是土传病害生物防治的重要手段。土壤处理的基本方法包括生防菌剂穴施、沟施、浇灌以及与有机改良剂混施等。

(1)直接利用生防菌　将生防菌剂直接用于土壤以防治土传根部病害已有很多研究报道。但总地来说，这种方法的效果不是十分理想，其原因是土壤中含有复杂且数量繁多的各种微生物，一般生防菌难以在土壤中大量定殖和长期生存。如果生防菌具有很强的竞争和生存能力，或采取适宜的处理方法，也有可能取得良好的生防效果。

木霉菌对土传病害的防治效果被许多研究所证实。例如，Chet 等发现利用哈茨木霉处理土壤对于由立枯丝核菌引起的番茄、花生和香石竹立枯病是有效的。Aldrich 等报道利用枯草芽孢杆菌拮抗体接种于繁殖香石竹的基质，可以减少枯萎病的发病率。Broadbent 等将芽孢杆菌和链霉菌引入经过蒸汽消毒的土壤，显著减少胡椒幼苗猝倒病和立枯病的发生。

(2)利用有机改良剂　国内外不少研究表明，土壤施用有机改良剂能够有效控制植物土传病害。有机改良剂种类繁多，主要有壳质粗粉、植物残体及加工废料、绿肥、饼肥、堆肥和粪肥等。

一些作物残体对蔬菜根结线虫病具有良好的防治作用。盆栽试验和田间小区试验结果表明，以麦糠、蓖麻叶、楝树叶等处理土壤对黄瓜根结线虫病均有明显的防效，而且对黄瓜植株的生长具有一定的促生作用。豆科植物作为绿肥在防治植物病害中发挥重要作用，Marshun 等报道将苜蓿的地上部分作为绿肥翻入土壤中，可以有效地减轻下茬作物由大丽轮枝菌引起的黄萎病，同时发现土壤中微菌核的数量也明显减少。

我国在有机改良剂利用方面一直走在世界前列。例如，利用植物秸秆和残体沤制有机肥，利用田菁、油菜、豆类植物等作为绿肥压青，利用各种饼肥腐熟后作为基肥等措施在我国农村广为应用，对于培肥地力、改善土壤结构、提高作物产量和品质以及防治植物土传病害方面都发挥着重要作用。

3）喷雾处理

将生防菌剂用于地上部分病害的防治，主要方法包括将生防菌剂、抗生素、植物源杀菌剂、化学诱抗剂直接喷雾于叶片、果实和枝干等。

（1）利用生防微生物　在利用生防微生物喷雾防治植物病害方面，利用最多的是芽孢杆菌。孔建等利用盆栽和田间试验，证明利用枯草芽孢杆菌 B-903 菌液果园喷雾，可使苹果轮纹病和叶斑病的防效相当于化学药剂处理，以 B-903 菌液 30～60 倍稀释液浸果可使贮藏期 15 d 和 30 d 的烂果率比清水对照降低 50%以上。张淑梅等将分离于黄瓜根际的枯草芽孢杆菌 ZH-8 菌株发酵后，添加辅助剂制成液体菌剂，该液体菌剂在温室试验和田间试验中对黄瓜霜霉病的防治效果分别达 75.61%和 69.12%。当前生产上推广应用的特立克木霉菌可湿性粉剂（2 亿活孢子/g），可以有效防治保护蔬菜叶面、茎部、花和果实病害，如霜霉病、灰霉病等。使用浓度 600～800 倍液，在发病初期，每隔 7～10 d 喷药 1 次，连喷 2～3 次，效果良好。

（2）利用抗生素　利用生防微生物代谢产物抗生素喷雾防治植物病害，特别是细菌病害，多年以来一直得到广泛应用。目前常用农用抗生素包括以下种类：

①春雷霉素。用 2%春雷霉素水剂的稀释液喷雾，可防治黄瓜炭疽病和细菌性角斑病、番茄叶霉病和灰霉病及甘蓝黑腐病。用 2%水剂 50～100 倍液灌根、喷根茎部或喷淋病部，可防治黄瓜枯萎病等病害。

②中生菌素。属于 *N*-糖苷类抗生素，对大白菜软腐病、十字花科黑腐病、苹果斑点落叶病、苹果轮纹病、苹果炭疽病、葡萄炭疽病、葡萄黑痘病、西瓜枯萎病、西瓜炭疽病等多种细菌和真菌病害有良好的防治作用。

③农抗 120。主要分为下里霉素（harimycin），其次是潮霉素 B（hygromycin B）和星霉素（asteromycin）。对瓜菜枯萎病、番茄早疫病、番茄晚疫病、苹果白粉病、苹果炭疽病、葡萄白粉病等多种真菌病害均有很好的防效。

④多抗霉素。是由不同的同系物组成的混合物，是金色链霉菌产生的代谢物。可有效防治草莓灰霉病、苹果斑点落叶病、苹果树腐烂病、柑橘树流胶病、黄瓜霜霉病、烟草赤星病、番茄早疫病、甘薯线虫病等。

⑤宁南霉素。是我国新近开发的嘧啶核苷肽型抗生素，主要用于防治植物病毒病，如烟草花叶病、番茄病毒病、瓜类病毒病等；同时，该产品对蔬菜、花卉等作物的白粉病等病害也

有很好的防效。

(3)利用植物源杀菌剂　许多植物含有杀菌活性物质，如萜烯类、生物碱、类黄酮、甾体、酚类和多糖等。Wilkings 和 Board 于 1989 年报道有 1 389 种植物可能作为杀菌剂，其中包含许多不同类型的化合物。因此，植物源杀菌剂的研制与开发具有广阔前景。有学者从芦荟中分离出的酚性与非酚性成分，其抗菌活性可与新霉素、四环素相匹敌。麻黄和细辛两种植物挥发油对供试的链格孢(*A. panax*)、疫霉(*Phytophythora* spp.)、茄丝核菌(*R. solani*)等有较强的抑制作用。从厚朴树的自然落叶中提取的总酚化合物，对茄丝核菌(*R. solani*)等 10 种真菌都有很强的抑制作用，盆栽和大田试验均显示出较好的防治效果。

4)诱导处理

利用生物、化学或物理因子处理植物以诱导植物获得抗性是当前生物防治研究的热点，也是一种前景十分广阔的生防途径。传统的诱抗因子包括植物自身病原物、病原物的非亲和小种(株系)、弱致病株系、近似种及其处理物等，这种诱导处理也称为交叉保护。近年来，化学诱导也成为一项重要的处理方式。诱导处理通常是在作物生长前期病菌侵染之前，将具有诱导抗性作用的因子采用喷雾、注射、浸根处理等方式接种到被保护植物，诱导植物产生抗病性，从而达到控制病害的目的。

用尖孢镰刀菌非致病菌株配成孢子悬浮液，浸泡带有伤口的甘薯幼苗根部，2 d 后就产生对枯萎病的抗病性，相对防效达 75%。该项技术已在日本甘薯产区推广，田间防效达 88%～93%，产量提高 1 倍。1992 年，张元恩在黄瓜幼苗上预先接种西瓜枯萎病菌(*F. oxysporum* f. sp. *niveum*)可获得黄瓜幼苗对黄瓜枯萎病菌(*F. oxysporum* f. sp. *cucumerinum*)的抗性，室内诱导接种后 21 d 内交叉保护效果达 64.8%，在自然病土中诱导接种 6 d，移栽 30 d 交叉保护效果为 43.7%，55 d 后仍有部分保护效果。吴营昌等的研究表明，弱致病菌株诱导接种后对黄瓜抗枯萎病的防效随着时间延长而上升，间隔期 5 d 时为 63%～92%，间隔期 10 d 时为 69%～100%。

有些化合物本身没有杀菌作用，但处理植物后却能诱导植物产生抗病反应。例如，一些研究表明，外源性水杨酸对烟草、马铃薯、番茄等都有诱导抗性活性。苯并噻二唑硫代羧酸甲酯可在水稻、小麦、蔬菜、香蕉、烟草等中作为保护剂使用，主要用于预防白粉病、锈病、霜霉病等。苯硫脲处理黄瓜，可使黄瓜黑斑病大为减轻，这种防病作用的原因是苯硫脲可提高黄瓜体内过氧化物酶的活性，并产生木质化反应，使病菌难以侵染。利用盐酸普鲁卡因处理黄瓜，可诱导其抗白粉病。黄瓜经喷洒人工合成的葡聚六糖诱导后，霜霉病的发病程度显著降低。

12.2.5.3　植物害虫的生物防治技术

植物害虫生物防治(视频 12-7)是指利用生物体或其代谢产物来控制农业害虫的理论与技术体系。通过研究各类天敌的特性及其对害虫的控制功能，揭示天敌和害虫间互作的内在规律，利用研究成果来提高各类天敌的控害能力，实现植物害虫的有效防控。目前，生物防治方法包括以虫治虫、以微生物治虫(虫生真菌、虫生细菌、虫生病毒)、天然和人工害虫生物防治剂治虫等。

视频 12-7
害虫生物防治

1. 植物害虫生物防治的原理

(1)以虫治虫　生物防治中所利用的天敌昆虫分为捕食性天敌昆虫和寄生性天敌昆虫。顾名思义，捕食性天敌昆虫治虫即利用对害虫具有捕食作用的昆虫，捕食害虫活体，从而降低害虫数量。寄生性天敌昆虫治虫即释放害虫寄生性昆虫，寄生于害虫不同虫期和不同部位吸收营养，杀灭不同虫期的害虫或通过降低害虫食欲等途径，以达到降低害虫数量的目的。

(2)病原微生物治虫　昆虫同人类及其他生命体一样，会因多种病原微生物侵染而死。这些微生物包括病毒、细菌、真菌及原生动物。截至2005年，所登记防控害虫的病原微生物中，病毒有168种，真菌有411种，细菌有51种，原生动物有1 504种。真实的害虫病原微生物种类必定还要多。可见，害虫生物防治微生物在害虫的生物防治中占有举足轻重的地位。

(3)天然和人工害虫生物防治剂治虫　天然和人工害虫生物防治剂包括人工从自然存在生物体分离的物质和人工仿照天然除虫物质生产的制剂，具体包括昆虫信息素、植物源农药、抗生素类杀虫剂等。

①昆虫信息素。是同种昆虫个体之间在求偶、觅食、栖息、产卵、自卫等过程中起通信联络作用的化学信息物质，主要有性信息素(sex pheromone)、示踪信息素(trail pheromone)、报警信息素(alarm pheromone)、疏散信息素(epideictic pheromone)、蜂王信息素(queen pheromone)等。

②植物源农药。是指在长期进化过程中，植物为了适应生存，利用许多新的代谢途径来产生对昆虫及其他生物有害的化合物，并由此改进它们的竞争能力，例如烟碱、苦参碱、楝素等。

③抗生素类杀虫剂。是一类利用微生物代谢产物来防控害虫的生物农药。这种机制不同于病原微生物治虫，前者是利用微生物代谢产物来防控害虫，后者为微生物体直接干扰害虫。

2. 植物害虫生物防治的应用

1)天敌昆虫的生物防治应用

(1)捕食性天敌昆虫的生物防治应用　捕食性天敌昆虫的种类很多，大概包括19目120多科，其中蜻蜓目、螳螂目和脉翅目的全部种类均具捕食性。我国是世界上最早记录利用捕食性天敌昆虫进行生物防治的国家，早在1 700年前就记载了在柑橘树上放养黄猄蚁，用来对付果树害虫。施放捕食性天敌昆虫，要在害虫发生前或数量较少时进行，同时采用慢速释放系统，分期分批释放捕食害虫，使害虫种群长期被控制在一个较低的水平。其捕食的主要特点包括捕活性和阶段捕食专一性。捕活性是指捕食性天敌通常只取食活的害虫，对于已经死亡的害虫是不取食的，这有利于其杀灭更多的活体害虫，提高防控效果。阶段捕食专一性是指通常情况下，一种捕食性天敌昆虫在其幼虫和成虫阶段都是肉食性，都以同样的寄主为食，如螳螂目的螳螂和鞘翅目瓢虫科的绝大多数种类。

捕食性天敌昆虫在生物防治中存在很多优势，例如安全性、食量大、繁殖能力强、防控效果持久、有良好的经济性等。国内外利用捕食性天敌昆虫成功防治害虫的实例很多，例如，向一品红温室中释放小黑瓢虫以及向木槿温室中释放草蛉防治烟粉虱，都取得了显著的防控效果。六斑月瓢虫、红星盘瓢虫和龟纹瓢虫可以捕食爬行能力较弱的木虱若虫，还可以捕食活动能力较强的木虱成虫，这几种瓢虫对柑橘木虱起着重要的控制作用。

捕食性天敌除了捕食性昆虫外还有捕食螨。捕食螨包括赤螨科(Erythmeidae)、大赤螨科(Anystidae)、绒螨科(Trombidiidae)、长须螨科(Stigmaeidae)、植绥螨总科(Phytoseioidea)等。捕食螨是一种以柑橘全爪螨、柑橘锈壁虱(*Eriophyesoleivorus*)等植物叶螨为主要食物的一种杂食性益螨，用捕食螨防治控制柑橘全爪螨和柑橘锈壁虱可替代化学防治控制柑橘害螨，是生产无公害、绿色柑橘的重要技术之一。另外，利用捕食螨防控农业害螨，用于生产无公害或有机农产品的技术称为以螨治螨。例如，以胡瓜钝绥螨为产品的“以螨治螨”技术已在全国 20 个省份的 350 多个县市推广，成功应用于柑橘、毛竹、棉花、苹果、茶叶等 20 多种作物。示范区控制害螨效果可达 85%～90%，减少农药使用次数 50%左右，降低防控费用 40%～60%。

(2)寄生性天敌昆虫的生物防治应用　寄生性天敌昆虫涉及膜翅目(Hymenoptera)、双翅目(Diptera)、捻翅目(Strepsiptera)、鞘翅目(Coleoptera)及鳞翅目(Lepidoptera)共 5 目，分属于 98 科。根据其不同的寄生习性，以下述两种分类方式进行介绍。

①按照寄生性昆虫的寄生部位分类。将其分为内寄生和外寄生。

a. 外寄生(ectoparasitism)：外寄生性昆虫的卵、幼虫和蛹都生活在寄主体外。外寄生性昆虫多以生活在与外界隔开的苗、孔道、巢房等处的幼虫为寄主，一般产卵在寄主体表或被渫物内。例如，螟黑纹茧蜂(*Sracow watanabe*)在产卵之前，用产卵管刺进螟虫体内，注入毒液，使螟虫麻痹，不会腐烂，继而把卵产于螟虫幼虫体表。

b. 内寄生(endoparasitism)：是指寄生昆虫有一个或多个虫期生活在寄主体内。例如，螟蛉绒茧蜂产卵和幼虫生活都在稻螟蛉或黏虫幼虫体内；蚕饰腹寄蝇将卵产于桑叶上，家蚕进食时吞入体内，绳蛆孵化后在体内生活，直至成熟后爬出化蛹。

②按照寄主身上寄生昆虫的种类分类。将寄生性天敌昆虫分为单寄生、多寄生、共寄生和重寄生。

a. 单寄生：指一个寄主体内只有一种昆虫里的一只个体。

b. 多寄生：是指一个寄主体内可寄生两个或两个以上同种的寄生物。

单寄生和多寄生合称为独寄生，即寄生性天敌昆虫种类唯一。例如，长腹黑卵蜂在三化螟单卵内只寄生一只。而赤眼蜂属中，在较大的寄主卵内可同时寄生十多个至上百个幼虫，育出十多个至上百个成虫，例如松毛虫赤眼蜂。

c. 共寄生：是指单个寄主体内有两种或两种以上的寄生物同时寄生。例如，桑蟥聚瘤姬蜂与桑蛾寄蝇可共寄生于桑蟥幼虫体内。

d. 重寄生：也是在寄主体内寄生两种以上的寄生物，但总有一种寄生昆虫寄生于另一种昆虫上，构成食物链的结构。例如，在蚜虫寄生蜂的研究中发现，跳小蜂科(Encyrtidae)可将卵产在初寄生蜂体内或体表，其幼虫在体内或体表取食。

2)昆虫病原微生物的生物防治应用

利用昆虫病原真菌防控害虫的历史可追溯到 19 世纪。早在 1879 年，俄罗斯的 Metchnikoff 曾用昆虫病原真菌金龟子绿假菌来防控金龟子幼虫，这是世界上最早的案例。目前，应用于生物防治的虫生真菌大多属藻状菌纲和半知菌纲，其中较为重要的种类有白僵菌、绿僵菌、拟青霉菌、座壳孢菌、虫生藻菌等。例如，现在生产上已大面积推广使用白僵菌，用于防控林业、农业害虫，如松毛虫、玉米螟和水稻叶蝉。白僵菌对松毛虫的防控效果可达 90%以上。利用绿僵菌防控东亚飞蝗，杀蝗绿僵菌已获临时农药登记许可。

(1)昆虫病原细菌的生物防治应用于昆虫病原细菌　目前研究最多、应用最广泛的是苏云金芽孢杆菌。它是一种天然存在的细菌，已发现有 35 个变种，包括青虫菌、杀螟杆菌、7216 等多种制剂类型。它可以有效防控马铃薯甲虫、甘蔗螟虫、小菜蛾、大豆斜纹夜蛾等多种害虫。

我国研究人员为提高其杀虫效果，做了很多研究，包括对苏云金芽孢杆菌进行不同类型的人工修饰从而扩大其寄主范围或者对不同苏云金芽孢杆菌晶体毒蛋白之间的增效作用进行研究等。除了苏云金芽孢杆菌外，针对种类繁多的植物害虫，国内外不同研究领域的科学家共同证实了不同昆虫病原细菌的致病力。Darigar 和 Biinerjee 发现芽孢杆菌属（*Bacillus*）和沙雷氏菌属（*Serratia*）的两种细菌对红棕象甲的幼虫和成虫均有一定的致病力。杀蚊微生物球形芽孢杆菌已在我国进行了连续 20 年的成功应用。

（2）昆虫病毒的生物防治应用于昆虫病毒　主要是杆状病毒科的核型多角体病毒（NPV）和颗粒体病毒（GV）以及呼肠孤病毒科的质型多角体病毒（CPV）。多年来，在对昆虫病毒的研究中，成功创造了昆虫病毒的昆虫细胞离体培养系统，这对病毒感染机制、病毒形态发生、病毒与宿主的相互作用、病毒毒株分离等研究的发展起到了推进作用。在应用中，昆虫病毒制剂还有后效作用，即昆虫病毒制剂在大田一次施用，发病虫体内产生大量病毒或游离病毒粒子，随昆虫尸体附着在植物外表或落在土壤表层，在各种媒介的作用下又作为次代害虫的传染源。所以说昆虫病毒对害虫的生物防控作用具有一定的持续性且对环境无害。

（3）原生动物的生物防治应用于原生动物　原生动物是许多单细胞真核生物的总称。微孢子虫是其中最重要的一类病原物，它是细胞内寄生物，可被害虫生物防控所利用。其感染寄主昆虫一般是通过被寄主吞食其孢子、孢囊或其他发育阶段后，在寄主体内大量繁殖、生长、发育，引起寄主慢性病，使寄主生活能力、繁殖能力下降，从而起到生物防治的作用。但因其生产困难且强侵染力发育阶段难以控制等，原生动物应用于害虫生物防治的种类还不多，其实际应用的方法还需进一步研究。

12.2.5.4　生物制剂的开发与利用

（1）昆虫信息素及其应用　应用昆虫信息素防控害虫是 20 世纪 60 年代以来发展的一种治虫新技术。我国已经合成了一批重要昆虫性信息素和性诱剂，可应用昆虫信息素防治的果树害虫有梨小食心虫、桃小食心虫、苹小卷蛾、桃蛀螟等，森林害虫有松梢螟、马尾松毛虫、油松毛虫、白杨透翅蛾等，粮棉害虫有亚洲玉米螟、大螟、二化螟、三化螟、棉红铃虫、棉铃虫等，甘蔗害虫有二点螟、甘蔗条螟、黄螟、白螟等，蔬菜害虫有小菜蛾、烟青虫、茄黄斑螟等。昆虫信息素因具有高效、无毒、不污染环境、不伤益虫等优点，因而得到国内外的一致认可。

（2）植物源农药的应用　目前已有很多对于植物源农药的研究，我们已经成功从植物体中提取出很多种类的杀虫物质，例如烟碱、苦参喊、楝素、茴蒿素、茶皂素等。目前研究较为深入的植物种类有除虫菊（含除虫菊素）、印楝（含楝素）、苦皮藤（含苦皮藤素）等，其实际应用已见成效。例如，虽然除虫菊素应用多年，但昆虫产生抗性较小，因而对除虫菊的开发仍是天然农药开发的一个热点。虽然植物源农药属于较新的生物防治研究领域，但基于它具有较好的针对性以及环境友好性，且相对于传统开发新药的方法更节约成本，使得近年来对该生物防治机制的研究越来越多，也使得新药后期创制的成功率大大提高。

（3）害虫抗生素的应用　害虫抗生素具有特异性强、对人兽安全、不破坏生态平衡、防控效果好、害虫不易产生抗药性等优点。近年来，抗生素类杀虫剂品种在不断增加，应用范围在不断扩大，所以其研究开发也越来越受到国内外的重视。主要的几种抗生素类杀虫剂有阿维菌素（avermectin）、密灭汀（milbemectin）、埃玛菌素（emamectin）、BtD-内毒素、多杀霉素（polynactin）等。

抗生素的实际应用也是硕果累累。阿维菌素杀虫范围非常广，对棉花、蔬菜、果树上的害虫害螨效果十分明显。苏云金芽孢杆菌晶体蛋白至少对无脊椎动物中4门和节肢动物中9目的有害生物有活性，它们活性范围还有迅速扩大的趋势。据数据显示，2014年全国病虫害生物防治面积约 6.13×10^{7} hm^{2}（9.2×10^{8} 亩），占总防控面积的20.7%，比2006年增加7.2个百分点，其中抗生素（阿维菌素、井冈霉素、宁南霉素、春雷霉素、多抗霉素、多杀霉素、中生菌素、链霉素、农抗120等）占大多数，远高于其他防控措施的总和。由此可见，抗生素类杀虫剂的杀虫效果可见一斑。

12.2.6 科学施药技术

科学施药技术见视频12-8。

12.2.6.1 从化学防治到科学施药

21世纪仍需要农药，农药尤其是化学农药在防治园艺作物病虫方面具有不可替代性，因其使用方便、见效快、效果好的优点，成为种植者首选的病虫防治措施，在病虫防治、保证作物稳产高产中发挥着极为重要的作用。据估计，如果不使用化学农药，全世界粮食将减产50%，使用化学农药将挽回15%的损失。说明化学防治是现阶段作物病虫防治不可替代的有效措施之一。

视频12-8
科学施药技术

农药对环境的效应一般为负效应，即对环境造成污染。所谓农药环境污染，是指由于人类直接或间接地向环境中排入超过其自净能力的农药，从而使环境的质量降低，以致影响人类及其他生物安全的现象。农药对生态环境的影响首先表现在它对土壤、水体和大气等环境介质的污染，进而引起生物多样性减少，危及食品安全和人体健康。园艺作物一般都是区域连片连年种植，有利于农药残留累积，且农药使用量一般比较大，对土壤、地下水源等都会造成不同程度的污染，成为农业重要的面源污染之一。控制化学农药过量进入环境刻不容缓，现已引起社会的广泛关注和有关部门的高度重视。

目前化学农药使用存在如下方面的问题：

（1）农药使用水平低　主要体现在以下几个方面：一是任意加大用药量，仅有50%的人会按标签用量折算加药量，24%的人会高于标签用量，听经销商推荐使用量和凭经验用药各占13%，而且80%以上是徒手配药，加倍甚至超倍用药现象屡见不鲜。二是不能对症用药，选用农药与防治对象及作物安全需要不对应，甚至不是果树蔬菜登记用药，随意用药。三是防治适期把握不准，大多数种植者不掌握各类病虫害的防治适期，约52%的人见到病虫就打药，38%的人凭经验用药，10%的人选择咨询农技人员后用药；当防治效果不好时，59%的人会选择更换其他农药，22%的人选择多打几次或加大用量。四是使用方法掌握不当，约82%的人选择多种农药混合使用，55%的种植者喜欢选用兑水喷雾的农药产品，24%的人认为只要省时省力什么剂型都行，仅有18%的种植者挑选使用对人影响小的农药剂型。

（2）安全用药意识仍有差距　在调查的种植者当中，93%的种植者知道高毒农药不能用在蔬菜上，但仅能说出其中1～5种，对国家规定果树蔬菜上禁限用农药品种不完全了解；32%的种植者知道农药安全间隔期，约57%的种植者略微知道，其余11%不知道；仍有41%的种植者打完药，根据农时该收就收，仅有8%的种植者会听从农技人员指导采收。

(3)用药监管和用药指导仍是薄弱环节　从调查结果来看，种植者对农药管理的部门及相关政策缺乏了解，对农药使用的相关要求也不清楚。基层农药管理部门主要以检查经营单位农药产品证件、标签为主，很少涉及使用监管，对农药质量管理缺乏应有的手段。90%以上受访种植者反映，农药使用技术是果树蔬菜生产各项技术中最难掌握的环节，只有不到一半的种植者参加过1～2次技术培训，而且培训的重点多为栽培技术，涉及农药使用的内容很少。

(4)病虫害抗性问题突出　小菜蛾对溴氰菊酯的抗性高达10 000倍，对氰戊菊酯和马拉硫磷的抗性达3 000倍，对氯氰菊酯的抗性也接近1 000倍；菜蚜对抗蚜威的抗性高达6 000倍，对氰戊菊酯的抗性超过500倍，对溴氰菊酯和马拉硫磷的抗性达400倍，对乐果、乙酰甲胺磷和敌敌畏的抗性达500倍，对氧化乐果的抗性达20倍。宣化、武汉、北京、云南的小菜蛾对阿维菌素的抗性倍数分别为3.7倍、5.7倍、15.7倍和22.3倍。抗性选育结果表明：小菜蛾对阿维菌素的抗药性随着选育代数的增加而增加，经27代后抗性已高达812.7倍。在使用苯并咪唑类杀菌剂2～5年后，灰霉病抗药菌株比例可达40%～100%，多菌灵等杀菌剂防治失效。

(5)亟须建立适合园艺作物质量安全生产需要的农药控制技术先进模式　园艺作物农药用量大、频次多、品种杂，长期以来，由于种植者安全用药意识淡薄，又缺乏科学的使用技术，不能对症用药，不按安全间隔期要求采收。农药使用不当引起的药害及贻误防治的事故频繁发生，不仅给生产和农民收入带来严重损失，还影响农村的稳定；同时，缺乏农药安全监管体系，存在违规滥用高毒农药等问题。如何集成植保、农药管理、农产品质量安全监管等各项措施，建立适合园艺作物质量安全生产需要的农药控制技术先进模式，并作为园艺作物无公害生产的重要内容进行示范推广，在优化农药使用结构，提高农药使用技术水平，实现科学、安全、经济有效使用农药的同时，降低农药残留、确保果蔬质量安全，实现“保产保安全”的协调统一，已成为当务之急。

(6)农药残留问题已成为社会广泛关注的焦点　近年来，因农药的过量及不科学使用引发的农产品质量安全问题已成为社会关注的焦点，海南的“毒豇豆”、青岛的“毒韭菜”、山东的“毒生姜”“毒黄瓜”和陕西发生的激素黄瓜、催红番茄等事件均是由农药问题引起的。从农药残留超标到植物生长调节剂的使用，关于农药安全的话题引起广泛关注，人们往往“谈药色变”，甚至出现“要想死得快，快吃大棚菜”“渴望回到无化学农药的时代”等言论。尽管这些认识是对化学农药的误解和化学农药副作用的过度放大，但农药残留问题成为影响果蔬质量安全的主要因素，这也是不争的事实。发展无公害果蔬生产任务十分艰巨，发展绿色果蔬或更高端的有机果蔬的难度可想而知。无论作为生产者、消费者、科技工作者还是管理者，都要清楚地认识到发展安全食品果蔬的紧迫性和艰巨性。

12.2.6.2　科学施药技术的主要措施

1. 不同农药剂型及其使用方法

1)不用稀释而直接使用的农药剂型

不用稀释而直接使用的农药剂型主要包括粉剂、颗粒剂和超低容量喷雾(油)剂，使用前一般不需要做处理，但要求特定的施药机械与施用方法。

(1)粉剂　可以喷粉、拌种和土壤处理使用，适用于供水困难地区和防控暴发性病虫害。

①喷粉法。是最常用的粉剂施用方法，主要是利用气流把药剂吹散，使粉粒飘扬在空气中，然后再利用粉粒的重力作用沉落到防控对象上起作用。粉剂的喷施一般需要专用的喷粉器具，以形成足够的风力克服粉粒的絮结。操作者必须戴口罩和穿防护服，喷施时还必须密切注意气象条件。粉剂最好在无风或相对封闭的环境(如温室大棚)中施用。

②拌种法。也是一种常用的粉剂施用方法，主要利用干燥的药粉在处理种子表面形成均匀黏附，从而对种子起到保护作用。拌种法一般要求使用专用拌种机，并在相应速度下拌种，以形成药剂与种子的均匀黏附。

③土壤处理。粉剂用于土壤处理的施用方法有撒施和沟施等。采用撒粉法时，一般先用细土将药粉稀释并结合土壤耕耙，以便于药剂与土壤混合均匀。采用沟施法时，则要注意所用药剂与种子或作物的安全性。

粉剂一般不被水湿润，在水中很难分散和悬浮，所以不能加水喷雾使用。

(2)颗粒剂　主要采用直接撒施的方法施用。可以直接用手撒施，也可以借助机械撒施，主要用于防控地下害虫、禾本科作物的钻心虫和各类蝇类幼虫。由于颗粒剂粒度大，下落速度快，施用时受风影响小，可实现农药的针对性施用。另外，由于制剂粒性化，可使高毒农药制剂低毒化，可以采用直接撒施的方法施用。尽管如此，施用时仍须做好安全防护，尤其是用手直接施用时，必须戴手套并保持手掌干燥。颗粒剂一般撒在种子附近或在种植时进行种子处理。另外，在植株生长季节也可以对单个植株进行针对处理。颗粒剂用于土壤处理、与种子同播或施在植株根系周围时，须做药害试验，否则需要保持相对隔离位置。农药颗粒剂有效含量一般较低(10%以下)，有效成分毒性较高，而且一般不加表面活性剂，所以颗粒剂不能泡水喷雾施用。

(3)超低容量喷雾(油)剂　主要施用方法是弥雾法或超低容量喷雾法，不用兑水稀释，使用弥雾机或超低容量喷雾机直接喷施制剂。这种施药方法特别适用于林木病虫害防控，也适用于温室保护地、仓库等相对封闭环境。雾滴受风影响较大，不适于在有风天气操作。施用时必须注意施药人员安全，要处在上风口，避免置身药物中，以免中毒。

2)稀释后再使用的农药剂型

稀释后再使用的农药剂型主要以加水稀释施用为主(我国目前还没有登记加有机溶剂稀释的农药剂型)，主要包括乳油、可湿(溶)性粉剂、悬浮(乳)剂、水剂、水乳剂、微乳剂、水分散粒剂等。这类农药剂型的共同特点是不管什么形态，使用前必须加水稀释配制成药液，然后采用喷雾法施用。几乎所有的农药原药都可以加工成喷雾剂型，而且根据剂型特点可适用于不同容量的喷雾方式。另外，这类制剂大多含有适宜的表面活化剂(乳化剂、分散剂和润湿剂等)，配制药液时可在水中较好地分散和悬浮，施用后可在靶标上形成润湿和黏着，这是其有效使用的基本前提。药液雾化并形成不同细度的雾滴喷洒到防控对象上，主要取决于喷雾方法的选择和喷雾器具的性能。

(1)乳油　主要利用其制剂中乳化剂的两亲活性将农药原药和有机溶剂等以极小的油珠(1～5 μm)均匀分散在水中并形成相对稳定的乳状液喷雾使用。

乳油的乳化受水质(如水的硬度)、水温影响较大，使用时最好进行少量试配。乳化合格后再按要求大量配制。乳油兑水形成的乳状液属热力学不稳定体系，乳液稳定性会随时间而发生变化，农药有效成分大多也容易水解。所以配制药液时须搅拌，药液配好要尽快用完，对于机动喷雾器施药，药液箱还必须加搅拌装置。乳油大多使用挥发性较强的芳烃类有机溶剂，储运中必须密封，未用完的药剂也必须密闭保存，以免溶剂挥发，破坏配方均衡而影响使用。

(2)可湿(溶)性粉剂　主要利用制剂中表面活性剂(润湿剂、分散剂)的作用，在加水稀释时可以较好地润湿、分散，并可搅拌形成相对稳定的悬浮液供喷雾使用。

由于可湿性粉剂的颗粒一般较粗(我国一般要求95%以上通过325目标准筛，即粒径44 μm)，药粒沉降较快，施用中更应该加强搅动，否则就会造成喷施的药液前后浓度不一致，影响药效。可湿性粉剂的粉粒在高硬度水中可能会发生团聚现象，所以配制药液时必须考虑水质对可湿性粉剂悬浮性能的影响。

可湿性粉剂一般添加比粉剂更多的助剂和具有更高的有效含量，尽管二者外观相似，可湿性粉剂不能直接喷粉使用，储运或使用过程中也要注意防止吸潮，以免影响使用。一般不与其他剂型混合使用，混溶性需在配制之前进行试验。

像粉剂一样，可湿性粉剂含有非常小的颗粒，所以配药操作者必须小心避免粉尘飘移到脸上。尽管可湿性粉剂在兑水使用时容易分散和润湿，但为了保证其混合性，有些农药可湿性粉剂需要用总用量5%的水提前混合成糊状物，这些糊状物再和剩余水混合时应该搅拌，这样容易分散并保持一定的悬浮稳定期。

(3)悬浮(乳)剂　一般地讲，水不溶性固体原药形成的悬浮体系称为悬浮剂，水不溶性液体原药形成的悬浮体系称为悬乳剂，两种原药皆有的悬浮体系称为悬浮乳剂。

悬浮(乳)剂的使用与乳油和可湿性粉剂类似，皆是加水稀释形成均匀分散和悬浮的乳状液，供喷雾使用，使用中的操作要求也与乳油和可湿性粉剂相似。但悬浮(乳)剂以水为分散相，可与水以任意比例均匀混合分散，使用时受水质和水温的影响较小，使用方便且不污染环境，是比较理想的稀释后使用的农药剂型。

悬浮(乳)剂使用时必须进行外观检验，如有分层或沉淀经摇动可恢复，加水分散和悬浮合格，可正常使用；否则不能使用，以免由上下部分农药有效成分含量不同，或制剂分散、悬浮性不合格造成在药液桶中分布不均，使喷出的药液前后农药有效成分不同而影响药效，甚至出现药害。

(4)水剂　水剂中的农药原药在水中溶解性好而且化学性质稳定，加水稀释可以形成非常稳定的水溶液，可供多种喷雾法使用。因为农药原药在水中溶解性好而且稳定，所以药液配制时一般不会遇到什么问题。但是，我国水剂的加工一般不添加润湿助剂，喷洒后的药液对防控靶标润湿性差，容易造成药液流失，影响防控效果并污染环境，因此水剂的使用应根据实际使用情况适当添加润湿助剂。

(5)水乳剂　是兑水稀释后喷雾使用的农药剂型，在加水稀释施用时和乳油类似，都是以极小油珠(1～5 μm)均匀分散在水中形成相对稳定的乳状液，供各种喷雾方法施用。

水乳剂在外观及理化性状上类似于悬浮(乳)剂，属于热力学不稳定体系，储存过程中，随温度和时间的变化，分散油珠可能会发生凝聚变大而破乳。所以使用水乳剂时一般要求先检查制剂的外观，理想的水乳剂产品应该是均相稳定的乳状液，没有分层与析水现象。如果有轻微分层或析水，经摇动后可恢复成均相，仍可以使用。水乳剂兑水稀释时与乳油一样，也要求可自发乳化分散或稍加搅拌即能形成相对稳定的乳状液。由于水乳剂中含有比较多的水，必须密封并放置在0 ℃以上的环境中。

(6)微乳剂　从本质上讲，农药微乳剂和水乳剂同属水包油的乳状液分散体系，只不过微乳剂使用较大量(一般在20%以上)的乳化剂和辅助剂,将不溶于水的农药有机相高度分散在水中,使制剂看起来与真溶液一样。在一定温度范围内,微乳剂属于热力学稳定体系。超出这个温度范围,制剂就会变浑浊或发生相变,稳定性被破坏从而影响使用。

微乳剂在加水稀释施用时与水剂类似,入水自发分散并可形成近乎透明的乳状液。需要说明的是,微乳剂兑水稀释呈近乎透明的乳状液,而不像乳油形成浓乳白色乳状液。并非习惯上认为的乳状液越浓越白药效越好,如果微乳剂兑水稀释呈乳白色,反而表明这种微乳剂不合格。

(7)水分散粒剂　一般呈球状或圆柱状颗粒,在水中可以较快地崩解,分散成细小颗粒,稍加摇动或搅拌即可形成高悬浮的农药分散体系,供喷雾施用。使用上,水分散粒剂更像可湿性粉剂和悬浮(乳)剂。水分散粒剂外形像(颗)粒剂,具有粒剂的性能,但其具有较高的有效含量,不能用来直接撒施。

3)特殊用法的农药剂型

除了以上两类常用农药剂型外,还有一些具有特殊用法的农药剂型。这类剂型种类有许多,但常用的主要有烟剂和种衣剂。

(1)烟剂　其施用主要依靠供热剂点燃后释放出足够热量,使农药原药升华或汽化到大气中,冷凝后迅速变成烟(微粒细度为0.5～5.0 μm)或雾(微粒细度为1～50 μm),并在空气中长时间悬浮和扩散运动,从而起到防控病虫害的目的。

烟剂的施用基本上不需要任何机械,而且农药有效成分以气体状态发挥作用,穿透性强,特别适合于相对密闭体系(如保护地)和野外不能喷洒农药的场所(如森林)。但在气流相对运动较大时,应避免施用烟剂,以免农药有效成分散失。另外,烟或雾在较低温度下(如低温冷库)扩散能力减弱。因此,烟剂在低温环境施用,要考虑烟或雾的扩散能力与施用空间的矛盾,以免影响药效。

因为烟剂中同时含有燃料和氧化剂成分,遇外部高温或热源辐射,内部热量积累达到其燃点时容易发生自燃而引发事故,所以储运时要特别注意。

(2)种衣剂　是含有黏结剂或成膜剂的农药、肥料等的组合物,从农药剂型讲可以是特殊配方的悬浮(乳)剂、可湿(溶)性粉剂、粉剂等,并不是一种农药新剂型。种衣剂的使用主要依靠配方中所含的黏结剂或成膜剂,使药肥等有效物质包覆在种子表面形成比较牢固的膜,播种后药肥膜逐渐溶散在土壤中形成局部小环境,保护和促进种子的生长与发育。

目前,我国常用的种衣剂大多为悬浮(乳)剂形式,储运过程中同样存在制剂稳定性问题,而且种衣剂种类和型号很多,种子对其的选择性或专用性很强,这是使用中必须重点注意的问题。种衣剂为专供种子包衣配制,一般不做其他用途,施用时比较适宜于在种子公司采用专用种子包衣机械对种子进行成批处理。种子包衣要求均匀,牢固不脱落,包衣后的种子必须在规定的条件储存并在规定时间内使用。另外,种衣剂不能依靠加大使用剂量来延长其持效期。

2. 合理施药的方法

1)精准选药

(1)看包装　购买农药前要确定需要防控的病虫害种类,明确主治什么、兼治什么,然后才能选择农药品种。购药时要认真识别农药的标签和说明,凡是合格的商品农药,在标签和说明书上都要标明农药品名、有效成分含量、注册商标、批号、生产日期、保质期,并有“三证”

号——农药登记证号、生产批准证号和产品标准号,并且附有产品说明书和合格证。凡是“三证”不全和没有“三证”的农药不要购买。此外,还要仔细检查农药的外包装,凡是标签和说明书识别不清或无正规标签的农药不要购买。

(2)看外观　凡是粉剂、可湿性粉剂、可溶性粉剂有结块现象,水剂有混浊现象,乳油不透明,颗粒粉末过多等,均属失效农药或低劣农药,不要购买。此外,选购农药要注意农药的一药多名或一名多药,不要买错,特别是杀虫剂。根据农药外包装颜色分清农药种类,红色为杀虫剂,黑色为杀菌剂,绿色为除草剂,蓝色为杀鼠剂,黄色为植物生长调节剂。

2)正确掌握施药适期

应选择最易杀伤害虫,并能有效控制为害的阶段进行施药。对食叶害虫和刺吸式口器害虫一般以在低龄幼虫、若虫盛发期防控为好;对钻蛀性害虫一般以在卵盛期防控为好。对于农作物病害来说,易感病的生长期都是防控适宜时期。

3)对症下药

首先,要准确识别病虫害的种类,确定重点防控对象,并根据发生期、发生程度选好合适的农药品种和剂型。其次,防控病害,在病害发生前要喷洒防护剂,病害发生后则要喷洒治疗剂。防控病害要掌握先保护后治疗的原则,抓住最佳施药时机,并连续用药几次才能达到好的效果。

4)合理用药

在保证防控效果的情况下,不要盲目提高药量、浓度和施药次数,过量施用极易发生药害。应在有效浓度范围内,尽量使用低浓度药品进行防控,防控次数要根据药剂的持效期和病虫害的发生程度来定,防止定期普遍施药,防止配药时不称不量、随手倒药的不合理做法。

5)适法施药

在田间施药时,要细致周到,讲究质量。根据病虫在作物上为害的部位,把农药用在要害处。不同农药剂型,应采用不同的施药方法。一般来说,乳油、可湿性粉剂、水剂以喷雾为主,颗粒剂以撒施或深层施药为主,粉剂以撒毒土为主,内吸性强的药剂可采用喷雾、泼浇、撒毒土法等,触杀性药剂以喷雾为主。不同作用机制的农药,也应采取不同的施药方法,以达到最高防控效果为目的。

根据病害的发生部位、害虫的活动规律以及不同的农药剂型,选择不同的施药方法和施药时间,对为害上部叶片的病虫,以喷雾为主;对钻蛀性或为害作物基部的害虫,以撒毒法或泼浇为主;对夜出为害的害虫,以傍晚施药效果最好。

6)安全施药

(1)对施药人员的要求　施药人员应身体健康,经过专业技术培训,具有安全用药及安全操作的知识,具备一定的植物保护知识。严禁儿童、老人、体弱多病者以及经期、孕期、哺乳期妇女参与施用农药。施药人员需要穿着防护服,不得穿短袖上衣和短裤进行施药作业,身体上不得有暴露部分;须穿戴舒适、厚实的防护服,能吸收较多的药雾而不至于很快进入衣服的内侧,棉质防护服通气性好于塑料材质。施药过程中严禁进食、饮水或吸烟。在工作状态下严禁旋松或调整任何部件,以免药液突然喷出伤人。施药作业结束后,作业人员要用大量清水和肥皂冲洗,换上干净衣服,尽快把防护服清洗干净并与日常穿戴的衣物分开。

(2)对所用农药的要求　选择相应的农药,在适宜的施药时期,用适宜的施药方法,施用经济有效的农药剂量,标签清楚,切忌污染环境。仔细阅读农药标签,要购买和使用农药瓶

(袋)上商标、登记证号、农药生产许可证号、产品标准号齐全的农药,并在保质期内使用。严禁使用高毒、遗留农药防控蔬菜、果树、茶叶、中药材等作物的病虫害,并严格控制施药后的安全采收期。

(3)对施药时间的要求　包括以下两点要求。

①应选择好天气施药。田间的温度、湿度、雨露、光照、气流等气象因素对施药质量影响很大。在刮大风、下雨等气象条件下施用农药,对药效影响很大,不仅污染环境,而且易使喷药人员中毒。刮大风时,药滴随风飘扬,使病菌、害虫、杂草表面接触到的药液减少,即使已附着在作物上的药液,也易被吹拂挥发,震动散落,大大降低防控效果;刮大风时,还易使药液飘落到施药人员身上,增加中毒机会;刮大风时,如果喷施除草剂,药液易随风飘移,有可能造成药害。下大雨时,作物上的药液被雨水冲刷,既浪费农药又降低药效,且污染环境。应避免在雨天及风力大于 3 级(风速大于 4 m/s)的条件下施药。

②应选择适宜时间施药。在气温较高时施药,施药人员易发生中毒。当气温较高时,农药挥发量增加,田间空气中农药浓度上升,加之人体散热时皮肤毛细血管扩张,农药经皮肤和呼吸道吸入,引起中毒的危险性增加。因此,应避免夏季中午高温(30 ℃以上)条件下施药。高温季节喷施农药,要在 10:00 前或 15:00 后进行。对光敏感的农药应选择在 10:00 以前或傍晚施用。施药人员每天喷药时间一般不得超过 6 h。

(4)规范施药操作　包括田间施药及设施内施药两种情况。

①田间施药。进行喷雾作业时,应尽量采用降低容量的喷雾方式,把施药液量控制在 300 L/hm^2 以下,避免采用大容量喷雾方法。喷雾作业时的行走方向应与风向垂直,最小夹角不小于 45°。喷雾作业时要保持人体处于上风方向,实行顺风、隔行前进或退行,避免在施药区穿行。严禁逆风喷洒农药,以免药滴吹到操作者身上。为保证喷雾质量和药效,在风速过大(大于 5 m/s)和风向常变不稳时不宜喷雾。

②设施内施药。在温室大棚等设施内施药时,应尽量避免常规大容量喷雾,最好采用低容量喷雾法。如果采用烟雾法、粉尘法、电热熏蒸法等施药技术,应在傍晚进行,并同时封闭棚室。第二天将棚室通风 1 h 后人员方可进入。若在温室大棚内进行土壤熏蒸消毒,处理期间人员不得进入棚室,以免发生中毒。

7)合理轮换和混用农药

某种病虫长期使用某种农药防控,就会产生抗药性;而如果轮换使用性能相似、不同品种的农药,就会提高农药的防控效果。农药的合理混用不仅能提高防控效果,而且还能扩大防控对象,延缓病虫产生抗药性。切记不能盲目混用,否则不仅造成浪费,还会降低药效,甚至引起人兽中毒等不良后果。

混用时,必须注意:①遇碱性物质分解、失效的农药,不能与碱性农药、肥料或其他碱性物质混用,一旦混用就会使这类农药很快分解、失效;②混用后会产生化学反应,以致引起植物药害的农药或肥料,不能相互混用;③混用后出现乳剂破坏现象的农药剂型或肥料,不能相互混用;④混用后产生絮结或大量沉淀的农药剂型,不能相互混用。

3. 农药减量增效使用技术

(1)添加助剂　农药助剂(pesticide adjuvant)是在农药剂型加工或应用中使用的除农药有效成分以外的其他辅助物质的总称。助剂本身没有生物活性,助剂对农药的增效作用主要是通过增加农药在植物表面的滞留量、延长滞留时间和提高对植物表皮的穿透能力等实现的。农药助剂的合理使用可减少农药的使用量，降低农药对非靶标生物的伤害，减少有害生物对药剂的抗性。

生产中最常用到的农用有机硅添加剂，是具有超级扩展能力的有机硅表面活性剂。其可极大地降低水的表面张力，按一定比例与农药溶液混合后，可降低喷雾液与叶面的接触角，因而增大喷雾的覆盖面；而且可使农药通过叶片气孔吸收，促进有效成分迅速扩展渗透吸收，这对于提高药效、降低农药的用量、节约成本、减少农药对环境的污染都是十分有效的。有机硅添加剂对高等动物毒性小，但它表面张力低，渗透力强，和皮肤接触可能有刺激性。因此在操作过程中，应注意眼睛的防护，并且穿好防护服。

(2)与生物防治菌剂协同施用　化学药剂和生物防治菌剂都是植物病害药剂防控的重要组成部分。随着生物防治菌剂进入市场并且逐渐被生产所采用，植物病害的防控进入化学防控和生物防治并存的时代。在共同作用于植物病原菌的过程中，生物防治菌剂与化学药剂之间可能出现被抑制或相互促进的复杂关系。合理地选择并联合使用生物防治菌剂和化学农药，有可能相互弥补不足，甚至可能出现协同增效作用。这样，既可提高生物防治菌剂的防控效果，又可减少化学农药的使用量，是植物病害防控中值得研究的方向。牛芳胜等研究了哈茨木霉菌与5种杀菌剂联合对番茄灰霉病菌的协同作用及增效机制，其协同增效机制是杀菌剂抑制植物病原菌，使病原菌生长减缓，致病性降低，从而使病原菌对生物防治菌剂更加敏感，可增强协同使用的防控效果。

(3)添加外源物质　据报道，纳米硅、硒、寡聚糖、水杨酸、稻瘟灵、多效唑、磷酸二氢钾等具有抗病诱导活性。王会利等利用10种外源植物生长物质对幼苗期及成株期番茄植株进行处理，研究和评价了它们本身对灰霉病菌的作用以及诱导处理对灰霉病发生的影响；研究了外源植物生长物质与杀菌剂联合作用控制番茄灰霉病的发生发展效果，明确了外源植物生长物质对不同杀菌剂的增效作用及增效程度；并对其增强番茄植株抗病性的机制进行了初步探讨。通过番茄幼苗活体处理和接种试验，供试外源植物生长物质在适宜的诱导天数及合适的浓度条件下能诱导幼苗期番茄抗灰霉病害的发生，降低发病率和发病程度。

(4)智能施药技术　以有效提高农药利用率，减少农产品农药残留，不断提高农产品质量安全水平为目标，针对区域和作物特点，开发高效植物保护器械装备，利用现代信息技术确定有害生物靶标的位置，通过控制技术把农药准确地喷施到靶标上的施药方法，称为智能施药技术。

另外，温室工作人员的卫生消毒与药剂喷雾注意事项见视频12-9和视频12-10。

视频12-9　温室工作人员的卫生消毒

视频12-10　药剂喷雾的小贴士

复习思考题

1. 病虫害绿色防控的原则是什么？
2. 植物检疫的主要作用是什么？
3. 农作物抗病与抗虫机制以及选育抗性品种的常用途径有哪些？
4. 常用的生态调控技术有哪些？
5. 常用的物理防控技术有哪些？
6. 病害与虫害生物防治的原理是什么？常用到的生物有哪些？
7. 怎样做到科学合理施药？

Chapter 13

第13章

园艺生产病害绿色防控案例

本章学习目的与要求

1. 结合案例，了解病害绿色防控技术是如何在园艺作物生产全过程综合应用的。
2. 了解不同栽培环节或时期的环境特征，以及如何针对性地做好病害防控。
3. 了解作物不同发育阶段的生长及感病特征，以及如何针对性地做好病害防控。

果树、蔬菜和观赏植物等园艺植物在生长过程或其产品及繁殖材料在贮藏与运输过程中，会遭受植物病原菌物、原核生物、病毒、线虫等有害生物为害，轻则使植株生长发育不良，降低园艺植物的产量、品质和观赏价值，重则造成毁灭性灾害，园艺植物病害已成为制约园艺生产的重要因素之一。了解各类病害的发生特点，对于早期及时发现病害及后续制定科学、有效的防治方案，降低园艺植物病害的损失具有重要意义。滥用化学防控，会带来严重的环境、生态等问题，园艺生产的可持续发展要求我们必须综合使用植物检疫、农业防治、物理防治、化学防治、生物防治等方法，将有害生物的危害控制在经济损害水平之下，确保生态、环境和食品安全。

13.1 植物病原菌物引起的园艺植物病害

13.1.1 原生动物界菌物引起的园艺植物病害绿色防控案例

白菜根肿病是原生动物界根肿菌门芸薹根肿菌（*Plasmodiophora brassicae*）侵染引起的一种土传病害，感病后的白菜因受病菌刺激，根组织异常大量增生，在根部形成大小不一、光滑或龟裂粗糙的纺锤状，膨大形成瘤状的肿根，主根的肿瘤大而数量少，侧根的肿瘤小而数量多。肿瘤初期表面光滑，后期龟裂、粗糙，常因感染其他杂菌而造成腐烂，致使植株根系生长和吸收能力受损害。植株地上部也会出现症状，逐渐萎蔫，生长速度极慢，到后期直接停止生长。植株受侵染越早，发病越重。生长后期感染的病株因根系已发育成熟，一般不会引起根部肿大畸形。

病原菌在寄主根部薄壁组织细胞内形成休眠孢子囊。休眠孢子囊球形或者扁圆形，单胞，无色，孢壁光滑，常密集呈鱼卵状。休眠孢子囊抗逆性强，在土壤中可存活并保持侵染力达 10 年以上。病菌喜温暖潮湿的环境，传染力强，传播途径多，危害损失大，防治困难，被称为十字花科作物的“癌症”。白菜根肿病近几年发病率有不断上升的趋势。芸薹根肿菌可在土壤中存活非常久，只要是种植十字花科的蔬菜，便会不定时的发病，还能依靠土壤中的水肥流动与各种昆虫进行传播，特别是在阴雨天气和田间比较湿润的时候发病更为严重，每年的春季是根肿病高发期，一般病菌黏附在种子上进行远距离传播。白菜根肿病绿色防控技术主要有以下几种：

1. 应用品种抗性技术

培育抗病品种，根肿菌存在明显的生理分化现象，抗病品种有很强的小种专化型，须根据当地发生根肿菌生理分化类型，选择适合的抗病品种种植，选用抗病品种时先要进行小面积试种，不宜长期种植单一抗病品种。

2. 土壤消毒技术

(1)苗床消毒　可用福尔马林 50 倍液或敌磺钠 500 倍液或 10%氰霜唑悬浮剂 3 000 倍液对苗床消毒（淋土深度 15 cm 左右）。

(2)毒土撒施结合灌根施药防治技术　将 50%氟啶胺悬浮剂用洁净育苗土稀释 5 000 倍，药土采用梯度稀释法进行混合，确保药剂与育苗土充分混合均匀；后将药土撒施于定植穴，每穴 10 g，确保药剂均匀附着在定植穴周围，随后移栽。在根肿病发病初期，可用 10% 氰霜唑悬浮剂 10 000 倍、50% 氟啶胺悬浮剂 8 000 倍、75% 百菌清可湿性粉剂 2 000 倍进行灌根防治。

(3)基于定型纸钵育苗的局部定点控制技术　利用装有含药基质(50% 氟啶胺悬浮剂，50 g/m^3 拌基质)的专用可降解无纺布袋进行育苗、移栽，在作物根部形成局部保护圈，以阻碍土壤中病原菌侵染植株根部，达到防治十字花科根肿病目的。

3. 栽培茬口优化与作物轮作技术

将常规播种期延后 5～10 d 播种，可在一定程度上减轻根肿病发生。提倡科学轮作，在根肿病发生的田块和区域，避免十字花科作物连作，减少田间病原菌积累，有条件的地区还可与水生蔬菜连作。

4. 生物防治技术

十字花科蔬菜根肿病病原菌具有很强抗逆性，在土壤中存活时间长，因此，采用生物防治菌剂防治根肿病已成为目前研究热点。生防菌包括枯草芽孢杆菌、茎点霉属真菌、枝顶孢属真菌和灰红链霉菌等。枯草芽孢杆菌以及黏帚霉等生防菌已经有商品化产品，采用微生物肥料处理土壤须进行多次才能有效改善土壤微环境，抑制根肿病侵染和为害。

5. 化学药剂高效防治技术

白菜根肿病一旦发生，单独依靠化学防控很难控住，可从种子处理和灌根上进行防治。每亩用 95% 敌磺钠可溶性粉剂 0.3 kg，拌细土 30 kg 施入直播沟内，覆土后播种。也可在移栽前用 10% 氰霜唑悬浮剂 800 倍液浸菜根 20 min。在出苗后，可用 70% 甲基硫菌灵可湿性粉剂 800 倍液灌根，灌根时间可适当早一些，每穴淋浇药液 0.5 kg，或用 20% 喹菌酮可湿性粉剂 1 000 倍液对准病株基部定点喷雾。在田间发现根肿病时，及时拔除病株带出田间，然后在拔根处喷洒一遍药，防止随雨水传播。

13.1.2　假菌界菌物引起的园艺植物病害绿色防控案例

13.1.2.1　葡萄霜霉病

葡萄霜霉病是为害葡萄最主要的病害之一，葡萄一旦感染，很难根除。葡萄植株从幼苗到成株期均可发病，以成株期发病最重。主要为害叶片，发病初期，叶片上出现黄色病斑，叶背受叶脉限制形成多角形病斑，病斑表面常有灰色或白色霉层出现，发病严重时，多个病斑连片，叶片干枯。发生严重时，会造成大量叶片、幼果、果穗等干枯，严重削弱葡萄养分合成能力，导致枝条不能正常发育成熟，影响花芽分化，甚至枝蔓枯死，降低果园生产能力。

葡萄霜霉病的病原物为假菌界葡萄生单轴霉(*Plasmopara viticola*)，菌丝体为发达、无色的无隔菌丝体，在寄主组织的细胞间隙扩展，产生丝状、囊状或裂瓣状吸器进入寄主细胞内吸收养分。通常在葡萄生长季末期病组织中形成卵孢子，之后在病组织中或随病残体在土壤中越冬，成为下一个生长季葡萄霜霉病的主要初侵染源。大多数欧亚种葡萄品种对霜霉病均表现为感病，而美洲种和欧美杂交种葡萄品种较抗霜霉病。葡萄生单轴霉为专性寄生菌，可在葡萄一个生长季内持续成熟萌发。温度、相对湿度和降雨量与葡萄霜霉病发生和流行密切相关，霜霉病发生最适宜温度为 22～25 ℃，此外当田间湿度达 85% 以上，就会导致病害流行和大暴发。另外，地势低洼、栽植过密、棚架过低、通风透光不良、排水不畅、寄主表面易结露、偏施氮肥、树势衰弱、杂草丛生等均有利于发病。葡萄霜霉病绿色防控技术有以下几种：

1. 农业防治技术

农业防治技术主要包括做好采后清园工作以及加强田间管理。

(1)做好采后清园工作　清除果园菌源，秋季结合修剪，剪除架上病叶、病枝和病果，清除架下枯枝落叶，集中烧毁或深埋，减少侵染源。

(2)加强田间管理　提升树势水平，促进树体生长健壮而不旺长，如合理夏剪，增施磷、钾肥和中微肥，合理负载。注意果园排水，及时中耕除草，降低地表湿度。合理修剪，清除近地面的蔓和叶，降低小气候湿度。

2. 物理防控技术

在保护地栽培中，加强通风排湿，调节棚室温室，浇水改为膜下浇水或滴灌等措施，均可降低田间湿度；露地栽培葡萄，在雨季可加盖防雨棚等，创造不利于病菌生长的环境条件，可有效控制霜霉病的发生和流行。

3. 生防菌剂施用技术

将芽孢杆菌按一定比例混合(枯草芽孢杆菌：蜡样芽孢杆菌：解淀粉芽孢杆菌：地衣芽孢杆菌＝2：1：1：1)，稀释 100 倍后，每亩用菌剂 0.5 L，每 7 d 喷施一次，连续喷施 4 次，可有效防治葡萄霜霉病。复配芽孢菌剂还具有诱导寄主产生抗性，促进植物生长，降解土壤营养成分的作用。

4. 化学药剂高效防治技术

病害发生初期，以保护性杀菌剂为主：波尔多液＋霜霉威或霜脲氰，5～10 d 后再喷嘧菌酯或吡唑醚菌酯＋烯酰吗啉、氟吗啉＋代森锰锌，或其他治疗性杀菌剂。当叶片已经严重发病，需要迅速控制病情时，要以内吸治疗性为主的新型杀菌剂为主，混配保护性杀菌剂，如氟吡菌酰胺＋霜霉威＋代森锰锌，或氟吡菌胺＋霜霉威＋嘧菌酯，5 d 后再喷波尔多液＋烯酰吗啉。为避免病菌产生抗药性，上述药剂应交替使用。

13.1.2.2　辣椒疫霉病

辣椒疫病是为害辣椒的高发病害之一，对辣椒产量、品质影响极大，严重威胁辣椒生产。辣椒整个生长期均可受辣椒疫病为害，以苗期和挂果期受害更为普遍。苗期主要是在茎基部形成暗绿色水渍状病斑，迅速褐腐缢缩而猝倒，表现为幼苗立枯、软腐倒折、茎枯萎死亡。成株期叶片产生暗绿色圆形病斑，边缘不明显，湿度大，叶片软腐，空气干燥，病斑停止扩展，边缘渐明显。果实多从蒂部开始，形成暗绿色水渍状不规则斑，边缘不明显，颜色暗褐色，潮湿时果面上还长出稀疏的白色絮状霉层。

辣椒疫病病原菌是假菌界卵菌门辣椒疫霉(*Phytophthora capsici* Leonian)。较高的气温(25 ℃以上)，时晴时雨，或连续 3 d 以上降雨，或雨后突然转晴，气温急剧上升，均有利于该病的发生。辣椒疫病是一种流行性很强的单年流行性病害，条件适宜时，短时间内就可以流行成灾：①天气条件：多雨潮湿是关键因素，有利于孢子囊形成、萌发、侵入和菌丝生长。一般雨季或大雨后天气突然转晴，气温急剧上升病害易流行，发展成为毁灭性病害。②栽培管理因素：茄科和瓜类作物连作发病较重。低洼地、排水不良、密度过大、通风、透光性差、植株衰弱发病重。偏施氮肥、植株徒长，或土壤肥力不足，易造成病害发生。③不同品种抗性差异：一般来说，甜椒抗性较差发病较重，朝天椒和线椒等品种较抗病或耐病，植株在不同龄期其抗病性有差异，苗期易感病，成株期较抗病。辣椒疫病绿色防控技术主要有以下几种：

1. 农业防治技术

田间水分管理是有效防治病害的重要措施。选择良好排水条件和无疫病发生的田块建造大棚，采用喷灌和滴灌，水源尽量用井水，避免使用污染的地表水，防止病原菌传播。及时清除病株及病残体，并用杀菌剂处理病株周围土壤，进行轮作。在不影响产量的条件下适当增加灌溉间隔期，可显著降低病害发生，有效排水系统能减少田间地势低洼处的积水从而减少病害发生。在畦面覆盖地膜，行间铺撒稻壳、麦秸、粉碎过的玉米秆，膜下滴灌或暗灌，及时有效的通风以降低田间湿度。对于露地栽培，要注意选择排水良好的地块，雨后及时排水，采用非辣椒疫霉寄主的芸薹属芥菜和油菜作为绿肥培土，可显著降低疫病发生。

2. 生物防治技术

如表 13-1 所示，3 亿 CFU/g 棘孢木霉菌 WP 灌根施药的防效均显著高于喷雾施药，使用 3 亿 CFU/g 棘孢木霉菌 WP 灌根处理，药后 15 d，对辣椒疫病的防治效果达 90%以上；药后 30 d，对辣椒疫病的防效仍达 85%以上，持效期较长。

表 13-1 棘孢木霉制剂防治辣椒疫病田间效果结果（徐沛东等，2017）

处理	药后 15 d		药后 30 d	
	病情指数	防效/%	病情指数	防效/%
3 亿 CFU/g 棘孢木霉菌 WP 3 000 倍液、灌根	0.44	93.75ab	3.56	85.96ab
3 亿 CFU/g 棘孢木霉菌 WP 2 000 倍液	0.22	96.87a	2.67	89.47a
3 亿 CFU/g 哈茨木霉菌 WP 2 000 倍液、灌根	0.67	90.62abc	3.78	85.09ab
50%烯酰吗啉 WG 1 500 倍液、灌根	0.44	93.75ab	5.11	79.82bc
3 亿 CFU/g 棘孢木霉菌 WP 600 倍液、喷雾	1.33	81.25c	7.11	71.93cd
3 亿 CFU/g 棘孢木霉菌 WP 300 倍液、喷雾	1.00	85.94bc	5.89	76.75c
50%烯酰吗啉 WG 800 倍液、喷雾	0.68	90.46abc	8.78	65.35d
清水对照	7.11		25.33	

3. 化学药剂高效防治技术

在病害发生前施用保护性杀菌剂，如波尔多液、代森锰锌、百菌清等阻止病菌侵染，有较好防效，且不易产生抗药性。种子消毒：采用 50%烯酰吗啉可湿性粉剂或 20%氟吗啉可湿性粉剂加 0.136%赤·吲乙·芸苔可湿性粉剂（碧护）浸种，取出用冷水冲洗后催芽播种。移栽前施药，采用药液喷施幼苗整株和根部土壤的方法，可选用精甲·百菌清、甲霜·锰锌、氯溴异氰脲酸、福美双等药剂交替使用，连喷 3 次，有较好防治效果。喷药时应先喷未发病区，再喷发病区，发病株所在垄畦及其邻近垄畦是重点防治区域。

13.1.2.3 西瓜猝倒病

西瓜猝倒病在全国各西瓜产区均有发生，土壤潮湿和连阴雨天气发病严重，严重时可引起成片死苗。发病初期在幼苗近地面处的茎基部或根茎部生出黄色至黄褐色水渍状缢缩病斑，致幼苗猝倒。种芽感病，苗未出土，种芽或胚茎、子叶已腐烂；幼苗受害，近土面的胚茎基部开始有黄色水渍状病斑，随后变黄褐色，干枯收缩成线状，子叶尚未凋萎，幼苗已猝倒。当苗床湿度大时，病部表面及其附近土表可长出一层白色棉絮状菌丝体。

西瓜猝倒病病原为瓜果腐霉（*Pythium aphanidermatum*）和德里腐霉（*Pythium deliense*），病菌生长和繁殖需温度低、湿度大的土壤环境，一般夜间凉爽，阴雨天多，光照不足，田间湿度大时，最有利于病害流行。土壤温度在 10～15 ℃时，病菌繁殖最快，30 ℃以上则受到抑制。土壤温度在 10 ℃时，不利于瓜苗的生长，而有利于病菌的生长，使瓜苗生病。足够的光照促进幼苗进行光合作用，生长健壮，抗病力强；反之，幼苗易感病。播种过密，间苗不及时，通风不良，肥料农具带菌，易诱发病害。西瓜猝倒病绿色防控技术主要有以下几种：

1. 农业防治技术

使用西瓜-水稻-芥菜、旱地西瓜-花生-蔬菜种植模式可减少西瓜猝倒病。选用抗病、包衣的种子，若未包衣，用拌种剂或浸种剂灭菌后再催芽、播种。对苗期病害严重的地区，可采用统一育苗、统一供苗的方法，育苗时要选用无病新土、塘土、稻田土育苗，不要用带菌的旧苗床土、菜园土或庭院里的土育苗，充分腐熟营养土中的有机肥。播种前，可用 50%福美双可湿性粉剂、50%多菌灵可湿性粉剂、40%拌种双（灵·福合剂）可湿性粉剂、25%甲霜灵可湿性粉剂或 65%代森锌可湿性粉剂进行拌种，用药量为种子播种总重量的 0.3%～0.4%。

2. 生物防治技术

使用青枯立克（小檗碱，0.5%）50 mL 兑水 15 kg 进行灌根，在苗期、开花膨果期分别灌 2 次，间隔 7 d。

3. 化学药剂高效防治技术

播种前用有效成分为 12%甲·嘧·甲霜灵（禾姆）用量 60～180 g/100 kg 种子，种子包衣使用。发病初期，及时清除病苗和邻近病土，并配合药剂防治。可选用 38%甲霜·福美双可湿性粉剂、66.5%霜霉威盐酸盐水剂、20%乙酸铜可湿性粉剂等灌根，5 d 左右 1 次，连续喷药、灌根 2～3 次。喷洒 80%多·福·锌（绿亨 2 号）可湿性粉剂 800 倍液、72.2%普力克水剂 400 倍液或 58%甲霜灵锰锌可湿性粉剂 800 倍液、72%克露或克霜氰、霜脲锰锌（克抗灵）可湿性粉剂 600 倍液。

13.1.3 真菌界菌物引起的园艺植物病害绿色防控案例

13.1.3.1 黄瓜白粉病

黄瓜白粉病俗称“白毛”，是黄瓜生产中的重要病害之一。主要为害叶片，严重时可延及叶柄、茎蔓和卷须，但瓜果通常较少受害。被害叶片初现近圆形白色霉点，由霉点发展为白粉斑，数个粉斑可融合为粉状斑块，严重时全叶为白粉状物所覆盖，如被撒上一薄层面粉覆盖叶片，严重影响光合作用，造成早衰，产量受到损失，严重可导致死亡。

黄瓜白粉病的病原菌为葫芦科白粉菌（*Erysiphe cucurbitacearum*）和瓜类单囊壳（*Sphaerotheca cucurbitae*），北方地区病菌以闭囊壳在病残体、花房月季花或保护地瓜类作物上越冬，南方地区以菌丝体或分生孢子在寄主上越冬越夏。翌年条件适宜时，分生孢子萌发借助气流或雨水传播到寄主叶片上，形成白色菌丝状病斑，分生孢子成熟后飞散传播，形成再侵染。病原菌的最适温度为 20～25 ℃，最适湿度 75%以上。浇水过大、连续阴天降雨的天气，光照弱、通风差，田间温湿度适宜时，白粉病很容易暴发。栽培密度过高、氮肥施用过多、田块低洼等管理粗放地区发病也较重。黄瓜白粉病绿色防控技术主要有以下几种：

1. 农业防治技术

大棚生长加强通风透光和覆盖，避免大水漫灌，采用膜下滴灌和暗灌等措施，将相对湿度控制在 75%以下。栽培上可选择叶片厚实的品种。增施磷、钾肥，在开花前、幼果期、果实膨大期各喷洒壮瓜蒂灵使瓜蒂增粗，强化营养输送量，增强植株抗逆性。

2. 物理防治技术

播种前先在阳光下晒种 2～3 d，杀灭表皮杂菌，随后用 55 ℃温水浸种 15 min，温度下降至常温后继续浸种 4～6 h，再做消毒处理，播种前用新高脂膜拌种，驱避地下病虫，加强呼吸强度，提高种子发芽率。当发现中心病株时，要及时喷洒药剂加新高脂膜形成保护膜，隔离病原菌。

3. 化学药剂高效防治技术

定植前，棚室熏烟，将硫黄粉和锯末混合均匀，分放几处，晚上密闭温室，点燃熏蒸一夜。发病初期及时喷药，可用 25%嘧菌酯悬浮剂 1 500 倍液，或 10%苯醚甲环唑水分散粒剂 1 000 倍液预防。点片发生时马上喷洒 32.5%苯甲・嘧菌酯悬浮剂 1 500 倍液，或 25%乙嘧酚悬浮剂 2 000 倍液，或 6%氯苯嘧啶醇可湿性粉剂 1 500 倍液，或 50%醚菌酯水分散粒剂 3 000 倍液，或 12.5%烯唑醇可湿性粉剂 2 000 倍液，或 8%氟硅唑微乳剂 1 200 倍液。棚内湿度较大时，可以选用电动弥粉机配合微粉剂进行喷粉防治。

13.1.3.2 菜心炭疽病

菜心是十字花科芸薹属植物，以菜薹供食，质地鲜嫩，口感清甜，风味独特，是我国的特产蔬菜，周年可以生产、供应、出口。菜心炭疽病是早熟菜心生长过程中的主要病害之一，高温高湿的气候条件特别适合该病的发生，近年来，该病发生较为普遍，既影响菜心的外观及品质，又造成减产，严重者损失可达 30%～40%。在苗期至成株期均可发生，主要为害叶片、叶柄和叶脉部分。病害最初只是在接近地面的叶片上出现褪绿的水浸状小斑点，后扩大为圆形或近圆形灰褐色斑，中央稍凹陷，呈薄纸状，微隆起，直径为 1～2 mm，最大不超过 4 mm，最后病斑中央变成灰白色，极薄，半透明状，易穿孔。在叶脉上病斑多发生于叶背面，形成长短不一略向下凹陷的褐色条斑。叶柄上病斑为纺锤形或椭圆形，褐色，明显凹陷。

病原菌为希金斯炭疽菌(*Colletotrichum higginsianum*)，湿度大是诱发此病的主要因素，在持续 87%～95%的相对湿度下，潜育期 3 d，湿度越低，潜育期越长，发病较慢。在 10～35 ℃温度下均能发病，以 95%相对湿度和 28～32 ℃温度下发病最重。地势低洼、排水不良、雨水过多、氮肥过多、通风不良、伤口过多、透光差、密度过大、植株衰弱、连作重茬地发病重，高温多雨易发病。菜心炭疽病绿色防控技术主要有以下几种：

1. 农业防治技术

菜心与非十字花科蔬菜轮作。搞好田园清洁，清除病株残体，选择地势较高、排水良好的田块种植，及时排除田间积水，深沟高畦，合理密植，保持田间通风透光，降低田间湿度。一般叶色较浅的早熟黄叶菜心品种的抗病性较强，叶色较深的早熟油青和中熟品种次之，叶色深绿的中迟熟和迟熟品种抗病性较弱。

2. 生物防治技术

采用土壤中的拮抗微生物来控制植物病害发生的生物防治措施已在多种重要植物病害的防治中得到应用，已取得较好的防治效果。况福元等从土壤中分离筛选了 2 株对希金斯炭疽菌具有强烈抑制作用的芽孢杆菌菌株 19E2、13A1。抑菌试验的结果表明：当 19E2 和 13A1 在培养液中浓度为 10%时，抑菌率分别达到 75.62%和 85.35%；当浓度升高到 20%时，可完全抑制菜心炭疽病菌生长。

3. 化学高效防治技术

发病初期可用叶斑净 1 000 倍液、施保功 1 000～1 500 倍液、40%达科宁悬浮剂 500～700 倍液、炭疽福美 500 倍液、易斑净 600 倍液、75%甲基硫菌灵可湿性粉剂 600～800 倍液。50%百菌清可湿性粉剂 800 倍液以及阿米西达等农药喷洒防治，每隔 5～7 d 喷 1 次，连喷 2～3 次。

13.1.3.3 番茄灰霉病

灰霉病的寄主范围非常广，包括番茄、茄子、草莓、辣椒、甜菜、红薯、苹果、西葫芦、菜豆、甘蓝等，是一种世界性的病害。番茄灰霉病主要为害花和果实，有时也会侵染叶片与茎，幼果染病相对严重，株头和花瓣一般会先被侵染，然后向果实转移，果实一般会从果柄处向果面侵染，病部会出现灰色霉层，严重的导致果实脱落。一般叶片染病主要从叶尖开始，病斑呈倒“V”字形，向内扩展，初期呈现水浸状，浅褐色，叶片能够看到灰色霉层。番茄灰霉病也发生在农产品贮藏和运输过程中，在低温、高湿的环境下，灰霉病会导致贮藏物储存期变短，品质下降，带来严重的经济损失。

番茄灰霉病病原物为灰葡萄孢(*Botrytis cinerea*)，一般是以菌核在土壤中或者是菌丝体以及分生孢子在病残体上越冬，条件适宜时萌发菌丝产生分生孢子，借助空气、雨水和生产活动进行传播，主要从寄主的伤口或衰老器官组织侵入。番茄在开花期前后遇连阴多雨、光照不足、湿度过大等外界环境，灰霉病病害发生的概率将大大增加。此外，温室中种植的番茄植株若种植密度过小或植株长势过旺、防风不及时等管理措施不善，均可导致番茄灰霉病的发生。番茄灰霉病绿色防控技术主要有以下几种：

1. 农业防治技术

采用滴灌、渗灌等节水灌溉方式，严禁大水漫灌，晴天上午浇水，控制浇水量，切忌浇水过量，浇水后及时通风，以降低湿度。实行高垄覆膜栽培，防止积水，合理通风，避免高湿，发现病株及时清除，减少菌源。

2. 熊蜂授粉技术

采用熊蜂授粉代替人工激素蘸花保果，可以避免激素残留，提高番茄坐果率，提高产量和品质，同时减少果实灰霉病发生。番茄开花前 1～2 d 释放熊蜂，选择在傍晚时将蜂群放入温室，第二天早晨打开巢门。释放量为 1.5～2.5 亩的大棚放 1 群熊蜂(60 只工蜂/群)。注意观察熊蜂群活动是否正常，晴天 9:00—11:00，20 min 内有 8 只以上熊蜂进出蜂箱，表明蜂群处于正常状态。对于不正常的蜂群应及时更换。

3. 生物防治技术

目前，已有多种有效的生防制剂，如解淀粉芽孢杆菌、枯草芽孢杆菌、哈茨木霉菌、链霉菌等。于发病前或初期使用 3 亿 CFU/g 的哈茨木霉菌 400 倍液喷雾，每隔 5～7 d 喷施 1

次，发病严重时缩短用药间隔，同时可结合有机硅增加附着性。在草莓开花或打叶后，可使用中蔬精量电动弥粉机喷施中蔬微粉枯草菌进行防治，既能降低棚内湿度，又能有效防治番茄灰霉病。

4. 化学高效防控技术

灰霉病极易产生抗药性，且各地抗性水平有所差异，应选择高效的防控药剂进行处理，使用时应该注意多种不同作用机制的药剂轮换或混合使用。常用的防治药剂有苯并咪唑类多菌灵、二甲酰亚胺类腐霉利、苯胺基嘧啶类嘧霉胺、苯氨基甲酸类乙霉威等，目前甲氧基丙烯酸酯类（QoIs）（如嘧菌酯）、琥珀酸脱氢酶抑制剂（如啶酰菌胺）等两类呼吸抑制剂及其复配药剂健达（吡唑醚菌酯＋氟唑菌酰胺）等是番茄灰霉病菌的高效防控药剂。发病前或初期喷施健达 20～30 mL/亩，7～14 d 用 1 次，喷施 2～3 次，可有效防治番茄灰霉病。健达除了防病以外，还有很好的保健作用，能够有效提高番茄的品质。也可选用 45％百菌清烟雾剂或 10％腐霉利烟雾剂，每亩温室每次 250 g，密闭温室后于傍晚分放 7～8 处点燃熏烟防治。

13.1.3.4 菜豆菌核病

菜豆菌核病是为害菜豆生产的主要病害，幼苗发病，子叶和茎基部出现水渍状褐色斑，不久茎部缢缩，其上密生白色菌丝，开花后发病。其发病过程如下：先在将要谢的花瓣上产生水渍状斑及白色菌丝，然后向嫩荚上发展，病花落在叶片或茎上引起发病。豆荚病斑呈浅褐色腐烂，成株发病茎基部有褐色水渍状病斑，然后变成灰白色，最后形成黑色菌核，腐烂不久整株枯萎死亡。

病原菌为核盘菌（*Sclerotinia sclerotiorum*），以菌核在土壤中、病残体上或混在堆肥及种子中越冬。菌核在潮湿土壤中菌核只存活 1 年，土壤长期积水时菌核只能存活 1 个月，而在干燥土壤中能存活 3 年多以上。越冬菌核在适宜条件下萌发，菌核萌发时先产生小突起，约经 5 d 伸出土面形成子囊盘，开盘经 4～7 d 释放孢子，随风传播。病株上的菌丝具较强的侵染力，可成为再侵染源扩大传播。菜豆菌核病绿色防控技术主要有以下几种：

1. 农业防治技术

选用耐病和抗病的品种。选择排水好的地块，不宜密植，与禾本科作物轮作，最好是水旱轮作。获后深耕，把菌核埋在土表 3 cm 以下的土层中，能遏制菌核的萌发。在子囊盘出土盛期中耕，后灌水覆地膜闭棚升温，利用高温杀死部分菌核。发现病株及早处理，清理烧毁病残物并进行深翻。勤松土、除草，摘除老叶及病残体，避免偏施氮肥，增施磷、钾肥。

2. 生物防治技术

盾壳霉、木霉和黄色蠕形霉对抑制菌核萌发产生子囊盘均具有显著的抑制效果，盾壳霉与木霉或黄色蠕形霉混用的抑制效果更佳。此外，生产上使用花期喷雾技术、水辅助扩散盾壳霉技术、盾壳霉-复合肥混用技术和盾壳霉与其他重寄生真菌木霉或黄色蠕形霉混合使用技术对油菜菌核病有较好的防效。

3. 化学高效防治技术

当种子中混有菌核及病残体时，在播种前用 10％盐水浸种，洗去菌核和病残体后，再用清水冲洗播种。播种前 3 周，用 40％福尔马林处理土壤，用塑料膜覆盖 4～5 d 后，晾 2 周后再播种。开花后喷施 50％农利灵可湿性粉剂 1 000 倍液，或 50％扑海因可湿性粉剂 1 000～1 500 倍液，或 50％腐霉利可湿性粉剂 1 500～2 000 倍液，隔 10～15 d 喷 1 次，连续 3～4 次，重点喷淋花器和老叶。发病初期喷5%扑海因可湿性粉剂1 500倍液或70%甲基硫菌灵可湿性粉剂600倍液,每隔7 d喷1次,连喷3次,均能收到良好的效果。发病中后期使用38%恶霜菌酯25 mL+40%嘧霉胺悬浮剂10~15 g或碧秀丹(氯溴异氰尿酸)30 g或20%硅唑咪鲜胺30 mL或40%腐霉利可湿性粉剂15~20 g或乙霉多菌灵20 g,兑水15 kg,3~5 d用药1次。发病重时,可先熏棚,次日再喷雾方法进行防治。

13.1.3.5 黄瓜枯萎病

黄瓜枯萎病又叫萎蔫病、蔓割病,是温室大棚黄瓜的主要病害之一。黄瓜枯萎病发生在黄瓜的整个生长期,特别是在开花期与结果期。幼苗期发病时病株表现为茎基部缢缩,变褐色呈水渍状,会引起发病部位腐烂,随后萎蔫倒伏甚至全株枯死。成株发病初期主要表现为植株根茎部叶片在中午萎蔫下垂,呈缺水状,但能在早晚恢复正常。开花期,病菌主要从雌花侵入,并进入幼瓜,侵染成功后,花和幼瓜快速变软,萎缩甚至腐烂,从而引起表面长满灰色霉层。

病原菌为镰孢菌属尖孢镰孢菌黄瓜专化型(*Fusarium oxysporium* f. sp. *cucumerinum*),病菌主要以菌丝、厚垣孢子和菌核在土壤和带菌肥料中越冬,病菌在土壤中可存活5~6年或更长时间,是最初侵染的主要来源。种子内外带菌率很低,是次要的初侵染来源。土壤中病原菌量的多少是当年发病程度的决定因素之一。重茬次数越多病害越重。土壤高湿是发病的重要因素,根部积水,促使病害发生蔓延。一般在平畦栽培、瓜类重茬、定植过密、光照不足、通风不良、植株生长衰弱等情况下,均易发生黄瓜枯萎病,且病势发展快。高温是病害发生的有利条件,地下害虫、根结线虫多的地块病害发生重。黄瓜枯萎病绿色防控技术主要有以下几种:

1. 农业防治技术

选用抗病良种,如7北京小刺、长春密刺、西农58、临汾黄瓜、宁阳早黄等,利用南瓜'南砧1号'进行嫁接。用75 ℃水浸泡1.5 min并不断搅拌至水温降到30 ℃继续浸泡4~6 h,捞出在25~28 ℃温箱中催芽20~28 h,胚根初露即可播种。与非瓜类作物2年以上轮作。重病地要与非瓜类作物轮作3年以上,最好是轮作6~7年。彻底清除田间病残株并深翻土壤,收获后及时深翻接纳雨雪有利于冻死病虫,深翻40 cm以上,翻耕时间不能晚于定植前20 d。基肥要充分腐熟,不施有病残体的垃圾肥,增施有机肥和磷、钾肥,不偏施氮肥,实施配方施肥,西瓜生长期中氮、磷、钾比例以2∶1∶1.5为宜,叶面喷施微肥能增强植株抗病性。采用滴灌,严禁大水漫灌,田间积水要及时排出。

2. 生物防治技术

目前生物防治主要在拮抗真菌、细菌和放线菌。拮抗真菌主要为哈茨木霉菌(*Trichoderma harzianum*)。生防细菌有枯草芽孢杆菌(*Bacilhus subtilis*)、荧光假单胞杆菌(*Pseudomonas fluorescens*)、蜡质芽孢杆菌(*Bacillus cereus*)、链霉菌(*Streptomyce* spp.)等。2,4-表油菜素内酯或洋葱根部分泌物施于黄瓜根部或在苗期施用可有效降低黄瓜枯萎病的病情指数,同时对黄瓜生长也具有促进作用。也可用10%中生菌素·氨基寡糖素可湿性粉剂1 000~1 500倍液进行防治。

青枯立克是以中草药为原料,经萃取、复配而得到的植物源中草药杀菌剂,在缓苗期和第一穗果开花膨大期,用青枯立克500倍液进行灌根,7 d左右用药1次,连用2~3次。发病后用青枯立克 100 mL，兑水 5 kg，对病部进行涂抹，2～3 d 1 次，连涂 2 次。用青枯立克 300 倍液＋大蒜油 15～20 mL 对严重病株及病株周围 2～3 m 内区域植株进行小区域灌根，连灌 2 次，2 次间隔 1 d，根据病情第 2 次用药后间隔 3～5 d 再巩固用药 1 次。也可采用 500 倍液进行穴灌预防 1～2 次，间隔 3～5 d。

3. 化学高效防治技术

(1)定植穴消毒　黄瓜定植前，先用 50%多菌灵 1 kg，拌细土制成毒土，施入定植穴后再行移栽定植。

(2)田间发病初期　选用 2.5%咯菌腈悬浮剂 1 000 倍液，或 30%咪鲜胺微囊悬浮剂 1 000～1 500 倍液，或 24%双胍·吡唑酯可湿性粉剂 1 000～2 000 倍液，或 70%甲基硫菌灵可湿性粉剂 600～800 倍液＋50%福美双可湿性粉剂 300～500 倍液，或 3%甲霜·恶霉灵水剂 800 倍液，或 36%三氯异氰尿酸可湿性粉剂 800 倍液，或 20%甲基立枯磷乳油 1 000 倍液等进行喷雾或灌根。每株灌药液 300 mL，每隔 7～10 d 1 次，连续防治 2～3 次。

13.1.3.6　茄子黄萎病

茄子黄萎病俗称茄子黑心病，是茄子较为常见的主要病害之一，茄子黄萎病多在门茄坐果后发病，盛果期病株急剧增加。发病初期，植株中下部叶片脉间或叶缘萎黄上卷，并逐渐向上发展，使半边枝叶变黄枯死，果实僵化不长(又称“半边疯”)，严重时全株枯死，叶片干枯脱落，成为光秆。剥开根和茎的皮层，可见维管束变成褐色，所以生产中也称为黑心病。病株在高温干旱时呈萎蔫状态，塌陷或阴雨天可恢复，随着病害的发展，全叶变萎蔫，严重时病株叶片下垂或脱落。

茄子黄萎病的病原菌为大丽轮枝菌(*Verticillium dahliae*)，是一种土传植物维管束病害，其病原菌能够以微菌核的形式在土壤中长期存活。茄子黄萎病适宜发病温度 23～26 ℃，低于 22 ℃发病缓慢，高于 35 ℃现隐症。地势低洼、土壤黏重、土壤易板结的地块发病重，土壤有机质丰富，通水、通气条件好时发病轻。连作地块有利于病原菌的积累，造成发病逐年加重。阴冷天灌水，易引发茄子黄萎病。茄子黄萎病的防治以农业防治为主，辅以化学防治，其主要的防控技术具体如下：

1. 农业防治

凡叶片长圆形或尖形，叶缘有缺刻，叶面茸毛多，叶色浓绿或紫色的品种，通常都较抗病，如长茄 1 号、黑紫茄王、辽茄 3 号等；与瓜类、芝麻、大豆等作物实行 5 年及以上的轮作，最好不要和茄科作物邻作，宜选用葱蒜茬。施用腐熟农家肥 3～4 m^3/亩，切忌偏施氯肥。忌施牛粪，以免烧根。合理密植，以 60 cm×30 cm 为宜。定植时坚持“四不”：当 10 cm 地温稳定在 15 ℃以上时选择晴暖天气定植，即定植不过早；用营养钵育苗，定植不伤根；以早晚栽苗为好，中午烈日下不栽苗；栽苗以埋平土坨为宜，不可过深。生长前期地温偏低时，少浇水，选择晴暖天气浇水，禁止阴冷天浇水，以免引起黄萎病暴发；7 月中旬至 9 月中旬高温季节要小水勤浇，保持地面湿润，控制发病。用野茄 2 号、云南野茄、日本赤茄、托洛巴姆(日本砧木)、CRP(韩国砧木)作砧木进行嫁接，可达 95%以上防效。

2. 生物防治

选择对大丽轮枝菌有较强拮抗作用的生物制剂，混入有机肥，施入土壤，可以改变土壤微生物组成，有效抑制大丽轮枝菌生长，诱导植株产生抗性，增强植株的抗病性能，减轻病害的发生，如土施木霉菌 1～2 kg/亩或枯草芽孢杆菌 3 kg/亩或渝峰“99 植保”2 kg/亩。

3. 化学防治

选用 50%多菌灵可湿性粉剂 500 倍液，或 50%苯菌灵可湿性粉剂 1 000 倍液，或 70%代森锰锌 800 倍液+70%甲基硫菌灵可湿性粉剂 800 倍液。灌根或喷施，每 5～7 d 1 次，连用 2～3 次，一般用药 2～3 d 后即可控制病情，5～6 d 可使病株迅速康复。

13.1.3.7 桃树褐腐病

桃树褐腐病是桃树上的重要病害之一，在多雨年份，遇蛀果类害虫严重发生时，可造成毁灭性损失。主要为害果实，发病初期在果面产生淡褐色圆形或近圆形小斑，斑部果肉很快腐烂，环境适宜时，病斑在数日内便可扩展到整个果实，造成病果大部甚至整个成褐色腐烂，病果表面多显现皱缩，后期干缩成僵果，僵果初为褐色，后变为黑褐色，可造成大量烂果、落果，受害果实不仅在果园中相互传染受害，还在贮运中继续传染发病，造成较大的损失。此外，该病在田间也会为害花、叶片和枝条。

桃褐腐病病原物为果链核盘菌(*Monilinia laxa*)、美澳型核果链核盘菌(*Monilinia fructicola*)以及果生链核盘菌(*Monilinia fructigena*)。桃褐腐病病菌主要以菌丝体在树上及落地的僵果内或枝梢的溃疡斑部越冬，其侵染分为初次侵染和再次侵染两个阶段。悬挂在树上或落于地面的僵果，即病菌的假菌核，翌年春季产生大量分生孢子，借风、雨或昆虫传播，通过病虫伤口、机械伤口或自然孔口侵入果实，也可直接从柱头、蜜腺侵入花器造成花腐，再蔓延到果柄和枝梢。在我国长江流域，一般先侵染花和叶片，易感病时间为 4 月下旬至 5 月，5 月中旬以后侵染枝梢和果实，并反复侵染为害。

在病害发生严重地区，如遇降雨频繁、湿度大的年份，单靠喷施药剂防治褐腐病有一定的困难。彻底清除越冬菌源，注意果园的卫生，及时防治虫害，加强果园管理，对减轻病害有重要作用。桃褐腐病绿色防控技术主要有以下几种：

1. 农业防治

结合冬剪彻底清除树上和地面的僵果及病枝，集中深埋或烧毁，耕翻果园，深埋地面病残体，消灭病菌侵染源。及时喷药防治桃食心虫、桃蛀螟、桃蟠象等害虫，减少伤口及传病机会，减轻病害发生。合理修剪，培育强劲树势，提高果树抗病能力。

2. 生物防治

使用浓度为$(1\sim3)\times10^{8}$ mg/mL 枯草杆菌菌液处理，可减轻贮藏期褐腐病引起的腐烂。

3. 化学防治

桃树萌芽前喷施 1 次 80%五氯酚钠 200 倍加 3～5 波美度石硫合剂或 1∶1∶100 波尔多液，消除越冬病菌；开花前喷洒 50%多菌灵可湿性粉剂 600 倍液防治。在花腐发生严重地区，于初花期(花开约 20%时)喷 1 次杀菌剂；在花腐发生不严重或很少发生的地区，于落花后 10 d 左右喷药，以后每隔 7～10 d 喷 1 次，果实成熟前 3～4 周最后喷 1 次，以保护果实，防止病害发生。桃褐腐病发生后，可选用 50%多菌灵 800～1 000 倍液、70%甲基硫菌灵 800～1 000 倍液、75%百菌清 600～800 倍液、50%扑海因 1 000～2 000 倍液等防治。果实采收后可用 500 mg/kg 噻苯唑浸果 1～2 min，晾干后再装箱贮藏和运输。

13.1.3.8 苹果黑星病

苹果黑星病又称疮痂病，是世界性苹果病害，在欧洲、美国及日本等为害严重。在中国主要发生在黑龙江、吉林、辽宁、山东、山西、甘肃、宁夏、河南、陕西、新疆、四川、云南等12个省(自治区)，黑星病菌主要侵染植株叶片和果实，也可侵染叶柄、花、萼片、花梗、幼嫩枝条和芽鳞等，严重时造成落叶、落果，受害果实开裂畸形，直接影响苹果产量、品质及商品价值。初生梭形病斑，后期病部皮层开裂呈粗皮状的疮痂，大多早落或病部木质化形成畸形果，形成多个疮痂状凹斑，常发生龟裂，有些病斑呈放射状黑色星点，病斑伤口常被其他腐生菌侵染，致全果腐烂，直接影响苹果的产量和质量。

苹果黑星病病菌(*Venturia inaequalis*)以菌丝体在溃疡枝或芽鳞内越冬，且多在落叶上产生子囊壳越冬。子囊孢子至翌年春季成熟。子囊孢子成熟的适温为20 ℃，在10 ℃以下成熟较迟缓。子囊孢子易随气流传播。病斑上的分生孢子在干燥情况下，不易从孢子梗上脱落，也不易被风吹落。苹果最容易被侵染时间是花蕾开放盛花期及花瓣脱落阶段，花期冷凉多湿的气候条件，有利于病菌传播和侵染。降雨后是子囊孢子释放侵染的高峰。开花前后连绵降雨适合病菌初次大量侵染。苹果黑星病绿色防控技术主要有以下几种：

1. 农业防控技术

加强检疫工作，严防带病苗木、接穗和果实从病区传入无病区。病菌在落叶的叶片上越冬，落叶后要清扫叶片，带出果园烧掉或深埋土中，可减少病菌的侵染源。将种子在冷水中浸3～4 h，再放入体积为其5～6倍的55 ℃温水中，连续搅拌15 min后，取出种子立即用清水降温并冲洗干净，晾干播种或催芽后播种。

2. 生物防治技术

发病初期用春雷霉素，树冠喷雾2～3次。树冠喷雾时，应加0.1%洗衣粉，以增强药剂的附着力，提高防治效果。

3. 化学防治技术

可使用氟唑菌酰羟胺、吡唑醚菌酯、嘧霉胺进行化学防治，三种药剂均具有保护和治疗的作用。作为内吸治疗剂使用时，氟唑菌酰羟胺20%悬浮剂3 000倍液、吡唑醚菌酯25%乳油2 000倍液、嘧霉胺40%悬浮剂1 000倍液，于病菌侵染后第4天用药，其防控效果均在75%以上；作为保护剂使用时，在药剂使用后的第5天和第10天侵染病菌，它们的保护效果都超过80%。还应注意摘除病叶、病果，防止二次传播蔓延。树上地面同时喷药，确保喷雾细致、不留死角。幼果期选用安全的三唑类杀菌剂，喷药时加上芸苔素内酯和氨基酸，注意间隔5～7 d喷1次药，连喷2次；套袋前每10 d喷1次药，套袋后再喷1次铲除性杀菌剂，7 d后喷有机铜杀菌剂，此后轮换使用治疗性杀菌剂和保护性杀菌剂。

13.2 植物病原原核生物引起的园艺植物病害

13.2.1 病原细菌引起的园艺植物病害绿色防控案例

13.2.1.1 番茄青枯病

番茄青枯病，又称番茄细菌性萎蔫病，是由青枯劳尔氏菌(*Ralstnia solanacearum*)引起的一种典型的细菌性维管束系统病害。受害株苗期发病症状不明显，一般在番茄株高30 cm左右时青枯病株开始显现症状。先顶端叶片萎蔫下垂，后下部叶片凋萎，中部叶片最后凋萎，也有一侧叶片先萎蔫或整株叶片同时萎蔫。发病初期，病株白天萎蔫，傍晚复原，病叶变浅绿。

番茄青枯病病原菌可随病残体在田间或马铃薯块上越冬，在病残体上营腐生生活。无寄主时，病菌可在土壤中存活长达14个月，成为番茄青枯病的主要初侵染源。病菌从根部或茎基部伤口侵入，侵入后就在维管束的螺纹导管内繁殖，并沿导管向上蔓延，以致阻塞或穿过导管侵入邻近的薄壁组织，使之变褐腐烂。整个输导器官被破坏后，茎、叶因得不到水分的供应而萎蔫。此外，农具、家畜等也能传病。病菌喜高温、高湿、偏酸性环境，发病最适气候条件为温度30～37 ℃，最适pH为6.6。土壤含水量超过25%时，植株生长不良，久雨或大雨后转晴发病重。浙江及长江中下游地区主要发病盛期为6—10月。番茄的感病生育期是番茄结果中后期。常年连作、排水不畅、通风不良、土壤偏酸、钙磷缺乏、管理粗放、田间湿度大的田块发病较重。年度间梅雨多、夏秋高温多雨的年份发病重。

青枯病的防治应该采取以种植抗性品种和改进栽培管理技术为主，适当辅以其他防治方法的综合防治措施。番茄青枯病绿色防控技术主要有以下几种：

1. 农业防治技术

选择排水良好的无病地块育苗和定植，避免与茄科蔬菜，如茄子、辣椒和马铃薯等连作，可与非茄科作物如葱、蒜等蔬菜合理轮作3年以上。温水浸种后播种，及时中耕、培土，促进根系生长，灌溉要小水勤浇，沟灌，禁止大水漫灌，有条件的采用滴灌。发现零星病株及时拔除，在病株周围土壤中撒生石灰，并将病株带出田外深埋或烧毁。采用充分腐熟的有机肥，平衡追施氮、磷、钾肥。第1次采果后，适当叶面喷施0.2%磷酸二氢钾或其他叶面肥。

2. 生物防治技术

使用防治土传病害的新型微生物农药多黏类芽孢杆菌细粒剂（康地蕾得）1×10^8 CFU/g进行防治。采用氨基寡糖素，运用灌根联合喷雾的施用方法防治青枯病也取得了较好的效果。此外，利用拮抗微生物如荧光假单胞菌、芽孢杆菌、噬菌体等对青枯病的防治也有一定效果。

3. 化学防治技术

发病前防治可用辣根素、乙酸铜、硫酸铜＋海精灵生物刺激剂＋EM生物菌、CM复合菌剂。发病后治疗可用硫酸链霉素、中生菌、可杀得、噻菌铜＋生根肽＋EM生物菌、CM复合菌剂。

13.2.1.2 黄瓜细菌性角斑病

黄瓜细菌性角斑病是由丁香假单胞杆菌黄瓜角斑病致病型（*Pseudomonas syringae* pv. *lachrymans*）引起的一种细菌性病害。叶片受害时初期为水渍状浅绿色后变淡褐色，病斑受叶脉限制呈多角形。后期病斑呈灰白色，易穿孔。当环境湿度大时，病斑上会产生白色黏液。茎及瓜条受害时病斑初期呈水渍状，近圆形，后呈淡灰色，病斑中部常产生裂纹，潮湿时产生菌脓。感病果实后期腐烂，有臭味，常呈油渍状，在潮湿时可见浊白色或蛋清状菌脓。

病菌由叶片或果实伤口、自然孔口侵入寄主细胞间隙中，随后侵入到细胞内和维管束中，侵入果实的细菌则沿导管进入种子，造成种子内带菌。采种时病瓜污染的种子可导致种子外带菌，病原菌可在种子内存活 1 年，土壤中病残体上的病菌可存活 3～4 个月。生产上若播种带菌种子，出苗后子叶发病，病菌在细胞间繁殖，病部溢出的菌脓，可借助雨水、灌溉水或农事操作传播，通过气孔或伤口侵入、蔓延，进行多次侵染。黄瓜细菌性角斑病的发生、流行与气候、栽培管理等因素相关，例如，在昼夜温差大结露重时发病重。病菌一般从气孔或水孔等处侵入传播，当寄主叶片有伤口时会加速病菌的侵染，易发病。缺肥或氮肥过多也易发病。土壤黏重、耕层浅、排水不良都会导致田间的湿度过大，加重病害的发生。连作地导致土壤中病菌的积累，加重病害。黄瓜细菌性角斑病一般采取选用抗病品种和加强栽培管理为主，化学防治为辅的综合措施。其绿色防控技术具体如下：

1. 农业防治技术

采用温汤浸种播种，培育无病种苗，用新的无病土育苗，与非瓜类作物实行 2 年以上轮作。露地实施高垄覆膜栽培，底肥增施有机肥和磷、钾肥，忌偏施氮肥。保护地适时放风，降低棚室湿度，发病后控制灌水。收获结束后清除病株残体，翻晒土壤等。

2. 化学防治技术

27%溴菌腈·春雷霉素可湿性粉剂和 2%春雷霉素水剂对黄瓜细菌性角斑病均有较好的防治效果。采取叶面喷雾的方法，每隔 7～10 d 施药 1 次，连续施药 3 次。使用 27%溴菌腈·春雷霉素可湿性粉剂和 2%春雷霉素水剂应在黄瓜细菌性角斑病发病初期施药，每亩推荐用量分别为 90 g、100 g、140 g，防治效果可达到 72%以上。

13.2.1.3 猕猴桃细菌性溃疡病

猕猴桃细菌性溃疡病（简称猕猴桃溃疡病）是由丁香假单胞菌（*Pseudomonas syringae*）引起的一种发生在茎部皮层、果实或枝梢的常见病害，是一种腐生性很强的细菌性病害。以猕猴桃溃疡病为例介绍其发病特点及具体的绿色防控方案。感病处病斑水渍状，红褐色，不规则形，稍隆起，用手指按压有松软感，随后病部龟裂，发病处流出蛋清状半透明黏液，菌脓颜色逐渐加深，最终发展为暗红色，并伴有红褐色汁液流出。叶片感病后，叶片上出现不规则多边形的浅褐色病斑，湿度过高时，病斑为暗红色，病斑周边有浅黄色晕圈。

猕猴桃溃疡病病原菌通常潜伏在伤口、剪锯口、嫁接口和土壤中，待来年温湿度适宜新叶生长后，病原菌便会向枝条及叶片处发展。猕猴桃溃疡病病原菌在秋冬季与早春时节侵入树体开始侵染，2 月初在多年生枝干上出现少许菌脓；3 月下旬以后，菌脓增多；4 月下旬到 5 月时，溃疡病的扩展速度减慢，发病情况不再持续严重；6 月后发病减轻，夏、秋、冬季处于潜伏状态。枝条病害多发生在秋冬和早春，叶部病害则发生在晚春和秋季，春季枝条病害症状不突出，当气温升高时病枝上部会突然出现青梢。温湿度是决定病害流行程度的关键因素，与其能否成功侵染密切相关。冬春季 2—3 月为猕猴桃溃疡病在树干上发病高峰，在秋季零星发生，其中冬春季发病高峰发病株数占全年总发病株数的 80%以上，冬春季日均温度处于 0 ℃以下的低温天数对溃疡病的发生有严重影响。猕猴桃溃疡病的防治应采取加强植物检疫，种植抗病品种，合理进行农业防治，结合化学防治、生物防治，具体如下：

1. 农业防治技术

栽种抗病品种降低患病风险，建立防风林或采用大棚栽培以控制病原菌传播。冬季及时清园，加强病虫害防控，清除果园残枝败叶，破坏病原菌的生长环境。加强肥水与修剪管理，冬灌应该在每年的 11 月底之前结束，春灌在每年的 4 月中旬开始，在果树的伤流期应该尽量地减少灌水，以免果园过于潮湿，可有效地减轻病害的发生。施用有机肥为主，多种肥料平衡配方使用。花期、果实膨大期、采果后都应及时追肥，补充果树营养，增强树势，提升果树抗病能力。在果园管理方面，适时夏剪和冬剪修枝、绑枝、疏花、疏果，可有效提高树势，提升树体抗病性。

2. 生物防治技术

梧宁霉素、春雷霉素、中生菌素、氨基寡糖素、解淀粉芽孢杆菌、枯草芽孢杆菌六种生物药剂对猕猴桃溃疡病菌有理想的抑制效果。药剂混配后，梧宁霉素、氢氧化铜与大部分药剂混用有加和或增效作用。

3. 化学防治技术

采果后至冬剪时期主要预防枝干溃疡，可对主干大枝涂刷 2～3 次药剂（如 6％春雷霉素 WP 30～40 倍等），萌芽后至花期喷药主要控制花腐病，可选喷 0.3％梧宁霉素 AS 800～1 000 倍等；6—8 月进行全树喷雾控制叶斑，可选喷解淀粉芽孢杆菌 150～300 倍等杀菌剂，且须交替使用。发现病斑后，染病的主干、主蔓若发病轻，皮下均未溃烂，未造成皮层环剥时，应采取病斑划道或病斑刮除后涂抹药剂治疗法进行病斑治疗。

13.2.1.4　月季根癌病

月季根癌病又称冠瘿病，是由根癌土壤杆菌（*Agrobacterium tumefaciens*）引起的一种世界性顽固的根部病害。主要发生在植株根茎处或侧根及枝干上，病部产生大小不等的肿瘤，初期肿瘤为灰褐色，表面光滑，质地不硬，后变为棕褐色，表皮粗糙或龟裂变硬，致地上部失绿或变黄，叶小且早落，病株生长缓慢或枯死。

根癌病病原菌在肿瘤组织皮层内或混入土中越冬。根癌病病原菌可在土壤中存活 1 年以上，喜微碱性、黏度大、湿度大的土壤，借助雨水、昆虫、扦插、嫁接等传播。该病原菌必须通过机械损伤、虫伤伤口等侵入植物，侵入后定植于皮层组织，在寄生过程中分泌吲哚乙酸刺激周围细胞加速分裂，体积增大形成癌瘤。寄主细胞变成癌瘤后，没有病菌仍可继续扩展。温湿度是影响根癌细菌侵染程度的主要因素，病菌侵染与发病随土壤湿度升高而增加，反之则减轻。癌瘤与温度关系密切，28 ℃时癌瘤长得快且大，低于 17 ℃和高于 30 ℃则不能形成癌瘤，低于 26 ℃形成癌瘤速度变慢且小。碱性土壤有利于发病，酸性土壤不利于发病，pH 6 以下发病轻或不发病。土壤黏重，排水不良时发病重；土质疏松、排水良好的沙质土发病轻。月季根癌病绿色防控技术主要有以下几个方面：

1. 农业防治技术

加强对调运苗木检疫，禁止携带癌瘤苗木的调运。选择无病土壤作苗圃，通过土壤处理、嫁接、轮作改变苗圃土壤环境。碱性土壤的果园，应适当施用酸性肥料或增施有机肥料，以改变土壤环境，使其不利于病菌存活。在果树上发现癌瘤时，先用刀彻底切除癌瘤，然后用 80％抗菌剂 402 的 100～200 倍液或 40％福美砷 50 倍液涂刷切口，再外涂 843 康复剂或波尔多液保护。切下的癌瘤应随即烧毁。病株周围的土壤可用抗菌剂 402 的 2 000 倍液灌注杀菌。

2. 生物防治技术

目前广泛使用的主要生防菌为 K-84 及其生物工程菌株 K-1026。此外，多种非致病的农杆菌也可用来防治根癌病。

3. 化学防治技术

栽植前用1%硫酸铜溶液浸泡植株根茎5 min，清水冲洗后定植。月季刚长出瘤状物时，用刀片切除，在切口处涂抹青霉素2 000倍液，对细菌有杀灭作用。用50%氯溴异氰尿酸水溶性粉剂1 000倍液灌根，防治效果可达85.71%，药效可持续15 d，同时还能促进月季生长。

13.2.1.5 大白菜软腐病

大白菜软腐病是由胡萝卜软腐果胶杆菌胡萝卜亚种（*Pectobacterium carotovora* subsp. *carotovora*）引起的一种细菌性病害。大白菜软腐病一般发生在莲座期到包心期，症状多在包心后开始出现。在发病初期，病斑呈浸润状，半透明，以后扩展成水渍状，表皮下陷，外围叶片萎蔫。发病初期萎蔫可以恢复，但随着病害加重，萎蔫现象无法恢复。根茎处和叶柄基部组织开始腐烂，湿度较大时呈黏滑，软腐状，并发出恶臭味。有的从心叶顶部向下扩展，有的从叶片虫伤处向四周蔓延，使整个白菜腐烂，有污白色菌脓溢出。

软腐病病原菌在土壤中或在带病病残体上越冬。病原菌经雨水、灌溉水或者由黄曲条跳甲、菜粉蝶等昆虫传播，从白菜下部叶片、叶柄部位的伤口和害虫食痕侵入，通过维管束向上部组织转运，或潜伏在维管束中，成为生长后期和储藏期腐烂的主要菌源。病原菌通常借地表流水而传播，其发育适温为32～33 ℃，若遇寄生植物繁殖迅速，即使对土壤进行消毒，病原菌密度也可迅速恢复。软腐病的发生与菌源、气候、伤口侵染、管理等关系密切。高温、多雨是软腐病发生较重的气候因素。在生产上久旱遇雨或蹲苗过度、浇水过量都会发病。地表积水，土壤中缺少氧气时不利于白菜根系发育和伤口木栓化，则发病重。此外与白菜品种、茬口和播期也有关。连作地、低洼地及播种早的发病重。气候干燥时软腐病一般不会发生，即使发生也会很轻。大白菜软腐病绿色防控技术采取以农业防治为主，利用抗病品种，加强虫害防治，辅以化学防治的综合防治。

1. 农业防治技术

选择高产、优质、商品性好、抗软腐病的大白菜品种。重病地块应与禾本科作物或葱、蒜类蔬菜轮作，避免与茄科、瓜类及其他十字花科蔬菜轮作。避免大水漫灌，雨后及时排除田间雨水，降低田间湿度。田间作业，防止伤根、伤叶，形成生理伤口。包心后浇水要均匀，防治烂根引起的软腐病。根据土壤肥力和作物长势情况，进行无机肥料与生物菌肥或者有机肥料与无机肥料混合应用。

2. 生物防治技术

据报道，用3%中生菌素可湿性粉剂防治大白菜软腐病在苗期和莲座期喷施2次，防治效果可达94.7%和84.0%。在成苗期使用ANTI-8098A（安替）可湿性粉剂兑水稀释100倍蘸根种植，在生长期使用ANTI-8098A（安替）可湿性粉剂兑水300～500倍灌根，每茬白菜使用1～2次，第1次为苗期，第2次为生长期，可减少土壤中残存病菌和地上部健壮植株的发病率。若发病严重，可以适当兑水稀释增加其使用次数。用72%浓度农用链霉素，在大白菜软腐病初发期喷施第1次药，以后每隔7 d喷药1次，连续用药3次，对白菜软腐病菌有很好的离体抑制活性和田间防治效果，有效防治率在70%以上。

3. 化学防治技术

①种子消毒，每50 g种子可用4～6支注射用氯霉素加少量的高锰酸钾浸种4～5 h，捞

出种子晾干即可播种，或用丰灵 50～100 g 加适量水拌种子 150 g，晾干后播种。②播种前或苗期用辛硫磷等药剂拌土穴施或条施，防治金针虫、蝼蛄、根蛆、蛴螬等地下害虫。苗期用阿维菌素等药剂防治黄条跳甲、菜青虫、甘蓝夜蛾、甜菜夜蛾、小菜蛾等食叶害虫。用 50%辛硫磷乳油 1 000 倍液、90%敌百虫原粉 1 000 倍液灌根 1～2 次，对软腐病的防治效果十分显著。常用防治药剂主要有菜丰宁 B1、中生菌素、安替（ANTI-8908A）等。

13.2.1.6 西瓜果斑病

西瓜果斑病是由燕麦食酸菌西瓜亚种（*Acidovorax avenae* subsp. *citrulli*）引起的一种细菌性病害，主要为害西瓜、网纹瓜等。瓜苗染病沿中脉出现不规则褐色病变，有的扩展到叶缘，从叶背面看呈水渍状，种子带菌的瓜苗在发病后 1～3 周便会死亡。初期果实上部表面出现数个水渍状斑点，数毫米大小，灰绿色至暗绿色，随后迅速变褐，并扩展成大型不规则的水浸状龟裂斑，以致果实腐烂，分泌出一种黏质琥珀色物质，进一步发展，细菌透过瓜皮进入果内。该病多始于成瓜向阳面，与地面接触处未见发病，病瓜周围病叶的叶脉边缘上会出现褐色小病斑，病斑周围呈水浸状。

病原菌附着在种子或病残体上越冬；病原菌可附着在种子表面，也可能侵入种子的内部组织，带菌的种子成为该病主要的初次感染源。该病原菌在埋入土中的西瓜皮上可存活 8 个月，在病残体上存活 2 年，在田间借风、雨及灌溉水传播，从伤口或气孔侵入，果实发病后在病部大量繁殖，通过雨水或灌溉水向四周扩展进行多次重复侵染。多雨、高湿、大水漫灌易发病，气温 24～28 ℃经 1 h 病原菌就能侵入潮湿的叶片，潜育期 3～7 d。病原菌经皮进入果肉后致种子带菌，侵染种皮外部位，也可通过气孔进入种皮内。西瓜果斑病绿色防控技术主要有以下几种：

1. 农业防治技术

加强检疫，不用病区的种子，发现病种应在当地销毁，严禁外销。采用温室或火炕无病土育苗，与非葫芦科作物进行 3 年以上轮作。施用充分腐熟的有机肥或酵母菌沤制的堆肥。合理灌溉，禁止大水漫灌，覆盖农膜，减少湿度，病害一旦出现，应及时去除病苗和病果，并彻底清除田间杂草。

2. 生物防治技术

目前，报道的可防治瓜类细菌性果斑病的拮抗菌主要有荧光假单胞菌（*Pseudomonas fluorescens*）、稻种病原菌（*Acidovorax avenae*）及酵母菌。

3. 化学防治技术

用 40%甲醛 150 倍液浸种 30 min 处理种子，清水冲净浸泡 6～8 h 后催芽播种。在发病初期及时喷洒 47%加瑞农 WP 800 倍液，或喷洒 50%丁戊己二元酸铜杀菌剂 500 倍液，或 77%氢氧化铜 WP 500 倍液，或 30%碱式硫酸铜 SC 400～500 倍液，施药应均匀，隔 10 d 左右 1 次，连续防治 2～3 次。

13.2.2 菌原体引起的园艺植物病害绿色防控案例

枣疯病又称丛枝病、扫帚病、火龙病，果农称其为“疯枣树”或“公枣树”，是由枣植原体侵染所引起的、发生在枣树上的一种病害，是枣树的毁灭性病害，感病枣树发育滞缓，枝叶萎缩，常导致整株或成片死亡，严重影响红枣产量和品质。病原为枣植原体（MLO），无细胞壁，仅以厚度约 10 nm 的单位膜所包围。易受外界环境条件的影响，形状多样，繁殖方式主要有二均分裂、出芽生殖、在细胞内部生成许多小体再释放出来等。植原体侵染枣树后，分布在韧皮部筛管细胞中，随后分布在伴胞。枣疯病广泛分布于中国河南、河北、陕西、山东、安徽、贵州、云南等产枣大省，是中国枣树生产上发生历史最久且为害最大的枣树病害之一，尤其在北方各枣区，为害相当严重，能造成枣树大量死亡。不同发病部位症状差异较大。①丛枝：枝叶受害后，病株 1 年生枝上的正芽、多年生枝上的隐芽大部分萌发成发育枝，其余的芽大部分萌发成小枝，逐渐形成丛生枝，病枝纤细，着生的叶片小而淡黄，入秋后便会干枯但不易脱落。②花叶：发生较少，常在新梢顶端的叶片上产生，病叶比正常叶小一半左右，并出现叶色黄绿相间的斑驳，明脉，叶缘卷曲，叶面凹凸不平，质地硬而脆，容易焦枯。③花变叶：病株花器退化为营养器官，花梗变大，呈明显的小分枝，萼片、花瓣、雄蕊皆可变成小叶，有时雌蕊变成小枝，柱头状顶端变成两片小叶，使结果枝变成细小密集的丛生枝。④根部受害：主根大量萌发不定芽，形成一丛丛短疯枝，一条侧根上可出现若干丛染病根蘖，这种根蘖上长出的枝细叶小，色黄绿，长到 30 cm 左右便停止生长，不久便枯死，随后病根皮层变褐腐烂，病树无果可收，3～5 年即整株死亡。

枣疯病是一种强传染性的毁灭性病害，植原体侵染枣树后，分布在韧皮部筛管细胞中，可通过嫁接、媒体昆虫、苗木调运等途径传播。幼树嫁接病枝后，潜育期最短 25～31 d，最长可达 372～382 d。拟菱纹叶蝉、凹缘菱纹叶蝉等昆虫是主要的媒介昆虫。土壤、花粉、种子、汁液及病健根的接触均不能传病。病原在萌发时由下向上运行，枝条停止生长后由上往下运行。枣疯病植原体潜伏期为 25 d 至 1 年多不等。病原体侵入健株后 7～10 d，通过韧皮部筛管下行到根系，在根部繁殖后向上的植株顶部发病。幼小植株当年发病，大树可延迟至次年发病。枣树一旦感染枣疯病，将终生带菌，并且难以自愈。无症状潜伏期感病植株影响繁殖育苗，结果树的果实品质和产量全面下降。病原可能在根部越冬，第二年枣树发芽后再上行到地上部。病原在寄主体内运行的方向与树体养料运行的方向一致，发芽时由上往下，枝叶停止生长时其方向相反。在盐碱地区枣疯病较少发生和扩散。枣疯病绿色防控技术采取及时清除病树，适时防治传毒昆虫，培育无病苗木，加强枣园管理和辅以药剂治疗等综合措施。

1. 农业防治技术

严格选择无病砧木、接穗和母株作为繁殖材料，同时，在苗圃实行检疫，淘汰病苗。加强园区管理，清除杂草及树下根蘖，杜绝媒介昆虫的繁殖与越冬，实行枣粮间作，新建枣园附近最好不栽松、柏，严禁与芝麻间作。科学用肥，枣果采摘前后结合枣园深翻施入基肥每株约施 35 kg 腐熟粪肥和 0.75 kg 果树专用肥，追肥分两次进行。萌芽前追施尿素 0.5 kg，幼果期混追磷酸二铵和果树专用肥 1 kg。及时喷洒叶面肥，花前和花后 7 d 各喷洒 1 次尿素和磷酸二氢钾混合液，混合液浓度为 0.6%，配比为 1∶1。科学整形剪枝，保持树体通风透光，合理控制结果量，以增强树体对枣疯病的抵抗力。

2. 化学防治技术

发病初期可用电钻在病树根茎部打孔，时间为春季枣树萌芽时或 10 月前后，每株病树滴注浓度为 0.1%四环素液 500 mL。在发病初期枣园喷施 0.2%氯化铁溶液 2～3 次，每隔

5～7 d 喷 1 次，每次用药 1 125～1 500 kg/hm^2，对预防枣疯病具有良好效果。

13.3 园艺植物病毒病害

植物病原病毒是仅次于真菌的重要病原物，目前已知的植物病毒引起的病害有 600 多种。很多园艺植物病毒病对生产造成极大的威胁，如马铃薯、番茄、辣椒的病毒病，十字花科蔬菜的病毒病，苹果病毒病等，会严重影响蔬果产品的产量和品质。园艺植物病毒病分布广泛，发生普遍，多为系统发病，常表现为变色、畸形，少数引起坏死、腐烂，极少发生萎蔫。病毒病不同于真菌和细菌病害，病毒病多为系统性侵染，即病毒侵染后很快扩展至植物的全身，不能采用杀菌剂和抗生素防治，生产上目前尚无法根治。对于这些植株而言，感染病毒越早，发病越重，且一经病毒侵染，逐代积累，常造成生长迟缓，品质变劣，产量大幅度降低。

13.3.1 番茄病毒病

番茄病毒病目前广泛分布于我国各地，是番茄生产上的重要病害之一，一旦染病将造成番茄常年减产 20%～30%，流行年份高达 50%～70%，严重时甚至绝产。番茄感染病毒病后会出现叶片卷缩、变黄、变脆，花叶、条斑和蕨叶，植株矮化等症状。其中，花叶型最常见，苗期和成株期均可出现，多发生在顶部嫩叶上。条斑型可侵染茎叶果实，主要表现为褐色坏死条斑，叶片发病，叶脉坏死，散生油浸状黑褐色坏死斑，后期沿叶柄蔓延至茎秆，形成条状病斑，严重时可整株枯萎死亡。蕨叶型的典型症状是顶部新叶细长线状，不易展开，生长缓慢，叶肉组织严重退化，仅剩主脉，中下部叶片叶缘上卷呈桶状，病株明显矮化，簇生。黄化曲叶型主要是叶脉剑黄化，叶片边缘向上方弯卷，小叶呈球形，扭曲成螺旋状畸形，整株矮缩，有时丛生。

目前，我国番茄病毒病的病原物主要有黄瓜花叶病毒（CMV）、烟草花叶病毒（TMV）、番茄花叶病毒（ToMV）、番茄黄化曲叶病毒（TYLCV）等 20 多种。自然条件下病毒单独侵染或复合侵染都可致病。北方以 TMV 为主，南方以 CMV 为主。不同病毒在番茄不同生长期发生侵染时所产生的症状不尽相同。番茄病毒病的发生和流行主要与种苗带毒情况、品种抗性、气象因素、栽培管理及土壤等具有密切关系。田间操作如定植、整枝、打杈、绑蔓等通过摩擦将病株毒源传给健康株。蚜虫的迁飞和为害也是重要传毒途径。一般低温时，病毒病不表现症状或症状很轻，随气温升高，一般在 20 ℃左右即表现花叶和蕨叶症状。番茄病毒病绿色防控技术主要有以下几种：

1. 农业防治技术

选用抗、耐病品种是防治番茄病毒病的根本措施。定植田要进行 2 年以上轮作，并结合深翻，施用石灰，促使土壤中病毒钝化。加强栽培管理，采用配方施肥，增强植株抗病力，如适期播种、适时早定植、早中耕锄草、及时培土促进发根、晚打杈、及时浇水等。及时剔除病苗，并用肥皂水或 10%磷酸三钠溶液消毒，避免分苗定植及整枝打杈时传播病毒。

2. 生物防治技术

①弱毒株系利用，近年来，国内外在番茄病毒病的生物防治方面有新的进展，如利用弱

毒株系 N11 和 N14、CMV 卫星 RNAS51、S52、S514 等在植株幼苗期进行接种处理，可获得较好的防治效果。②利用寄生性或捕食性天敌进行防治，如用丽蚜小蜂防治烟粉虱，当每株有烟粉虱 0.5～1.0 头时，每株放蜂 3～5 头，每 10 天放 1 次，连续放蜂 3～4 次，可基本控制烟粉虱为害。③施用生物菌剂如光合细菌菌剂五丰盛，增强植物本身的抗病能力。

3. 化学高效防治技术

播种前用清水浸种 3～4 h，再放入 10%磷酸三钠溶液中浸 30～50 min，捞出后用清水冲净再催芽播种，或用 0.1%高锰酸钾溶液浸种 30 min，进行种子消毒。或者干燥种子在 70 ℃下干热消毒 72 h 去除种子所携带的病毒。用阿维菌素或啶虫脒防治温室烟粉虱，减少蚜虫传毒，或者喷施啶虫脒和吡虫啉等化学药剂防治蚜虫。在发病前期或初期，喷洒 2%菌克毒克、病毒 A、抗毒剂 1 号或菌毒清等，间隔 7～10 d 喷 1 次，连喷 3 次进行植株处理。

13.3.2 苹果病毒病

苹果病毒病是苹果系统侵染性病害，主要通过嫁接等无性繁殖方式传播，果树感染病毒后，病毒将始终在树体内繁殖和为害，在细胞内增殖，干扰并破坏树体的正常生理机能，导致长势减退，产量下降，品质变劣，发病严重时甚至引起树体整株死亡。目前，全世界报道的苹果类病毒有 40 多种，如苹果花叶病毒（ApMV）、苹果锈果类病毒（ASSVd）、苹果绿皱果病毒（AgrCV）、苹果坏死花叶病毒（APNMV）、苹果凹凸类病毒（ADFVd）、苹果种枝病毒（AaLV）等，其中花叶病和锈果病发生最为普遍。不同病毒侵染苹果植株后症状有所不同。苹果花叶病主要表现在叶片上，感病叶片常表现为褪绿、黄化、花叶，形成不规则环、斑、带，或沿脉形成不均匀分布的条纹，部分苹果花叶病叶片伴随形成坏死症状。根据病情轻重一般可分成重花叶型、轻花叶型和沿脉变色型三种。根据病斑形状和大小分为斑驳型、花叶型、条斑型、环斑型和镶边型五种。其中，斑驳型是出现最早且最为普遍的症状类型。苹果锈果病也称花脸病，主要表现在果实上，果实着色前无明显变化，着色后，散生许多近圆形的黄白色斑块。病果着色部分稍凸起，病斑部分稍凹陷。根据症状表现不同主要分为锈果型、花脸型和锈果花脸复合型三种。

苹果病毒病症状表现受外界环境条件及寄主植物生长状况的影响较大。春季萌芽后斑驳型症状集中出现于 4 月 10—20 日，4 月初至 5 月初病斑发展极为迅速，一般在 15～20 d 内病斑即可占叶片面积 1/2 以上，此后发展速度减缓，7—8 月基本停止。9 月初苹果抽发秋梢，症状又有所发展，10 月后变缓，11 月停止发展。感病后树势衰弱，果实产量和品质明显下降。苹果锈果病病原菌在病树上越冬，嫁接传播和病健株根部接触传染是锈果病的传播途径。嫁接接种潜育期为 3～27 个月。梨普遍带毒但不发病，在与梨树混栽的果园中，苹果发病率较高。苹果病毒病绿色防控技术主要有以下几种：

1. 农业防治技术

严禁从疫区调购苹果苗木，并严格按照市场苹果苗木生产的要求，进行无毒化栽培管理。加强栽培管理，通过合理修剪树体，消除大小年现象，调整果树结构，改善通风透光条件等来增强树势。通过改良土壤性状，加强果树根系吸收，施用有机肥料等方法促进苹果树健壮生长。发现感染病毒的衰弱树和锈果病病树后应立即刨除，轮作 2 年后更换新的无病毒果树。

2. 生物防治

苹果病毒病通过蚜虫、木虱等虫媒介体传播，因此，可以控制虫媒介体不同的发育虫态，影响其传播苹果病毒病的能力。

3. 化学防治

尽量在叶蝉等刺吸式害虫为害前使用化学药剂除虫，防止病毒不断传播。还可用盐酸吗啉胍、氯溴异氰尿酸、氨基寡糖素、病毒A、宁南霉素等对土壤进行消毒，采用全园喷施药或剪锯口涂药，可有效预防苹果树感染病毒。

13.4 园艺植物线虫病害

黄瓜根结线虫病是黄瓜生产，特别是保护地黄瓜生产中发生比较严重的一种病害。该病于1855年发现，现在在世界各国的黄瓜种植区广泛发生。黄瓜根结线虫病仅为害根，被害的须根和侧根形成串珠状瘤状物，也叫根结，使整个根肿大，粗糙，呈不规则状。瘤状物初为白色，表面光滑较坚实，后期根结变成淡褐色腐烂。剖开瘤状物，可见里面有半透明白色针头大小的颗粒，即雌成虫。由于根部被破坏，影响正常的吸收机能，地上部生长发育受阻，轻者症状不明显，重者生长缓慢，植株比较矮小，生育不良，结瓜小且少。在中午气温较高时，地上部植株呈萎蔫状态；早晚气温较低或浇水充足时，暂时萎蔫又可恢复正常。随病情发展，植株逐渐枯死。黄瓜根系被害后，常诱发土壤中某些病菌，如镰刀菌属及丝核菌属等真菌的侵染，使根系加速腐烂，植株提早枯死。

黄瓜根结线虫病是由多种根结线虫(*Meloidogyne* spp.)引起的，寄主很广，可危害39科130多种作物。线虫体型很小，肉眼很难看到。病原以卵在病株根内，随同病株残根在土壤中越冬或以2龄幼虫在土壤中越冬。翌年，在环境适宜时，越冬卵孵化为幼虫，而2龄幼虫继续发育。在田间主要依靠带虫土及病残体传入、农具携带传播，也可通过流水传播。在我国上海及长江中下游地区，黄瓜根结线虫病的主要发病盛期在8—10月。梅雨期短、夏秋季高温、少雨的年份发病重。田块间连作地、地势高燥、土壤含水量低、土质疏松、盐分低的田块适宜根结线虫病发生。黄瓜根结线虫病绿色防控技术主要有以下几种：

1. 农业防治技术

(1)轮作倒茬　一种线虫一般在同科、同属或邻科、邻属中为害，所以有计划地进行远缘科属间2～3年一轮作，例如将黄瓜与辣椒、葱、蒜、韭菜等蔬菜2～3年一轮作，可减少损失。发病重的地块最好与禾本科作物轮作，水旱轮作效果最好。

(2)深耕翻晒　根结线虫多分布于20 cm深的土层内，深翻可减少为害，尤其发病地更需要翻晒，使线虫暴露在土表而促使其死亡。作物收获后在土表覆盖地膜，曝晒7 d左右，使土表温度达到55 ℃的高温(线虫的致死温度为55 ℃，持续5 min)，可杀死土壤上层的绝大多数线虫。

(3)培育无病、优质秧苗　播前将种子和育苗土分别进行消毒，避免使用有病史的棚土育苗，以利于培育无病壮苗。

(4)高温闷棚　是一种廉价、安全、简单实用的防病控虫方法。有试验测出，高温闷棚期间 5～25 cm 耕作层土壤温度最低为 28～29 ℃，最高可达 42～53 ℃，平均为 37.5 ℃；设施内空气温度最低为 44～46 ℃，最高可达 55～58 ℃，平均为 50.5 ℃，基本达到有害生物的致死温度，使黄瓜生长期内的病虫害基本得到控制。

2. 生物防治技术

目前，我国登记的有效期内用于防治根结线虫病害的微生物有淡紫拟青霉（*Paecilomyces lilacinus*）、厚孢轮枝菌（*Verticillium chlamydosporium*）、坚强芽孢杆菌（*Bacillus firmus*）和蜡质芽孢杆菌（*B. cereus*）等。淡紫拟青霉的施药方法：在植株定植前 7～10 d，将田间病残体处理干净，浇透水使土壤中根结线虫活化，待土壤湿度适宜起垄时将淡紫拟青霉按照 6 kg/亩混入土壤。同时，用淡紫拟青霉 300 倍液蘸根带药定植。调查发现，6 kg/亩淡紫拟青霉处理过的地块几乎没有被侵染，根结指数仅为 6，对根结线虫的防效达到 86.36％。

3. 化学防治技术

生产上的杀线虫剂主要有阿维菌素、氟吡菌酰胺、噻唑膦、灭线磷等，施用方法为蔬菜定植前将药剂与一定比例的细土拌匀后全田施撒或开沟施于土壤。以阿维菌素为例，将 0.5％阿维菌素颗粒剂按照 3 000 g/亩剂量均匀撒施于沟底及沟底周围土壤，施药后覆土，施药 1 次防效超过 70％。此外，熏蒸剂二甲基二硫对黄瓜根结线虫病也有良好的防治效果，即将棚室土壤深翻后，将二甲基二硫以 60 kg/m^2 的量注射土壤后覆膜，然后密闭棚室 10～15 d，去膜深翻土体晾至 3～5 d 后可以播种移植。6 个月后调查结果发现，未施用的地块黄瓜根结线虫病株率 69.8％，根瘤为 3～4 级；施用过二甲基二硫的棚室，该棚黄瓜长势良好，未发现黄瓜根结线虫为害。

复习思考题

1. 在园艺植物绿色生产的过程中，如何使用有害生物综合防治的理念进行植物病害的绿色防控？
2. 试述园艺植物病害生物防治的重要性。
3. 如何科学、安全地使用化学药剂进行植物病害的绿色防控？
4. 简述植物灰霉病的发生特点及此类高抗药性风险病害的化学高效防治策略。
5. 大白菜软腐病的症状和发生特点是什么？如何进行绿色防控？
6. 简述番茄病毒病的发生特点及绿色防控方案。
7. 黄瓜根结线虫病的症状特点是什么？如何有效地进行防治？
8. 根据果树的某种主要病害的种类及发生规律，试制定绿色防控方案。

第5篇

农业废弃物循环利用技术在现代园艺绿色生产中的应用

农业废弃物(agricultural residue)是指在整个农业生产过程中被丢弃的有机类物质，这些废弃物如果不加以处理排入环境就会造成污染，若经过处理用于农业就是一项重要的有机肥源。我国种植业正在向省工、高效的方向转变，以大量化肥代替原有农家肥的使用；养殖业正在向集约化、城郊化靠拢，以人工饲料代替农业废弃物饲料的使用。这些转变已经打破了传统农业中副产品的循环利用环节，造成农业废弃物堆积和利用率降低，进而产生较为严重的环境问题和资源浪费问题。因此，实现农业废弃物变“废”为“宝”，对改善农村生态环境、提高“三农”建设质量和实现农业可持续发展具有重大战略意义。

以“蚯蚓生态链为核心”创立生态农业新模式，可以实现农业废弃物资源变废为宝，可改善农业废弃物资源造成的环境污染。同时饲养蚯蚓获得的蚯蚓粪，是蚯蚓对有机废弃物进行生物降解的产物，可为有机农业提供优质的有机肥源，可促进有机农业的可持续发展。

农业秸秆可制取沼气和成为农用有机肥料。将切碎的秸秆混掺以适量的人兽粪尿进行高温堆肥，经过短期发酵，既能提供沼气燃料，又能获得优质有机肥料。在国家政策的支持下，秸秆材料在园艺领域已经取得良好的应用效果，未来有广阔的发展前景。秸秆材料化制品在园艺上的应用，既能促进秸秆的综合利用，又有利于园艺的绿色发展。

Chapter 14

第14章

构建现代园艺循环生态农业

本章学习目的与要求

1. 掌握循环农业特征及其概念。
2. 了解农业废弃物的来源分类、固体废弃物资源化综合利用的现状及其在园艺产业中的应用。
3. 全面认识农业废弃物在园艺产业中存在的问题、应用前景和亟待解决的问题。
4. 掌握微生物菌剂为媒介的高效堆肥制作方法。

14.1 循环农业

循环经济已经成为当今世界许多国家积极探索和实践的可持续经济发展模式。按照循环经济的理念，发展循环农业，是建设现代农业和推动新农村建设的重大需求，也是建设资源节约型和环境友好型社会不可或缺的重要组成部分。生态循环见图 14-1，另见视频 14-1。

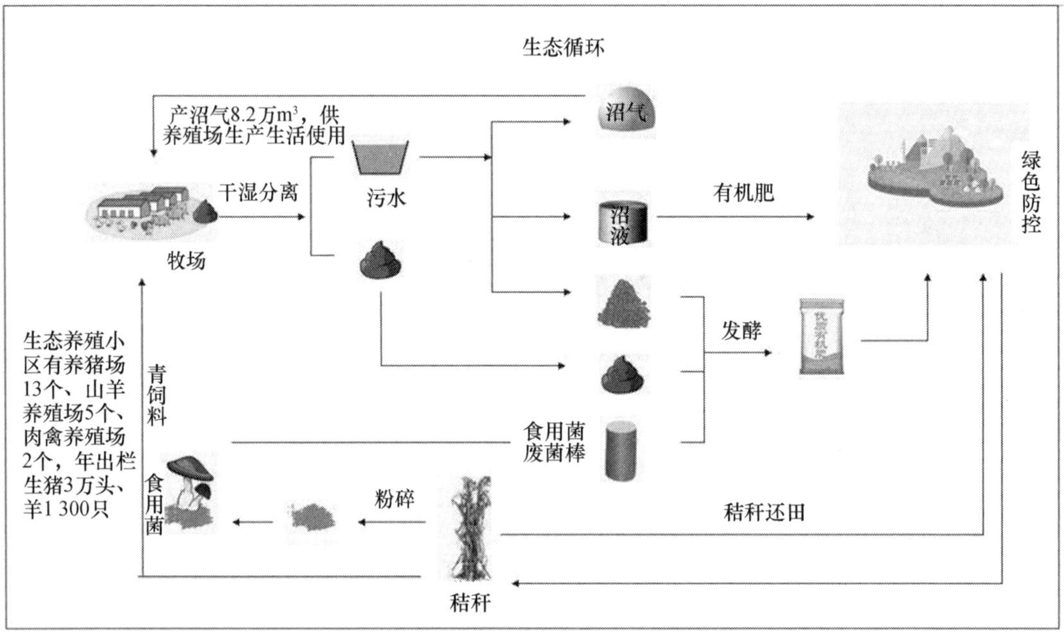

图 14-1 生态循环(陆若辉等，2016)

视频 14-1 循环生态农业

14.1.1 循环农业的概念

循环是指事物周而复始地运动或变化。根据对循环经济的理解以及对循环农业实践的报道，循环农业可以定义为循环经济理念在农业生产领域的延伸和运用，因此，循环农业就是在既定的农业资源存量、环境容量以及生态阈值综合约束下，从节约农业资源、保护生态环境和提高经济效益的角度出发，运用循环经济学的方法组织农业生产活动以及农业生产体系，按照可持续发展农业的原则和农业发展方式转变的要求，实现物质的多级循环使用和产业活动对环境的有害因子的"零排放"，真正实现经济效益、社会效益和生态效益协调统一的农业可持续发展模式。

14.1.2 循环农业的理论基础

循环农业的思想源自对传统农业环境后果的反思以及循环经济思想的发展。工业对环境造成严重污染,人们在反思传统农业环境后提出了一系列改善农业生产、减少污染的农业模式。循环经济的思想与方法为农业的发展提供了一种新的思路。受到循环经济的启发,人类试图模拟和遵循自然生态系统物质循环和能量流动规律重构农业生产和生态系统,使得农业系统能和谐地融入自然生态系统的物质和能量循环过程中,于是提出了一种新的农业模式——循环农业。

循环农业以资源的高效利用和循环利用为核心,在农业生产、消费与流通过程中减少资源的投入量,减少废弃物的产生以及对环境的污染,实现农业经济效益和生态环境效益的"双赢"。因此,循环农业是基于农业科技创新,并以此为主要驱动力,实现人与自然相互和谐的发展模式。循环农业的实践基础是有力的科技支撑体系。

在人类需求总量不断增长的情况下,传统农业的物质和能量单向流动的生产方式必然导致环境负荷越来越重,而循环农业由于形成闭环系统,物质和能量通过闭环实现循环利用,从而能够最大限度地减少向农业系统外的排放,能够有效地将排放控制在环境容量和生态阈值之内(图 14-2)。

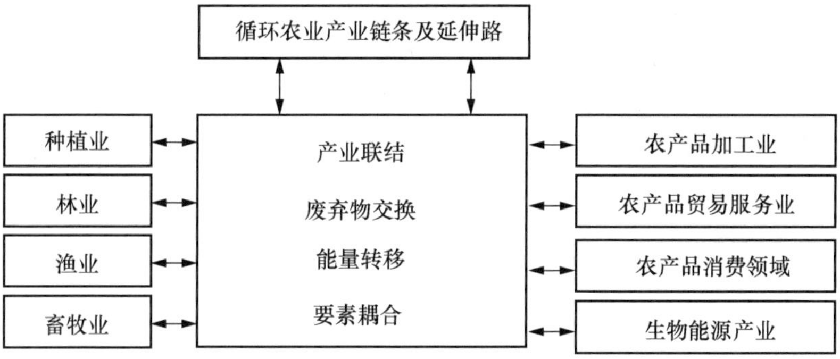

图 14-2　循环农业系统内部的物质能量循环(李吉进,2019)

14.1.3　农业循环的特征

1."循环"化设计的生产流程

在循环农业中,尽量做到外界物质和能量输入的减少,循环农业系统外的物质和能量在经过各个生产环节之后,进入另一个生产环节,实现循环再利用。外界物质和能量通过"资源(外部的物质和能量输入)—利用(农业生产过程)—资源(再利用,物质能量的输入)"方式不仅可以延长使用次数和作用路径,而且还可以经过发酵生产出肥料,用于培养地力,实现再利用,达到向外界排放废弃物质和能量最少的目的。

2. 资源节约与高效利用

循环农业的生产流程需要协调维护生态环境与实现农业生产经济的目标,从而解决环境与经济目标冲突的困境。农业目标的实现是从投入和产出两个方面入手。在传统农业中,主要考虑产出,过分地强调高产带来的经济效益;而循环农业则相反,主要从投入角度考虑经济目标的实现,认为通过提高资源利用效率、节约物质和能量投入同样能够实现农业生产的经济目标。

3. 低污染的排放

循环农业需要考虑延长进入农业生产和生态系统的物质和能量的使用流通过程，因此，必然会延缓和减少排放。进入农业系统的物质和能量在经过多个生产环节循环利用之后，大部分转化为生物产品；由于循环农业生产的空间和时间组织满足“排放（上一环节的废弃）—投入（下一环节的资源）”对接要求，从而可减少向外界生态环境排放废弃物的次数和排放数量。

14.1.4 循环农业的发展理念

为了满足人类的多种多样的需求，必须对各种农产品进行加工（初加工和深加工），利用生物相生相克的原理或通过废弃物资源化利用，最大限度地实现废弃物的价值，并减少对环境的危害。循环农业的物质流程与产业体现出“横向共生、纵向闭合和系统耦合”，各个要素按照物质流动的方向形成一个个产业链条。物质和能量通过产业链条上或产业链条间实现“物质循环、能量流动、信息传递、价值增值”。

循环农业的产业链条是由种植业、林业、渔业、畜牧业及其延伸的农产品加工业、农产品贸易与服务业、农产品消费领域之间，通过废弃物交换、循环利用、要素耦合和产业联结等方式形成网状的相互依存、密切联系、协同作用的农业产业化网络体系。各产业之间通过中间产品和废弃物的相互交换而互相衔接，从而形成一个比较完整和闭合的产业网络，其资源得到最佳配置，废弃物得到有效利用，对环境的影响减小到最低水平。循环农业产业链延伸的结构如图 14-3 所示。

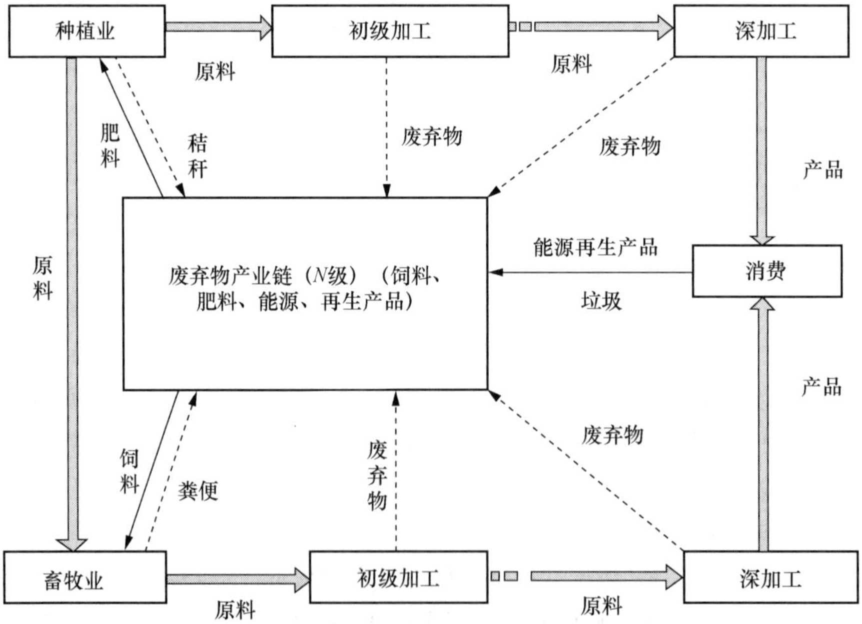

图 14-3 循环农业产业链延伸的结构（李吉进，2019）

14.2 农业废弃物资源利用现状与问题

14.2.1 农业废弃物的概念

农业废弃物也称农业垃圾，是指在种植业、林业、畜牧业或水产养殖业等生产、加工环节，以及农村居民日常生活中或者为日常生活提供服务的活动中产生的丧失原有价值的或者原所有人、持有人已经抛弃、准备抛弃或必将抛弃的物质或能量。

14.2.2 农业废弃物的分类与来源

14.2.2.1 农业废弃物的分类

1. 按照农业废弃物的产生途径分类

(1)种植生产废弃物　指粮食、蔬菜、瓜果、油料、糖料等植物性农产品生产及收获过程中产生秸秆、根茬，蔬菜作物的残叶或茎秆，瓜果作物的藤蔓、落叶、落果，以及其他不被用作食物的部分等。表 14-1 是几种作物秸秆的化学组成成分。

表 14-1　几种作物秸秆的化学组成(干重)(张颖，2005)　%

秸秆种类	干物质	粗蛋白	粗脂肪	粗纤维	无氮浸出物	粗灰分	钙	磷
稻草	85	4.8	1.4	35.6	39.8	12.4	0.69	0.6
麦秸	85	4.4	1.5	36.7	36.8	6.0	0.32	0.08
玉米秸	94.4	5.7	16.0	29.3	51.3	6.6	微量	微量
大豆秸	85	5.7	2.0	38.7	39.4	4.2	1.04	0.14
花生藤	90	12.2	—	21.8	—	—	2.8	0.1
蚕豆秆	8.65	2.9	1.1	37.0	35.9	9.8	—	—

(2)畜禽及水产养殖废弃物　是指畜禽水产等动物性农产品生产过程中产生的畜禽粪便、畜禽圈舍的垫料、畜禽饲料的残渣，以及含有饲料残渣、农药残余的水产养殖塘泥，还有被遗弃的病死畜禽尸体和塘泥中水产养殖物残骸。

(3)农业生产资料废弃物　是指农业生产过程中产生的农用塑料残膜、花卉、苗木培养或种植中使用的一次性塑料盆钵、化肥和农药的包装物(特别是塑料包)装物及玻璃包装物。

(4)农产品初加工废弃物　是指植物性农产品在初级加工过程中产生谷糠、麦麸、玉米芯、饼粕，酒糟、渣粕、废渣、废液等以及畜禽动物在屠宰过程中产生的粪便和血水等。

(5)农村生活垃圾　是指农村居民在日常生活中产生的垃圾物，主要包括厨余垃圾、日常生活用品包装物、破旧衣物和小型废旧家具等。

2. 按照农业废弃物的自身特性分类

(1)一般农业废弃物　指对环境危害性小，可以自然降解，不必采取特殊措施处理的农业废弃物(如作物秸秆、果渣、畜禽粪便、厨余垃圾、饼粕、果渣)等。

(2)危险农业废弃物　指对环境可能存在一定危害性，难以自然降解，必须采取特殊措施才能消除或预防其危害。例如，农用塑料残膜、化肥农药包装材料、废旧家用电器和电池、生活用品塑料包装物等。

3. 按照农业废弃物的物质成分分类

(1)有机农业废弃物　主要指在农业生产或产品初级加工过程中产生的废弃物和动物的排泄物，包括由有机成分构成各种作物秸秆、果渣、畜禽粪便、厨余垃圾等，这些废弃物不需要采取特殊措施进行处理。

(2)无机农业废弃物　主要指在农业生产过程中辅助生产资料的残余物或废弃物，以及农村居民生活中丢弃的废弃物，包括由无机成分构成的化肥农药包装材料、农用塑料残膜、废旧家用电器和电池等，需要采取特殊措施进行处理。

14.2.2.2　农业废弃物的来源

1. 种植生产废弃物

种植生产废弃物是指种植业、林业生产过程中或果实收获后，被抛弃或丢弃的物质或能量，如经济作物(水稻、小麦、玉米、豆类、油料、棉花、薯类、糖料)的秸秆、根茬，蔬菜瓜果作物的残叶、藤蔓、落果、落叶或果壳等。

2. 养殖生产废弃物

养殖生产废弃物是指集体或个人养殖户，通过圈养、散养、牧养以及集约化或工业化养殖方式所饲养的猪、牛、羊、鹅、鸡、兔等畜禽所产生的畜禽废渣(畜禽粪便、畜禽圈舍垫料、饲料残渣及散落的毛羽等)、废水或畜禽病死尸体，以及水产养殖户在水产养殖过程中产生的含有饲料残渣、农药残余的养殖塘泥等废弃物质或能量。

3. 农业生产资料废弃物

农业生产资料废弃物是指农业生产过程中投入并散落于农业生产场所内的辅助生产资料的残余物，包括农用塑料残膜(主要是残留于土壤中尚未分解的农用地膜)、花卉和苗木培养或种植中使用的一次性塑料盆钵、化肥和农药的包装物(特别是塑料包装物及玻璃包装物)等。

4. 农产品初加工废弃物

农产品初加工废弃物是指农产品、林产品和渔产品在初级加工过程中所废弃的物质或能量。此类农业废弃物主要包括稻谷、小麦、玉米等粮食产品加工后产生的谷糠、麦麸、玉米芯等，粮食作物酿酒过程中产生的酒糟，油料作物榨油过程中产生饼粕，林业木材加工后剩余的边角废料或锯末，水果加工后剩余的果皮、果渣，以及鱼类产品加工后剩余的内脏等。

5. 农村居民生活废弃物

农村居民生活废弃物，即农村生活垃圾，是指在农村居民日常生活中或者为农村日常生活提供服务的活动中产生的，不再为生活所用的废弃物质或能量。主要包括厨余垃圾、日常生活用品包装物、小型废旧家具和破旧衣物等。

14.2.3　农业固体废弃物资源化综合利用现状

14.2.3.1　农业固体废弃物资源化综合利用的概念

农业固体废弃物资源化的综合利用，指通过回收、加工、循环利用、交换等多层次、多方式或多途径的重复利用，从而实现并提高农业废弃物的资源化效率（视频 14-2）。例如，秸秆可以通过能源化利用获取能量；畜禽粪便和秸秆可以通过肥料化获得液体肥料、有机生物肥和有机复合肥；秸秆可以通过饲料化制造青贮饲料、生化蛋白饲料和碱化饲料等；秸秆可以通过原料化生产可降解的包装材料、轻型建材、食品防腐剂和空气清新剂、培养基、生产食用菌等。

视频 14-2
主要固体废弃物的种类与资源化利用

14.2.3.2　农业固体废弃物资源化利用的意义

人类在开发利用自然资源进行社会化大生产的同时，必然产生许多废弃物。据统计，全球每年新增固体废弃物 100 亿 t，我国年产固体废弃物 60 亿 t。固体废弃物污染呈日趋严重态势。我国是一个农业大国，农业生产中的废弃物种类繁多，数量巨大，但仅有 1/5 农业废弃物被利用，农业资源被严重破坏和浪费。据报道，我国每年种植业产生的废弃物（秸秆、蒿草、壳蔓）有 10 亿 t 左右、养殖业畜禽粪便 300 万 t 左右、林业（锯末刨花）160 万 t 左右。这些废弃物既是宝贵资源又是严重污染源，若不妥善处理排入环境，将会严重污染环境。例如，大量的秸秆被简单地烧掉，会严重污染大气环境；畜禽粪便等有机废液不经妥善处理直接排入水体，会造成严重的地下水体和地表水系的污染等。如果这一状况进一步恶化，必将会制约农业生产的发展。同时，农村乡镇工业迅速发展对商品能源的需求也会日益增加。

因此，如何充分有效地利用农业废弃物，将其加工转化，制成再生能源及其系列产品，不仅对合理利用农业生产与生活资源，减少环境污染，改善农村生态环境具有十分重要的意义，而且在能源日益枯竭的情况下，农业固体废弃物作为一种能源，它的利用也将产生重大的影响。农业固体废弃物的资源化利用正在进入科学化的新阶段，合理利用和推广这些技术，必将产生良好的经济效益、生态效益和社会效益。

14.2.3.3　国外农业固体废弃物资源化利用现状

1. 处理废水

美国北卡罗来纳州 A&T 大学的畅·塞欧先生一直在探索利用农业废弃物提高水质的方法，他认为玉米芯、豆荚一类农副产品下脚料可用于处理废水。

2. 清洁油污地面

美国密西西比州佛罗拉的 ERT 公司利用棉籽加工废弃物纤维素中固有的一种细菌吸收、生物降解碳氢化合物。ERT 公司通过创造某种特殊的环境营养细菌，促其繁殖，从而制成一种带生物活性的吸收剂。把它施放到受油类污染的地表面、水面或土壤中，它像胶囊一样包裹住碳氢化合物或其他有毒物质，产品中的细菌破裂出来降解油类，清除污染。

3. 开发新能源

德国政府重视可再生能源的开发利用，并制定专门的政策，鼓励可再生能源发电上网，近年来，德国沼气发电的数量迅速增加，为了促进沼气的研究开发，已建立起从中央到地方两级完善的研发体系，包括农业、环境保护、交通运输、建设和统计等方面。例如，德国最早利用秸秆发电的 Thuringian 发电厂，现在每年可处理 3 000 t 秸秆，电费只需 5 美分/(kW·h)，而当地其他电厂电费为 16 美分/(kW·h)；美国目前约有 150 家发电厂全部利用短时轮作木质作物、草质作物等生物量燃料发电，另外还有 365 家发电厂联合利用生物量燃料和矿物燃料发电。

4. 用作饲料原料、发电燃料及用来生产液体燃料

美国的 Amoco 技术合作公司与 Stone & Webster 工程公司合作开发利用农业废弃物(玉米纤维、稻草,园林残余物及废旧报纸等)生产乙醇。他们利用一种遗传控制细菌(*Zymomonos*)发酵生物原料,只需在生物原料发酵池内加入几种糖类同时发酵,即可比相同的生物原料生产的乙醇量增加 30%。

5. 制作复合材料

把废旧农膜、编织袋、食品袋、旧轮胎再生胶等经过一定的工艺处理后可作为基体材料,同时加入适当的添加剂,通过一定的处理和复合工艺形成以球-球、球-纤维堆砌体系为基础的复合材料。面对世界资源日益紧张的严峻形势,对农业固体废弃物这类资源的利用就显得更为重要。

14.2.3.4 我国农业废弃物资源化综合利用现状

我国是个农业大国,农业废弃物量大面广,处理难度大。农业剩余物主要以稻草、麦草和玉米秆为主,其中稻草和麦草年产量达 3 亿 t,玉米秆约 2 亿 t。近年来,随着科技的发展和环境保护意识的增强,人们找到了一些处理的方法:利用稻草、麦草制造空心砖、墙体内装板;将稻草、麦草和玉米秆进行液化处理,使其变为液化气再生利用,也可将其粉碎后再埋入地里。但是,农业剩余物处理量仍非常有限。特别是玉米秆的处理难度较大,处理量最小。这些剩余物中大部分仍被丢弃于田间、地头,少量靠自然腐烂,大部分靠放火烧毁处理掉,每年约有 3.5 亿 t 作物秸秆被当作基本生活用能烧掉,使剩余物变成废弃物。

目前,在我国农村地区大面积推广流行的农村可再生能源技术主要是沼气工程综合利用技术。沼气工程综合利用技术是以沼气为纽带,形成养殖沼气-种植综合能源生态系统,沼气系统包括北方"四位一体"和西北"五配套"能源生态模式等。

我国农村固体废弃物资源化利用与生态农业建设紧密联系在一起,是农业废弃物资源多层次利用与物质能量良性循环、农业发展与环境资源保护同时兼顾的有效手段。目前,我国农业废弃物的资源化利用朝着多元化方向发展,其中按照应用方向可以分为肥料化、饲料化、能源化、基料化、原料化。按照技术属性可以分为微生物技术、物理化学技术、材料工程技术。

1. 肥料化

畜禽排泄物中含有大量农作物生长所必需的氮、磷、钾等营养成分以及大量的有机质,这些物质经处理可以作为肥料。将农业废弃物进行肥料化,通过直接还田或间接还田的形式,将其归还到土壤中,不仅可以显著增加土壤有机质、提升土壤养分,还能够对土壤进行改良和修复,是具有良好的经济效益、社会效益双重价值的废弃物资源化利用的一种做法。

农业废弃物肥料化的方式主要有机械化直接还田、覆盖还田、快速腐熟还田、稻麦双套还田、堆沤还田、加工有机肥等。新鲜畜禽粪便中的养分平均含量见表 14-2。

2. 能源化

随着当今世界化石能源渐趋枯竭,畜禽粪便作为一种重要的生物质能源,它的利用问题也日益紧迫。植物源农业废弃物大都由植物光合作用直接或间接产生,相比于典型的化石燃料,具有可再生周期短、量大面广、价格低廉的优点。目前,对农业废弃物的能源化利用不仅可以利用生物质燃烧发电技术直接获取能量,还可以通过将其转化为生物柴油、成型燃料、沼气等生物质储能燃料。

表 14-2　新鲜畜禽粪便中的养分平均含量(李国学,2000)　　%

养分种类	水分	有机物	N	P_2O_5	K_2O
鸡粪	50	25.5	1.63	1.54	0.85
鸭粪	56.6	26.5	1.10	1.4	0.62
鹅粪	77.1	23.4	0.55	0.5	0.95
猪粪	82	15.0	0.56	0.4	0.44
牛粪	83	14.5	0.32	0.25	0.15
马粪	76	20.0	0.55	0.3	0.24
羊粪	65	28.0	0.65	0.5	0.25

3. 原料化

对于农业废弃物的原料化利用方向主要有以热解工艺制备生物炭利用方向,以糠醛、木糖醇等有机化学用品,以含硅原材料生产的硅化工原料,以分离纤维素、半纤维素、木质素为原料的纤维素功能材料。

4. 饲料化

以作物秸秆、经济作物尾叶、蔗渣、甜菜渣等植物源农业废弃物为原料,通过青贮、微贮、氨化等工艺将其初步降解,形成畜禽喜食的饲料产品。试验表明,畜禽粪便中不仅含有较多的蛋白质和其他营养成分,而且还含有大量的维生素 B_{12}。

5. 基料化

农业废弃物基料化利用是指将农业废弃物经过微生物技术加工成能够为动物、植物及微生物生长提供良好条件的有机固体养料。农业废弃物的基料化应用目前主要有食用菌生产栽培基质、植物育苗及栽培基质、动物饲养垫料、微生物制剂吸附物料和在逆境环境下用于阻断障碍因子的物料等。

尽管我国在农业固体废弃物利用方面已经取得了一定的成绩,但是我们同国外发达国家相比还存在着一定的差距。农业固体废弃物的开发利用大有可为,对于我国这样一个人均资源相对较少的国家来讲,我们应该在加强自身建设的同时,借鉴国外的最新科技与经验,更好地利用现有资源,将农业固体废弃物变废为宝。

14.2.3.5　农业固体废弃资源存在问题

中国农村地区数千年的低效高耗用能传统,不仅浪费资源,对生态环境造成破坏,还易形成恶性循环,严重制约着农业的可持续发展。解决这一问题的根本途径是开展农业废弃物的资源化利用,但农业废弃物在利用过程中还存在着下述问题。

1. 有关农业固体废弃物资源再生利用的政策、法规亟待完善

农业废弃物资源化利用是实现农业持续发展的根本保证。我国虽然已经出台了与废弃物资源化利用有关的政策法规,也新增了有关农村固体废物防治的条款,但是,目前我国没有一套行之有效的固体废弃物再生利用的政策体系,而只有《中华人民共和国固体废弃物污染环境防治法》,并且它的配套措施迟迟不能出台,基层政府职能部门很难严格执行。此外,其他的政策仅散见于其他法律、法规中,可操作性差,致使该产业是在混乱、无序的状态下自由发展。在实质性的资金、技术引进、税收、应用推广等方面都未得到切实的支持,即使当前颁布减免税收法规,也形同虚设,只能对部分有利用价值的废弃物进行回收,数量极少。

2. 农业废弃物资源化利用的全民意识没有完全树立

我国存在着大量的地方中小型企业、乡镇企业，这类企业环保意识普遍不强。在日益重视可持续发展的今天，首要工作就是要进一步加深人们对农业废弃物资源化利用的认识，充分认识到农业废弃物综合利用的经济、环境与社会价值，认识到开展农业废弃物资源化利用是可持续发展的重要方向，使农业废弃物可作为再生能源这一观念深入人心，只有这样，才能真正建立起我国农业废弃物资源化利用新的里程碑。同时，在对农业废弃物进行回收时，应提倡绿色回收、注重节约、注意环保。

3. 农业固体废弃物资源化利用的安全性不高

目前，我国对农业固体废弃物中的有毒有害物质的处理和处置方法还不完善，很多传统的对农业废弃物的利用方式会导致严重的环境污染，例如：我国农作物秸秆多用于燃料，其在燃烧过程产生大量的氮氧化物、二氧化硫及烟尘会直接污染大气；畜禽粪便未经合理处理就直接用于农田，会造成严重的水体和土壤重金属及有机物污染，导致农副产品产量和品质下降，最终可能直接影响人体健康。为了防止其中的有毒有害物质对人类造成危害，我们应进一步深入研究农业废弃物中的有毒有害物质和重金属的处理方法，保证资源化利用安全可靠。

4. 农业固体废弃物资源化利用在一定程度上受季节与气候的影响

农业废弃物与农作物一样具有季节性，且稳定性较差，若不采取相应的措施对其进行处理，贮存的废弃物非常容易变质。此外，农业废弃物还受气候和自然环境的影响，而目前我国在开发利用废弃物时，并未全面考虑季节与气候因素的影响。

5. 农业固体废弃物资源化利用的开发费用不足

对现阶段农民来说，处理农业废弃物的一次性投资成本较高，农民无力自行承担，须在政府扶持的条件下，多方筹集资金。各级农业农村部门要积极争取政府增加资金投入，确保农业固体废弃物资源化利用的工作顺利进行。我国每年产生的作物秸秆量已超过 5 亿 t，但因缺乏相应的配套技术及设备，对其中 2/3 只能废弃或焚烧。虽然中国具有农业废弃物资源化利用的传统，但长期以来缺乏技术创新，更缺乏拥有自主知识产权的技术以及适应性强和推广价值高的技术。

14.2.3.6 农业固体废弃物资源化利用发展前景展望

根据自然资源废弃化和废弃物资源化理论，废弃物的产生是不可避免的，但废弃物是资源的另一种形式，随着科学技术的进步和人类认识的提高，对其进行资源化利用是可行和必要的。国外发达国家对农业固体废弃物资源的利用已进入综合阶段，而我国存在各种限制因素，所以目前对其利用的程度还比较低。受传统意识的影响，我国大多数种植业和养殖业只注重粮、肉、蛋、奶等产品的利用，而认为在生产过程中产生的大量的副产品是利用价值不大的废物，多对其进行丢弃。因此，如何充分有效地利用农业固体废弃物，将其加工转化，制成再生能源及其系列产品，对合理利用农业生产过程中产生的各种固体废弃物，以及改善农村生态环境具有十分重要的意义。由此可见，农业固体废弃物的利用具有极大的潜力和广阔的发展前景。

14.3 微生物菌剂为媒介的高效堆肥循环生态体系

微生物菌剂为媒介的高效堆肥循环生态体系见视频 14-3 和视频 14-4。

视频 14-3　微生物菌剂为媒介的高效堆肥循环生态体系

视频 14-4　微生物菌剂为媒介的高效堆肥循环生态体系

14.3.1　微生物菌剂定义及用途

有机物可以利用微生物发酵转变成有用的化学品、能源或蛋白质，以供工农业使用。通过向传统的生物处理体系中加入具有特定功能的微生物，增强其对特定污染物的降解能力，从而改善整个处理体系去除含难降解物质的废物的处理效果的方法，就是微生物生物强化技术。该技术具有高效、稳定、节省投资的特点，因而成为环境生物治理技术的一种发展趋势。微生物生物强化技术中加入的菌种或混合菌制剂，称为微生物菌剂。

微生物菌剂在养殖业中普遍用于喷洒畜禽栏舍、池塘水体，以改善微生态环境，或加入饲料中直接饲喂能增强动物的抗病力和辅助治疗疾病，而更广泛的用途则是利用农业上丰富的秸秆资源通过发酵调制成营养丰富、适口性好的优质生物饲料，以加速畜禽和水产养殖业的快速发展。

14.3.2　微生物菌剂生产生物有机肥概述

传统堆肥法一般都是采用增加营养和改善环境条件的方法。利用堆制原料中的土著微生物来降解有机污染物，人为地促进可生物降解的复杂有机物降解为可吸收利用的小分子物质及腐殖质。但传统堆肥法存在发酵时间长、产生臭味且肥效低等问题，虽然有机废弃物堆肥可利用堆料初期存在的微生物群落（细菌、放线菌、真菌）进行自然发酵，完成堆肥化过程，但堆肥初期土著微生物量少，需要一定时间才能繁殖起来。

成熟堆肥中腐殖质主要是木质素、多聚糖和含氮化合物质所形成的腐殖酸，芳香结构多，碳水化合物较少。农业废物中木质素主要来源于秸秆等禾本植物，木质素含量较高。而木质素是由苯丙烷结构单元通过醚键和碳碳键连接而成的复杂的、近似球状的无定形芳香族高聚物，溶解性差，并难以被酸水解；且其含有各种生物学稳定的复杂键型，对酶的水解呈抗性，是目前公认的微生物难降解的芳香族化合物之一。因此，在农业垃圾堆肥处理过程中，许多微生物不能分解木质素，而纤维素受到外层木质素包裹保护，导致纤维素分解受到限制。传统堆肥常因含有大量木质纤维素而致使堆肥效果不佳，于是加强木质纤维转化为腐殖质便成为堆肥充分腐熟的关键。

综上所述，接种微生物菌剂进行堆肥，增加堆肥初期微生物的群体数目，提高了菌群质量，使微生物菌群各菌种之间相互协同，形成复杂而稳定的生态系统，使堆层中的微生物迅速繁殖，并维持在相对稳定的较高水平之上，从而增强微生物的降解活性，使堆肥温度迅速升高并维持较长的时间，提高堆肥效率。因此，利用秸秆等作为原材料，接种混合菌剂进行堆肥，是固体废物资源化的一条有效的途径。

新鲜或未腐熟畜禽粪便如果直接长期施用于土壤会引起不良后果，如土壤氮磷营养化、产生有机酸或土壤还原性物质阻碍农作物的生长、粪便中含有的有害微生物污染水源、传播疾病等。因此，堆肥化过程中应让有机物充分腐熟，杀死其中的有害微生物，使它转变为安全、稳定的高品质有机质肥料。一般堆肥腐熟的目的如下：

1. 调整有机物碳氮比(C/N)

当堆肥材料的碳氮比大，若直接施用于土壤中，在堆肥材料分解初期会造成土壤中有效养分减少，尤其是氮素成分的影响最大，从而阻碍作物生长；当堆肥材料碳氮比过小，直接施用土壤中，产生土壤还原性物质和氮磷的富营养化，从而影响作物的生长。堆肥材料经堆积分解，碳氮比达到约 20 时，堆肥材料达到稳定腐熟，即可直接施入土壤。畜禽粪便中的碳氮比一般比较小，因而常常需要另外加入适当碳源(如稻草、玉米秸秆等)，以增加整个堆肥的碳氮比。不同有机材料成分分析见表 14-3。

表 14-3 不同有机材料成分分析(张颖，2005)

材料	C/N	全碳	全氮	磷	钾
牛粪	13～17	35	1.8	0.5	1.7
猪粪	8～15	42	3.0	3.0	0.5
鸡粪	6～9	18	3.3	1.7	2.4
米糠	18～22	55	2.4	0.4	1.8
大豆(粉)	4～6	38	7.0	0.6	2.4
大豆(秆)	30～36	42	1.3	0.3	0.5
树皮	120～500	70	0.3	0.08	0.6
稻蒿	45～60	43	0.7	0.1	2.0
谷壳	70～90	35	0.4	0.1	0.6

2. 减少有害成分

畜禽粪便和其他有机物含有糖类、脂肪酸、蛋白质等成分。当微生物分解时会产生高温及局部的缺氧情况，厌氧微生物大量繁殖，有机物分解会产生甲烷、氢气、酚酸、有机酸等有毒物质和土壤还原性物质，对作物生长有害。畜禽粪便若经过堆积腐熟可减少有害成分，避免直接施用影响作物生长。

3. 消灭病菌、虫卵及杂草种子

畜禽粪便里面含有许多病原菌、害虫虫卵及杂草种子，堆肥如经适当发酵，温度可达到 60 ℃以上，大部分的病原菌、害虫虫卵及杂草种子在高温下可被杀灭。

4. 减少臭味，维护田间卫生

经过适当堆积腐熟的堆肥会降低令人不快的臭味，在田间施用时也可减少蚊蝇滋生，维护环境卫生。

5. 调配堆肥成分，增进肥效

禽畜粪便和其他有机材料所含营养成分差异较大，经过适当的调配，堆积腐熟后可增加有机材料有效磷与氮素的含量，制成的堆肥成分能适合不同作物生长的需要，增进作物产量及品质。

14.3.3 有机固体好氧堆肥过程

1. 驯化阶段

堆层温度没有变化，温度维持在 20 ℃，生物化学作用主要表现为菌群替代，适者生存的微生物开始繁殖，并逐渐占主导地位；不适应堆肥环境的微生物衰退死亡。

2. 中温发酵阶段

堆层温度从室温急剧升高到 45 ℃，表明生物化学作用剧烈进行，嗜温菌（细菌、真菌和放线菌）开始大量吞噬易降解有机质，使其转化生成大量有机酸（氨基酸、脂肪酸），并在热力、压力作用下脱水缩合，生成腐殖酸。

3. 高温发酵阶段

当肥堆温度升到 45 ℃以上时，即进入高温阶段。在这个阶段，嗜温性微生物受到抑制甚至死亡，嗜热性微生物逐渐代替嗜温性微生物，堆肥中残留的和新形成的可溶性有机物质继续分解转化，复杂的有机化合物如半纤维素、纤维素和蛋白质等开始被强烈分解。

4. 腐熟化阶段

在内源呼吸后期，只剩下部分较难分解及难分解的有机物和新形成的腐殖质，此时微生物活性下降，发热量减少，温度下降。在此阶段嗜温微生物占优势，进一步分解残余较难分解的有机物，腐殖质不断增多且稳定化，此时堆肥即进入腐熟阶段。降温后，需氧量大大减少，含水量也降低，堆肥物孔隙增大，氧扩散能力增强，此时只需要自然通风。

图 14-4 为高温好氧发酵工艺，图 14-5 为堆肥流程。

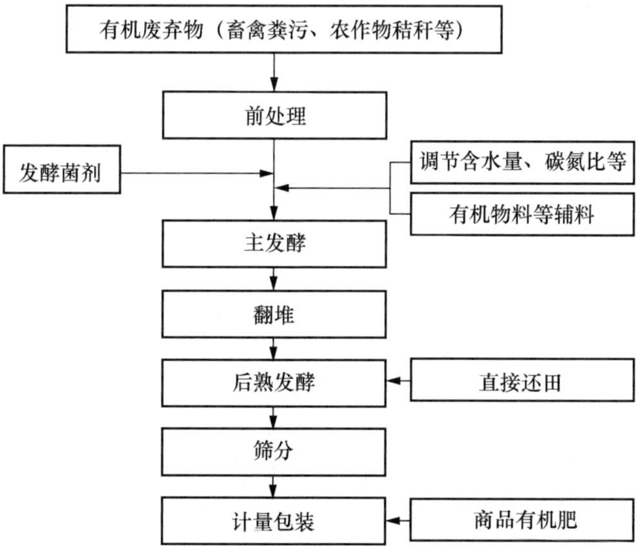

图 14-4 高温好氧发酵工艺

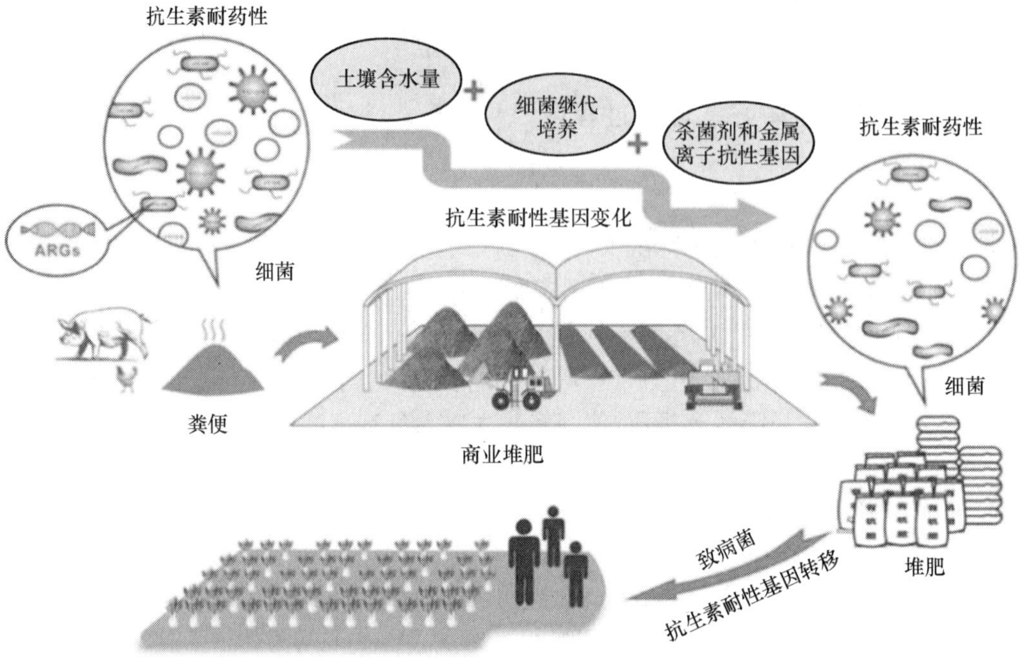

图 14-5　堆肥流程(Zhang et al.,2020)

14.3.4　有机废弃物堆肥调控因子

有机废物的堆肥是多种微生物在适宜的条件下对复杂的堆肥原料中有机物进行生物降解的过程。它是一个复杂的动力学和生物学过程,影响堆肥生物降解过程特别是主发酵过程的因素很多,归纳起来主要有以下几方面:

1. 堆体温度

温度是影响堆肥过程的一个重要因素,同时也是显示堆肥中微生物活性的重要指标。堆肥物料中一般都会含有大量的土著微生物群,温度的作用主要是影响微生物的生长繁殖,从而对堆肥过程产生影响。堆肥中微生物分解有机物而释放热量,使堆肥温度上升,这是堆肥物料温度上升的内在原因。当条件适宜时,微生物迅速生长繁殖,中温微生物数量快速增长,堆肥温度随之上升当达到不适于中温微生物生长繁殖的温度时,尽管中温微生物数量还会进一步增长,但其生长繁殖速度会减慢或者结束。这时,嗜热微生物逐渐取代中温微生物,同理,当温度过高时,也会抑制高温微生物数量的进一步增长。

在堆肥过程中,堆肥温度应控制在 45～65 ℃。温度超过 65 ℃就会对微生物的生长产生抑制作用。堆肥过程是一个放热过程,若不采用通风的办法进行控制,温度常可以达到 70～80 ℃,温度过高就会过度消耗有机物,并降低产品质量。过低的堆温将大大延长堆肥达到腐熟的时间。当堆肥温度大于 55 ℃使得无害化效果最佳,45～55 ℃生物降解速率最大,35～40 ℃微生物多样性最为丰富。

2. 水溶性有机碳

堆肥过程中有机固体废物中的糖类、淀粉、木质素、纤维素、半纤维素、脂肪类和水溶性酚等物质含量的变化可以指示堆肥中有机质的腐熟化过程。其中,最易降解的有机物可能被微生物用作能源而最终消失,所以一些研究者认为它们是最有用的参数。淀粉和水溶性糖是堆肥原料中典型的易降解有机质,易被微生物利用,如果堆肥物质达到稳定状态,就不应含有淀粉和水溶性糖。

3. 碳氮比(C/N)

碳源是微生物利用的能源,氮源是微生物的营养物质。微生物的生长不仅需要一定量的碳、氮元素,还要求碳和氮之间有合适的比例,有机物被微生物分解的速度随C/N的变化而变化。C/N过高或者过低都可能导致微生物活性不强,甚至无法存活,使堆肥化无法进行。在堆肥过程中,碳源被消耗,转化成二氧化碳和腐殖质物质;而氮则以氨气的形式散失,或变为硝酸盐和亚硝酸盐,或是由生物体同化吸收。C/N过低时,其中氮将以NH_3的形式挥发损失,散发出臭味,特别是温度和pH较高时。当起始C/N高于35时,微生物必须经过多次代谢,才能氧化掉过量的碳,因而会降低降解速度。故就微生物对营养的需要而言,C/N是一个重要因素。微生物自身的C/N为4～30,用作其营养的有机物C/N最好也在此数值范围内。当C/N为10～25时,有机物被微生物分解的速度最大。

4. pH

在堆肥过程中,pH随着时间和温度的变化而变化,因而pH也是提示堆肥分解过程的标志。pH并不影响堆肥化过程中有机质的降解,但是pH的大小对微生物的生长有重要影响。适宜的pH可使微生物有效地发挥作用,而太高或太低都会影响堆肥的效率。

一般来讲,pH为3～12都可以进行堆肥。堆制垃圾时pH在8左右可获得最大堆肥速率,此范围内可显著提高堆肥初期的反应速度,缩短堆肥达到高温所要求的时间,也可避免由于堆肥反应延缓所造成的臭味问题。研究发现,堆肥初期堆制的pH会降低,过低的pH会严重地抑制堆肥反应的进行。在堆腐垃圾时,pH控制在8左右可以显著提高堆肥初期的反应速度,可以极大地缩短堆肥达到高温所要求的时间,还可以避免由于堆肥反应延缓所造成的臭味问题。但当pH控制在5左右时,葡萄糖和蛋白质的降解停止。污泥堆肥的pH范围一般应为6～9最为合适。

5. 供氧量

通风是影响好氧堆肥过程和堆肥产品质量的重要因素。一个良好的堆肥生产体系,首先要具备提供足够氧气的能力;其次,要能够使氧气均匀地分布到物料中,以满足微生物氧化分解有机物的需要。堆肥过程中,氧气供应充足可以加速有机质分解,缩短堆肥时间,加速堆肥初期温度的上升速率,减少恶臭气体的产生。氧气的消耗率可以作为判断堆肥稳定的依据。一般认为堆肥中的空气氧的体积含量保持在5%～15%比较适宜,低于5%会导致厌氧发酵;高于15%则会使堆体冷却,导致病菌的大量存活。因此,堆肥时必须保证充分供氧。

6. 含水量

水分为微生物生长所必需的条件,微生物需要从周围环境中不断吸收水分以维持其生长代谢活动,微生物体内水及流动状态水是进行生化反应的介质,固体废物中的有机营养成分也只有溶解于水中才能被微生物摄取吸收。所以水分是否适量直接影响堆肥的发酵速度和腐熟程度。在堆肥过程中50%～60%的含水量最有利于微生物分解,含水量超过70%,温度难以上升,分解速度明显降低;含水量低于40%,不能满足微生物生长需要,限制微生物的运行及代谢，使堆料中心部位达不到适宜的高温，有机物难以分解，从而降低反应速率；含水量低于30%，微生物在水中摄取营养质的能力降低，微生物繁殖慢，有机物分解过程进展相当缓慢；当含水量低于12%时，微生物的繁殖就会停止。

7. 通气

堆肥化作用以好氧性分解较佳，充分供给氧气为基本条件。氧气可依靠翻堆或打气方法进入堆积物之中，形成好氧状态。氧气的需求量，依据有机废弃物性质、水分含量、温度、微生物群落大小和类别等不同而有差别。

8. 腐熟度

堆肥腐熟程度的高低将影响施用堆肥的安全性和经济效益，有关堆肥腐熟度可以用若干物理指标及化学成分分析法作为判断的依据。

9. 混合均匀

为了保证堆肥的品质一致，应尽量混合均匀。

14.3.5 有机固体废弃物堆肥制作方法

1. 堆积场所

有顶棚的堆积场所最理想。若在户外露天堆积，则需有适当覆盖，以防雨水冲刷。另外，必须考虑水分取得、翻堆空间、通风情况及肥水收集等问题。

2. 准备材料

堆肥材料的选择，应先了解作为堆肥主体材料的碳氮比属于高还是低，以适宜C/N的材料作为配合。各类常见的堆肥材料碳氮比的一般情况为：牛粪C/N为(20～23)∶1，猪粪为(10～14)∶1，鸡粪为(9～10)∶1，所以，堆肥处理时牛粪可以不调整C/N，而猪、鸡粪需要调整C/N。调整材料常用高C/N的稻壳(C/N为70∶1)、菇类废弃木屑(C/N为57∶1)以及木屑(C/N为298∶1)等。如以稻草类为主体，可配合含氮较高的鸡粪、猪粪、豆粕、鸟粪等；如以猪粪类碳氮比低者为主体，则选择碳氮比高的木屑、废弃菇类堆肥，谷壳等作为配合材质。但无论任何材料，都应以来源丰富、容易获得、成本低廉为原则。

3. 假堆

通常碳氮比高的有机材料，其材质都较坚硬且容积密度低。在混合材料堆积前需事先单独加水使其纤维软化，使其容积密度增大，以利于后续堆积发酵，称为假堆。

4. 混合及水分控制

先将粪便风干至水分达30%～40%，将粪便与稻草(切碎)等膨松物按质量100∶10混合，每100 kg混合肥中加入1 kg微生物发酵菌剂，充分拌和均匀，堆肥材料经过充分混合均匀有利于发酵。若为了省工，可采用混层堆积，即一层含碳较高的有机材料厚30 cm，再添加一层含氮高的材料(禽畜粪便)厚约4～5 cm，层层混合即可。堆肥材料混合的同时，可以适当地调整含水量至60%。此种含水量时，以手紧握堆积材料则水能沿指缝点滴成型，或用棍棒插入堆积材料中，棍棒拔出时棍棒端湿润。水分含量不足时，添加水分时须注意不要让肥水流失，以免损失肥分，应经由肥水沟收集后重新加入堆肥中。堆积材料水分含量过多可加木屑、谷壳等调整。

5. 堆肥

根据堆肥的温度变化，可以判定堆肥发酵的腐熟程度。当气温为 15 ℃时，堆积 3 d 后堆肥表面以下 30 cm 处的温度可达 70 ℃，堆积 10 d 后可进行第 1 次翻混，翻混时，堆肥表面以下 30 cm 处的温度可达 80 ℃，几乎无臭。第 1 次翻混后 10 d，进行第 2 次翻混，翻混时，堆肥表面以下 30 cm 处的温度为 60 ℃。再隔 10 d 后，第 3 次翻混时，堆肥表面以下 30 cm 处的温度为 40 ℃。翻混后的温度为 30 ℃、含水量达 30%左右之后不再翻混，等待后熟。堆积的体积越大，越容易发热升温，但在初期 60 ℃以上的高温期需维持 7～14 d，这种高温，可把粪便中的虫卵和杂草种子等杀死，大肠杆菌也可大为减少，达到有机肥无害化处理的目的。此后，应调整到 50～60 ℃，其方法为加强翻堆及通气，以散去发酵热能，否则温度过高，堆肥分解发酵周期将延长，且容易损失氮成分。堆积的体积过小，温度不易升高，不能达到杀菌及发酵的目的。一般堆肥堆积高度不宜超过 1.5 m，堆肥的体积则应视气候条件及通气设备来考虑，温度将是很好的参考指标，在气温低及有通气设备时，可酌量增加堆肥的体积。

6. 覆盖

覆盖的目的在于防止水分散失、保温，使堆肥水分及温度均匀分布，而且有促进发酵的作用。覆盖也可以防止蚊虫产卵、病原菌和杂草种子侵入，以维持堆肥品质。覆盖物的材质以麻布类稍具通气性者为上品，其次为稻草、秸秆类、草席等，塑料布仅适于户外防雨使用。

7. 摊开(后发酵)

后熟一般 3～5 d，最多 10 d 即可。后熟完成，堆肥即制成。当堆肥发酵温度降至 40 ℃左右，即使翻堆也不再升温，且堆肥色泽变黑，没有臭味，材质脆软，可将堆肥摊开呈高 20～40 cm 平铺状。此时微生物转为低温后发酵作用，堆肥成分趋于稳定腐熟。同时可让水分自然蒸发，以减少日后搬运的质量。

14.3.6 堆肥的应用效果

1. 提供营养

堆肥不仅含有氮、磷、钾、钙、镁、硫等常量营养成分，还含有铁、锰、铜、锌等微量元素。堆肥与化学肥料有很大的区别，即其肥效是缓效性，连续使用时可产生累积效果。堆肥中的有机物在土壤中慢慢分解而放出养分，在前期耕作期间未能分解而残留的有机物，在后期耕作或翌年继续分解供给养分，因此未分解的有机物可累积在土壤中为作物供营养。

2. 改善土壤化学性质

①增加土壤有机质；②调节土壤 pH；③增强土壤中阳离子交换能量(CEC)；④加强土壤螯合作用；⑤改善土壤缓冲能力。

3. 改善土壤物理性质

①改善土壤结构；②保持土壤水分；③涵养土壤氧气；④防止土壤冲蚀；⑤增强土壤强度。

4. 丰富土壤生物群落

由于有机堆肥含有丰富和复杂的成分，长期施用于耕作的农田中，可以丰富土壤生物群落，也使生物群落趋向稳定，进而促进土壤中物质循环和能量循环。某些阻碍作物生长的有害物质也较易被分解去除。另外，可以增强生物群落的缓冲能力，防止有害生物（病菌、害虫）突发增殖。

14.3.7 堆肥施用原则及方法

不同的堆肥特性或多或少有不同，在施用时的注意事项也不同。只有正确施用堆肥才能发挥其功效，不当的施用可能无法达到应有的效能，甚至会适得其反。堆肥施用原则及方法如下：

①堆肥适宜当基肥。

②堆肥应与土壤混合或者用土覆盖施用。

③施用量的多少取决于：一是注意经济效益；二是堆肥着重土壤改良及肥效累积；三是土壤特性的影响。

14.3.8 展望

就目前我国有机固体废弃物生物处理产业的现状和所面临的问题，应着重研究以下几个方面：

1. 有机固体废弃物堆肥发酵的基础理论研究

目前的堆肥理论产生于20世纪80年代以前，随着研究手段、研究方法、研究思路的变革，以及堆肥方式、工艺的变化，迫切需要重新进行深入的堆肥基础理论研究，用来指导堆肥实践，基础理论研究更具有现实意义。

2. 堆肥化过程氮素损失的机理和防治技术

堆肥化过程的氮素损失量巨大，损失最多可以超过总氮的50%。因此，研究氮素损失的机理，进而研制出氮素损失防治技术，对于畜禽粪便生产生物有机肥来说，可以提高产品的养分含量，减轻氮素损失造成的环境污染，减少化肥的用量，一举多得。

3. 堆肥过程中碳素和氮素转化规律及其对大气和环境的影响

随着温室气体排放量的增加，温室气体排放对全球环境变化的作用日益凸显。堆肥化过程伴随着二氧化碳和氮氧化物甲烷等气体的排放，也是自然界物质循环的必然环节。研究堆肥化过程中氮素和碳素的循环机理和转化规律，研究其中的温室气体排放对于环境变化的作用。利用基础研究成果，通过技术手段减少温室气体排放，具有现实和长远的意义。

4. 生物处理除臭微生物资源开发与除臭技术

随着经济和社会的发展，人们对于环境和空气质量的要求将越来越高。有机固体废弃物生物处理的同时，产生大量的具有强烈刺激性的气体，污染环境。生物除臭是新的国际研究的热点，开发适合不同地区特点的、高效价廉的生物除臭微生物资源及与之相适应的生物除臭技术具有实际意义。

5. 堆肥腐熟度指标的研究

衡量堆肥生物处理指标的腐熟度指标一直是堆肥领域研究的难点，目前为止没有很好的解决办法。从原料分类、工艺类型的多个新的角度，研究确定适应范围广、切实可行的堆肥腐熟度指标，将是有机固体废弃物生物处理研究领域的一大突破。

6. 建立产学研联合模式和产业联盟

探讨建立产、学、研联合模式，高校和科研院所为企业提供技术，养殖户为肥厂提供畜禽粪便，避免原料的随意要价和粪便长期堆置造成的环境污染。解决有机肥料由原料价格高而导致的有机肥料价格高的问题。建立生物有机肥产业联盟制定近期及中长期发展规划，促进产业发展。

复习思考题

1. 什么是循环农业？
2. 农业循环的特征是什么？
3. 简述农业废弃物的来源分类。
4. 什么是农业固体废弃物资源化？
5. 简述我国农业废弃物资源化综合利用现状。
6. 农业固体废弃资源存在的问题有哪些？
7. 简述有机废弃物堆肥调控因子。
8. 如何推进农业废弃物在园艺产业中的应用？

Chapter 15

第 15 章

以蚯蚓为媒介的高效循环生态体系

本章学习目的与要求

1. 掌握蚯蚓摄食农业有机废弃物的过程。
2. 掌握蚯蚓的生态类型及各生态类型的代表性蚯蚓。
3. 掌握蚯蚓及蚯蚓粪的应用生态价值。
4. 掌握蚯蚓循环生态体系。

蚯蚓，又称地龙，在分类上属于环节动物门寡毛纲。蚯蚓广泛分布在土壤中。目前已知的蚯蚓超过 3 000 余种，我国有 320 多种。在人类未来到地球之前，蚯蚓已耕耘了地球亿万年。达尔文对蚯蚓作出高度评价，认为蚯蚓是地球上“第一劳动者”。蚯蚓喜食有机废弃物，其通过自身活动如挖穴松土分解有机物。有机废弃物进入蚯蚓肠道后，在肠道中的蛋白酶、脂肪酶、淀粉酶等作用下转化为自身或其他生物易于利用的活性营养物质，对环境不会产生二次污染。目前许多国家利用蚯蚓来处理生活垃圾和有机废物，形成“农业废弃物-蚯蚓-蚯蚓生物制剂-植(动)物生产”生态循环链模式。

以“蚯蚓生态链为核心”创立生态农业新模式，不仅可以有效消解农业废弃物资源，变废为宝，使其变为有用的农业生产资料，改善农业废弃物资源造成的环境污染，保护生态环境；同时，饲养蚯蚓所获得的蚯蚓粪，是蚯蚓对有机废弃物进行生物降解的产物。蚯蚓粪质地均匀细腻，比表面积大，团粒结构优良，疏松无异味，具有良好的通气性和保水性，还富含大量的有益微生物和植物生长调节物质，所以养殖蚯蚓可为有机农业提供优质的有机肥源，促进有机农业的可持续发展。当前，有机农业的快速发展、农业农村部有机肥替代化肥行动的启动、规模化养殖粪污资源化处理的巨大需要，为蚯蚓技术和产品的进一步发掘提供良好的发展前景。

15.1 蚯蚓的生态类型及在改善生态环境中的作用

15.1.1 蚯蚓的生态类型

蚯蚓触觉发达，易受光线影响，并且土壤中通风情况也会明显影响其生长水平。蚯蚓的活动最适温度为 20～27 ℃，0～5 ℃时进入休眠状态，0 ℃以下易冻死，32 ℃以上停止生长，40 ℃以上死亡。适宜蚯蚓生长繁殖的相对湿度为 60％～80％，pH 为 6～8。

蚯蚓的正常生长、发育和繁殖需要适宜的环境条件。由于气候、食物、地理和地质等因素的影响，形成了不同的蚯蚓生态类型。一般将蚯蚓的生态类型分为三大类：表居型(如赤子爱胜蚓)、上食下居型(如威廉环毛蚓)和土居型(如南美岸蚓)。

1. 表居型蚯蚓

表居型蚯蚓居住和取食都在土壤表面的残落物层，以植物残体为食。体型小，因土壤表面剧烈变化的温湿度的影响和天敌的捕食而死亡率高，但繁殖快。体壁有色素沉积，为红色或深黑色。在土壤中挖掘和穿插能力差，对土壤物理性状影响不大，主要通过对有机残体的破碎影响其分解速度。代表性蚯蚓的赤子爱胜蚓(*Eisenia fetida*)(图 15-1)。

2. 上食下居型蚯蚓

上食下居型蚯蚓(图 15-2)居住在土壤内，到土壤表面取食有机物质。体型中等，身体背面体表有色素沉积，为灰褐色或紫褐色。它们将有机物质运至地下，挖掘至土壤表面的通道，并将下层土壤和未完全消化的物质排泄至土壤表面，对土壤通透性及土壤混合影响很大。代表性蚯蚓如威廉环毛蚓(*Pheretima guillemi*)和参状远盲蚓(*Anecic aspergillum*)。

图 15-1　赤子爱胜蚓

图 15-2　上食下居型蚯蚓

3. 土居型蚯蚓

土居型蚯蚓(图 15-3)居住和取食均在土壤内,主要取食土壤有机质。体型大,体壁无色素沉积,代谢繁殖均比较缓慢,在土壤内挖掘纵横交织的通道,影响土壤的孔隙度。代表性蚯蚓如南美岸蚓(*Pontoscolex corethrurus*)和壮伟远盲蚓(*Amynthas robustus*)。

图 15-3　土居型蚯蚓

由于蚯蚓对环境条件如土壤类型、有机质含量、酸碱度、温湿度和通气状况等的要求随种类、产地不同而有差异,因此养殖蚯蚓要根据当地的自然条件因地制宜地选择品种。

15.1.2　蚯蚓在改善生态环境中的作用

蚯蚓通过挖穴松土、分解有机物,为土壤微生物生长繁殖创造良好条件,在土壤改良、消除公害、保护生态环境、物质循环、生物多样性等方面发挥着特殊作用(图 15-4)。目前,许多国家利用蚯蚓来处理生活垃圾、有机废物和净化污水。由于蚯蚓对土壤生态系统具有重要的调控作用,被誉为"土壤生态系统工程师"。

蚯蚓作为土壤的搅拌机和分解器,通过不断在土壤中横穿钻孔从而对土壤的结构产生影响,改良土壤的理化性质,尤其对土壤微生物环境影响较大。蚯蚓体内肠道具有多种土壤微生物,取食过的土壤在其肠道中形成的微生物数量远高于未取食的土壤。蚯蚓肠道培养大量微生物,产生的蚯蚓粪以及肠道分泌酶可提高土壤微生物的活性,改善微生物群落结构,改良土壤微生物的环境,提高土壤肥力,有利于植物吸收土壤中的养分,从而促进自身的生长。

蚯蚓还参与土壤的碳循环、氮循环及磷循环,在这些循环中蚯蚓充当重要的调控者作用,碳循环促进有机质的分解从而改善土壤的物理结构,促成团聚结构的形成。氮循环促进土壤硝化作用与反硝化作用的进程,增加土壤中的氮含量,更利于植物吸收。磷循环促进土壤中磷的释放与传递。此外,蚯蚓还参与土壤的矿化作用。研究表明,蚯蚓在土壤矿化过程中可以活化土壤矿物元素,促进钾元素的释放。正是蚯蚓在这些循环中的作用,使得土壤的氮、磷、钾养分提高,有机质进一步分解,进而促进土壤肥力的提高。

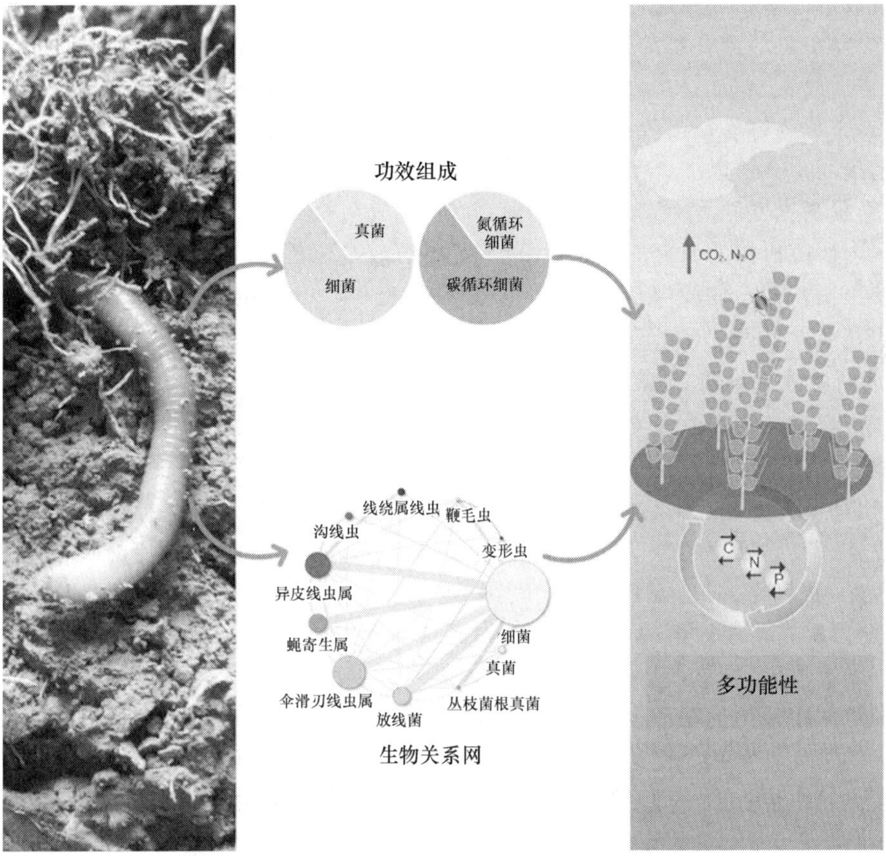

图 15-4 蚯蚓在改善生态环境中的作用(Liu,2019)

15.2 蚯蚓及蚯蚓粪的应用生态价值

15.2.1 蚯蚓的应用生态价值

随着科学技术的不断发展,对蚯蚓及蚯蚓粪功能的研究深入,蚯蚓在农业方面的应用功能也被广泛地挖掘出来。蚯蚓的应用生态价值见视频 15-1。

视频 15-1
蚯蚓的应用生态价值

1. 改善土壤结构,提高土壤肥力

蚯蚓被誉为土壤"生态系统的工程师",通过在土壤中一系列的活动对团聚体形成、土壤结构及植物生长和养分吸收所需的物理、化学和生物条件有十分重要的影响,蚯蚓具有疏松土壤、富集养分、提高土壤肥力的作用。蚯蚓的肠道能够分泌中和泥土酸碱度的化学物质,无论酸性还是碱性土壤,经过蚯蚓消化处理,就可以达到植物健康生长的土壤。蚯蚓体内的石灰腺能够吸取和排出大量钙质,使土壤形成团粒结构,具有保水保肥功能。蚯蚓吞食泥土或者有机废弃物，经过砂囊淹没，并在消化酶以及微生物作用下，部分分解转化为简单可给态化合物，再经进一步消化，合成钙盐，连同钙腺排出的碳酸钙一起黏结成团粒，最后排出体外，进而改良土壤结构。经过蚯蚓的消化吸收分解，能够将土壤中不能被植物直接吸收的氮物质，转化为容易被吸收的有效营养物质，经蚯蚓消化后的有机质颗粒细小，表面面积比消化前提高 100 倍以上，能提供更多的机会让土壤与空气接触，从根本上解决土壤板结的问题，进而提高土壤肥力。

据国内研究机构的研究成果，每 500 g 蚯蚓粪效果可等同于 5 000 g 农家肥，既经济实惠又方便施用。初步估计，在 1 亩田园中，如果能有 100 万条蚯蚓，就相当于 3 个劳动力每天轮流工作 8 h，相当于 10 t 肥料的施入。

2. 消解农业废弃物，改善生态环境

农业废弃物是指在农业生产中所丢弃的剩余物，主要是畜禽粪便和农作物秸秆等。我国农业废弃物数量大，种类多，没有得到充分有效的利用，给空气、土壤、水质等造成严重的污染，超出环境的承载能力，造成资源浪费，生态恶化。对农业废弃物的资环化利用不仅可以解决农业废弃物处理问题，更符合绿色农业发展的理念。目前，农业废弃物资源化利用主要为能源化、肥料化、饲料化和原料化利用等。农业废弃物资源化利用多以堆肥发酵等为主，但堆肥发酵占用场地面积大，耗工费时，而且不能有效利用生物有机能源和营养物质生产高质量的有机肥，容易产生二次污染。

蚯蚓处理废弃物的原理在于蚯蚓对物质的分解转化作用，蚯蚓作为自然界的分解者，通过其砂囊的物理分解和肠道的生物分解，可以分解取食于自然界的各类废弃物。蚯蚓在这些固体废弃物中生长，既可以满足自身需求，又可以增强微生物的活性，分解后的产物还可以促进植物生长，可解决农业废弃物带来的环境污染。

3. 调控土壤连作障碍

连作障碍不仅严重影响作物产量，而且会导致土壤生物多样性下降、有益微生物减少及病原菌增加等一系列微生态失衡问题。土壤微生态失衡反作用于植物，导致植物发生更严重的病害、减产等。作为土壤生态系统工程师，蚯蚓的取食、掘洞和爬行等活动对土壤微生态具有重要的调控作用，既可以改善土壤环境，又可以强化土壤生物群落功能，有望为缓解作物的连作障碍问题提供一条新途径。

(1)蚯蚓影响微生物量、活性和多样性　蚯蚓能够直接调控微生物，影响微生物的总量、活性和多样性，改变微生物的比例。大量研究表明，蚯蚓活动会影响土壤微生物量，提高土壤微生物量碳和微生物量氮水平。有学者研究了夏威远环蚓(*Amynthas hawayanus*)入侵对土壤微生物的影响，发现蚯蚓入侵后会形成明显的斑块(patches)，斑块内部土壤微生物量碳、氮显著提高。姚影等利用微宇宙实验研究了蚯蚓对施入秸秆后土壤有机碳的影响，结果表明，赤子爱胜蚓(*Eisenia foetida*)能提高土壤微生物量。伍玉鹏等在探索蚯蚓改良盐碱地的作用时，也发现接种赤子爱胜蚓能显著提高土壤微生物量。

(2)蚯蚓促进化感物质降解　作为土壤生态系统中的分解者，蚯蚓的活动能够促进土壤中许多物质降解，其中一些物质是对植物或土壤微生物有重要调节作用的化感物质。酚类物质就是一类重要的化感物质，其在连作土壤中的累积常被认为是造成作物连作障碍的原因之一。Butenschoen 等利用同位素标记的方法研究了土居型神女辛石蚓(*Octolasin tyrtaeum*)对儿茶酚的作用，结果表明，该蚯蚓能够通过提高微生物活性影响儿茶酚的矿化过程。同时也有研究表明，接种表居型赤子爱胜蚓和上食下居型威廉腔蚓均能加速酚类物质的降解，且降解过程中需要微生物的参与。Yahaya 等研究发现，赤子爱胜蚓和枝蚓属(*Dendrobaena*)能加速木质素的降解，使得酚类物质含量显著降低。Mohan 等评价了三种蚯蚓(*E. fetida*、*Eudrillus eugenia* 和 *Anantapur species*)对苯酚的耐受和降解能力，发现赤子爱胜蚓耐受能力最强，可以耐受 100 ppm 的苯酚，并在 72 h 内对该浓度的苯酚降解率达 100%。

(3)蚯蚓调控连作障碍土壤微生态机制　蚯蚓作为生态系统的分解者，能够加速化感物质的降解，而且可能改变土壤中化感物质的比例，调整失衡的化感物质。化感物质多样性和动物多样性的恢复，可进一步影响土壤微生物。根据上述总结和分析可知，蚯蚓对微生物的调控作用主要有三条途径：一是直接调控微生物群落；二是通过改变化感物质比例调控微生物群落；三是通过调控土壤动物区系调控微生物群落。三条途径的综合作用可共同改善土壤根际微生态，从而缓解作物连作障碍。

4. 蚯蚓对土壤重金属的修复作用

土壤重金属污染对人类生存活动具有较大的影响，而蚯蚓作为土壤中重要的动物，在土壤重金属污染修复中起着十分巨大的作用(图 15-5)。蚯蚓对重金属污染的修复作用主要是通过富集和转化实现的。

蚯蚓对重金属胁迫具有较高的耐性和极强的生物累积能力。Becquer 等研究显示镉可通过皮肤渗入蚓体，而铜、铅和锌等则主要通过蚯蚓吞食进入蚓体。同时，重金属在蚓体内的富集区域与蚯蚓种类和重金属种类有关。很多研究显示：镉主要分布在 *Aporrectodea caligi-nosa* 体内的后消化道、*Lumbricus rubellus* 的黄色细胞区域组织、赤子爱胜蚓的细胞溶质和表皮、安德爱胜蚓(*Eisenia andrei*)金属硫蛋白中，而锌广泛分布于蚯蚓各器官及连接组织中。

重金属在蚓体内的富集量与有效态含量密切相关，大部分研究结果显示二者呈显著正相关关系。不同蚯蚓对重金属富集能力的差异可以通过重金属生物富集系数来表示。内栖型蚯蚓往往比表栖型蚯蚓更容易富集镉、铜、铅等重金属。已有研究结果表明，在不同污染水平的土壤中，内栖型壮伟远盲蚓对镉的富集系数显著高于锌和铅，远大于铜；表栖型皮质远盲蚓具有更强的锌富集能力，在高污染土壤中具有较强的铜富集能力，在低污染土壤中则具有较高的镉富集能力。此外，有学者通过在添加 10%有机物料的金属污染土壤中接种不同蚯蚓，发现了相似的结果。内栖型蚯蚓壮伟远盲蚓的镉、锌、铅和铜的生物富集能力均为最强，表栖型皮质远盲蚓和毛利远盲蚓对镉、锌和铜的生物富集能力较强，而表栖型赤子爱胜蚓金属富集能力最弱。

蚯蚓在取食、掘穴和排泄等生命活动过程中可提高土壤重金属的生物有效性，这可能与土壤 pH、EC 改变、可溶性碳与金属形成螯合物以及蚯蚓肠道内的微生物群落特征有关系。蚯蚓体内微生物优势菌种特征变化与其取食的土壤和有机物料类型有关。由于重金属污染土壤有机质含量少、重金属含量高，蚯蚓往往取食富含微生物的土壤颗粒以维持生存。这些携带重金属的菌种进入蚯蚓肠道后可能通过两种方式影响重金属的生物有效性：一方面，一部分菌种可能在蚯蚓肠道内纤维素酶、蛋白酶、磷酸酶等作用下被消化，菌体内各种有机无机复合体固定的金属因而能够被释放出来，在蚯蚓体内络合成其他金属形态(碳酸盐结合态或铁锰结合态等)并最终随代谢物排出体外；另一方面，一部分菌种在蚓体肠道液的作用下可能被激活，其数量、生物量或活性大幅度提高，能够更大程度地改变蚯蚓肠道内与金属密切相关的理化特征，进而影响重金属形态和迁移转化进程。例如，被激活的微生物种群作用可能引起肠道内容物 pH 的上升或下降，间接影响金属的形态特征；也可能会造成 EC 的降低，提高 Fe 和 Mn 离子的有效性，最终增加铁锰结合态金属含量；微生物加速分解土壤有机质，释放更多低分子有机物，也能促进有机结合态金属的形成。代金君等发现，蚯蚓-金属污染土壤体系中蚯蚓肠道微生物种群变化显著，其中香味菌属(*Myroides*)、芽孢杆菌属(*Bacillus*)、鞘氨醇杆菌属(*Sphingobacterium*)、金黄杆菌属(*Chryseo-bacterium*)、假单胞杆菌属(*Pseudomonas*)、丛毛单胞菌属(*Comamonas*)、不动杆菌属(*Acinetobacter*)为优势菌群，且与重金属的迁移转化紧密相连。因此，探寻污染土壤中协同蚯蚓活化重金属的这些优势菌的功能及作用机制是近年的研究热点。

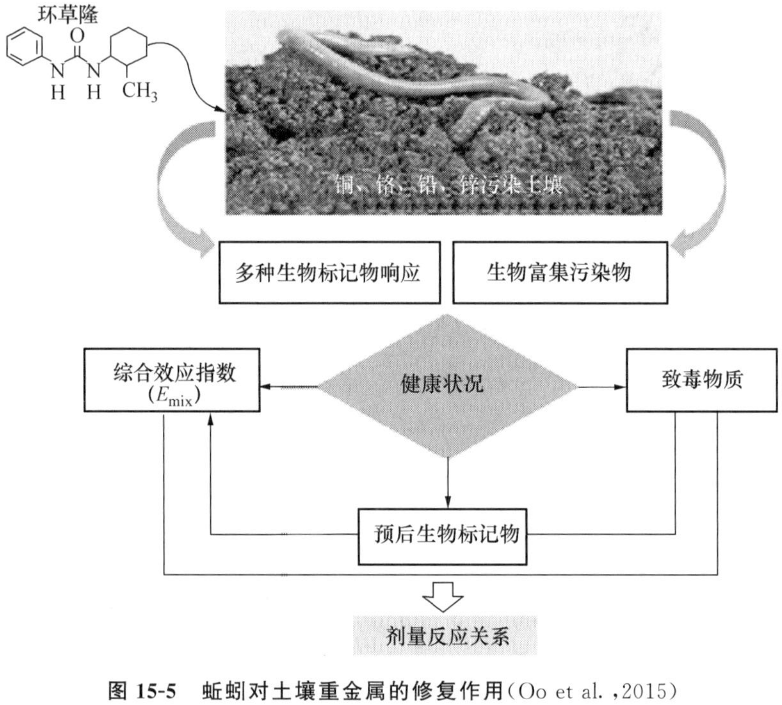

图 15-5　蚯蚓对土壤重金属的修复作用(Oo et al. ,2015)

5. 蚯蚓对抗生素的降解

蚯蚓在修复新型有机污染物抗生素方面有很大潜能，也是通过肠道和表皮吸收两种途径，通过改善土壤环境及富集作用降解抗生素(图 15-6)。有学者通过室内粪肥(牛粪)添加试验研究了赤子爱胜蚓对土壤中两种浓度(1 mg/kg、100 mg/kg)土霉素(OTC)降解的影响。结果表明，土霉素在土壤中的降解符合一级动力学方程，两种浓度土霉素的半衰期分别是 30 d 和 20. 4 d，比对照组分别缩短了 1. 5 d 和 12. 6 d。Harmanpreet 等利用 ^3H 标记的环丙沙星(CIP)和阿奇霉素(AZ)进行室内培养试验，以赤子爱胜蚓为受试生物探究其对生物体携带的 CIP 和 AZ 的响应，结果表明，蚯蚓富集了两种化合物，BSAF 值(干重)在未染毒处理中约为 4(CIP)和 7(AZ)，在染毒处理中约为 20(CIP 和 AZ)。我国学者吴玉凤等研究了污泥中大量抗蚯蚓过腹处理污泥过程中四环素的降解过程，结果表明，蚯蚓过腹形成的污泥蚓粪中总氮和有机质含量显著减低，而铵态氮、硝态氮、速效磷、速效钾和总钾含量以及

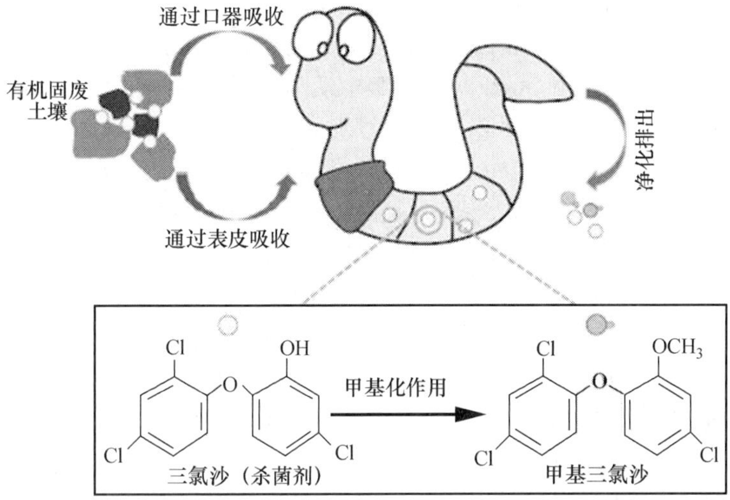

图 15-6　蚯蚓对抗生素的降解作用(Chen et al. ,2020)

pH 和电导率均显著升高，蚯蚓过腹处理能够显著提升污泥中四环素的降解率及污泥蚓粪中速效氮、磷、钾的含量。

蚯蚓还可结合其他菌类对抗生素进行降解。学者曹佳以土霉素为研究对象通过培养试验和室内盆栽试验，分别在蚓圈、根际、菌丝际中探究蚯蚓和丛枝菌根(*Arbuscular mycorrhizae*,AM)对土霉素降解以及对土霉素污染胁迫下玉米生长和氮吸收的修复作用，研究表明，蚯蚓和 AM 真菌可促进菌丝际土霉素的降解，并对降解产物的进一步降解有促进作用。此外，还有一些关于抗生素降解的研究，何康信探讨了土壤罗红霉素复合污染对赤子爱胜蚓在生化和分子水平上的响应及其机理，通过不同暴露浓度、时间、途径和发育阶段的研究，初步阐释了罗红霉素复合污染对赤子爱胜蚓(*E. fetida*)的毒理学机制，结果还证实了在土壤生态系统中，赤子爱胜蚓吸收罗红霉素的主要途径很可能是肠道而非体表。张树清利用高温堆肥方法，比较不同堆肥处理对畜禽粪中四环素类抗生素四环素、土霉素和金霉素的降解特点以及对重金 Cu、Zn、Cr、As 元素水溶态的影响在不同堆制条件下，高温堆肥对四环素类抗生素具有不同程度的降解效果，外源添加有益降解菌剂有助于抗生素药物残留的去除。

6. 蚯蚓对土壤农药的降解

(1)蚯蚓通过改善土壤微环境降解农药　研究表明，蚯蚓能够改变土壤 pH、有机质含量、增强土壤微生物的活性，增加生物量，改善微生物的群落结构等，其对农药的降解促进效果是明显的。刘颖模拟土壤研究了 pH 对赤子爱胜蚓(*E. fetida*)吸收五氯酚的影响，结果表明，随着土壤 pH 的升高蚯蚓吸收五氯酚(PCP)的量逐渐增加，但在过高 pH 的土壤中蚯蚓吸收五氯酚的量有所减少。说明蚯蚓对土壤 pH 和水分的调节作用也在一定程度上促进有机污染物的降解。郝月崎研究了蚯蚓对乙草胺降解作用，蚯蚓主要通过调节土壤 pH、提高土壤有机质含量和微生物活性的方式促进乙草胺降解，蚓粪具有更接近中性的 pH、较丰富的营养物质和较高的微生物活性，为乙草胺提供适宜的降解环境。还有学者通过土壤柱试验研究了蚓触圈农药降解，发现蚯蚓主要通过消化、改善土壤理化性质和促进土著微生物对滴滴涕(DDT)的降解作用来增强 DDT 的去除。

(2)蚯蚓协同其他微生物降解农药　蚯蚓可影响土壤其他微生物,并协同其他生物一起降解土壤有机污染物。研究显示,蚯蚓在土壤中活动的同时会排出富含营养成分的蚯蚓粪,还会以黏蛋白、氨和尿素等形式分泌一些黏性物质,这些排泄物和分泌物不仅可以增强微生物的活性,还可以增加它们的生物量。Lu 等研究表明,在只投加蚯蚓的情况下,蚯蚓对增加土壤细菌数量的作用有限,但能较大程度地提高土壤微生物的种类和多样性。还有研究证实,蚯蚓可通过食物介质蓄积或降解有机氯杀虫剂和多环芳烃的残留物能提高多氯联苯降解菌的传播,促进土壤中联苯降解菌种群数量的增加。谢文明等研究表明,蚯蚓和微生物的协同作用能促进土壤有机污染物的降解。Hao 等通过土壤柱试验研究了赤子爱胜蚓(*E. fetida*)对土壤中乙草胺降解的影响,分别考察自然/灭菌土壤、添加/不添加蚯蚓处理组乙草胺的降解效果,结果显示,自然土壤中乙草胺降解率显著高于灭菌组土壤($P<0.05$),说明土壤中乙草胺的降解主要是微生物降解;蚯蚓的加入能够使自然和灭菌土壤中乙草胺的降解率分别提高9%和 51%。周东兴等研究了蚯蚓微生物协同,聚丙烯酰胺的降解,与此类似,Dallinger 等研究发现,蚯蚓能够使土壤中 PCP 降解菌的数量增加,从而促进对 PCP 的降解。Sun 等通过土壤柱试验研究了赤子爱胜蚓(*E. fetida*)对土壤中两种浓度(5 mg/kg、20 mg/kg)异丙甲草胺降解的影响,结果表明,蚯蚓可显著地促进异丙甲草胺的降解,第 15 天时两种浓度处理中异丙甲草胺的降解率分别提高 30%、63%;同时揭示蚯蚓主要通过刺激降解异丙甲草胺的功能微生物和改善真菌群落结构而促进其降解。此外,蚯蚓还可以表皮吸收(扩散作用)和肠道吸收(摄食作用)的方式直接吸收疏水性有机化合物。

(3)蚓触圈区降解　蚓触圈是指由于蚯蚓活动而受到影响的土壤,包括穴壁土、肠道内容物和蚓粪,是土壤有机污染物降解的热点区域。有学者通过土壤柱试验研究了蚓触圈、非蚓触圈对 DDT 的降解,结果表明,蚓触圈中 DDT 的降解产物含量显著高于非蚓触圈。同时,白婧研究了蚓触圈中 DDT 的降解,填补了蚯蚓与 DDT 降解机制及其功能微生物研究的空白,为深入阐明蚯蚓在生物修复中的功能,挖掘土壤有机污染生物修复的资源,研发高效的有机污染土壤修复技术提供依据。单军研究了食土蚯蚓对土壤中新鲜加入酚类有机污染物的矿化、降解、结合态残留形成的影响,结果表明,食土蚯蚓的肠道传输过程可提高氯代苯酚类污染物在土壤上的吸附,蚓粪中高含量的黏粒和粉粒及土壤有机质性质的改变是氯代苯酚在蚓粪中吸附容量高于母体土壤的主要原因。

15.2.2　蚯蚓粪的应用生态价值

视频 15-2
蚯蚓粪的应用生态价值

蚯蚓粪的应用生态价值见视频 15-2。

15.2.2.1　蚯蚓粪的性质

蚯蚓吞食的有机废弃物经过蚯蚓消化系统蛋白酶、脂肪酶、纤维酶和淀粉酶的作用下,迅速分解,转化成为自身或易于其他生物利用的营养物质,经排泄后成为蚯蚓粪。蚯蚓粪从本质上是大自然的产物,能够真正全面地满足植物生长的各种需求和营养成分,并且在任何浓度下都不会因过量而烧苗。废弃物经蚯蚓处理后的生化指标含量变化如表 15-1 所示。生物学家达尔文曾说过“除了蚯蚓粪粒外,没有沃土”。

表 15-1　废弃物经蚯蚓处理后主要生化指标变化(孙振钧,2018)

废弃物类型		生活垃圾	牛粪	猪粪	禽粪	污泥
物理指标	pH	6.9	7.2	7.4	7.9	6.8
	含水量/%	72	70	65	56	85
化学指标	速效氮/%	1.10	1.35	2.01	2.40	1.73
	速效磷/%	0.18	0.35	0.47	0.29	0.16
	速效钾/%	0.85	0.65	1.21	0.94	0.86
	微量元素/(mg/kg)	183	176	265	243	549
	有机质/%	32	17	19	18	26
生物学指标	微生物/(个/m^3)	6.2×10^8	5.6×10^8	5.4×10^8	6.4×10^8	6.7×10^8
	大肠菌群数/个	25	12	38	54	68

蚯蚓粪中粗灰分和粗蛋白含量高,接近或超过豆科秸秆,是畜禽的良好饲料。蚯蚓粪的肥效因季节和饲喂料配比不同而有所差异,但蚯蚓粪养分全面,肥效显著。其营养成分含量和肥效指标分别如表 15-2 和表 15-3 所示。

表 15-2　蚯蚓粪的营养成分含量(孙振钧,2016)　%

项目	水分	粗纤维	粗灰分	粗脂肪	粗蛋白	无氮浸出物	钙	磷
含量	4.60～5.2	5.10～6.2	70.8～73.55	0.59～0.65	5.10～21.7	12.15～13.95	3.60～4.2	0.30～0.4

表 15-3　蚯蚓粪肥效测定(孙振钧,2016)

项目	全氮	全钾	全磷	有机质	腐殖质	pH	有益菌群
含量	0.95%～2.5%	0.96%～2.2%	1.1%～2.9%	25%～38%	21%～40%	6.8～7.1	0.2×10^8～2×10^8

15.2.2.2　蚯蚓粪的应用生态价值

1. 改良土壤,提高土壤肥力

蚯蚓粪施入土壤后,能够使土壤通气孔隙和持水孔隙的比例适当,从而调节土壤中水、肥、气、热的关系,使土壤更有利于植物生长。同时,蚯蚓粪还能够有效增加土壤中碳、氮、磷、钾等养分的含量,降低土壤中微生物碳氮比,增强土壤中酶活性,进而提高土壤肥力,也可以改善植物根际环境,增加毛细根在整体根系中比例,同时促进根系分泌物的增加。已经有大量试验证实,蚯蚓粪能够改良土壤,使作物增产,而且蚯蚓粪也能够用于矿山、荒滩等废弃地的复垦。蚯蚓粪还能够修复重金属污染的土壤,对土壤中有机污染物还有一定的降解作用。研究发现,向土壤中添加适量蚯蚓粪,可使过酸性土壤的值升高,过碱性土壤的 pH 降低,表明蚯蚓粪具有较大的酸碱缓冲能力。另外,在草莓的种植过程中施用蚯蚓粪,能够降低草莓果实中的重金属含量,其中,铅、汞、无机砷三种重金属含量减少最为显著。

2. 抑制植物土传病害

蚯蚓粪(图 15-7)施入土壤后,迅速对土壤中有机营养物质的活性进行调控,一些病原菌的繁殖体由于得不到足够的营养而不能生长繁殖,从而抑制病原菌对寄主植物根系的伤害。

图 15-7　蚯蚓粪

国内外有多家研究机构对蚯蚓粪微生物的作用机理进行了多年研究,取得了大量的研究成果,归纳起来主要有以下五个方面的机理:一是通过有益微生物的生命活动,固定转化空气中不能利用的分子态氮为化合态氮,解析土壤中不能利用的化合态磷和钾为可利用态的磷和钾,并可解析土壤中的 10 多种中微量元素。二是通过有益微生物的生命活动,分泌生长素、细胞分裂素、赤霉素、吲哚酸等植物激素,促进作物生长,调控作物代谢,生产优质产品。三是通过有益微生物在根际大量繁殖,产生大量黏多糖,与植物分泌的黏液及矿物胶体、有机胶体相结合,形成土壤团粒结构,增进土壤贮肥、保水能力。四是蚯蚓粪中的大量微生物可增加土壤中的微生物数量和活性,增强病土中与病原菌进行营养和能源竞争的微生物的竞争力,限制病原菌繁殖潜力的充分发挥。五是蚯蚓粪中的有益微生物还能产生拮抗活性强、抗菌谱广的抗生素,抑制病原菌的生长,使植物土传病害得到控制。

3. 缓解作物连作障碍

连作是现阶段农业生产中一种常见但并不合理的栽培方式。连作可导致土壤含盐量及酸碱度失衡,土壤微生物活性降低,病原菌积累,作物病虫害加重。大量的研究结果和生产实践表明,蚯蚓粪具有缓解连作障碍的作用。我国学者张俊英等研究表明,大棚连作土壤中施用蚯蚓粪可以提高土壤的肥力,改善连作黄瓜根际土壤微生物环境,可以有效缓解黄瓜连作障碍的问题。赵风艳等探索蚯蚓粪对番茄连作土壤中真菌群落结构的影响,结果表明,番茄连作土壤中添加蚯蚓粪后,不仅可以提高土壤养分的含量,还能降低优势真菌的相对丰度,解决番茄的连作障碍问题。尹恩等认为,蚯蚓粪不仅可以提高作物自身对土传病害的免疫能力,还可以帮助连作土壤逐渐恢复其微生物多样性,例如,可以有效地解除安徽省生姜的连作障碍。张永平的研究表明,蚯蚓粪作为基肥在一定程度上可以缓解花生的连作障碍问题,在生产中以 6%的体积浓度最为适合。生产上利用包括蚯蚓粪在内的多种有机肥料来缓解连作障碍的应用屡见不鲜,在草莓、生姜、烟草、甘蓝等作物种植上均表现出较好的效果。

4. 提高作物品质

化学肥料的长期使用是导致土壤有机质含量、作物产量和品质下降的主要因素。蚯蚓粪作为一种新型、高效、优质的有机肥料,在近几年的农业生产应用和研究中发现,蚯蚓粪能不同程度地提高多种作物包括谷物、豆科植物、花卉、蔬菜及其他大田作物的种子发芽率,促进其生长,提高产量,改善品质。蚯蚓粪作为生物有机肥已在黄瓜、烤烟、梨、甘蓝、西瓜、玉米和番茄等有较好的应用效果。

吕振宇等研究表明，在甘蓝种植中施用蚯蚓粪可改善甘蓝的品质，降低甘蓝硝酸盐含量，提高维生素C含量。张宁等研究了不同配比的蚯蚓粪处理对西瓜产量和品质的影响，结果表明，添加蚯蚓粪明显可提高西瓜果实中的果糖、葡萄糖、蔗糖、维生素C、番茄红素和可溶性蛋白质的含量，使西瓜的品质得到显著改善，同时可增加产量。于跃跃等研究表明，施用蚯蚓粪可以提高草莓的产量，每公顷可提高221.1～1 458.3 kg，同时还提高果实固形物含量，降低硝酸盐含量，明显改善草莓的品质。李欢等的研究表明，施用蚯蚓粪和生物有机肥对夏玉米的产量提高有促进作用，对夏玉米的增产意义重大，而且能够提高氮肥的利用率，减少施氮量。郑世英等研究表明，施用蚯蚓粪后能提高土壤的肥力，增加土壤中酶的活性，提高草莓净光合速率和叶绿素含量，草莓的维生素C、糖分、可溶性蛋白质、可溶性固形物含量等均有所增加，酸含量减少，可提高草莓的品质和产量。韩顺斌等通过不同用量的蚯蚓粪和化肥配施，研究表明蚯蚓粪＋化肥配施能显著提高番茄产量，增产幅度最高可达10.3％，同时促进番茄株高、茎粗的生长。在品质提升方面的效果也尤为明显，番茄维生素C、可溶性糖和可溶性固形物的含量平均增幅分别达到20.1％、15.5％和19.4％。

总体来看，蚯蚓粪对作物生长和果实品质的改善，主要是通过三种途径实现：一是其作为“营养源”直接提供营养，促进作物生长和品质改善；二是通过自身含有的腐殖酸、植物激素以及氨基酸等活性物质调控作物新陈代谢，达到促生的目的；三是通过自有的微生物发挥作用。将蚯蚓粪、沼渣、菌糠、芝麻渣、绿肥等有机废弃物用于提高和改善蔬菜、水果产量和品质的应用逐步被生产者所重视和利用，适时、适地、适量地应用此类有机肥料已成为现阶段农业推广应用研究的重点。

5. 作为育苗和栽培基质

研究表明，蚯蚓能够富集土壤中二价铁，使得蚯蚓粪中富含大量的铁，且能够被植物的根系吸收，促进植物生长发育。大量试验表明，蚯蚓粪具有促进植物生长、提高作物产量和改善作物品质的作用。试验大多以果蔬、花卉和草坪为研究对象，试验得出，蚯蚓粪能够克服果蔬的连作障碍。因而，蚯蚓粪能够作为基质在栽培中应用。研究表明，蚯蚓粪和蛭石比例为3∶1时，最适合作为万寿菊工厂化育苗基质配方；与草炭相比较，蚯蚓粪容重较大、孔隙度和持水能力较小，同时又具有高磷、钾的含量和低氮含量等特性，在蚯蚓粪和蛭石的体积比例为3∶1时，作为西瓜穴盘育苗基质的效果最好，不仅可提高西瓜种子出苗率，还可促进了幼苗生长发育。试验得出，适当比例的蚯蚓粪能够提高蔬菜产量、改善蔬菜品质；在一定条件下，蚯蚓粪能改良坪床基质，更利于草坪草生长，并且随着分量增加，改良效果越好。在茄子育苗中发现，加入一定比例蚯蚓粪作为育苗基质，能够保证茄子幼苗质量好、生长健壮。研究表明，蚯蚓粪能够很好地提高番茄幼苗质量。在复合基质中加入20％～80％的蚯蚓粪或者全部使用蚯蚓粪，可促进番茄幼苗生长，配方中加入40％～60％的蚯蚓粪育苗效果最佳。

6. 作为生物有机肥料

研究人员利用液相色谱证实了环毛蚓粪便中至少存在两种植物激素，分别是吲哚乙酸(IAA)和赤霉素(GA3)。有试验将蚯蚓粪添加到盐碱土中，发现真菌、放线菌、细菌以及土壤酶的活性都高于对照组，且盐离子交换量增加。蚯蚓粪主要是增加土壤微团聚体的比例、增加土壤中氮、磷、钾的含量以及提高土壤中多种酶的活性，改善土壤结构等。有研究表明，蚯蚓粪有机肥制备过程简单，容易操作和掌握，适合规模化生产和推广；又因其价格低廉，施用效果好，能够显著增加蔬菜产量和提高其抗病性，施用在有机蔬菜基地，既可以节约成本，又能够增加其经济效益，既有利于环境保护，又能够保证农业可持续发展。在西瓜育苗过程中施用蚯蚓粪有机肥，其秧苗生长健壮，枯萎病的发病率降低，且西瓜成熟后含糖量提高，其增产增收的效果也较为显著。吴珏等利用不同用量蚯蚓粪肥进行大棚黄瓜栽培比较，结果表明，蚯蚓粪肥用量 1 500 kg/亩的黄瓜产量、茎粗、维生素 C 含量和硝酸盐含量效果最佳。可提高果实维生素 C 和可溶性糖含量，降低硝酸盐含量及总酸度，增大糖酸比，明显改善品质。刘丽等连续三年的研究结果显示，与施用牛粪堆制肥相比，施用蚯蚓粪肥配缓释肥的梨果实果糖含量提高 1.93%，维生素 C 含量提高 10.90%，可溶性蛋白含量提高 20.99%，土壤有机质含量提高 19.59%，全氮、全磷、速效磷和速效钾含量显著提高。

7. 具有除臭功能

蚯蚓粪比表面积大、孔隙度高且含有大量微生物，因而具有良好的吸附能力，可作为除臭剂。可在垃圾堆肥时，在垃圾表面上覆盖 2～3 cm 厚的蚯蚓粪，能够达到保温除臭的效果；有研究人员将蚯蚓粪代替锯屑作为鸡舍垫料，可明显减轻硫化氢及其他污染臭气的挥发，使养鸡场环境得到改善；同时还有研究发现，新鲜蚯蚓粪、放置一段时间的蚯蚓粪以及经过高压灭菌后的蚯蚓粪，在除臭方面没有明显差异，蚯蚓粪吸附功能并未降低。

15.3 蚯蚓循环生态体系构建

为了使种植业、养殖业与环境保护协调发展，需要采用现代、科学、经济、有效的绿色环保技术对种植和养殖过程产生的废弃物进行综合治理，才能实现种植业、养殖业的可持续发展。构建蚯蚓生态循环生态体系，以“蚯蚓生态链为核心”创立生态农业新模式是发展现代绿色农业的有效途径。蚯蚓循环生态体系即“农业废弃物-蚯蚓-蚯蚓生物制剂-植（动）物生产”，即农业废弃物在蚯蚓消化系统蛋白酶、脂肪酶、纤维酶和淀粉酶的作用下，迅速分解，转化成为自身或易于其他生物利用的营养物质，经排泄后成为蚯蚓粪，蚯蚓粪有机肥可用于绿色安全农业种植，获得农业生产资料用于畜禽养殖。

蚯蚓所利用的饵料主要为畜禽粪便和作物秸秆，有利于消除畜禽产公害和作物秸秆随意丢弃或焚烧带来的环境危害；蚯蚓能有效利用畜禽粪便和作物秸秆中各种残存的养分，削弱药物或矿物质微量元素残留对动物产生“二次污染”的潜在危险，使农业废弃物等有机物得到无害化处理，不仅可有效消解农业废弃物资源，变废为宝，使其变为有用的农业生产资料，改善农业废弃物资源造成的环境污染，保护生态环境；同时生产出的蚯蚓既可作为蔬菜优质的有机基肥来源，又可作为栽培基质直接生产蔬菜。此外，蚯蚓对矿物质有富集作用，一方面可实现循环利用，另一方面也可减少对环境的排泄量，保护生态环境（图 15-8）。

蚯蚓原位堆肥（in-situ vermicomposting）：是一种改良的蚯蚓堆肥技术，即在田间生产中将蚯蚓及共生菌群引入有机废弃物（畜禽粪便、作物秸秆、尾菜等）中，腐熟过程是通过蚯蚓的果腹处理直接在田间原位完成的，可在田间直接利用蚯蚓堆肥产生的蚯蚓粪作为有机肥或栽培基质进行作物生产。为实现蚯蚓原位堆肥持续将有机废弃物转化为有机肥料的目

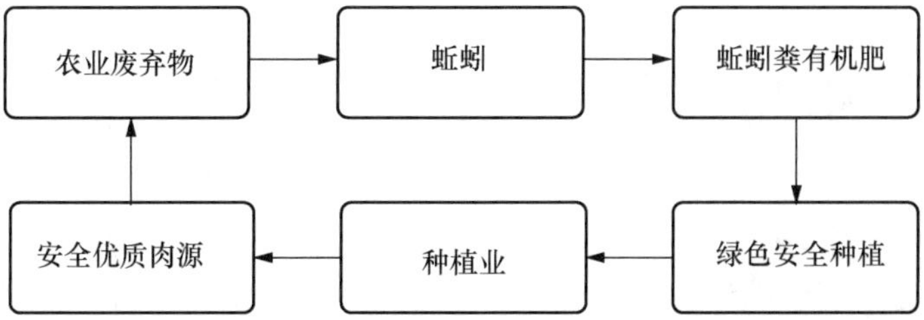

图 15-8 蚯蚓循环生态体系

标，设置作物种植垄与蚯蚓养殖垄，通过制定合理的轮作制度，在一个完整生长季后向对应垄中补足有机废弃物料即可。蚯蚓原位堆肥不仅继承了蚯蚓堆肥中可迅速降解有机物、有机肥腐熟度高、有效态氮、磷和钾含量高的优点，而且蚯蚓与蚯蚓粪共同体含有极其丰富的有益微生物菌群，可有效降低土传病害，还能与其他土壤调理剂（如生物炭、石膏等）并配合施用，在控释养分、提高作物抗逆性等方面有重要作用。

1. 露地蚯蚓高效原位处理农业有机废弃物综合技术

以农业有机固体废弃物资源生态循环利用为目标，在作物生长季末或拉秧时，于阳畦地或田间铺设底宽 80～150 cm、高度为 40 cm 畜禽粪便（牛粪、羊粪等）与秸秆混合物[C/N=(20～35)：1，pH=6.0～7.5]作为蚓床，在蚓床上开两条深 10 cm、宽 10 cm 的小沟，将蚯蚓投放在沟中，蚯蚓投放密度为 0.2～1.0 kg/m^2，投放密度以在作物拉秧期及土地休闲季，蚯蚓可完全处理完田间的农业有机废弃物为准，在投放蚯蚓的上面迅速覆盖 20 cm 田间直接产生的农作物秸秆或蔬菜尾菜，并保持有机废弃物材料湿度在 65%～70%，构建蚯蚓原位高效处理农业有机废弃物模式，减少农业有机废弃物的收集、运输以及面源污染，实现季末拉秧后园艺废弃物在田间地头被蚯蚓原位消纳为蚯蚓粪，从而改善土壤结构，提高土壤肥力，有利于保护生态环境。

2. 设施蚯蚓原位堆肥处理农业有机废弃物综合技术

在设施内进行蚯蚓原位堆肥处理（图 15-9），能够实现自给自足供应蚯蚓粪有机肥，将蚯蚓粪有机肥作为底肥或基质使用，其本身含有大量养分、有益微生物及促生物质，能够改良土壤结构，增加土壤有机质，促进作物生长，调控土壤微生态环境，平衡根区微生物群落。追肥采用“全营养蚯蚓发酵液体肥”或“全营养蚯蚓发酵液体肥＋配方肥”两种模式，实现有机栽培或降低化肥农药施用量，可降低化肥农药施用量 30%以上。

1)第一个生长季蚯蚓原位堆肥操作流程

第一个生长季蚯蚓原位堆肥具体操作流程如下：

(1)整地起垄（种植垄） 根据种植习惯，在设施内起宽度为 60 cm、高度为 20 cm 的种植垄，蚯蚓粪作为底肥，用量为 2～3m^3/亩。

(2)铺设蚓床 在种植垄旁边，用半腐熟的农业有机废弃物饵料[经过高温发酵阶段但没有到达完全腐熟阶段的牛粪与秸秆混合物，C/N=(20～35)：1]铺设宽度为 60 cm、高度为 20 cm 左右的蚓床（图 15-10），进行蚯蚓繁殖，用以处理田间有机废弃物。

(3)安装滴灌带 在种植垄和养殖垄分别铺设 2 条间距 10 cm 的滴灌带。

(4)作物定植 在种植垄上定植作物，株距 35～40 cm（此株距适用于番茄、黄瓜、甜瓜；樱桃番茄保留 4 条壮枝，建议株距留 30～35cm)，定植 2 行，定植后浇透缓苗水。

图 15-9　蚯蚓原位堆肥田间图

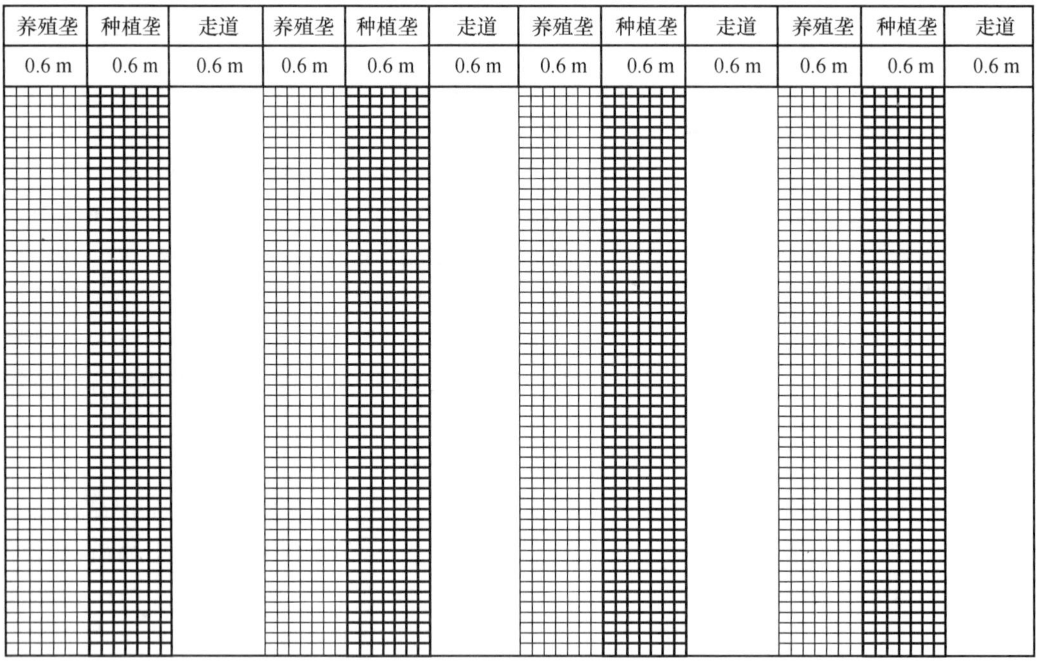

图 15-10　蚯蚓原位堆肥田间布局示意图

(5)投放蚓种　用半腐熟的农业有机废弃物饵料铺设好蚓床后，通过滴灌将蚓床饵料含水量控制在 65%～70%，在蚓床上开两条深 10 cm、宽 10 cm 的小沟，将蚯蚓投放在沟中，蚯蚓投放密度控制在每平方米 0.2～0.5 kg，使得蚯蚓在作物的一个生长季内消纳为设施内的全部有机废弃物即可。饵料 pH 维持在 7.0 左右最佳。

(6)种植垄管理　根据作物养分和水分需求，进行正常管理。追肥采用“全营养蚯蚓发酵液体肥＋配方肥”模式，全营养蚯蚓发酵液能够促进作物品质构成，化学配方肥能够稳定作物产量构成，两者交替施用，能够稳定作物产量并改善品质。依据不同作物不同生长期，推荐蚯蚓发酵液体肥施肥量为 50～110 kg/亩，化学配方肥施肥量为 50～110 kg/亩。

(7)养殖垄管理　养殖床含水量要求为 65%～70%，只滴灌补充水分，不进行其他营养补充。

2)第二个及以后的每个生长季蚯蚓原位堆肥操作流程

种植时将养殖垄与种植垄调换,待一茬瓜菜收获拉秧后,将菜秧原位放置在种植垄上,覆盖 10 cm 左右腐熟牛粪,蚯蚓将自主觅食迁移至原种植垄,原养殖垄的牛粪及尾菜等已全部被蚯蚓转化为蚯蚓粪,在此蚯蚓粪基质上则可直接定植瓜菜类园艺作物,实现蚯蚓粪原位持续更新栽培,提升土壤利用率与作物的生态栽培,实现棚室内园艺作物原位轮作,在一定程度上克服连作障碍与次生盐渍化障碍。

视频 15-3
蚯蚓(粪)在园艺产业的应用前景

蚯蚓循环生态体系构建和蚯蚓(粪)在园艺产业的应用前景见视频 15-3。

15.4 蚯蚓(粪)在园艺产业的应用前景

我国的蚯蚓养殖潮兴起于 1980 年,由农业部、粮食部等单位在上海召开全国人工养殖蚯蚓经验交流会,一时全国 27 个省(自治区、直辖市)引种养殖,但到 1984 年几乎所有的养殖场都倒闭,甚至破产。主要原因是:人工养殖技术不成熟,缺乏高产的养殖技术;蚯蚓缺乏有效的利用生产方法,养殖户养出的蚯蚓没有销路,供需间的不平衡极大地打击了蚯养殖户的积极性。

近年来,随着蚯蚓在生态农业中的广泛应用和规模化高产养殖技术的成熟,促进了蚯蚓养殖业的发展。每年国际上蚯蚓交易额达 10 亿美元,并以每年 30%～40%的速度增长。我国在 2003 年在北京召开的首届亚太地区学术会议促进了现代生物技术和生态技术在蚯蚓应用开发研究中的应用,通过蚯蚓应用技术的研究开发,催生了蚯蚓在环境保护和污染、脆弱生态重建中应用的新领域。

蚯蚓氨基酸营养液、叶面肥和生物药肥为绿色农业生产提供了肥料和生物农药。利用蚯蚓在生态循环农业中接口和增效作用创立的“农业废弃物-蚯蚓-蚯蚓生物制剂-植(动)物生产”高效生态循环链模式,起到变废为宝,保护环境的作用,使农业生产中的农业废弃物转变为有用的农业生产资料,生产出的蚯蚓有机肥和有机生物药肥恰好可解决绿色有机食品生产中对高效有机肥和高效生物药肥的需要。

同时,各国对蚯蚓研究和利用在更大范围内进行,集生物工程学、营养学、土壤学、化学、生态学等多学科知识,交叉应用;对蚯蚓系列产品进行不同程度的研究开发,如复合氨基酸螯合物饲料添加剂等高科技产品。利用蚯蚓的生物学特性,在养殖蚯蚓时通过在饵料剂中添加某些特殊物质,可生产某营养元素强化的蚯蚓生物制剂,如高钙或富硒产品。这些生态价值的挖掘,不仅提高有机废物的处理效率,又提高了蚯蚓的利用价值(高值化产品)。同时这些安全、无毒、无公害、无污染的蚯蚓产品可用于有机动植物生产。在化学农业的延伸日益受到限制,有机、绿色无公害产品将成为未来国际市场竞争中攻守相宜的利器之时,蚯蚓系列农用生化产品的研究开发,无疑有其自身价值和深远意义,也必将极大地促进我国绿色有机农业的发展。

以蚯蚓为媒介的高效循环生态体系见视频 15-4 和视频 15-5。

视频 15-4　以蚯蚓为媒介的
高效循环生态体系 1

视频 15-5　以蚯蚓为媒介的
高效循环生态体系 2

复习思考题

1. 蚯蚓循环生态体系的发展前景如何？
2. 蚯蚓及蚯蚓粪的应用生态价值如何？
3. 蚯蚓循环生态体系概念及主要内容有哪些？
4. 蚯蚓(粪)在园艺产业利用的商业应用进展如何？

Chapter 16

第16章

秸秆材料的园艺利用

本章学习目的与要求

1. 掌握秸秆材料的特性和相关概念。
2. 了解秸秆资源的现状与秸秆材料在园艺产业中的应用现状。
3. 全面认识秸秆材料在园艺产业的应用前景和亟待解决的问题。

16.1 秸秆资源现状与秸秆材料园艺利用前景

16.1.1 秸秆资源的现状

秸秆是成熟农作物茎叶(穗)部分的总称,通常指小麦、水稻、玉米等作物在收获籽实后的剩余部分。随着粮食产量的明显提高,农作物秸秆的产量也大幅度增加。然而,随着我国农业生产和农民生活方式的转变、人口从农村向城市转移、传统能源消费结构的改变,秸秆资源面临区域性、季节性和结构性过剩的问题。一方面,秸秆资源没有被充分资源化利用,被直接丢弃或者焚烧,造成天然资源的直接浪费;另一方面会间接污染生态环境,成为比较敏感的社会问题。因此,如何开发和利用这类秸秆资源,减少甚至完全消除农业固体废弃物危害,加速秸秆的优质化转化利用势在必行。

据不完全统计,2018 年全国主要农作物秸秆理论资源总量约为 8.6 亿 t,在农作物收获过程中,许多农作物需要留茬收割,在秸秆收集以及运输过程中,会发生部分枝叶脱落而造成损失。考虑到作物品种、收集方式、气候等原因造成收集过程的损耗,可收集量和理论资源量并不相同,一般为 83.8%左右。因此,可收集量约为 7.2 亿 t,主要分布在辽宁、吉林、黑龙江、内蒙古、河北、河南、湖北、湖南、山东、江苏、安徽、江西和四川 13 个粮食主产省份。其中玉米、水稻和小麦的秸秆数量最多,分别为 3.54 亿 t、1.98 亿 t、1.65 亿 t,为我国主要的秸秆资源。

我国的秸秆资源主要集中于东北地区、黄淮海地区、长江中下游地区,其次为西北干旱地区和西南地区。在秸秆资源构成上,全国有着明显的分布特征,东北地区处于水稻和玉米单作区,约 68.07%的资源为玉米秸秆,20.82%的水稻秸秆。黄淮海地区处于小麦和玉米的轮作区,43.87%的玉米秸秆和 43.63%的小麦秸秆。长江中下游地区北部处于稻麦轮作区,南部处于双季稻种植区,全区秸秆资源 52.28%为水稻秸秆,21.77%为小麦秸秆,10.77%为玉米秸秆。此外,其余几种作物秸秆也有着明显的地区聚集特征,油菜秸秆主要集中于长江中下游地区和西南地区;花生秸秆主要分布在黄淮海地区;棉花秸秆主要分布在新疆维吾尔自治区;大豆秸秆主要分布在黑龙江。

视频 16-1
秸秆资源现状及性质

秸秆资源现状及性质见视频 16-1。

16.1.2 我国秸秆资源利用现状

我国作为世界农业大国,农业在国民经济发展中占据关键地位,秸秆是保证农民生活和农业发展生生不息的宝贵资源,可用作肥料、饲料、生活燃料、食用菌及造纸等。但是随着农村经济快速发展和农民收入的提高,秸秆的传统利用方式正在发生转变。秸秆的焚烧和露天堆积不仅会导致资源浪费,同时还会对居民健康和生态环境带来负面影响,容易诱发严重的生态问题、经济问题以及社会问题,是制约农业生态发展的重要因素。因此,针对秸秆利用技术进行分析和探究,对促进农业现代化发展具有现实意义。当前,秸秆综合利用主要包括以下五种途径：

(1)秸秆能源　主要是通过直接燃烧、热解、气化及生物转化等技术将农作物秸秆转化为能源，包括农村直接用生活燃料、秸秆气化用作燃气、秸秆固化为成型燃料。

(2)秸秆饲料　是秸秆过腹还田的前续工程，就是将秸秆通过加工来提高秸秆饲料的质量和利用率。主要指通过氨化、青贮、微贮、揉搓丝化等处理技术，增加秸秆饲料的营养价值，提高秸秆转化率。为提高秸秆饲料的适口性，还可在青贮过程中加入一定量的高效微生物菌剂。秸秆饲料化已成为发展节粮型畜牧业的重要途径。

(3)秸秆肥料　包括秸秆还田和加工商品有机肥。秸秆还田主要包括直接还田和间接还田，直接还田种类很多，主要由秸秆粉碎翻耕还田、秸秆覆盖还田、秸秆留高茬还田、秸秆翻压还田等；间接还田是将秸秆处理后再还田的过程，主要有过肥还田、过腹还田、堆沤还田等方式。

(4)秸秆原料　除传统用于造纸原料外，秸秆原料利用还有多种途径：热力、机械力以及催化剂作用下将秸秆中纤维与其他细胞分离出来制取草浆造纸板；以秸秆中纤维为原料加工成汽车内饰件、纤维密度板、植物纤维地膜等产品；将作物秸秆制成餐具、包装材料、育苗钵、秸秆块墙体等绿色材料；利用秸秆提取焦油、木糖酸、木糖醇、燃料乙醇等秸秆化工物质。

(5)秸秆基料　包括食用菌基料和育苗基料、花木基料、草坪基料等。目前，主要以食用菌基料为主，秸秆作为良好的食用菌基料，搭配必要的培养基生产食用菌，既能加工成饲料实现过腹还田，又能作为有机肥直接还田，是延长农业产业链和发展生态农业的重要组成部分。其他方面的应用目前处于起步阶段，呈加快发展的趋势。

我国秸秆综合利用的水平依旧比较粗放，利用范围比较狭隘，秸秆综合利用的政策尚不完善，焚烧和废弃以及流失还十分严重，造成秸秆资源的浪费。

16.1.3　秸秆资源在园艺领域的利用前景

园艺植物从生长到采收过程涉及的材料包括园艺生产设施材料，生产栽培材料及产品包装材料等，从生产成本和推广的适用性角度考虑，大多数的园艺生产使用的材料难降解或不可再生，例如，生产栽培材料中的无土基质多为不可再生的草炭资源，育苗穴盘、花盆等农用材料同样以难降解的塑料为主。随着保护地生产规模的扩大，废弃塑料造成的"白色污染"开始严重影响生态环境，废弃的塑料碎片进入耕地土壤，影响土壤的通透性，使耕地质量逐渐恶化。在国家政策的支持下，秸秆材料在园艺领域已经取得良好的应用效果，未来有广阔的发展前景。秸秆材料化制品在园艺上的应用，既能促进秸秆的综合利用，又有利于园艺的绿色发展。

(1)园艺生产设施材料　秸秆块墙体日光温室，以秸秆块为墙体建造日光温室，能够减少夯实土墙对土壤耕层的破坏、减少黏土砖墙对环境的污染，提高土地利用率。以压缩成型的农作物秸秆作为墙体材料，具有平衡温室内水分和补充室内二氧化碳的作用，能够满足作物越冬生长。

(2)生产栽培材料　秸秆基质块是一种以农作物秸秆为主要原料，经生物发酵、养分调制、成型加工等工艺制成的新型块状基质产品，此基质块将基质和容器合二为一，既能减少塑料制品的使用，又能减少优质表层土和不可再生资源草炭的使用。基质块质量轻，便于贮存、运输和施工。

(3)秸秆容器制品　农作物秸秆经粉碎后，添加一定种类和数量的胶黏剂及助剂，以一定热压或模塑工艺制作而成容器类产品,根据胶黏剂种类的不同,可用作瓜果蔬菜的育苗容器或者园艺花草类的花盆容器。秸秆容器的使用能够替代传统的塑料容器,容器器壁在土壤微生物作用下发生崩解和降解,释放养分有利于土壤理化性质的提高,实现生物降解回归自然,减少塑料产生的“白色”污染问题。

16.2 秸秆材料化园艺利用深度开发技术

16.2.1 秸秆材料的特性

1. 秸秆种类

农作物秸秆是指各类农作物在收获了主要农产品后剩余的地上部分的所有茎叶或藤蔓,一般包括禾本科和豆科类作物秸秆:属于禾本科的作物秸秆主要有麦秸、稻秸、玉米秸、高粱秸、荞麦秸、黍秸等;属于豆科作物秸秆主要有黄豆秸、蚕豆秸、豌豆秸、花生秧等。此外,还有薯类作物秸秆主要有红薯、马铃薯藤蔓等。

2. 秸秆理化特性

秸秆作为一种生物资源,其主要的化学成分是纤维素、半纤维素、木质素、灰分以及一些抽出物(果胶、单宁、色素、酯类),常见的秸秆化学成分如表16-1所示。秸秆中含有大量的有机质、氮、磷、钾和微量元素,是农业生产中重要的有机质来源,常见秸秆中元素含量如表16-2所示。秸秆的结构如图16-1、图16-2所示,纤维素、半纤维素和木质素构成秸秆的支持骨架,其中纤维素组成微纤丝,具有较高的结晶度,有较高的强度,构成纤维细胞壁的骨架,半纤维素和木质素填充在微细纤维之间,充当黏合剂和填充剂。秸秆具有细胞壁构成的厚壁中空结构,有丰富的孔隙结构,具有质轻、保温、隔热等性能。

表16-1 不同作物秸秆的主要化学成分 %

秸秆种类	干物质	灰分	粗蛋白	纤维素	半纤维素	木质素
水稻	95.96	12.21	5.02	42.03	17.22	17.58
小麦	94.83	9.24	3.39	40.45	19.45	21.26
玉米	95.78	7.00	5.56	40.01	15.49	22.74
油菜	95.39	6.64	4.77	42.44	14.32	19.95
棉花	95.97	4.78	6.37	40.11	13.39	27.3

表16-2 秸秆中的主要元素含量 %

秸秆种类	C	H	O	S	N	P	K
水稻	40.74	5.53	40.32	0.36	0.79	1.97	17.41
小麦	42.5	5.36	41.92	0.37	0.60	0.45	23.45
玉米	43.86	5.62	42.13	0.39	1.00	0.95	17.73
油菜	42.93	5.83	42.92	0.62	0.77	0.78	14.66
棉花	45.83	5.93	41.91	0.42	1.12	1.40	12.64

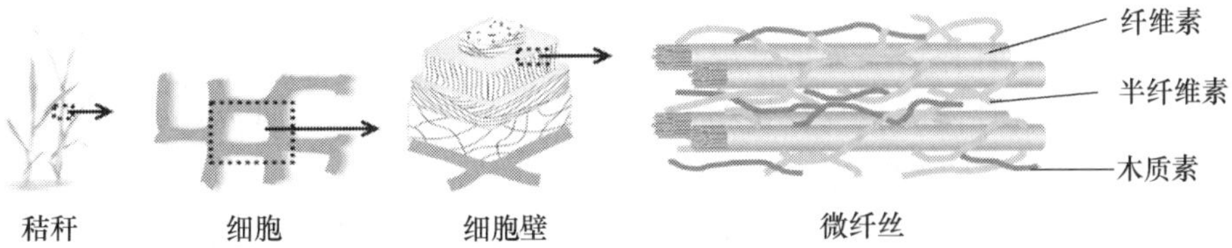

图 16-1　秸秆的结构

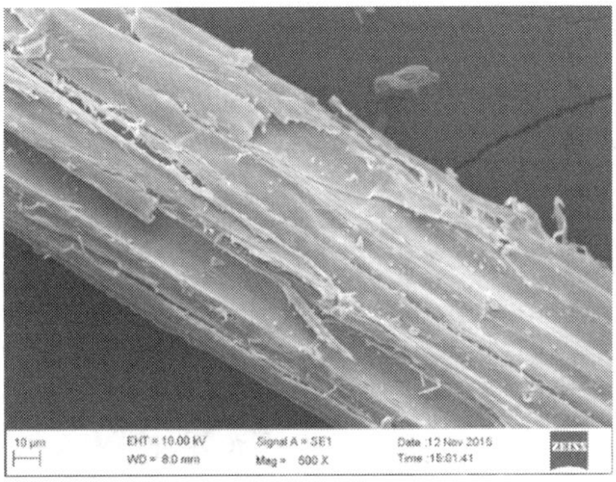

水稻秸秆（×500）

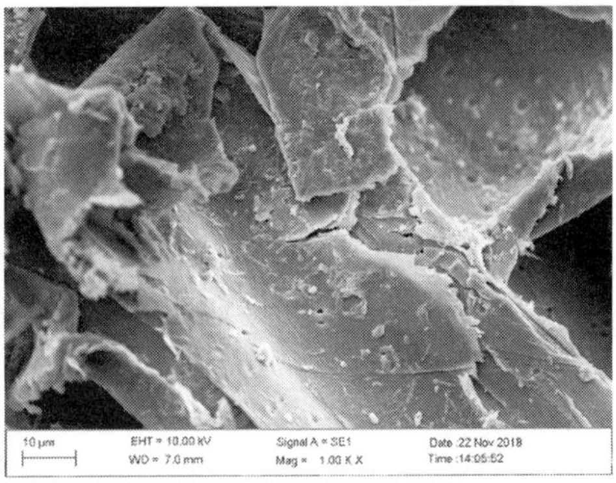

水稻秸秆（×1 000）

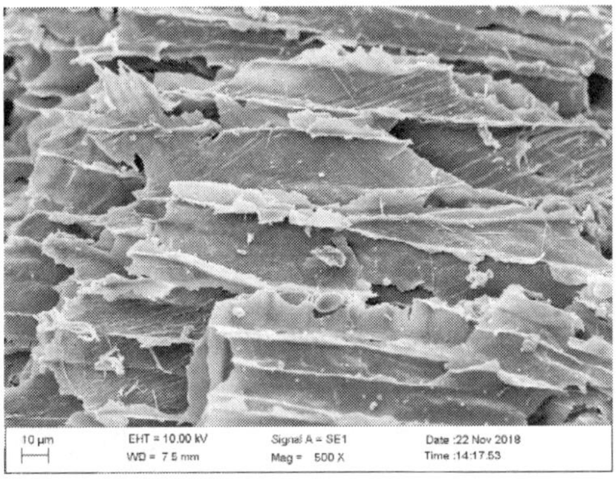

棉花秸秆（×500）

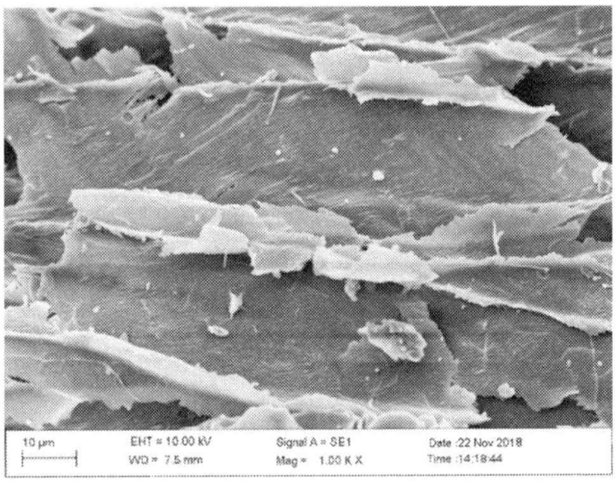

棉花秸秆（×1 000）

图 16-2　秸秆的扫描电子显微镜照片

农作物纤维的主要成分是纤维素$(C_6H_{10}O_5)n$，而纤维素是由*β*-*D*-吡喃葡萄糖彼此以*β*-1，4-糖苷键联结而成的葡聚糖，是线性半刚性天然高分子化合物，基本单元物质 *D*-葡萄糖苷中含有三个羟基(—OH)，这些羟基在分子内部形成分子内氢键以及与其他纤维素间形成分子间氢键，因此几乎所有的植物纤维都是吸水的。小麦秸秆和水稻秸秆相比于其余种类秸秆，表面孔隙和孔径较大且含有较多的亲水性羟基基团，通常有较大的吸湿性。

16.2.2　秸秆日光温室构建技术

秸秆建筑因具有良好的保温性、湿度平衡能力和环境友好等特点，在国内外早有研究，并获得了一些实质性的进展和推广应用。秸秆块墙体日光温室是其中一种类型，秸秆块墙体是以钢骨架为支撑，压缩成型的秸秆块为填充，内外两侧包覆彩钢瓦或粉刷泥浆而成的新型墙体维护结构。秸秆作为一种中空轻质生物质材料，导热率低且易于加工，机械加工成秸秆块具有优良的保温性能。由秸秆块砌筑的秸秆块墙体不仅具有良好的保温蓄热性能，还能实现组装式结构，施工维修维护便利快捷，后期投入少的优势。更重要的是，秸秆块墙体是以农作物秸秆为主要原料加工而成的，不仅可避免秸秆燃烧造成的污染，还将秸秆充分的资源化利用，符合园艺产业绿色发展的宗旨。

1. 技术原理

以农作物秸秆压缩成型的秸秆墙体材料具有轻质、高强、保温、隔热隔声、导热系数小的优点，适用秸秆类型有水稻、小麦、玉米、油菜等粮油作物秸秆。秸秆块的热阻值是夯实土壤、红砖等建筑墙体材料的 5～10 倍。秸秆主要成分中的纤维素、半纤维素和木质素等成分通过吸附和解吸附作用调节温室空气中的水分，能够调节日光温室中的空气湿度。温室墙体秸秆在会微生物作用下释放 CO_2，温室 CO_2 浓度提高会促进作物的光合作用。

图 16-3　秸秆块

2. 构建工艺

秸秆块如图 16-3 所示，用于生产秸秆块的秸秆可以是水稻、小麦、玉米、花生秧等农作物茎秆的一种或几种，适宜加工的秸秆含水率要求在 15%以下，压制的秸秆块形状一般为长方形，以方便堆砌。一般条件下，小型秸秆块的尺寸为(32～35)cm×(40～60)cm×(30～120)cm，密度为 80～150 kg/m³，中型秸秆块的尺寸为 50 cm×80 cm×(70～240)cm，大型秸秆块的尺寸为 70 cm×120 cm×(100～300) cm，大中型秸秆块的密度控制在 150～300 kg/m³ 范围内，由于秸秆块质量过大，需要用吊装设备才可以安装，会增加墙体堆砌作业难度。

秸秆块墙体日光温室的构建工艺流程如图 16-4 所示，包括秸秆收集、秸秆块压缩、地基

图 16-4　秸秆日光温室构建工艺流程

构建、墙体码砌、铁丝固定、毛毡包覆和彩钢瓦覆盖。秸秆块墙体的结构包括墙体基础、墙体支撑立柱、秸秆块以及墙体稳固和围护结构，如图 16-5 所示。其中墙体支撑立柱主要起支撑作用，一般采用镀锌圆管或者镀锌方管，相邻墙体立柱顶端和成对墙体立柱之间均需要用钢管连接。秸秆块墙体根据建设区域经纬度与高程不同，墙体厚度一般为 40～100 cm，秸秆块采用骑缝码砌的方式填充在墙体支撑立柱中间，秸秆块之间的缝隙需要用零散秸秆填实，每层秸秆块需要用钢丝等进行加固，以提高秸秆块墙室的稳固性。秸秆块墙体堆砌结束后，在墙体外侧需要毛毡布包覆，增加彩钢瓦等进行保护秸秆块墙体，起到防火、防雨的作用。

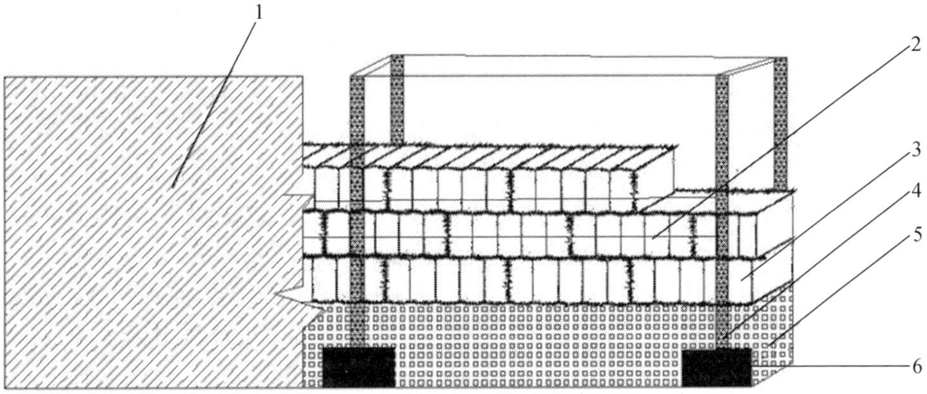

图 16-5　秸秆块墙体结构

1. 彩钢瓦；2. 加固铁丝；3. 秸秆块；4. 墙体立柱；5. 基础；6. 点桩

秸秆块墙体日光温室后屋面的设计包括后屋面保温材料以及后屋面保温结构与后墙间的连接，如图 16-6 所示，一般后屋面采取短坡式，坡长为 1.4～1.8 m，后屋面垂直投影为 1 m 左右。后屋面的保温材料包括塑料薄膜、保温被、草帘、毛毡布以及其他后屋面保温材料中的一种或几种，其中保温材料的上端要延伸至脊高处立柱顶端以南 20～30 cm，保温材料下端需要延伸至秸秆块墙体外沿以下 20～30 cm，并且固定在墙体外侧的围护结构上，以防雨水进入秸秆块墙体而造成秸秆块霉变腐烂。

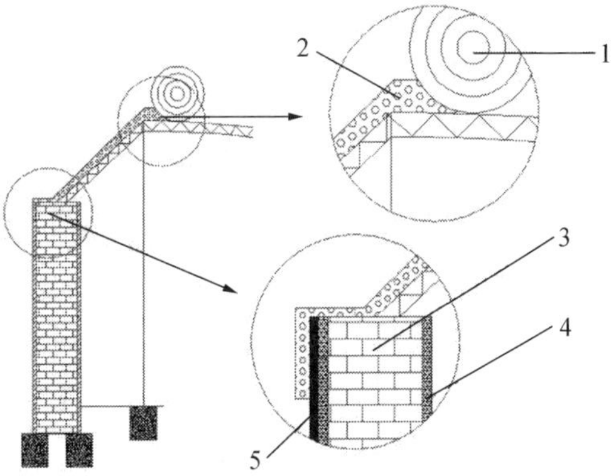

图 16-6　秸秆块墙体日光温室后屋面结构示意图

1. 保温被；2,4. 后屋面保温层；3. 秸秆块；5. 彩钢瓦

秸秆块墙体日光温室前屋面透光材料一般使用塑料薄膜，其中单层塑料薄膜的厚度在 0.08 mm 以上，透光率在 90%以上，使用寿命在 1 年以上；双层无滴长寿塑料薄膜的厚度在 0.1 mm 以上，透光率在 90%以上，使用寿命在 3 年以上；双层膜层间充气需要单层膜厚度在 0.1 mm 以上，平均充气厚度 100 mm 左右，透光率 90%以上，使用寿命 3 年以上。

秸秆块墙体日光温室钢骨架结构是前、后屋面及安装在上面的设施承载体，一般骨架由拱架、纵梁及连接件等组成，现代日光温室拱架一般采用钢筋或钢管焊接成桁架结构，也可以直接用钢管或冷弯内卷边槽钢或冷弯外卷边槽钢弯制而成。前屋面和后屋面承重骨架做成整体式拱架，拱架后檐架于墙体上端。拱架间距一般为 0.9～1.5 m，同时依据拱架强度、覆盖材料性能以及当地风雪载荷情况而定。

3. 应用现状及存在的问题

近年来，秸秆日光温室构建技术基本成熟并在稻麦优势种植地区开展了示范和推广，获得了种植户的认可，取得了良好的社会经济效益和环境效益。研究表明，深冬季节，在室外空气温度为－7 ℃时，土墙温室的空气温度为 10.9 ℃，秸秆块墙体温室空气温度为 9.6 ℃，可以保证日光温室内反季节作物安全越冬。秸秆块墙体空气湿度降低 10%～15%，秸秆块墙体的二氧化碳含量高 18%，土传病害发生率减少 30%以上，作物增产在 15%～30%。在建造成本方面，建造相同面积日光温室，综合建造成本与土墙温室相当，比砖墙温室低 30%～50%。与土墙温室相比，其墙体占地由土墙 5～6 m 缩减到 0.8 m 以内，温室土地利用率由土墙不足 35%提高到 75%，且不破坏土地资源。在生态环境和社会效益方面，秸秆块墙另一个优点是具有较高残值，温室废弃后墙体所有建材包括钢骨架与秸秆块均可以实现资源化再利用。因此，秸秆块墙体日光温室具有极大的应用推广潜力。

然而，在秸秆块墙体日光温室应用和推广过程中，出现了三个方面的问题：首先是秸秆块制作不符合要求，秸秆块墙体砌筑方式不规范；其次是秸秆块墙体中钢骨架的选型不合理，钢骨架安装不科学；最后是秸秆块墙体日光温室维护管理不到位，维修不彻底等。以上最终导致秸秆块墙体日光温室在日常使用过程中存在应用效果差、产出率低、后期维修复杂等现象。例如，秸秆块墙体在建造和使用过程中，既要防火又要防水。在秸秆属于易燃物，务必远离火源，并配备必要的防火设施。秸秆容易受潮霉变，要防止雨水进入墙体。夏季高温休闲，应对墙体内侧采取防雨措施，如覆盖塑料膜，培高内墙基地，防止雨水淋湿墙体或地表水灌入墙体等。此外，需要确立适合在不同地区应用推广的秸秆块墙体日光温室结构，提高秸秆块墙体日光温室的保温蓄热性能、抗灾性能、节本增效性能、温湿调节功能、农事可操作性等，根据各地区的气候特点、生产特点，有针对性地规范秸秆块墙体日光温室结构，制定适合不同气候条件的秸秆块墙体日光温室建造规范，作为农业设施发展中的建造和验收标准，对促进高效设施农业的健康发展，提高设施农业的综合效益有着重要意义。

4. 应用前景及展望

秸秆块墙体日光温室（图 16-7，视频 16-2）与传统墙体日光温室相比，秸秆块墙体具有造价低，保温效果好，室内二氧化碳浓度高、空气湿度变幅小，与土墙、砖墙温室相比增产效

图 16-7　秸秆墙日光温室

视频 16-2　秸秆块墙体日光温室

果显著。此外，建造具有同样热工性能的土墙日光温室，其厚度是秸秆墙体 5～10 倍，秸秆块墙体日光温室可以大大提高土地利用率。在生态环境和社会效益方面，建造一个 1 000 m^2 秸秆块墙体日光温室，可消耗 40～50 t 秸秆，80～100 亩农作物秸秆。以江苏省为例，现有日光温室大棚面积约 50 万亩，若使用秸秆块建造可新增 200 万 t/年(按 5～10 年使用寿命计)秸秆需求潜力，约为全省可收集秸秆量的 7%以上。秸秆日光温室适用于所有适宜构建日光温室并具有秸秆资源的地区。

16.2.3　秸秆基质块生产技术

以秸秆为主要原料，经过预处理，复配氮、磷、钾、有机肥等养分，通过一定的成型工艺，将秸秆制成块状基质用于育苗或者栽培，可实现秸秆资源的高值化利用，也能够减少草炭的使用和塑料托盘造成的环境污染。成型的秸秆基质块(视频 16-3)不仅需要满足作物栽培的理化特性要求，还应满足贮运的机械强度要求。秸秆基质块密度小、质量轻，便于贮存和运输，同时还有利于机械化育苗、移栽的实现，提高作物的质量和产量，具有较好的经济效益。

视频 16-3
秸秆基质块

1. 技术原理

秸秆不仅储存了一半以上农作物光合作用的产物，还存在作物生长过程从土壤中吸收的大量氮、磷、钾等大量元素，又含有硫、钙、镁等中量元素，经过发酵腐熟后可转化为有机质和腐殖质，是作物生长的理想载体。另外，秸秆由纤维素、半纤维素和木质素组成，其中含量最多的是纤维素，纤维素具有良好的结晶结构，强度高，长径比大，能够彼此交织形成块状的结构。

吸滤成型技术是在一定浓度的浆池中，在带有滤网的模具成型机中通过真空或加压的方法使纤维均匀分布在模具表面，经过干燥后，通过秸秆纤维间物理的交织以及秸秆纤维羟基之间的氢键、范德华力、静电力等作用力，形成块状基质，用于园艺植物的育苗或者栽培。

模压成型技术是在模具内，通过外加压力、加热使模压料塑化、流动并充满模腔，胶黏剂固化，秸秆各部分与胶黏剂的黏结成型，植物纤维是秸秆材料制品力学性能的主要载体。在模压料充满模腔的流动过程中，不仅胶黏剂流动，秸秆纤维也要随之流动。秸秆中的木质素属于非晶体，在常温下不溶于水和有机溶剂，无熔点但有软化点，温度为 70 ℃时具有黏性，随着温度的升高黏性变大，外加压力使秸秆各部分在模具内黏结成型，对原料加热软化，也可以减少成型压力。

2. 生产工艺

吸滤成型工艺首先利用微生物发酵对秸秆进行稳定化与无害化处理，然后采用丝化工艺拆解秸秆纤维，最后利用吸滤成型工艺成型，干燥后制得全营养基质板。吸滤成型工艺流程图如图 16-8 所示，生产设备主体主要分为前端水力碎浆系统和后端模具成型系统两大部分，其中包括水力碎浆、浓浆搅拌、浓浆兑水稀释、浆泵通过管道输送至成型机、成型模具，通过真空泵负压吸附成型以及压缩空气吹气脱模及烘干包装系统等。以生产尺寸为 10 mm×300 mm×600 mm 的基质块为例，生物发酵后的秸秆纤维在散浆机中分散打浆 10 min，成型浆池中的秸秆浓度约为 3%，成型机的吸附压力为−0.06 MPa，成型吸附时间为 1 s。

模压工艺流程和所需相关设备如图 16-9 和图 16-10 所示。首先将秸秆进行粉碎，然后

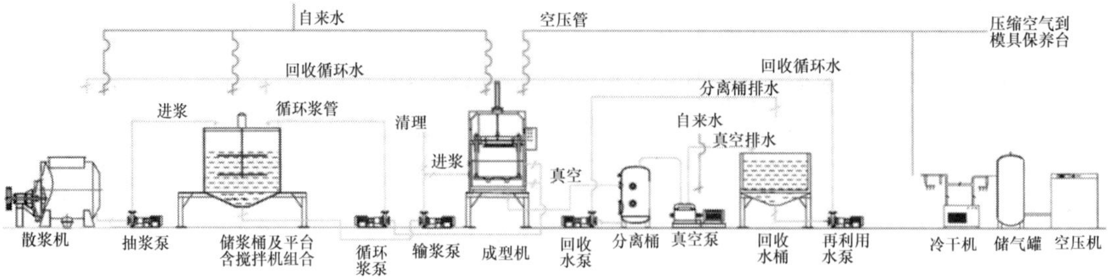

图 16-8　吸滤成型工艺流程

将筛分仪筛选合格后的秸秆粉、胶黏剂、肥料、腐熟料及其他助剂按一定的比例放入高速混料机中混合均匀，形成料坯。开启模压成型机，设定模压参数，模具升温到既定温度后，料坯放置于阴模模槽中，将阳模合上后加热使其塑化熔融，并在模压机压力作用下使得物料在整个模腔内完成填充，从而得到与模腔形状相一致的制品，脱模后即得所需制品。模压过程通过闭模、排气、固化、开模、清模几个阶段进行基质块的压制生产。模压成型对材料的流动的要求比较低，一般植物纤维的含量比较高，一般含量超过 50%，有的甚至达到 95%。目前模压制品主要以结构尺寸比较简单或是幅面比较大的板材为主。

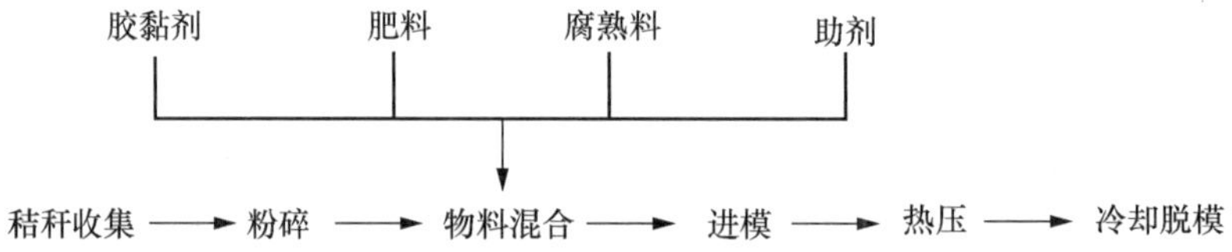

图 16-9　模压成型工艺流程

秸秆粉碎机　　高速混料机　　模压成型机

图 16-10　模压成型设备

3. 应用现状及存在的问题

随着现代园艺的发展，轻简化的块状基质在园艺领域得到了越来越多的应用。卓澳科技(大连)有限公司以作物秸秆稻壳等农业废弃物、大豆饼粕、畜禽粪便为主要原料，模压成型制得秸秆基质块。如图 16-11 所示，基质块产品可以用于有轨电车道、各建筑物屋顶、硬质地面、建筑物外墙壁、戈壁、彩钢板厂房等的立体绿化，也可以用于边坡修复、屋顶绿化、垂直绿化、沙漠防治、家庭蔬菜种植等。

模压成型存在成型周期较长、劳动力要求较高、产品结构简单、自动化程度低、规模化生产效率低等问题。不适合对存在凹陷、侧面斜度或小孔等的复杂制品采用模压成型。在制

基质块产品

球场绿化

边坡修复

屋顶绿化

垂直绿化

有轨电车绿化

沙化广场绿化

屋顶绿化

图 16-11　基质块应用案例

作工艺中,要想完全充模存在一定的难度,有一定的技术需求。模压成型模具制造复杂,投资较大,加上受压机限制,最适合于批量生产中小型复合材料制品。吸滤成型需要通过集成并优化吸附成型工艺及配套低阻力模具研发,实现秸秆基质块低成本高效成型。对纤维粒径要求高,秸秆纤维粒径大小直接影响基质块产品的强度。吸滤成型后含水率高、烘干过程能耗高。

4. 应用前景及展望

随着人们生活水平的提高,对生活质量的不断追求,对轻简型基质块的需求会不断增加。与此同时,缓释肥料技术的发展、基质理论的成熟以及加工成型技术的完善,均能够促进块状基质性能的提升,降低基质块产品的价格。未来随着技术的进步会进一步细分为适合叶菜类的基质块,如小白菜、生菜、油菜、菠菜等叶菜类蔬菜;适合茄果类的基质块,如黄瓜、番茄、茄子等茄果类蔬菜;适合观赏园艺植物的基质块,如郁金香、百合、牡丹、矮牵牛等;适合环境修复的基质块,如屋顶、戈壁、边坡、沙漠等。因此,块状的育苗和栽培基质将在园艺领域发挥重要作用。

16.2.4　秸秆容器生产技术

秸秆容器(视频 16-4)按照用途可以分为两类,分别是育苗用容器和栽培用容器。随着现代农业的发展,容器育苗和容器栽培越来越被广泛采用。与传统裸根苗相比,秸秆育苗容器育苗移栽时,由于育苗容器本身可以生物降解,不需要脱钵,幼苗根系不会受到损伤,移植后成活率高。秸秆盆钵强度高于塑料盆钵,同时具备良好的耐水性和韧性,产品环保性能达到国家室内装饰材料环保标准 E1 级。秸秆花盆一般可使用 2～3 年,使用期间不开裂,无霉变,废弃后数年内可完全生物降解。随着人们对环保要求的日益提高,盆花的栽培和园艺规划在每个城市都得到了迅速的发展,所使用的材料必将从原来的陶瓷、塑料发展到可降解材料。秸秆花盆由于其原料可再生,废弃后的花盆经过破碎和堆肥处理可以制成有机肥或基质等,能够实现资源的循环利用,有良好的应用前景。

视频 16-4
秸秆容器

1. 技术原理

农作物秸秆是一种非均质的、各向异性的天然高分子材料，主要由纤维素、半纤维素和木质素等聚合物组成，秸秆既不能被普通的溶剂溶解，又不能高温熔融。在模具中压缩成型生产过程中，由于其纤维本身结构的特殊性，易存在界面湿润性差，界面黏合性差等问题，造成秸秆纤维不易加工利用。为此，需要添加胶黏剂和相关助剂，一方面通过物理黏结，另一方面形成大分子网状结构，封闭大部分羟基，提高秸秆盆钵的湿强度。

2. 生产工艺

秸秆容器成型技术因秸秆种类、产品要求、使用途径不同有所差别，针对秸秆盆钵和秸秆育苗容器而言，秸秆育苗容器是秸秆盆钵的一种特殊的产品，两者的主要技术路线和模具相似，如图 16-12 和图 16-13 所示，包括秸秆破碎、胶黏剂合成、物料混炼和模压成型等过程。破碎秸秆需要去除石子、塑料等杂质。秸秆颗粒粒度要适中，秸秆颗粒度越小，物料流动性越好，但是秸秆粒度不宜太小，会大大增加秸秆粉碎能耗。胶黏剂合成要严格按照树脂合成工艺进行，包括原料配比、加料时间、加料顺序，pH 调节过程中酸碱的种类和添加量，以及升温速率、保温时间等。合成后胶黏剂的贮存期不宜过长，一般 1～2 周，应在阴凉、通风、低温处存放。物料混炼过程是秸秆容器制备的关键，秸秆粉、胶黏剂、助剂等在此过程混合均匀形成料坯，其间要严格控制混合物料的含水率，含水率过高，高温时产生的蒸汽量大，会产生“起泡”现象，严重影响盆钵质量。加料过程需要往模具内加入规定量的材料，而加料的多少直接影响着制品的密度、尺寸、质量等。秸秆容器工艺流程模压成型环节包括加料、闭模、排气、固化、脱模、清模等环节。以上口径 150 mm，下口径 115 mm，高度 130 mm，壁厚 2 mm 的秸秆花盆为例，模具温度升至 120 ℃后，加料，模压流程依次为闭模 8 s，排气 3 s，固化 11 s，排气 2 s，固化 6 s 完成热压。闭模时先用快速，待模具快接触时改为慢速，有利于缩短时间。热压过程常有水分和低分子物质放出，排气操作能缩短固化时间和提高制品的物理机械性能，避免制品内部出现分层和气泡。固化是在模压温度下保持一段时间，使树脂的缩聚反应达到要求的交联程度的过程。脱模后通常用压缩空气吹洗模腔和模具的模面。

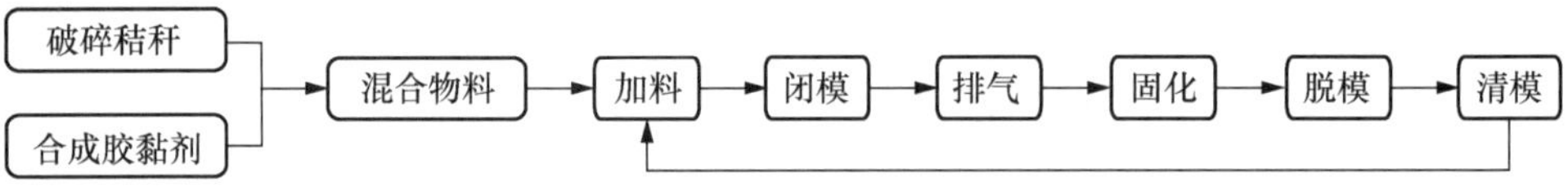

图 16-12　秸秆容器工艺流程

(a)　　(b)

图 16-13　模压的模具(a)和产品(b)

3. 应用现状及存在的问题

截至目前，我国在生产生物可降解容器的专利数已达数十件，但从制作工艺看，或是要求高温和高剂量的胶黏剂，或为纯手工制作，缺乏自动化生产，产品生产成本高，产量低，与塑料制品成本无可比拟。加之我国目前并没有出台有关农用生物可降解容器的优惠政策和对塑料制品限制的法律法规。因此，目前国内蔬菜、苗木花卉育苗和室内外盆景极少有生物可降解容器的应用。可见，要实现可降解生物的容器在我国农业上的普及和应用，任重而道远。

与塑料容器相比，尽管秸秆育苗容器有无可比拟的原料优势和性能优势，具有很大应用价值和开发潜力，但是目前的成本远高于石油基产品，大大影响秸秆育苗容器的规模化生产和产业化开发。因此，需要开发秸秆基容器的高效成型加工技术、环保型低成本高效胶黏剂等，这些关键技术的革新必将降低秸秆容器的成本，进而促进秸秆基容器制品在园艺领域的应用。

4. 应用前景及展望

容器育苗是当今世界农业的一种先进育苗技术，育苗时间短、幼苗规格和质量易于控制、节约种子、起苗不易伤根、无缓苗期、便于机械化操作等诸多优点，使得容器育苗在国内外发展十分迅速。在我国每年容器育苗的数量达到数十亿盆，而且还以每年 10%以上的速率增长。据全国 2019 年统计年鉴，瓜果类蔬菜 2 117.2 千 hm^2，林木花卉育苗 3 650 千 hm^2，按平均每公顷 4.5 万只育苗容器计算，全年共需育苗等盆钵 2 500 亿只。花卉业是新兴的绿色朝阳产业，能够绿化美化环境，提高人民生活质量，随着花卉产业规模的扩大，秸秆花盆容器需求也会随之增长。因此，环境友好的秸秆育苗容器和花卉栽培容器存在一个巨大的潜在市场。

16.3 秸秆在园艺产业利用的商业应用进展与展望

16.3.1 商业应用进展

秸秆产品的园艺利用情况介绍见视频 16-5。

视频 16-5
秸秆产品的园艺利用

1. 秸秆块墙体日光温室

1886 年，第一幢秸秆建筑在美国内布拉斯加州建成。20 世纪 90 年代，美国对秸秆建筑的隔热、承重力、抗风、抗震及防火等方面都开展了相应研究，掀起秸秆建筑的热潮。近年来，将秸秆用作日光温室墙体材料代替传统的土墙、砖墙，更是对秸秆材料应用的一种拓展和革新。在我国沙漠边缘地区和北方的稻麦秸秆资源丰富的地区出现了一批秸秆墙体日光温室，秸秆可编成片材或者打捆成块进行使用，具有价格便宜、保温效果好、密度低、施工速度快等优点。秸秆原材料充足、生产成本低、产品性能优，随着人们环保意识的增强，秸秆块墙体日光温室在园艺方面有广阔的市场空间和市场竞争力。

2. 秸秆基质块

基质块将基质与钵体的功能合二为一，受到了越来越多的研究人员关注，有人用蚯蚓粪、腐熟玉米秸秆、水稻秸秆、牛粪等压制成型、脲醛树脂黏合基质成型等，但是真正实现产业化生产的是以秸秆为主要原料。近年来，稻麦秸秆资源丰富的产区，成立了众多秸秆基质块的加工企业。2009 年荆门市瑞农农业发展有限公司成立，现有秸秆基质块生产线 2 条、可年产基质块 3 000 万盘，年消耗秸秆 12 000 t。2014 年黑龙江稻乐农业科技有限公司在鹤岗市新华镇投资建设基质板自动生产线，设计年生产量 1 000 万张，年消耗秸秆 4 000 t。江苏红杉树环境科技有限公司位于江苏海门市四甲镇，公司占地面积 10 000 m^2，建有加工车间 5 000 m^2，2020 年投资建设基质板自动生产线，设计年生产量 1 500 万张，年消耗秸秆 6 000 t。卓澳科技（大连）有限公司、瑞安市博锐新材料有限公司等专业生产基质块系列产品，主要用于绿化、立体种植、都市农业栽培。企业占地 10 000 m^2，日产量 2 000 m^2。基质块的尺寸为 500 mm×333 mm×70 mm，不同孔径适合种植不同的作物，如 15 孔、孔径 60 mm 适合种植小白菜、生菜、油菜、菠菜等叶菜类蔬菜。40 孔、孔径 40 mm，适合种植小葱、芹菜、韭菜、小麦草等植株间间距小的蔬菜。6 孔、孔径 80 mm，适合种植小萝卜、黄瓜、小西红柿、草莓等。随着秸秆基质块种植栽培技术的发展，秸秆基质块加工技术的成熟，人们对轻简化基质需求的增加，秸秆基质块在园艺方面有广阔的市场前景。

3. 秸秆基容器制品

近年来，随着人们环保意识的增强，可生物降解的容器制品受到了广泛关注，其原料有黄麻/聚 3-羟基丁酸酯(PHB)、柑橘皮渣/聚乳酸、玉米秸秆等。其中聚 3-羟基丁酸酯、聚乳酸等生物降解聚合物价格昂贵，目前规模化生产的园艺用的容器制品还是以秸秆为主要原料。在我国北方稻麦优势种植区成立了多家植物纤维制品的公司，如山东省德州市齐河青桦植物纤维制品有限公司、吉林省东辽县盛开农业高新技术有限公司、吉林省蚨朗德秸秆新材料有限公司、河北省保定市博志绿色餐饮用品有限公司等，从事植物纤维餐具、植物纤维花盆、植物纤维浆的生产制造。南京侯冲秸秆园艺制品有限公司，该项目总投资约 250 万元，建立了 4 条秸秆花盆生产线，设计年生产量 500 万只，年消耗秸秆量 700 t。除此之外，在我国南方也有许多企业以废纸浆、木浆、竹浆、芦苇浆等吸附成型制成育苗杯，比如东莞市千亿环保科技有限公司、宁波市尚和环保材料有限公司、江阴市华富模具科技有限公司等。这些秸秆纤维容器制品可生物降解，也可回收，不会对环境造成污染。

16.3.2 展望

近年来，秸秆的循环利用作为延伸现代园艺产业链条和建设农村生态文明的重要内容，引起各级政府的高度重视。秸秆制品中秸秆原料的成本约占 30%，随着国家秸秆收贮奖补政策的落实、秸秆收集机械装备的发展以及专业化秸秆收贮体系的建立与完善，秸秆原料的收贮运成本必然降低。

此外，随着秸秆研发经费的投入，构建以企业为主体，科研院所共同参与的秸秆材料化技术的研发和创新体系，突破秸秆材料化关键性技术难题，加快新技术的推广应用，进而形成大规模产业化经营的格局。秸秆精加工利用比例增大，附加值提高，产业链条增长，实现秸秆利用模式为“资源-产品-再生资源”模式，形成循环流动的闭环系统，在提高经济效益的前提下，保护生态环境，拉动园艺产业的提效和增收。

利用多种媒体手段宣传秸秆基产品，宣传秸秆利用的法律法规、方针政策，提高全民珍惜资源、保护环境的意识。发挥行业协会、骨干企业的作用，完善秸秆收储、秸秆基材料制品、污染排放等相关质量标准，规范企业生产及市场秩序，确保秸秆材料化产业健康规范发展，有利于推广应用秸秆材料化的相关产业化技术和模式。随着秸秆收储成本的降低、秸秆材料利用核心技术的突破、全民环境保护意识的增强，秸秆材料势必在园艺产业利用上有巨大的发展优势和空间。

复习思考题

1. 我国秸秆资源利用现状如何？
2. 秸秆资源在园艺领域的利用前景如何？
3. 秸秆材料有什么特性？
4. 秸秆块墙体日光温室的构建工艺包含哪些？
5. 和土墙、砖墙相比，秸秆块墙体日光温室有哪些优点？
6. 秸秆基质块具有什么优势？
7. 秸秆基质块可以应用在哪些领域？
8. 秸秆基质块的成型加工方式有哪些？成型加工的原理是什么？
9. 秸秆容器按照用途可以分为哪两类？作为育苗容器有什么优点？
10. 如何推进秸秆资源在园艺产业的应用？

参考文献

C. A. 爱德华兹,J. R. 洛夫蒂．蚯蚓生物学．北京:科学出版社,1984.

安永帅,关巨英．设施蔬菜无公害栽培技术问答．太原:山西科学技术出版社,2016.

布坎南,等．中国科学院微生物研究所《伯杰细菌鉴定手册》翻译组译．伯杰细菌鉴定手册．8 版．北京:科学出版社．1984.

曹前满．我国绿色农业发展的层次与结构体系的逻辑研究．当代经济管理,2020(9):1-9.

陈吉平．农业绿色生产行为的内涵与外延．新疆农垦经济,2020,3:24-30.

陈剑秋．几种新型缓控释肥工艺及养分释放特征研究．泰安:山东农业大学,2012.

陈伦寿．蔬菜营养与施肥技．北京:中国农业出版社,2002.

陈思奇,蒋毓婷．设施土壤次生盐渍化的成因、危害及治理措施．辽宁化工,2018,47(11):1146-1148.

陈志杰,张淑莲,张锋,等．设施蔬菜病虫害与绿色防控．北京:科学出版社,2018.

程帆,袁向芬,谢承卫．巨大芽孢杆菌(ACCC10011)制备煤矸石肥料的研究．现代化工,2013,33(8):65-68.

程静,邹记兴．蚯蚓及蚓粪在草鱼生长方面试验研究．科学养鱼,2015(5):69-70.

程宁．蚯蚓粪喂养田螺增重试验．基层农技推广,2016,4(2):34-35.

程秀花,毛罕平,伍德林．温室自然通风研究进展．安徽农业科学,2009,37(8):3803-3805.

丛玮玮．利用蚯蚓粪改良疏浚太湖底泥效果研究．扬州:扬州大学,2016.

崔德杰,杜志勇．新型肥料及其应用技术．北京:化学工业出版社,2016.

崔龙哲,李社锋．污染土壤修复技术与应用．北京:化学工业出版社,2016.

崔总均．生物质能源与废弃物资源利用．北京:中国农业大学出版社,2016.

董环,娄春荣,王秀娟,等．设施果菜水肥一体化材料装备选型分析．辽宁农业科学,2017(5):54-58.

懂金皋,康振生,周雪平．植物病理学．北京:科学出版社,2016.

杜陈勇,杜连莉,刘锦山,等．枣疯病的发生与防治．现代农村科技,2017,4,30.

杜馨．黑胸散白蚁(*Reticulitermeschinensis Snyder*)肠道内共生微生物固氮酶基因(*nifH*)的克隆与分析．武汉:华中师范大学,2008.

范洪梅,杨德文,虎海波．攀西干热河谷早春大棚辣椒膜下滴灌灌溉制度研究．乡村科技,2016,9(3):70.

方中达．植病研究方法．3 版．北京:中国农业出版社,1998.

冯诚,方小宇,李长江,等．阳光大棚不同水分处理下黄瓜需水规律研究．节水灌溉,2013(10):21-26.

冯粉．腐植酸肥料的发展及应用．化工管理,2016(31):87-88.

冯世成．氧化石墨烯纳米材料在褐球固氮菌培养体系中的转化和毒性效应．成都:西南民族大学,2019.

傅志前．不同密度的麦秸砖墙导热系数试验研究．建筑材料学报,2012,15(2):289-292.

高必达．园艺植物病理学．北京:中国农业出版社,2005.

高金花．我国南方大棚作物需水规律及灌溉制度研究．长春:吉林大学,2010.

高丽红,郭世荣．现代设施园艺与蔬菜科学研究．北京:科学出版社,2015.

高振军,苏华山,徐翔,等．微润灌溉技术应用研究分析．中国农机化学报,2017,38(2):34-37,62.

葛诚．微生物肥料生产及其产业化．北京:化学工业出版社,2007.

葛磊．农业废弃物资源化利用现状及前景展望．农村经济与科技,2018,29(21):18-19.

龚玉琴,杨金明．蔬菜营养特性与施肥技术．北京:黄河出版传媒集团阳光出版社,2011.

郭成．猕猴桃溃疡病绿色防控技术研究与示范．杨凌:西北农林科技大学,2019.

国家自然科学基金委员会,中国科学院．中国学科发展战略　学术引领系列　土壤生物学．北京:科学出版社,2016.

何鹏搏,李咏梅,刘宏斌,等．基于根域灌溉系统的柑橘黄龙病生物防治研究．中国果树,2021(8):48-51.

何文寿．植物营养学通论．银川:宁夏人民出版社,2004.

何永铭．农业精确灌溉技术与设施．吉林农业,2018(11):60.

胡慧,弟豆豆,李裕旗,等．苹果病毒病研究概况和防治技术．烟台果树,2019,4:5-7.

胡乔磊,廖庆喜,王洋．油菜机械移栽载苗基质块力学与生物学特性分析．农业工程学报,2019,35(24):58-65.

胡雅,魏静．微润灌溉技术研究及其应用．农业与技术,2020,40(10):81-82.

胡洲,吴毅歆,毛自朝,等．硅酸盐细菌的分离、鉴定及其生物学特性研究．江西农业大学学报,2013,35(3):609-614.

黄红英,武国峰,孙恩惠,等．秸秆块墙体日光温室在苏北地区应用效果试验．农业工程学报,2014,30(14):170-178.

黄金鹏,社巍,严立东,等．绿色农业模式与技术．广州:世界图书出版广东有限公司,2012.

黄鹂．绿色农业发展简论．武汉:湖北人民出版社,2013.

黄士忠,王继军,陈国光．农林牧废弃物资源饲料化的新途径．农业环境保护,1993,12(6):233-235.

黄云,徐志宏．园艺植物保护学．北京:中国农业出版社,2015.

黄云．植物病害生物防治学．北京:科学出版社,2010.

贾德新,李士平,王风丹,等．蚯蚓粪对豇豆根际土壤生物学特征及微生物活性的影响．浙江农业学报,2016,28(2):318-323.

贾建丽．环境土壤学．北京：化学工业出版社，2016.

蒋丽萍，陈雄鹰，张杨珠．我国蔬菜测土配方施肥的研究进展．河北农业科学，2009，13(3)：64-67.

蒋明川，解淑贞．蔬菜施肥．北京：农业出版社，1985.

焦娟，魏珉，李岩，等．我国设施环境及调控技术研究进展．山东农业科学，2018，50(7)：167-172

金圣爱，李俊良．设施菜地退化土壤修复技术．北京：中国农业出版社，2017.

靳晓晨，武国峰，孙恩惠，等．娄彻氏链霉菌发酵改善水稻秸秆加工性能的研究．南京林业大学学报(自然科学版)，2017(41)，122-128.

卡生有．生态农业中废弃物的处理与再生利用．北京：化学工业出版社，2000.

康林玉，刘周斌，欧立军，等．土壤微生物促进作物生长发育研究进展．湖南农业科学，2017(3)：113-116.

康绍忠，张建华，梁宗锁，等．控制性交替灌溉：一种新的农田节水调控思路．干旱地区农业研究，1997(1)：4-9.

况福元，吴小丽，吕风青，等．菜心炭疽病菌拮抗细菌的筛选及鉴定．微生物学通报，2009，36(9)：1350-1355.

郎莎莎．蚯蚓粪复合基质应用于万寿菊育苗和栽培的初步研究．扬州：扬州大学，2010.

郎跃深，郑方强．蚯蚓养殖关键技术与应用．北京：科学技术文献出版社，2015.

李宝聚，等．设施蔬菜绿色生产新技术新模式．北京：中国农业科学技术出版社，2020.

李博文，刘文菊，张丽娟．微生物肥料研发与应用．北京：中国农业出版社，2016.

李登辉．钩状木霉诱导植物抗根结线虫作用机理初步研究．北京：中国农业科学院，2018.

李发福．西瓜细菌性果斑病和角斑病的发生与防治．园艺与种苗，2021，41(8)：34.

李法云，吴龙华，范志平．污染土壤生物修复原理与技术．北京：中国农业出版社，2017.

李国学．固体废弃物处理与资源化．北京：中国环境科学出版社，2005.

李国学．中国循环农业理论与实践研究进展．北京：中国农业大学出版社，2014.

李怀方，刘凤权，黄丽丽．园艺植物病理学．北京：中国农业大学出版社，2009.

李吉进，张一帆，孙钦平．农业资源再生利用与生态循环农业绿色发展．北京：化学工业出版社，2019.

李继东，毕会涛，王一涵，等．薄膜型抗蒸腾剂对常温贮藏红富士苹果品质与生理的影响．河南农业大学学报，2010，44(3)：286-289.

李继东，陈立川，王会鱼，等．枣疯病发生机制与防治研究进展．河南农业大学学报，2021，55(1)：1-7.

李健，张峥嵘，黄少斌，等．固体废物堆肥化研究进展．广东化工，2008，177(35)：93-106.

李静娟，周波，张池，等．中药渣蚓粪对玉米生长及土壤肥力特性的影响．应用生态学报，2013，24(9)：2651-2657.

李丽霞，王震，夏明聪，等．防治黄瓜细菌性角斑病药剂筛选试验结果初报．中国农技推广，2021，37(7)：74-75.

李敏，滕泽栋，朱静，等．解磷微生物修复土壤重金属污染研究进展．生态学报，2018，38(10)：3393-3402.

李荣妮，唐瑞波，朱莉飞，等．饲料中添加蚯蚓粉和蚯蚓粪对罗非鱼生长及血清抗氧化指标的影响．大连海洋大学学报，2018，33(2)：233-238.

李润娇．应用二甲基二硫防治棚室黄瓜根结线虫试验．西北园艺．综合，2018(4)：2.

李顺平．新一代节水灌溉技术：痕量灌溉．农业技术与装备，2012(13)：2.

李威，李佳熙，李吉平，等．我国不同环境介质中的抗生素污染特征研究进展．南京林业大学学报(自然科学版)，2020，44(1)：205-214.

李晓瑞．河北省主要作物需水规律研究．大连：辽宁师范大学，2019.

李艳梅，廖上强，杨俊刚，等．温室芹菜需水强度与作物系数研究．节水灌溉，2016(12)：54-58.

李洋．日光温室不同栽培季节番茄生长特性及水分需求规律研究．泰安：山东农业大学，2019.

李应海，田军仓．小畦灌溉条件下小茴香栽培最佳水肥组合试验研究．农业科学研究，2018，39(3)：1-4.

李有忠，宋晓斌，张学武．猕猴桃细菌性溃疡病发生规律研究．西北林学院学报，2000，15(2)：53-56.

李云格，孙振钧．蚯蚓粪作为肉鸡添加剂的研究．湖北农业科技，2009(5)：1208-1209

李宗尧，缴锡云，赵建东．节水灌溉技术．北京：中国水利水电出版社，2010.

李宗尧．节水灌溉技术．北京：中国水利水电出版社，2010.

梁帝允，梁桂梅．农民安全科学使用农药必读．北京：化学工业出版社，2014.

梁华东，何迅，巩细民，等．我国新型肥料的现状及发展．化肥工业，2015，42(5)：1-3，39.

梁玉衡．东方自然力农业村刊授院选编教材之三《土壤基础知识应用读本》．当代生态农业，2008(Z2)：38.

廖林仙，黄鑫，杨士红．设施农业节水灌溉实用技术．河南郑州：黄河水利出版社，2011.

林乃铨．害虫生物防治．北京：科学出版社，2010.

林一涛，韩卿．浅析植物秸秆在建材行业的发展空间．江苏造纸，2010.

刘浩，孙景生，梁媛媛，等．滴灌条件下温室番茄需水量估算模型．应用生态学报，2011，5(22)：1201-1206.

刘宏久，高艳明，李建设．潮汐灌溉技术的研究进展．北方园艺，2014(10)：174-176.

刘佳伟．设施蔬菜膜上灌溉节水又增产．河北科技报，2014-03-01(6).

刘剑青，嵇道生．农作物病虫害专业化统防统治与绿色防控．北京：中国农业科学技术出版社，2016.

刘金彩，吴琼．桑萎缩病的发生与防治．现代农村科技，2017，2：40.

刘守阳，汪有科，赵霞，等．植物生长调节剂对梨枣节水增产效益的影响．西北农林科技大学学报(自然科学版),2012,40(12):184-190,200.

刘汶芮,王桂清．观赏植物月季常见病害的发生及治理．农业科技与装备,2021,4:15-17.

刘秀玲．农作物配方施肥新技术．石家庄:河北科学技术出版社,2017.

刘志明,王逢瑚,苏润洲．麦秸秆表面形貌及表面元素分析．东北林业大学学报,2002,30(2):62-65.

卢德鹏,吕艳,王晓弟,等．木霉菌可湿性粉剂对番茄枯萎病防治效果探究．山东科学,2020,33(2):22-26.

卢曙光．铜绿假单胞菌噬菌体 PaP1 的基因组学研究:一种由 EndonucleaseⅤ介导的细菌免疫新机制的发现与证实．重庆:中国人民解放军第三军医大学,2013.

陆景陵．植物营养学(上册).2 版．北京:中国农业大学出版社,2003.

陆若辉．现代生态循环农业技术与模式实例．杭州:浙江大学出版社,2016.

陆文蔚．荧光假单胞菌的分离及蝎毒基因的原核表达．上海:上海师范大学,2005.

吕灿翔,石佳,刘晨辉．作物需水量 ET_c 计算方法及普适性探讨．南方农机,2019,50(19):84-86.

马大林．畜禽粪便资源化利用研究:蚯蚓粪在西红柿育苗中的应用．城市建设理论研究:电子版,2015,5(14):1583-1584.

马国瑞．蔬菜施肥指南．北京:中国农业出版社,2000.

马世龙．0.5%阿维菌素颗粒剂防治黄瓜根结线虫病药效试验．北方园艺,2012(4):2.

毛久庚,唐懋华,张燕燕,等．蚯蚓粪在西瓜育苗及栽培上的应用效果．江苏农业科学,2012,40(2):145-146.

尼尔·布雷迪,雷·韦尔．土壤学与生活(第十四版).李保国,徐建明,等译．北京:科学出版社,2019.

倪纪恒,陈学好,陈春宏,等．补充不同光质对温室黄瓜生长发育、光合和前期产量的影响．中国农业科学,2009,42(7):2615-2623.

农业农村部．农业绿色发展技术导则(2018—2030 年).农技服务,2019,36(1):8.

朴福万．大白菜软腐病的发生原因及综合防治技术．吉林蔬菜,2008,4:51.

齐述华,李子忠,龚元石．应用农田水量平衡原理计算三种蔬菜的需水量和作物系数．中国农业大学学报,2002,7(1):71-76.

秦瑜瑞,吕易航．屋顶绿化无土栽培轻型基质成型工艺研究．现代园艺,2018,369(21),89-91.

邱琳,王韦骁,李媛．苹果树病毒病特点及传播途径．财经林业科学,2017,1:177.

曲萍,赵永富,宋婧,等．改性脲醛树脂黏合基质块性能及其对黄瓜幼苗生长的影响．农业工程学报,2017,33(15):253-259.

任引哲,王建英,王玉湘．纳米 $CaCO_3$ 微粉的制备及在苹果生产中的应用．化学世界,2001,42(10):507-509.

任自力．大棚西瓜膜下滴灌条件下需水规律和灌溉效应研究．咸阳:西北农林科技大学,2013.

山仑，郭礼坤，徐萌，等．干旱条件下钙与赤霉素混合处理种子的生理效应及增产效果．干旱地区农业研究，1994，12(1)：85-91.

山仑，康绍忠，吴普特．中国节水农业．北京：中国农业出版社，2010.

申雪庆．蚯蚓处理污泥对盐碱土壤关键生化指标的影响．哈尔滨：东北农业大学，2013.

沈萍，陈向东．微生物学．北京：高等教育出版社，2006.

施木田，陈少华．园艺植物营养与施肥技术．厦门：厦门大学出版社，2002.

施维林．土壤污染与修复．北京：中国建材工业出版社，2018.

石鹏兵．水光处理对夏玉米耗水及生长生理特性的影响：西安：西安理工大学，2019.

史功赋，赵小庆，方静，等．土壤微生物在植物生长发育中的作用及应用前景．北方农业学报，2019，47(4)：108-114.

史文娟，康绍忠，王全九．控制性分根交替灌溉：常规节水灌溉技术的新突破．灌溉排水，2000(2)：32-35.

宋磊，岳玉苓．分根交替灌溉对桃树生长发育及水分利用效率的影响．应用生态学报，2008，197(7)：1631-1636.

孙恩惠，黄红英，武国峰，等．不同环境中秸秆/SPI改性脲醛树脂复合材料花盆降解行为．复合材料学报，2014，31(5)，1198-1205.

孙恩惠，黄红英，武国峰，等．稻壳粉/改性脲醛树脂模压成型材料的力学性能．农业工程学报，2014，30(13)：228-237.

孙恩惠，王暝琰，武国峰，等．原位土培秸秆育苗容器的降解特性光谱分析．光谱学与光谱分析，2017，37(1)，212-216.

孙海英．纤维素分解菌与固氮菌对牛粪堆肥的影响．哈尔滨：东北农业大学，2009.

孙茜，王娟娟．主要设施蔬菜生产与病虫害绿色防控技术．北京：中国农业科学技术出版社，2015.

孙山，徐秀玉，张力思，等．黄腐酸对甜樱桃砧木“吉塞拉”扦插苗蒸腾作用及光合特性的影响．北方园艺，2018(10)：45-49.

孙越鸿，吴永胜，干大木，等．施用蚯蚓粪对草莓果实中重金属残留的影响．现代农业科技，2011，(11)：23-29.

孙在金．脱硫石膏与腐植酸改良滨海盐碱土的效应及机理研究．北京：中国矿业大学，2013.

孙振钧．蚯蚓高产养殖与综合利用．北京：金盾出版社，2016.

孙振钧．蚯蚓养殖实用技术．北京：中国科学技术出版社，2018.

谭金芳．作物施肥原理与技术．2版．中国农业大学出版社，2011.

檀根甲．有害生物绿色防控．北京：中国农业出版社，2018.

汤海军，周建斌，郑险峰．不同化控调节剂浸种对玉米种子萌发生长及水分利用效率的影响．西北农林科技大学学报：自然科学版，2004，32(12)：8-12，22.

陶秀萍，董红敏．畜禽废弃物无害化处理与资源化利用技术研究进展．中国农业科技导报，2017，19(1)：37-42.

田雪莲，尹显慧，龙友华，等．猕猴桃溃疡病病菌拮抗菌筛选、鉴定及发酵条件优化．食品科学,2017(16):79-85.

仝建,王勇,宋敏,等.蚯蚓粪复合基质在蔬菜育苗中的应用效果研究.2013(2):90-93.

童伟,葛磊.保水剂研究进展及应用分析.河南农业,2019,(26):48-49.

汪树生,高双娜,冯晨,等.玉米秸秆压缩基质对番茄、辣椒幼苗生长及营养元素吸收的影响.东北农业科学,2019,44(6):57-61.

王大生.绿色农业区域发展模式及指标体系研究.甘肃农业,2007,12:14-15.

王定成.温室环境的支持向量机回归建模.农业机械学报,2004,35(5):106-109.

王东红.蚯蚓粪对小白菜、樱桃萝卜生长和品质的影响.泰安:山东农业大学,2010.

王光焰,刘云飞,孙怀卫.设施农业作物需水量研究.节水灌溉,2020(7):41-45.

王洪才.重金属污染土壤淋洗修复技术和固化/稳定化修复技术研究:硕士论文.杭州:浙江大学,2014.

王焕然.一株减毒荧光假单胞菌的构建及其交叉免疫保护性研究.北京:中国科学院研究生院,2009.

王慧杰,冯瑞云,刘跃鹏,等.秸秆育苗钵旋压成型制钵机的研制.中国农机化学报,2017,38(4),37-41.

王嘉雨,胡宝贵.中国农业节肥技术应用研究进展.安徽农业科学,2019,47(17):12-14.

王金亮.中国云贵川渝陕农田生态系统木霉多样性及其生防菌株的筛选.杭州:浙江大学,2017.

王敬国.设施菜田退化土壤修复与资源高效利用.北京:中国农业大学出版社,2011.

王磊,何春霞,姜良朋,等.9种植物秸秆纤维理化性能对比研究.南京农业大学学报,2019,42(4),775-780.

王绍文,梁富智,王纪曾.固体废弃物资源化技术与应用.北京:冶金工业出版社,2003.

王小治,王爱礼,王守红,等.蚯蚓粪作为坪床基质对草坪草生长的影响.生态与农村环境学报,2011,27(3):64-68.

王延鹏,孙勇,曲京博,等.碱处理玉米秸秆制备可降解育苗钵研究.农机化研究,2017,39(10),198-202.

王义,余贤美,贺春萍,等.一株热带土壤解磷细菌的筛选鉴定及拮抗初探.安徽农业科学,2009,37(18):8347-8349,8405.

王兆忠,洪德成.农业废弃物资源化利用技术研究.科技与创新,2016,(8):17.

王志平,李昌伟.隔沟交替灌溉在甘蓝、青花菜和大白菜上的应用.中国蔬菜,2006,(10):16-18.

魏晓明.蚯蚓粪有机肥的制备及其对不同蔬菜产量和抗病性的影响.长江蔬菜,2015,(2):64-66.

吴利民,陆宁海,林锦荣.蔬菜病虫害绿色防控技术.北京:中国农业科学技术出版社,2016.

吴翔.典型土壤有机污染物赋存形态及影响因素.杭州:浙江大学,2018.

吴云峰.植物病虫害生物防治学.北京:中国农业出版社,2016.

伍德林，毛罕平．温室作物需水信息指标及湿度控制策略研究进展．中国农村水利水电，2007(1)：35-40.

武国峰，黄红英，孙恩惠，等．不同墙体材料日光温室的保温性能．江苏农业学报，2015，31(2)，441-448.

武国峰，徐跃定，常志州，等．秸秆块墙体日光温室保温蓄热性能分析．农业环境科学学报，2015，34(12)：2402-2409.

解忠英，王宝卿，王恒华．枣疯病的发生与综合防治技术．植物医生，2021，34(2)：68-70.

向前，李得全．蚯蚓的应用价值与饲养技术要点．河南农业科学，2002，(1)：35.

辛明金，陈天佑，张强，等．含稻秸蔬菜育苗基质块成型工艺参数优化．农业工程学报，2017，33(16)：219-225..

邢飞，王红清，李世访．中国苹果花叶病病原研究现状分析．果树学报，2020，37(12)：1953-1963.

徐国高．生物可降解性盆钵制作工艺及应用研究．南京：南京农业大学，2006.

徐建明，张甘霖，谢正苗，等．土壤质量指标与评价．北京：科学出版社，2010.

徐沛东，朱植银，黄加诚，等．新型生物农药棘孢木霉菌防治辣椒疫病应用研究．生物灾害科学，2017，40(3)：172-175.

徐卫红．新型肥料使用手册．北京：化学工业出版社，2016.

徐晓峰，刘英超，孔镭，等．交替灌溉技术设备研究应用现状．中国农村水利水电，2012(7)：21-25.

徐意，项美晶．基于RBF神经网络的温室温度调控研究．农机化研究，2010，32(3)：74-76.

徐征和，吴俊河，丁若冰，等．自动化灌溉控制工程技术的研究与应用．中国农村水利水电，2006(6)：66-68，72.

严铠，刘仲妮，成鹏远，等．中国农业废弃物资源化利用现状及展望．农业展望，2019，15(7)：62-65.

杨芳，戴津权，梁春蝉，等．农用海藻及海藻肥发展现状．福建农业科技，2014，45(3)：72-76.

杨龙元，袁巧霞，刘志刚，等．牛粪好氧和蚯蚓堆肥腐熟料成型基质块制备及育苗试验．农业工程学报，2016(24)，226-233.

杨仁全．工厂化农业生产．北京：中国农业出版社，2009.

杨宜．温室茄子日参考蒸散量的模型估算及评价研究．晋中：山西农业大学，2018.

杨英茹，车艳芳．现代农业生产技术：石家庄：河北科学技术出版社，2014.

姚槐应，黄昌勇．土壤微生物生态学及其实验技术．北京：科学出版社，2006.

姚培清，赵俊云，韩义飞，等．早春大棚黄瓜测土配方施肥高效栽培技术．现代农村科技，2015，(7)：46-47.

叶澜涛．设施栽培蔬菜瓜果需水规律及其模拟研究．南京：河海大学，2007.

殷飞，黄金林，胡宇祥．葡萄大棚滴灌耗水规律研究．江苏农业科学，2016，44(10)：233-236.

殷培杰，孙军德，石星群，等．微生物菌剂在鸡粪有机肥料堆制发酵中的应用．微生物学杂志，2004(6)：43-46.

尹文英．中国土壤动物．北京：科学出版社，2000.

于海明，李海源，汪春，等．秧盘干燥机气流分配室流场均匀性仿真分析，农机化研究，2020，42(2)：15-21.

于海涛．绿色食品生产控制．北京：中国轻工业出版社，2016.

袁红莉，王贺祥．农业微生物学及实验教程．北京：中国农业大学出版社，2009.

张承龙．农业废弃物资源化利用技术现状及其前景．中国资源综合利用，2002，2：14-16.

张池，陈旭飞，周波，等．不同比例蚓粪对旱地土壤微生物学特性以及酶活性的影响．中国农业大学学报，2014，19(1)：118-124.

张驰．微润灌溉技术在温室大棚中的应用．山东水利，2020，(1)：53-55.

张德清．番茄青枯病的流行与防治．园艺与种苗，2021，41(7)：45-46.

张凤银，魏传斌，张光梅，等．有机育苗基质块对辣椒幼苗生长的影响．农学学报，2012，2(3)，41-43.

张俊伶，张江周，申建波，等．土壤健康与农业绿色发展：机遇与对策．土壤学报，2020，57(4)：783-796.

张素敏，刘春雨，徐少锋．园林植物病害发生与防治．北京：中国农业大学出版社，2014.

张薇薇．农业废弃物资源化利用及实现研究．华东科技(学术版)，2017(1)：366.

张卫信，申智锋，邵元虎，等．土壤生物与可持续农业研究进展．生态学报．2020，40(10)：3183-3205.

张晓林，胥丽娜．梨锈病的发生与防治．农业知识，2020(13)：21-22.

张野，何铁光，何永群，等．农业废弃物资源化利用现状概述．农业研究与应用，2014(3)：64-67，72.

张正斌．关于在雄安新区成立国家绿色先进农业研究院的建议．2017，32(11)：1249-1255.

张正斌，王大生，陈兆波，等．中国从“红色革命”到“黑色革命”再到“绿色革命”的百年三大跨越．中国生态农业学报，2011，19(1)：187-192.

赵春江，郭文忠．中国水肥一体化装备的分类及发展方向．农业工程技术，2017，37(7)：10-15.

赵浮萍．痕量灌溉技术原理与流量测试．当代农机，2016(6)：66-68.

赵燕东，张军，王海兰．精准节水灌溉控制技术．北京：电子工业出版社，2010.

赵铁鹏．化控对芝麻叶片生理指标及产量性状的影响．长春：吉林农业大学，2006.

中国农业科学院蔬菜花卉研究所．中国蔬菜栽培学．北京：中国农业出版社，2010.

周海霞．宁夏设施蔬菜土壤质量状况的区域特征评价及数据库管理系统建立．银川：宁夏大学，2019.

周海燕．胶东集约化农田土壤酸化效应及改良调控途径．北京：中国农业大学，2015.

周建明，沈仁芳．土壤学大辞典．北京：科学出版社，2013.

周启星．健康土壤学:土壤健康质量与农产品安全．北京:科学出版社,2005.

周增产．潮汐灌溉栽培技术与装备．中国花卉报,2012-06-16(3).

朱建国,陈维春,王亚静．农业废弃物资源化综合利用管理．北京:化学工业出版社,2015.

朱明德．现代农业．重庆:重庆大学出版社,2011.

邹彬,邢素丽．农作物测土配方施肥技术．石家庄:河北科学技术出版社,2014.

邹青,林永贺,曾运丁,等．蚯蚓和蚯蚓粪对改良鲫生长和肌肉营养的影响．水产养殖,2012,33(10):47-52.

邹小阳,全天惠,周梦娜,等．微润灌溉技术研究进展及展望．水土保持通报,2017,37(4):150-155.

Adesemoye A O,Kloepper J W. Plant - microbes interactions in enhanced fertilizer-use efficiency. Applied microbiology and biotechnology,2009,85(1):1-12.

Aranda R R ,Soria T,Cuartero J. Tomato plant-water uptake and plant water relationships under saline growth conditions. Plant Science,2001,160:265-272.

Ashour T,Georg H,Wu W. Performance of straw bale wall. Energy and Buildings,2011,43:1960-1967.

Boulard T,Wang S. Experimental and numerical studies on the heterogeneity of crop transpiration in a plastic tunnel. Computers and Electronics in Agriculture, 2002, 34:173-190.

Chen J,Kang S,Du T,et al. Quantitative response of greenhouse tomato yield and quality to water deficit at different growth stages. Agricultural Water Management,2013,129:152-162.

Chen W,Wu X,Zhang H,et al. Contamination characteristics and source apportionment of methylated PAHs in agricultural soils from Yangtze River Delta,China. Environmental Pollution,2017,(230):927-935.

Chen X,Ma X,Pan Y N, et al. Dissipation,transformation and accumulation of triclosan in soil-earthworm system and effects of biosolids application. Science of the Total Environment,2020,712,136563.

Chinnasamy G. PGPR:Biocontrol and Biofertilization. Springer,2006.

Cong P,Ouyang Z,Hou R,et al. Effects of application of microbial fertilizer on aggregation and aggregate-associated carbon in saline soils. Soil and Tillage Research,2017,168:33-41.

Critten D L,Bailey B J. A review of greenhouse engineering developments during the 1990s. Agricultural and Forest Meteorology,2002,112:1-22.

Dabbert S, Haring A M, Zanoli, R. Organic Farming Policies and Prospects. Zed Books,New York,2004.

Davies W J,Bacon M A,Thompson D S,et al. Plants and the Environment. Regulation of leaf and fruit growth in plants growing in drying soil:exploitation of the plants' chemical signalling system and hydraulic architecture to increase the efficiency of water use in agriculture. Journal of Experimental Botany,2000.

Dixon G R,Tilston E L. Soil microbiology and sustainable grop production. Springer, 2010(9):315-371.

Fenandez-bayo J D,Nogales R,Romero E. Assessment of three vermicomposts as organic amendments used to enhance during sorption in soils with low organic carbon content. European Journal of Soil Science,2009,60(6):935-944.

Fhivio F. Blancol and Marcos. Evapotranspiration and crop coefficient of cucumber in greenhouse. Revista Brasileirade Engenharia Agricolae Ambiental, 2003, 17 (2):285-291.

Haytham M E, Hassanein M K , Zahoor A, et al. Rice straw-seedbed for producing rice seedling mat. International Journal of Sustainable Agriculture,2010,2(2):26-33.

Jia Y,Hu Z,Ba Y,et al. Application of biochar-coated urea controlled loss of fertilizer nitrogen and increased nitrogen use efficiency. Chemical and Biological Technologies in Agriculture,2021,8(1):1-11.

Juan L R and Roger C L. Pseudomonas. Springer,2004.

Kashaninejad M, Tabil L G, Knox R. Effect of compressive load and particle size on compression characteristics of selected varieties of wheat straw grinds. Biomass & Bioenergy,2014,60:1-7.

Korjenic A, Vít P J Z,Jitka H. Development and performance evaluation of natural thermal-insulation materials composed of renewable resources. 2011,43(9):2518-2523.

Leticia C S, Andrea C H, Keith C. Microbial changes during the on-farm storage of canola (oilseed rape) straw bales and pellets. Biomass and Bioenergy, 2011, 35: 2939-2949.

Li Q, Yang W J, Li K. Role of social learning in the diffusion of environmentally-friendly agricultural technology in China. Sustainability,2018,152(10):1-12.

Li X Z,Wang M E,Jiang R,et al. Evaluation of joint toxicity of heavy metals and herbicide mixtures in soils to earthworms (Eisenia fetida). Journal of Environmental Sciences. 2020:94.

Li Y. Research progress of humic acid fertilizer on the soil//Journal of Physics:Conference Series. IOP Publishing,2020,1549(2):022004.

Liu T,Chen X Y,Gong X,et al. Earthworms coordinate soil Biota to improve multiple ecosystem functions. Current Biology. Current Biology,2019,29:3420-3429.

Madurwar M V, Ralegaonkar R V, Mandavgane S A. Application of agro-waste for sustainable construction materials:a review. Construction & Building Materials,2013, 38:872-878.

Oo A N,Iwai C B,Saenjan P. Soil properties and maize growth in saline nonsaline solis using cassava-industrial waste compost and vermicompost with or without eatthworms. Land Degrad &Develop,2015,26:300-310.

Pan M,Zhou D,Zhou X,et al. Improvement of straw surface characteristics via thermomechanical and chemical treatments. Bioresource Technology, 2010, 101(20): 7930-7934.

Qiu M, Zhang R, Xue C, et al. Application of bio-organic fertilizer can control Fusarium wilt of cucumber plants by regulating microbial community of rhizosphere soil. Biology and Fertility of Soils, 2012, 48(7): 807-816.

Qu P, Cao Y, Wu G, et al. Preparation and properties of coir-based substrate bonded by modified urea formaldehyde resins for seedlings. Bioresources, 2018, 13(2): 4332-4345.

Qu P, Huang H, Wu G, et al. Preparation and degradation of seedling containers made from straw and hydrolyzed soy protein isolate modified urea-formaldehyde resins. Bioresources, 2015, 10(4): 7946-7957.

Qu Z, Qi X, Shi R, et al. Reduced n fertilizer application with optimal blend of controlled-release urea and urea improves tomato yield and quality in greenhouse production system. Journal of Soil Science and Plant Nutrition, 2020, 20(4): 1741-1750.

Reddy M S, Ilao R I, Faylon P S(Eds.). Recent advances in biofertilizers and biofungicides(PGPR) for sustainable agriculture. Cambridge Scholars Publishing, 2014.

Rop K, Karuku G N, Mbui D, et al. Formulation of slow release NPK fertilizer(cellulose-graft-poly(acrylamide)/nano-hydroxyapatite/soluble fertilizer) composite and evaluating its N mineralization potential. Annals of Agricultural Sciences, 2018, 63(2): 163-172.

Rouphael Y, Colla G, Giordano M, et al. Foliar applications of a legume-derived protein hydrolysate elicit dose-dependent increases of growth, leaf mineral composition, yield and fruit quality in two greenhouse tomato cultivars. Scientia Horticulturae, 2017, 226: 353-360.

Sarah D, Marta G M, Tandra F, et al. Evaluating heathland restoration belowground using different quality indices of soil chemical and biological properties. Agronomy, 2020, 10(8): 1140.

Singh H B, Sarma B K, Keswani C. Advances in PGPR research. CABI, UK, 2017.

Stern P C. New environmental theories: toward a coherent theory of environmentally significant behavior. Journal of Social Issues, 2000, 56(3): 407-424.

Su X F, Feng J L, Guo L Y, et al. Polychlorinated biphenyls in the Yellow River of Henan section: occurrence, composition, and impact factors. Environmental Science and Pollution Research, 2018, 25(14).

Sun J, Pan L, Tsang D C W, et al. Organic contamination and remediation in the agricultural soils of China: A critical review. ence of the Total Environment, 2017, 615: 724.

Tate R L. Soil Microbiology. John Wiley & Sons, 2020.

Tong G, Christopher D M and Li B. Numerical modelling of temperature variations in a Chinese solar greenhouse. Computers and Electronics in Agriculture, 2009, 68: 129-139.

Usman M, Farooq M, Wakeel A, et al. Nanotechnology in agriculture: Current status, challenges and future opportunities. Sci ence of The Total Environment, 2020: 137-778.

Vejan P, Khadiran T, Abdullah R, et al. Controlled release fertilizer: A review on developments, applications and potential in agriculture. Journal of Controlled Release, 2021, 339:321-334.

Wang X, Yang Z, Liu X, et al. The composition characteristics of different crop straw types and their multivariate analysis and comparison. Waste Management, 2020, 110, 87-97.

Wei Z, Gu Y, Friman V P, et al. Initial soil microbiome composition and functioning predetermine future plant health. Science Advances, 2019, 5(9):759.